"十二五"普通高等教育本科国家级规划教材

普通高等教育"十一五"国家级规划教材

画法几何及工程制图

（机械类）

第4版

主　编	王兰美	贾　鹏	殷昌贵
副主编	马智英	赵继成	孙玉峰
主　审	陆国栋	焦永和

机械工业出版社

本书是根据教育部高等学校工程图学课程教学指导分委员会 2019 年制定的《高等学校工程图学课程教学基本要求》，结合近年来计算机应用技术的发展，参考国内外同类教材编写的。

全书共分 12 章，内容包括：制图的基本知识与技能、几何元素的投影、曲线与曲面、立体及其表面交线、轴测投影及其草图速画技术、组合体、图样画法、零件图、联接件与传动件、装配图、其他图样和计算机绘图技术等。根据图学课程的特点，本书配有习题集；结合现代多媒体教学手段的应用，提供电子教案。电子教案中的助教用授课 CAI 课件内容涵盖教材全部知识点，其生动形象的动态空间模型显示和三维到二维的动画图形转换，会极大地方便教者和学者；助学用习题集习题分析解答 CAI，其详细的分析、清晰的解答、形象的空间动画模型，比同类教材有较为突出的优势。另外，为方便学生学习，教材中的难点内容和部分例题的解题指导均录制成小视频，以二维码形式在书中呈现，使用者可通过移动终端设备扫描后查看，以加深对教材内容的理解，更好地掌握相关知识。本书的电子教案位于机械工业出版社教育服务网（www.cmpedu.com）上，供授课教师免费下载。

本书可作为高等学校机械类、近机械类各专业图学课程的通用教材，也可供有关工程技术人员参考。

图书在版编目（CIP）数据

画法几何及工程制图. 机械类/王兰美，贾鹏，殷昌贵主编. —4 版. —北京：机械工业出版社，2023.12

"十二五"普通高等教育本科国家级规划教材　普通高等教育"十一五"国家级规划教材

ISBN 978-7-111-74914-1

Ⅰ.①画…　Ⅱ.①王…②贾…③殷…　Ⅲ.①画法几何 – 高等学校 – 教材②工程制图 – 高等学校 – 教材　Ⅳ.①TB23

中国国家版本馆 CIP 数据核字（2024）第 036910 号

机械工业出版社（北京市百万庄大街 22 号　邮政编码 100037）
策划编辑：冯春生　　　责任编辑：冯春生
责任校对：樊钟英　　　封面设计：张　静
责任印制：张　博
天津光之彩印刷有限公司印刷
2024 年 3 月第 4 版第 1 次印刷
184mm×260mm · 26.25 印张 · 647 千字
标准书号：ISBN 978-7-111-74914-1
定价：69.80 元

电话服务　　　　　　　　网络服务
客服电话：010-88361066　　机　工　官　网：www.cmpbook.com
　　　　　010-88379833　　机　工　官　博：weibo.com/cmp1952
　　　　　010-68326294　　金　书　网：www.golden-book.com
封底无防伪标均为盗版　　机工教育服务网：www.cmpedu.com

前　　言

本书根据教育部高等学校工程图学课程教学指导分委员会 2019 年制定的《高等学校工程图学课程教学基本要求》及近年来新发布的有关制图国家标准，在前三版的基础上修订而成。本书是普通高等教育"十一五"国家级规划教材、"十二五"普通高等教育本科国家级规划教材。

针对教学中发现的问题及学生能力培养中的薄弱环节，总结近年来强化学生能力培养的改革经验，着力对以下方面做了修订：

1）强化课程思政，增加思政案例，培养学生认真严谨、追求卓越、精益求精的工匠精神，激发学生对祖国建设的责任心和使命感。

2）为方便学生学习，教材中的难点内容和部分例题的解题指导均录制成小视频，以二维码形式在书中呈现，使用者可通过移动终端设备扫描后查看，以加深对教材内容的理解，更好地掌握相关知识。

3）结合近年来的教学研究，融入新的教学思想和教学方法，更新工程案例，提升学生的工程素养。

4）涉及国家标准的内容都按新颁布标准进行了修订。

与本书配套修订的还有《画法几何及工程制图习题集（机械类）》（第 4 版）。

本书可满足机械类、近机械类 80～120 学时的教学要求。

本书由王兰美、贾鹏、殷昌贵任主编，马智英、赵继成、孙玉峰任副主编。参与修订工作的有山东理工大学王兰美、贾鹏、殷昌贵、马智英、赵继成、孙玉峰、李宁、郭业民、张雪、潘志国、鲁善文、李腾训。

本书由浙江大学陆国栋教授和北京理工大学焦永和教授主审。

本书的编写得到了山东理工大学的大力支持，在此表示感谢。

限于作者的水平，书中难免存在缺陷或不当之处，敬请专家、同仁和广大读者批评指正。

编　者

目　　录

绪　　论

1. 课程的地位、性质和任务

一部新机器、一座新建筑、一项新工程都是根据图样进行制造和建设的。图样是根据投影原理、标准或有关规定表示工程对象，并有必要的技术说明的图。设计者通过图样描述设计对象，表达其设计意图；制造者通过图样组织制造和施工；使用者通过图样了解使用对象的结构和性能，进行保养和维修。所以，图样被称为工程界的技术语言。

随着计算机科学技术的迅速发展，计算机图形技术 CG（Computer Graphics）和计算机辅助设计 CAD（Computer Aided Design）已经在世界各国各行业得到广泛应用。不仅在设计过程中要借助 CAD 系统利用图形建立描述对象的模型、进行对象的仿真、生成表达对象的工程图样，而且在科学计算可视化、信息可视化、虚拟现实的研究和应用中，对图形信息的需求也越来越多。图形应用领域越来越广阔，在工程技术、科学研究，以及人们的社会生活中无所不及。

因为图形特别适合人类视觉系统的观察，人从图形上接受信息的速度要比从数字、文字、表格中接受信息快很多倍，因此用图来记录或描述对象比用文字描述要简明、方便得多。计算机图形处理技术更推动了图形作为多类信息载体的广泛应用。

工程技术人员每天需要接受和处理的图形比过去要多得多，这就要求工程技术人员应具备高的图形表达能力和素质。因此无论过去、现在和将来，在培养工程技术人员的高等工科院校的教学计划中，本课程作为培养图形表达和思维能力的基本素质课程，都被作为一门必修的技术基础课程。

本课程的主要任务是：

1）学习投影法（主要是正投影法）的基本理论和基本应用。

2）培养绘制和阅读机械工程图样的基本能力。

3）培养图解空间几何问题的基本能力。

4）培养对三维形状与相关位置的空间逻辑思维能力和形象思维能力。

5）训练徒手绘图、仪器绘图和计算机绘图的能力。

6）学习与机械图样有关的机械设计和制造工艺方面的知识。

此外，在教学过程中必须有意识地培养自学能力，并借助相应知识点引导学生学习掌握分析问题的思维方法，培养解决问题的能力。

2. 课程的学习内容

本课程包括制图的基本知识与技能、画法几何、制图基础、机械制图和计算机绘图五个部分。

制图的基本知识与技能主要介绍绘制图样的基本技术和基本技能、计算机图形系统、《技术制图》与《机械制图》国家标准的基本规定，让学生能正确使用绘图工具和仪器绘图，掌握常用的几何作图方法，做到作图准确、图线分明、字体工整、整洁美观，会分析和标注平面图形尺寸，初步掌握徒手作草图的技巧，了解计算机图形系统的构成及应用范围。

画法几何部分学习用正投影法表达空间几何形体和图解空间几何问题的基本原理和方法。

制图基础利用正投影法的基本知识，运用形体分析和线面分析方法，进行组合体的画图、读图和尺寸标注，掌握各种视图、剖视图、断面图的画法及常用的简化和其他规定画法，做到视图选择和配置恰当，投影正确，尺寸齐全、清晰，通过学习和实践，培养空间逻辑思维和形象思维能力。

机械制图包括零件图、标准件、常用件和装配图等内容。了解零件图、装配图的作用及内容，掌握视图选择方法、规定画法，学习极限与配合及有关零件结构设计和加工工艺的知识和合理标注尺寸的方法。培养学生绘制和阅读机械零件图、装配图的基本能力，达到正确绘制和阅读中等复杂程度的零件图（视图不少于 4 个）和中等复杂程度的装配图（装配体要有非标准零件 10 件左右）。

计算机绘图介绍典型 CAD 软件，内容包括绘图环境、基本绘图、基本编辑、尺寸标注、块的定义与插入、三维造型等，并通过实例介绍零件图、装配图的绘制过程。计算机绘图是实现计算机辅助设计和自动化的一项新技术，它与用工具仪器绘图及徒手绘图都是工程技术人员必须熟练掌握的绘图方法。计算机绘图一章虽放在本书的后面，但可根据实际情况调整安排，尽量使三种方法都贯穿于本课程教学的全过程。

3. 课程的学习方法

在认真学习正投影理论的同时，通过大量的画图和读图练习，不断地由物画图、由图想物，分析和想象空间形体与平面图形之间的对应关系，逐步提高空间逻辑思维和形象思维能力，掌握本课程的基本内容。

做作业时，无论用仪器绘图还是用计算机绘图，都应在掌握有关概念及原理的基础上，遵循正确的作图方法和步骤，严格遵守国家标准的有关规定。作图作业应该做到：视图选择与配置恰当，投影正确，图线分明，尺寸完整，字体工整，图面整洁。

要充分利用机械认识实践、现场参观和金工实习等机会，尽量多接触机器和机械零件、部件，增加感性认识，逐步熟悉零件的结构和工艺，为制图与设计相结合打下初步基础。在后续的机械设计、机械制造基础、课程设计和毕业设计中还要继续深入学习和提高，达到工程技术人员应具备的机械设计制图的能力和素质的要求。

由于图样是产品生产和工程建设中最重要的技术文件，绘图和读图的差错都会带来损失，所以在做机械制图作业时，就应该注意培养认真负责的工作态度和细致严谨的工作作风。多数学生毕业后的第一项工作往往是画图。

4. 投影方法

（1）投影方法的概念　物体在光线照射下，就会在地面或墙面上产生影子。投影方法就类似于这种自然现象。如图 1 所示，设光源 S 为投射中心，平面 P 为投影面，在光源 S 和平面之间有一空间点 A，连接 SA 并延长与 P 面交于 a 点，形成 SAa 投射线，a 即为空间点 A 在投影面 P 上的投影。由于一条直线只能与平面相交一点，因此当投射方向和投影面确定后，点在投影面上的投影是唯一的。但是，已知点的一个投影并不能确定空间点的位置，如已知投影 b，在 Sb 投射线上的各个点 B_1、B_2、B_3 的投影都重影为 b。

这种投射线通过物体，向选定的面投射，并在该面上得到图形的方法称为投影法。工程上常用各种投影法来绘制图样。

（2）投影方法的分类 投影方法一般分为中心投影法和平行投影法两类。

1）中心投影法。投射线都汇交于一点的投影方法称为中心投影法（图2）。其具有以下基本性质：

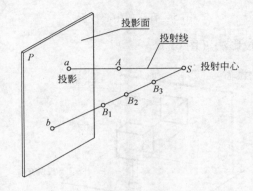

图1 投影方法

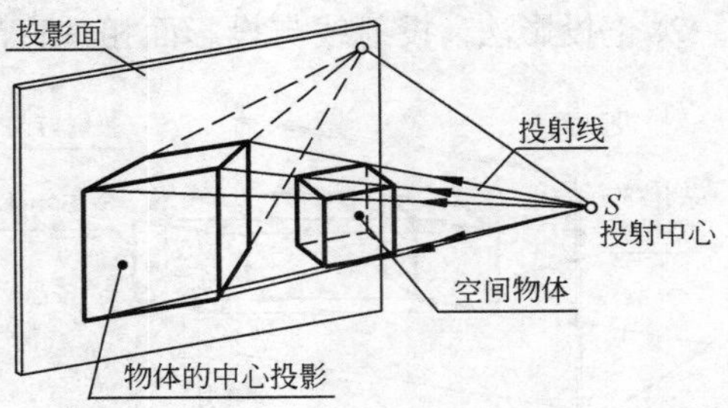

图2 中心投影法

① 唯一性。如图3a中 A、B、C 各点，图3b中 D、E、F 各点它们所处的空间位置不同，但在投影面上都有唯一的投影 a、b、c 和 d、e、f 与之对应。但点的一个投影不能确定该点在空间的位置，如图4所示。

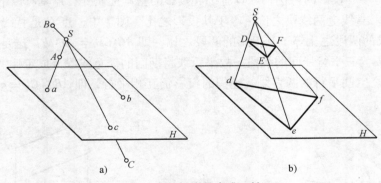

图3 点的投影具有唯一性

② 类似性。直线的投影一般仍为直线，如图5所示，直线 AB 的投影 ab 仍然是直线，只有当直线通过投射中心时，其投影成为一点，如直线 CD 的投影 $c(d)$ 成为一点。

③ 从属性。若点位于直线上，则其投影也位于直线的投影上。如图5中点 M、N 在直线 AB 上，其投影 m、n 也在直线的投影 ab 上。

2）平行投影法。投射线都互相平行的投影方法称为平行投影法（图6）。平行投影法又可分为两种：

① 斜投影法。投射线与投影面相倾斜的平行投影法（图6a）。

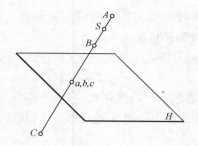

图 4　点的一个投影不能确定其空间位置　　　　图 5　直线的中心投影

② 正投影法。投射线与投影面相垂直的平行投影法（图 6b）。

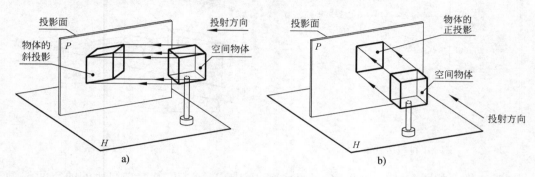

图 6　平行投影法

a）斜投影法　b）正投影法

平行投影是中心投影的特例，除具有中心投影的基本性质外，还具有以下基本性质：

① 定比性。直线上两线段之比，等于其投影之比。图 7 中，点 C 是直线 AB 上的一点，点 C 将 AB 分成的两段之比等于其投影的两段之比，即 $AC:CB = ac:cb$，这是由于 $Aa // Bb // Cc$，而 AB 与 ab 为三平行线间的线段，故平行线将期间的任意线段分成定比。

② 平行性。空间平行的两直线，它们的投影仍互相平行，即 $AB // CD \Rightarrow ab // cd$，如图 8 所示。

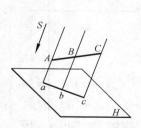
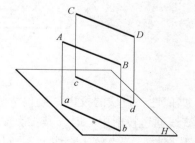

图 7　平行投影定比性　　　　　　图 8　平行直线的投影平行

③ 积聚性。若直线、平面与投射方向平行，则直线投影成为一点，平面投影成为一直线，这种性质叫做积聚性。这样的投影叫做有积聚性的投影，如图 9 所示。

④ 实形性。直线段、角度、平面图形平行于投影面时，其投影分别反映直线段的实长、真角和实形，如图 10 所示。

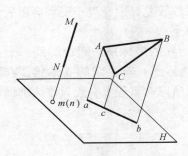 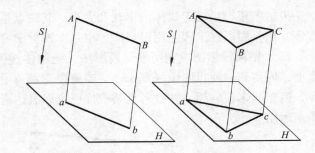

图9　与投射方向平行的直线、平面的投影　　　　　图10　平行投影几何元素的投影

⑤ 位移性。几何元素相对于投影面平移时，其投影不变形。

由于应用正投影法能在投影面上较正确地表达空间物体的形状和大小，而且作图也比较方便，因此在工程制图中得到广泛的应用。本书主要叙述正投影方法。

5. 工程上常用的几种投影图

图作为一种工具，对于解决工程及一些科学技术问题起着重要的作用。因此对图就有着严格的要求，一般来说这些要求是：

1）根据图形及相关标注能完全确定其几何元素的空间位置或空间形体的真实形状和大小。

2）图形应当便于阅读。

3）绘制图形的方法和过程应当简便。

由前述的中心投影法和平行投影法可以看出，不论用哪种投影法，仅仅根据一个投影是确定不了空间形体的形状和位置的。如图1所示，只凭点的一个投影 b 并不能确定该点的空间位置，因为在同一条投射线上的任何点（如 B_1、B_2、B_3）的投影都为 b。又如图11所示，两个不同形状的物体在 H 面上的投影形状是相同的。因此，为了使投影图达到上面所提出的要求，就必须附加某些条件，根据投影法和附加条件的不同，工程上采用以下四种投影图：正投影图、轴测投影图、标高投影图和透视投影图。

下面分别介绍这四种投影图的主要特点和应用范围。

（1）正投影图　利用正投影的方法，把形体投射到两个或两个以上互相垂直的投影面上（图12a），再按一定规律把这些投影面展开成一个平面，便得到正投影图（图12b），根

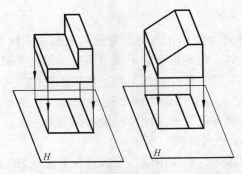 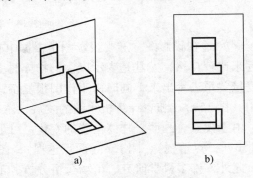

图11　两个不同形状物体的 H 面投影相同　　　　图12　物体的两面正投影图

据正投影图很容易确定物体的形状和大小。其缺点是直观性较差，但经过一定训练以后就能看懂。正投影图在工程上用得最广，也是本课程学习的重点。

（2）轴测投影图　利用平行投影法，把物体连同它所在的坐标系一起投影到一个投影面上，便得到轴测投影图（图13）。轴测投影图（俗称立体图）有一定的立体感，容易看懂，但画起来较麻烦，并且对复杂机件也难以表达清楚，所以在工程上一般只作为辅助性的图来运用。

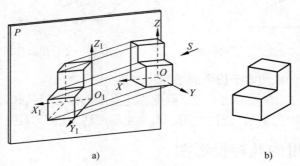

图 13　物体的轴测投影图

a）投影情况　b）轴测投影图

（3）标高投影图　标高投影图是利用正投影法，将物体投射在一个水平投影面上得到的（图14）。为了解决物体高度方向的度量问题，在投影图上画出一系列的等高线，并在等高线上标出高度尺寸（标高）。这种图主要用于地图以及土建工程道路工程图中表示土木结构或地形。

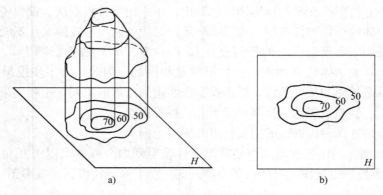

图 14　标高投影图

（4）透视投影图　透视投影图是根据中心投影法绘制的，这种图符合人眼的视觉效果，看起来比较自然，尤其是表示庞大的物体时更为优越。但是由于它不能很明显地把真实形状和度量关系表示出来，同时由于作图很复杂，所以目前主要在建筑工程上作辅助性的效果图使用（图15a）。随着计算机绘图的发展，透视图在工程上的应用将会迅速增加。在透视图中，由于视点、画面、物体位置的变化，可形成各种各样的透视图，一般将其分为三类，如图15b（一点透视）、图15c（两点透视）、图15d（三点透视）所示。

此外，许多科学研究、市场行情分析、工程管理等，常用图线、图表直观形象地表示研究结果、市场走势、影响因素及目标决策。

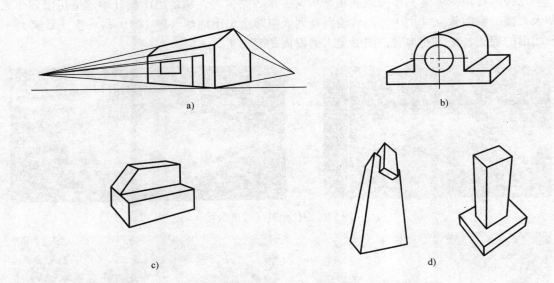

图15　透视投影图

a）透视投影　b）一点透视　c）两点透视　d）三点透视

6. 图形语言的形成及发展

几千年来，人们利用各种图形来表达交流思想。人类最早是用树枝在地上作画，在山洞里的墙上作画。中国、古埃及的象形文字如图16所示。

图16　中国、古埃及的象形文字

印刷的发明对人类思想交流提供了更便利的途径。达·芬奇（1452—1519），一位杰出的雕塑家、艺术家、科学家、工程师，他利用颜色、光、阴影作画，设计绘制了许多机械装备图。

18世纪，法国数学家蒙日出版了《La Geometric Descriptive》，这是第一本画法几何的书。在19世纪的工业革命中，由于表达设计思想和制造工业产品的需要，技术图形应运而生。20世纪50年代，计算机的出现使得图形的表达进入一个新的时代。三维立体的图示已得到越来越广泛的应用。人们利用图形来进行交流的途径和方法也越来越多。利用图形来进行沟通和交流，是每一个工程技术人员必须掌握的技能。

　　人类从在山洞墙壁上作画到利用象形文字来表达世界，从走出山洞开始建造房屋到今天摩天大楼的巍然耸立（图 17），从地面升到天空乃至飞出地球（图 18），每一次飞跃都离不开图形的表达、交流和沟通，图形是人类发展的有力工具。

图 17　现代建筑（效果图）

图 18　现代高速运输工具

　　一种新机器、结构或系统被实现之前，必须在设计者脑中有一个轮廓，这种原始的想法或观点通常徒手画在纸上或用计算机绘制成图片，同时以这些图形语言与别人进行交流，随着想法的完善，这些原始的简图会被另一些简图代替。

　　实际上，工程师和制图者必须学会利用图形语言进行读或写，工程师和设计团队中的每一个人必须互相之间能够迅速准确地用图形语言进行交流，就像木工必须学会使用木工工具一样。工程师、设计师和制图者必须学会专业制图这种工具。虽然 CAD 在很多情况下已经代替了传统的制图方法，但是图形语言的基本原理保持不变，计算机不能替代人脑，要求计算机做的东西，必须是在人脑里已想象出的，所以无论计算机多么高级，只有具备图形思维能力的人，才能发挥计算机的功能。那些精通图形交流的学生，将会顺利地通过后继课程的学习，为企业做出贡献，为社会创造财富。

　　古人云"需要是发明之母"，这句话仍然正确。需要，是创造的契机。一种新的机器、结构、系统或设备都是需要的结果。当一种新的产品有需求时，人们会在能力范围内购买和持续使用。但任何一种新产品在进入生产之前，某些问题是必须解决的，如这种物品的潜在市场对象是什么，消费者是否能认同这种物品的销售价格。如果潜在市场十分巨大，销售价格也比较合理，那么发明者、设计者和公司负责人就可能会对这种新物品进行研制、生产和市场策划，即工程设计。在工程设计过程中，工程师必须能够绘制理想的简图，计算应力，分析运动，确定部件尺寸，选取材料和生产方法，制作设计装配图、零件工作图、生产准备书和设计说明书。说明书中包括大量的生产制造、安装和维修的细节。为了执行和管理大量的工作任务，工程师必须灵活使用徒手图，他们必须能够记录和交流想法以便相互协助和综合设计团队的设计思想。要把徒手图的便利和计算机绘图的高效结合起来，就必须对图形语言有详细的了解。精通空间形体的图形表达方法，才能成为利用计算机进行设计和绘图的工程师和设计者。

典型的工程和设计部门里有很多有经验的工程师、设计师和刚毕业的学生。工作中有许多需要学习的东西，无经验者必须从低水平做起，随着经验的增长而逐渐成熟。

尽管地球上的人们讲不同的语言，但统一的语言很早以前已经存在，那就是图形。到了现在，这种形式已经简化成抽象的符号。一张图样可以是一个真实物体的图形代表，也可以是设计方案。图形可能有很多形式，但具有代表性的图形方法是一种世界性交流思想的基本形式。

7. 我国工程图的发展概况

我国是世界文明古国之一，在工程图方面也积累了很多经验，留下了丰富的历史遗产。从四千多年前殷商时代留下的陶器、骨板和铜器上的花纹就可以看出，我们的祖先在当时就已有简单的绘图能力，掌握了画几何图形的技能。早在三千多年前的春秋时代，在技术著作《周礼·考工记》中已述及了使用规矩、绳墨、悬垂等绘图和施工的工具。在两千多年前的数学名著《周髀算经》中，就已讲述用边长3、4、5定直角三角形的绘图方法，以及固定直角三角形的弦，直角顶点的轨迹便是圆的绘图轨迹。汉代刘歆（约公元前30年）求出了近似圆周率3.1416。在我国历代遗留下来的许多著作中也有很多工程图样，如宋代李诫的《营造法式》（公元1100年成书，公元1103年刊行，共36卷，其中建造房屋的图样达6卷之多），宋代苏颂的《新仪象法要》、元代王祯的《农书》、明代宋应星的《天工开物》和徐光启的《农政全书》、清代程大位的《算法统筹》等。

我国1956年由原第一机械工业部发布了第一个部颁标准《机械制图》，1969年由国家科学技术委员会发布了第一个国家标准《机械制图》，随后又颁布了国家标准《建筑制图》，使全国主要的制图标准得到了统一。为了进一步适应工农业生产和科学技术的发展，分别于1970年、1974年、1984年修订了国家标准《机械制图》。同样，房屋建筑制图的各个方面的国家标准也陆续制定和修订，在其他的工程技术领域里，有些部门也逐步制定了有关制图方面的标准。这些制图标准仍将随着工农业生产和科学技术的发展而不断修订或制定，1998年又制定了对各工程领域的技术图样共同使用的统一的国家标准《技术制图》。有关工程图的相关标准规定仍在继续修订颁布。

8. 工程技术导引 *⊖

（1）工程技术领域与工程图的应用概述　现代工程技术领域包括：航空航天工程、农业工程、化学工程、土木工程、运输工程、信息电气工程、核工程、石油工程、机械工程等，所有的工程技术领域都采用工程图样来表达其设计结果，而且所有的工程领域都与机械工程相关。

各工程技术领域都分为基础研究与设计技术。基础研究是通过研究已知的原理来发现新

⊖标有＊的为阅读材料。后同。

的概念和基本原理。设计技术则是将这些新的概念和基本原理转化成实际应用成果，以提高技术发展水平。

　　航空航天工程所研究的是与飞机、航天器等相关的原理与技术问题，涉及学科领域广，但机械是其中必不可少的重要研究内容。

　　农业工程所研究的农用设备与机械，包括汽油和柴油发动的装置（如泵、灌溉机械和拖拉机）及各种农田作业、农副产品加工和饲养禽畜用供暖系统的机械，还有现代工厂化农业生产所需要的系统装置。

　　土木工程是一门最古老的工程学科，它与我们几乎所有的日常生活密切相关，我们居住和工作的大楼、赖以生活的给排水系统都是土木工程的产物。这些工程的建设离不开机械设备，这些设备习惯被称之为建筑机械设备，其设计结果均采用图样表达。

　　信息电气工程相关的是电能的利用与分配设备和电子设备，如计算机、电子仪器仪表及自动控制设备等。

　　工业工程是较新的工程专业之一。工业工程是研究由人力、材料和设备构成的综合系统的设计、改进和安装。它运用数学、物理学和社会科学方面的专业知识和技巧以及工程分析和设计方面的原理和方法来规定预测和评价由这样的系统获得的结果。工业工程与其他工程学科的区别在于它与人类及其行为和工作条件密切相关。

　　工业工程是关于各类社会化组织有效运作的科学，也称为"作业的科学"（Science of Operation）。它是唯一一门以系统效率和效益为目标的工程技术，是运用自然科学知识、工程技术方法和社会科学的理念，对各种系统进行综合设计和优化的一个新兴学科。世界上多数先进的工业化国家，都有长期的工业工程研究应用与实践的历史，其经济发展与工业工程的成功应用有着密切的联系。

　　核工程的和平利用分为两大类：辐射和核动力反应堆。辐射是能量以波的形式通过物质或空间进行传播。在原子物理学中，辐射包括高速运动的粒子（α射线、自由中子等）、γ射线以及 X 射线。核科学与植物学、化学、医学、生物学密切相关。核反应堆用作燃料以常规方式带动涡轮发电机发电。

　　石油工程的主要课题是寻找石油与天然气，及研究各种石油产品的输送和分离技术。油气开采除了必需的地质资料以外，还必须要求机械工程师研究设计出高效的钻井与采油设备。石油炼制与化学工程涉及的化工设备分为通用机械设备和专用化工设备。其中通用设备属于机械工程范畴。地下开采矿石也要求机械工程师研究设计新型的矿山机械，以提高生产率，降低劳动强度。

　　发电需要原动机为发电机提供动力来生产电能。机械工程师设计和监督蒸汽机、涡轮机、内燃机和其他原动机的运行。

　　运输包括载重汽车、公共汽车、小汽车、机车、船舶以及飞机的设计和制造，这些都由机械工程师进行。

　　航空科学与技术要求机械工程师不仅要研制飞机控制系统和环境系统，而且要研制飞机的发动机。

　　船舶由蒸汽机、柴油机或燃气发动机提供动力，它们由机械工程师进行设计。船舶上的照明、供水、制冷和通风等都由供电设备供给动力，也是由机械工程师设计的。

中国创造：鲲龙 AG600

制造业要求机械工程师不断设计新的产品，提高制造产品的经济效益，并保证产品符合质量要求。

核工程要求机械工程师研制和处理放射性保护设备和材料。机械工程师在核反应堆的建造中担任重要的角色。

无论哪种工程领域，其设计结果都得由图形表达，而且所有的工程领域都与机械工程密切相关，可以说，机械工程是一切工程实施的基础和支柱。

（2）工程技术队伍构成与职责　各工业工程领域在实施生产经营过程中，离不开工程技术人员的相互合作组成的团队。这个团队包括各层次、多种知识结构和技术背景的人员，其组成成分如图19所示。

其中科学家是指通过实验和试验创立新的理论与发现新的原理的研究人员。科学家的主要工作是科学原理的发现。科学原理的发现是实际应用开发的基础，而实际应用可能滞后于科学原理的发现许多年才出现。

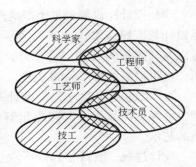

图19　工程技术人员团队

工程师在科学、数学和工业过程方面具备扎实的基础知识，主要从事的工作是运用科学家发现的科学原理，将原材料和能源转化成所需的产品和设备的研究实施。创造性地将这些科学原理应用于新产品、新系统的设计开发，是工程师最神圣的职责。一般地，工程师利用已知的原理、可供的能源，以合理的成本研制最终的产品和系统。

工艺师与工程师的区别在于工程师的任务是研究与设计，工艺师则是将工程原理应用于规划、加工设计和生产过程中，帮助工程项目的实施和产品的生产。

技术员一般协助工艺师、工程师工作，并在制造和施工过程中监督技工的工作。

技工根据工程师提出的技术指标进行生产，来实施工程设计。技工可以是制造产品部件的机床工，或者装配电气元件的电工。技工按工种进行定期考核晋级。技工是生产过程实施的具体操作者、劳动者。

大国工匠：大技贵精

此外还有设计师、造型设计师等，这些人员基本由工业设计专业培养，工程领域跨度极大，今天设计一个汽车外形，明天可能设计电熨斗等小产品。他们主要关心产品的外形、空间及与人相关的人机关系的功能设计，不大考虑产品的内部细节问题。这些人员必须具备良好的审美能力和丰富的空间想象力。当然，工程领域的其他技术人员也应该具备良好的审美能力和丰富的空间想象力，这是创新工作的基本素质。

（3）工程设计的分类及设计过程　工程图学提供解决技术问题的方法。从事工程设计的工程师必须将自己的设计思想通过画出许多草图和图样进行表达，制定出初步设计方案，然后通过图样与同事互相交流切磋设计思想，以求得优化方案。

1）工程设计的分类。大多数设计问题可以分成系统设计和产品设计两大类。

系统设计讨论将现有的产品和部件组合成能够产生预期结果的独特系统的格局问题，属集成创新。如住宅大楼是由图20所示的部件和产品组成的复杂系统。系统设计首先应进行工程分析，它涉及法律问题、经济学、档案资料、人际因素、社会问题、科学原理以及政治因素等（图21）。

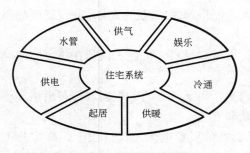

图20　系统设计问题

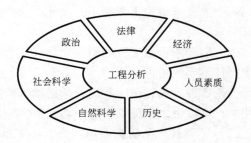

图21　系统设计的工程分析

产品设计探讨要大批生产的产品，如器械、工具或玩具的设计、测试、制造和销售。产品设计与市场需求、生产成本、性能要求、销售量以及利润预测有关（图22），可以是新品的发明，也可以是原有产品的改进。

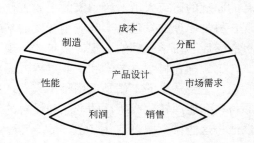

图22　产品设计问题

2）工程设计的过程。设计是一种将各种原理、资源和产品组合起来提出解决某一问题的方案的艺术。

设计过程一般可分为以下六步：问题的认识；初步设计方案；问题的细化；分析；决策；实现（图23）。设计师按上述顺序工作，但在设计过程中，前面完成的步骤还可能回过头去重复进行。

① 问题的认识。大多数工程问题在一开始其意义并不十分明确，所以在设法解决问题之前必须加以认识（图24）。如假设需要你解决大气污染问题，首先你必须弄清大气污染的含义和产生污染的原因，污染是由汽车、工厂、海港和矿山的废弃物，还是由于含有污染大气物质的地理特征造成的？当你走到交通拥挤不堪的交叉路口时，是否能够发现拥挤的原因？是车辆太多、信号同步太差，还是人们的视线被挡住了？所以问题的认识需要进行大量的调查研究，需要收集几种类型的数据，包括现场数据、意见调查、历史记载、个人的观察材料、经验资料以及物理测量的数据和特征（图24）。这要求工程设计人员须培养敏锐的观察力及设计和引领生活超前意识。

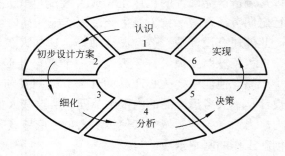

图23　产品设计分析过程

② 初步设计方案。第二步是要尽量多地收集解决问题的设计方案（图25）。初步设计方案的思路应尽可能的广阔，能提出独到的解决办法，从根本上革新现有的方法。应当画出许多初步设计方案的概略草图，并加以保存，以产生最初的设计方案，促进设计过程的进行。设计方案及其说明应当记在草图上，初步方案越多越好。这要求工程设计人员须培养发散思维习惯。

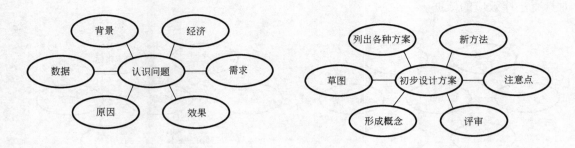

图 24　工程设计认识过程　　　　　　　图 25　设计方案确定

③ 问题的细化。接下来要选出几个较好的初步设计方案进行细化（图26），以确定它们各自的真正优点所在。将草图画成比例图，便于进行空间分析、评价测度，以及会影响设计的面积和体积计算，必须考虑空间的关系、平面间的角度、构件的长度、曲面与平面的交线等。这要求工程设计人员应具备严谨细致的科学作风。

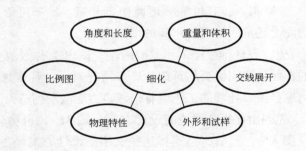

图 26　问题细化

④ 分析。设计过程中运用工程与科学原理最多的步骤就是分析，即评价最佳的设计方案，比较各方案在成本、强度、性能和市场前景等方面的长短处（图27）。图形分析法是检查设计方案的一种手段，难以用数学方法表示的数据可以用图形法进行分析。缩小的模型亦可以用作分析工具，帮助建立运动部件和外观的关系，以评价其他的一些设计方面的特性。这要求工程设计人员应具备扎实的理论基础。

⑤ 决策。这一阶段必须作出决策，选出一个设计方案作为解决设计问题的正式方案

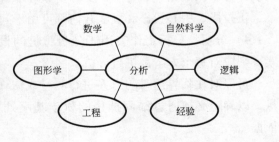

图 27　分析

（图28）。通常，最终的设计方案是兼有若干设计方案中许多优点的折中方案。这要求工程设计人员应秉持认真负责的工作态度。

⑥ 实现。最终的设计方案必须以具有可操作性的形式来表示（图29）。加工图和技术规范通常用作产品制造的依据，无论该产品是小型的金属件，还是一座巨大的桥梁。工人必须拿到制造每个零件的工作图、详细说明书、精度要求等技术文件，才能保证生产出合格的

制品。工作图必须足够明晰，为承包商对项目进行投标提供合法的合同基础，也是项目验收时具有法律效应的依据。

图28　决策　　　　　　　　　　　　　　图29　实现

（4）设计过程简单举例　为了说明设计过程各个步骤在简单设计问题中的应用，下面举个例子。

【例0-1】　秋千架的锚固问题。儿童玩耍的秋千（也称荡船）在摆到最高处时是不稳定的，秋千的摆动会使 A 形架倾斜，有可能倾覆而伤害儿童。秋千可以同时容纳三个儿童，试设计一种装置，能消除上述危险，并有广阔的市场前景。

1）问题的认识。首先，设计师应记下问题的阐述（图30）以及有关需求的说明，列出有关的限制和所要求的特性，画出必要的草图。许多情况对设计师来说可能是显而易见的，但是画出草图和记下问题会使设计师的工作更有条理，更能激发创造力。

2）初步设计方案。先列出评审会讨论的设计方案（图31），再将较好的设计方案和设计特点列在工作表上（图32），然后，迅速将这些文字的设计方案徒手画成草图（图33），这是设计过程中极富创造性的一步。设计师应尽量设法多提出一些设计方案。

3）问题的细化。将初步设计方案的特点列在工作表里（图34）以便进行比较。把较好的设计方案画成图样，为下一步分析做好准备（图35）。在这个阶段只需标出少数尺寸。

正投影、中心投影和画法几何都可用于问题细化（图35）。

4）分析。分析工作表用于分析管桩的设计（图36～图38）。如果考虑了几个设计方案，则应对每个方案都进行分析。

可以对在临界角时的力 F 进行测量或估算（图39），并将这个力作为矢量多边形的基矢量，以确定必须通过锚固抵住的秋千基座处 R 值的大小。这里还是利用图形学作为设计依据。

5）决策。两种设计方案即管桩加锚链方案和延伸脚方案在决策表中进行比较（图40）。在总共 10 个方面的问题中指定若干作为分析要素。对这两种设计方案按这些分析要素作出评价，以确定哪一种方案获得最高打分。然后，列出荐用的设计方案的概要以及产品在市场上的利润展望（图41），最终决定采用管桩加锚链的设计方案。

6）实现。管桩的设计画成加工图，对每个零件进行细部设计，并标以尺寸。使用图形表示所有原理，其中包括徒手画出的示意图，说明各个零件的装配方法（图42）。

问题的认识

1. 项目名称

　　SWING SET ANCHOR　　　　秋千架的锚固

2. 问题的阐述

　　SWING SETS TEND TO OVERTURN WHEN IN USE WHICH CAUSES AN UNSAFE CONDITION

　　秋千架在使用时有可能失稳而翻倒

3. 要求与限制

　　A. SEE SKETCH FOR DIMENSIONS 3 SWINGS　　　　尺寸如图所示

　　B. SALES PRICE $3-$10 RANGE　　　　价格在 3 美元到 10 美元之间

　　C. EASY TO ATTACK　　　　容易安装

　　D. ALLOWS SET TO BE MOVED　　　　允许移动

　　E. SAFE FOR CHILDREN　　　　对儿童安全

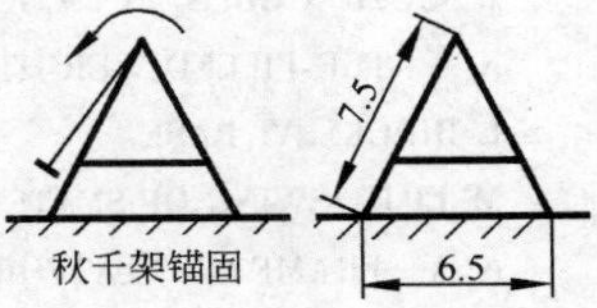

4. 需要的信息

　　A. NUMBER OF SWING SETS SOLD　　　　秋千架销售量

　　　WRITE MANUFACTURERS　　　　写信给制造商

　　　SURVEY RETAILERS　　　　调查零售商

　　B. SIZES OF SWING SETS　　　　秋千架型号

　　　WRITE MANUFACTUERS　　　　写信给制造商

　　　VISIT PLAYGROUNDS　　　　考察运动场

　　　OBTAIN CATALOGS　　　　获得相关产品价目表

　　　VISIT RETAILERS　　　　访问零售商

　　C. WHAT IS THE COMPETITION?　　　　竞争是什么

　　　REVIEWCATALOGS　　　　研究产品目录

　　　INQUIRE AT RETAIL OUTLETS　　　　调查零售渠道

5. 市场考虑

　　A. SALES PRICES OF SWING SETS?　　　　秋千架价格

　　　SURVEY CATALOGS & STORES　　　　调查产品目录和商店

　　B. SALES POTENTIAL　　　　市场前景

　　　CONTACT RETAILERS AND MANUFACTUERES　　　　与经销商和制造方沟通

　　C. GEOGRAPHICAL IMPACT ON SALES OF SETS? MFGRS.　　地域对秋千架销售有无影响

　　D. OUTLETS FOR SALES?　　　　销路

　　　CHECK YELLOW PAGES　　　　查电话号码簿

　　　VISIT SHOPPING CENTERS　　　　去购物中心了解情况

秋千架锚固　　7.5　　6.5

PROBLEM IDENTIFICATION	NAME No.　SECT　DATE	TIME	1

图 30　认识问题工作表

初步设计方案

1. 评审会方案

A. SANDBAGS	沙袋
B. STAKE IN GROUND	埋在地下的桩
C. SET IN CONCRETE	固定在混凝土地基上
D. WIDEN BASE	加宽地基
E. FOOT ATTACHED TO LEGS	支架根部加支脚
F. WEIGHTS ON LEGS	支架重量
G. REDESIGN A-FRAME	重新设计 A 形架
H. STAKE WITH NYLON CORD	缚有尼龙绳索的桩
I. STAKE WITH ROPE	缚有绳索的桩
J. SUCTION CUPS ON PATIO	地面上的吸盘
K. WATER-FILLED WEIGHTS	加载重量
L. BRICKS AT BASE	地基上的砖块
M. LIMIT SWING OF SEATS	限制座位的摇摆幅度
N. A—FRAME ON PLATFORM	平台上的金字塔状支架
O. PROTECT WITH AIR BAGS	气袋保护
P. WEIGHT LEGS OF A-FRAME	加重 A 形支架的重量
Q. ROLL BARS ON A-FRAME	支架上的装横木
R. PADDED CRASH AREA	填充的碰撞区
S. FLANGE OF LEGS	支架法兰
T. SET LEGS IN GROUND	在地面上的固定支架
U. SUPPORT WITH BALLONS	用气球保护

| PROBLEM IDENTIFICATION | NAME No.　　SECT　　DATE | TIME | 2 |

图31　列出所有的设计方案交流评审

2. 最佳方案的描述

A. STAKE IDEAS ARE BEST SUITED FOR DEVELOPMENT.	用木桩的方案很好，但为了获得更好的，有待于进一步研究
—ATTACH TO LEGS	连到支架上
—STAKE IN GROUND	将桩埋在地下
—CONNECT WITH CHAIN	用链子连接
—PERHAPS. USE CORD	可能用到绳索
B. EXTENSION FEET ARE NEXT BEST	延伸脚也很好
—CLAMP TO LEGS	夹在支架上
—EXTENDED METAL FOOT	延伸金属脚

3. ATTACH SKETCHES　　　　　　附草图

| PROBLEM IDENTIFICATION | NAME No.　　SECT　　DATE | TIME | 3 |

图32　从评审列出的清单中选出若干较好的设计方案作为初步设计方案

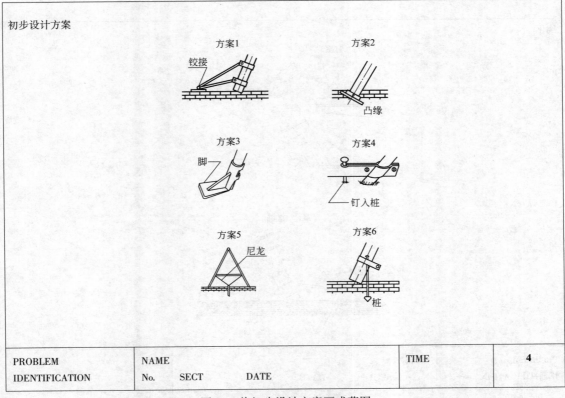

PROBLEM IDENTIFICATION	NAME No.　　SECT　　　DATE	TIME	4

图 33　将初步设计方案画成草图

细化

1. 最佳方案描述

　A. STAKE

　　1. METAL OR WOOD STAKE 6-10 INCHES LONG

　　2. ATTACHED WITH CHAIN. CORD. OR CABLE(10 IN)

　　3. ATTACH TO A-FRAME WITH COLLAR

　　4. NEED 4

　B. EXTENSION FOOT

　　1. ATTACH TO A-FRAME LEGS

　　2. CALCULATE LENGTH OF FOOT NECESSARY TO PREVENT TIL TING

　　3. MUST BE EASY TO ATTACH　TO A-FRAME

　　4. NEED FOUR FEET

　　5. 1 LBF MAXIMUM FOR EACH

　　6. WILL NOT EMBED IN GROUND

　　7. MUST BE WEATHERPROOF

2. 附图

桩

长 6～10in 的金属或木桩

附有链子、绳索、或缆绳

用套筒固定在 A 形支架上

需要四套

延伸脚

固定在 A 形支架腿上

计算防止倾斜所必需的延伸脚长度

必须很容易固定在 A 形支架上

需要 4 个延伸脚

每个最大重量 1lbf

不埋在地下

必须防水

PROBLEM IDENTIFICATION	NAME No.　　SECT　　　　DATE	TIME	5

图 34　细化初步设计方案（从文字描述选定的设计方案开始）

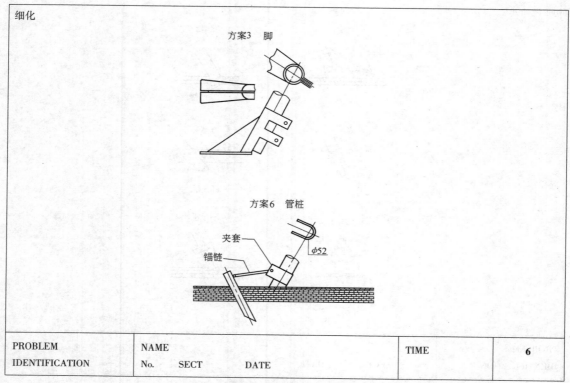

PROBLEM IDENTIFICATION	NAME No.　SECT　　DATE	TIME	6

图 35　细化的图形用于拟定两种或两种以上的设计方案

分析
1. 功能
　　A. ANCHORS SWING SET FIRMLY　　　　　　　　　　锚链稳固
　　B. POSITIVE ANCHOR TO GROUND　　　　　　　　　固定于地面上
　　C. PREVENTS OVERTURNING　　　　　　　　　　　防止翻转
　　D. EASY TO REMOVE　　　　　　　　　　　　　　容易移动
2. 使用要求
　　A. EASY & QUICK TO INSTALL　　　　　　　　　　容易并且能迅速安装
　　B. REQUIRES NO SPECIAL TOOLS　　　　　　　　　不需要特殊工具
　　C. PROVIDES THE REQUIRED SAFETY　　　　　　　能提供的必需的安全性
3. 市场与用户认可
　　A. KEEP PRICE UNDER $15　　　　　　　　　　　价格在 15 美元以下
　　B. CAN BE SOLD AS AN ACCESSORY TO SWING SETS　能作为秋千的配件来卖
　　C. SHOULD BE SOLD WITH SWING SETS　　　　　应附带秋千来出售
　　D. NEED TO FIND ESTIMATE OF SWING SETS SOLD PER YEAR　需要估计每年秋千销售量

PROBLEM IDENTIFICATION	NAME No.　SECT　　DATE	TIME	7

图 36　分析工作表

4. 物理描述

    A. STAKE：14"LONG-CRIMPED AT ONE END FOR EASE OF DRIVING INTO GROUND

        桩：14in 长，为了容易插入地下，一头削尖

    B. CHAIN ATTACHED TO STAKE WITH EYEBOLT THROUGH HOLE IN STAKE

        链与桩通过桩孔上的螺栓联接

    C. WEIGHT：ABOUT 8 OZ PER STAKE　重量：每根桩大约 8oz

    D. METAL COLLAR WITH NUT & BOLT TO SURROUND LEG

        带有螺母和螺栓的金属套圈，套在支架腿上

5. 强度

    A. WITHSTAND A TENSION OF 70 LBF AT EACH LEG　每个支架腿承受 70lbf 的压力

    B. SAFETY FOR THREE SWINGS AT ONE TIME　能同时承载 3 人

PROBLEM IDENTIFICATION	NAME No. SECT DATE	TIME	8

图 37　继续进行设计过程的分析步骤

6. 生产过程

    A. USE 15 GAUGE GALVANIZED IRON PIPE（ϕ40mm OD）STAKE CUT ON DIAGONAL TO CRIMP AND POINT STAKE

        用镀锌钢管（ϕ40mm OD）沿对角线切削成尖状

    B. 15 GAUGE METAL COLLAR TO BE FORMED INTO U-SHAPE & DRILLED FOR　ϕ5mm BOLT

        加工成 U 形的金属套圈，并且钻孔以便安装 M5 的螺钉

    C. STAKE DRILLED ϕ7mm FOR ϕ5mm BOLT FOR ATACHING CHAIN

        桩上 ϕ7mm 的孔用于固定链的 M5 螺钉

7. 经济分析

    A. COSTS　　　　　　　　　花费

        1. CHAIN　　　　　　$0.30　　　　　链

        2. STAKE　　　　　　$0.20　　　　　桩

        3. COLLAR　　　　　$0.20　　　　　套圈

        4. EYEBOLT & NUT　$0.10　　　　　螺栓、螺母

        5. COLLAR BOLT　　$0.10　　　　　夹套螺栓

    B. LABOR　　　　　　　$0.60　　　　　工时

    C. PACKAGING　　　　$0.30　　　　　包装

    D. PROFIG　　　　　　$1.15　　　　　利润

    E. WHOLESALE PRICE　$2.95　　　　　批发价格

    F. RETAIL PRICE　　　$4.95　　　　　零售价格

PROBLEM IDENTIFICATION	NAME No. SECT DATE	TIME	9

图 38　继续进行设计过程的分析步骤

分析

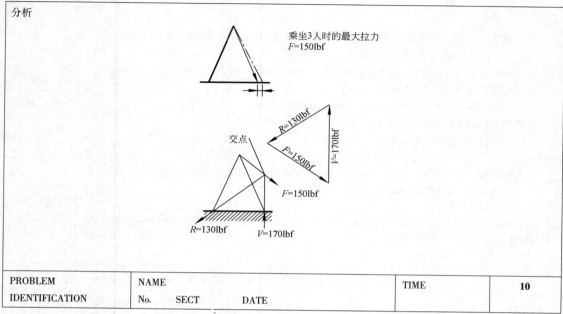

乘坐3人时的最大拉力
$F=150lbf$

交点

$R=130lbf$

$F=150lbf$

$V=170lbf$

$F=150lbf$

$R=130lbf$　　　$V=170lbf$

PROBLEM IDENTIFICATION	NAME No.　　SECT　　　DATE	TIME	10

图 39　力学分析

决策
评价决策表
　　设计1：　管桩加锚链
　　设计2：　延伸脚
　　设计3：
　　设计4：
　　设计5：

满分	要素	1	2	3	4	5
2	性能	2	1			
2	使用要求	1.5	1.5			
1	市场分析	0.5	0.2			
1	强度	1	1			
1	生产	0.5	0.5			
1	成本	0.5	0.2			
2	盈利	1.5	1			
0	外观	0	0			
10	总分	8	5.9			

PROBLEM IDENTIFICATION	NAME No.　　SECT　　　DATE	TIME	11

图 40　用评价决策表评估最终设计方案

结论

THE STAKE AND CHAIN DESIGN APPEARS TO BE THE BEST AND MOST MARKETABLE SOLUTION
桩链设计看来是最好，最利于市场化的方案
IT WOULD HAVE THE BEST MARKET ACCEPTANCE 它将会得到市场的接受
GOOD POSSIBILITY OF SELLING WITH SWING SETS 很可能附带秋千装置销售
SALES PRICE $ 4.95   销售价格
SHIPPING EXPENSES $ 0.50   运费
NUMBER TO SELL TO   1000   可能销售的最高数量
BREAK EVEN
MANUFACTURED BY CONTRACTOR   由承包人制作
ESTIMATED PROFIT $1.15   估计利润
建议实施并生产该产品

PROBLEM IDENTIFICATION	NAME No. SECT DATE	TIME	12

图 41　在工作表上列出最终的决策和一些其他的结论

实现

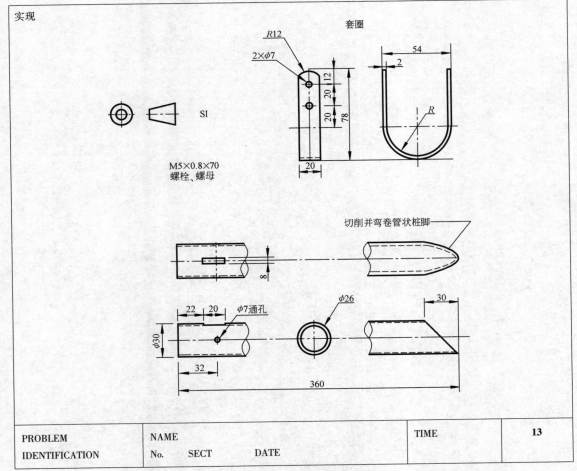

PROBLEM IDENTIFICATION	NAME No. SECT DATE	TIME	13

图 42　继续进行设计过程的分析步骤

标准件，如螺母、螺栓和锚链等都应标明，但不用画出，因为这些零件是不需特地制造的。

利用此加工图，就可以直接实施此设计方案，不必再去制作样品或模型。

市场上已有供应的秋千架锚固器造型如图 43 所示。

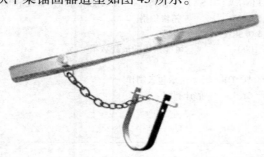

图 43　秋千架锚固器造型

第1章　制图的基本知识与技能

本章介绍国家标准《技术制图》、《机械制图》的基本规定和仪器绘图、徒手绘图的基本技能。通过本章的学习，使学生建立工程图的标准规范概念，初步掌握绘图的技能。

1.1　制图国家标准的基本规定

国家标准《机械制图》是对与图样有关的画法、尺寸和技术要求的标注等做的统一规定。制图标准化是工业标准化的基础，我国政府和各有关部门都十分重视制图标准化工作。1959 年中华人民共和国科学技术委员会批准颁发了我国第一个《机械制图》国家标准。为适应经济和科学技术发展的需要，先后于 1974 年及 1984 年做了两次修订，对 1984 年颁布的制图标准，1991 年又做了复审。

为了加强我国与世界各国的技术交流，依据国际标准化组织 ISO 制定的国际标准，制定了我国国家标准《技术制图》，并在 1993 年以来相继发布了"图纸幅面和格式"、"比例"、"字体"、"投影法"、"表面粗糙度符号、代号及其注法"等项新标准。2002 年发布了对 1984 年《机械制图　图样画法》的替代标准，该标准自 2003 年 4 月 1 日实施。

国家标准，简称国标，代号为"GB"，斜线后的字母为标准类型，分强制标准和推荐标准，其中"T"为推荐标准，其后的数字为标准顺序号和发布的年代号，如"比例"的标准编号为 GB/T 14690—1993。

1.1.1　图纸幅面和格式（GB/T 14689—2008）

（1）图纸幅面　绘图时应优先采用表 1-1 规定的基本幅面，必要时，允许选用加长幅面，加长时，基本幅面的长边尺寸不变，沿短边延长线增加基本幅面的短边尺寸整数倍，如图 1-1 所示。图中粗实线为基本幅面，细实线和虚线所示均为加长幅面。

表 1-1　图纸幅面　　　　　　　　　　　　　　（单位：mm）

幅面代号	A0	A1	A2	A3	A4
$B \times L$	841×1189	594×841	420×594	297×420	210×297
a	25				
c	10			5	
e	20			10	

（2）图框格式　在图纸上必须用粗实线画出图框，其格式分不留装订边（图 1-2）和留装订边（图 1-3）两种，尺寸见表 1-1。同一产品的图样只能采用同一种格式。

图框幅面可横放（X 型）和竖放（Y 型），如图 1-2、图 1-3 所示。

（3）标题栏的方位　国标《技术制图　标题栏》规定每张图纸上都必须画出标题栏，标题栏的位置位于图纸的右下角，标题栏的长边置于水平方向并与图纸的长边平行时，则构

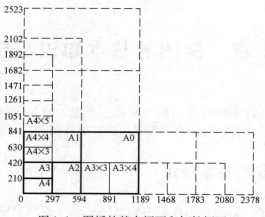

图 1-1　图纸的基本幅面和加长幅面

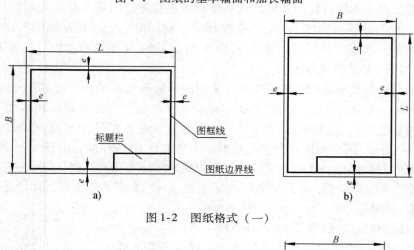

图 1-2　图纸格式（一）

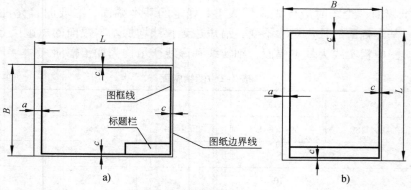

图 1-3　图纸格式（二）

成 X 型图纸，如图 1-2a 和图 1-3a 所示。若标题栏的长边与图纸的长边垂直时，则构成 Y 型图纸，如图 1-2b 和图 1-3b 所示。A4 幅面的 Y 型图纸为通栏，如图 1-3b 所示。

1.1.2　标题栏（GB/T 10609.1—2008）

1. 基本要求

每张图样中均应有标题栏。它配置位置及栏中的字体（签字除外）、线型等均应符合国家标准规定。

2. 标题栏内容

标题栏一般由更改区、签字区、其他区、名称及代号区组成（见图1-4）。

3. 尺寸与格式

（1）标题栏中各区的布置如图1-4a所示，也可采用图1-4b的形式。

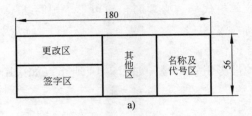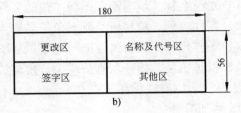

图1-4 标题栏的尺寸与格式

（2）标题栏各部分尺寸与格式参照图1-5。图1-5所示为按图1-4a格式布置的标题的格式举例。

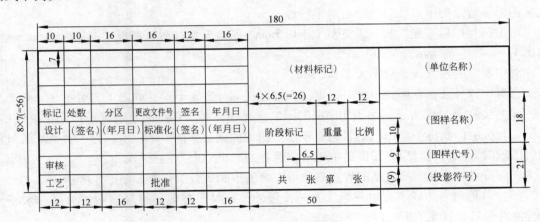

图1-5 标题栏的格式举例

4. 标题栏的填写

（1）更改区 更改区中的内容应按由下而上的顺序填写，也可根据实际情况顺延，或放在图样中的其他地方，但应有表头。

1）标记。按照有关规定或要求填写更改标记。

2）处数。填写同一标记所表示的更改数量。

3）分区。必要时，按照有关规定填写。

4）更改文件号。填写更改时所依据的文件号。

5）签名和年、月、日。填写更改人的姓名和更改的时间。

（2）签字区 签字区一般按设计、审核、工艺、标准化、批准等有关规定签署姓名和年、月、日。

（3）其他区

1）材料标记。对于需要该项目的图样，一般应按相应标准或规定填写所使用的材料。

2）阶段标记。按有关规定由左向右填写图样的各生产阶段。

3）重量。填写所绘制图样相应产品的计算重量。以千克为计量单位时，允许不写出计量单位。

4）比例。填写绘制图样时所采用的比例。

5）共　张、第　张。填写同一图样代号中图样的总张数及该张所在的张次。

（4）名称及代号区

1）单位名称。填写绘制图样单位的名称或单位代号。必要时，也可不予填写。

2）图样名称。填写所绘制对象的名称。

3）图样代号。按有关标准或规定填写图样的代号。

4）投影符号。第一角画法或第三角画法的投影识别符号，如图 7-14 所示。如采用第一角画法时，可以省略标注。

5. 附加符号

每张图纸上除了必须画出图框、标题栏等，还可以根据需要画上附加符号，如对中符号、方向符号、剪切符号、图幅分区、米制参考分度符号等。

（1）对中符号　为使图样复制和缩微摄影时定位方便，对表 1-1 所列的各号图纸，均应在图纸各边长的中点处分别画出对中符号。

对中符号用粗实线绘制，线宽不小于 0.5mm，长度从纸边界开始深入图框内约 5mm 处，如图 1-6、图 1-7 所示。

对中符号的位置误差应不大于 0.5mm。

当对中符号处在标题栏位置时，则深入标题栏部分省略不画，如图 1-7 所示。

（2）方向符号　为了利用预先印制的图纸，允许将 X 型图纸的短边置于水平位置使用，如图 1-6 所示；或将 Y 型图纸的长边置于水平位置使用，如图 1-7 所示。为了明确绘图与看图时图纸的方向，此时应在图纸的下边对中符号处画出一个方向符号。

方向符号是用细实线绘制的等边三角形，其大小和所处的位置如图 1-8 所示。

（3）其他符号　除了对中符号、方向符号外，有时还有剪切符号和图幅分区、米制参考分度符号等，详见 GB/T 14689—2008。

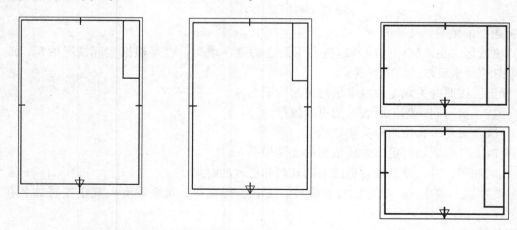

图 1-6　X 型图纸作为 Y 型图纸使用　　　　图 1-7　Y 型图纸作为 X 型图纸使用

图纸可以预先印制，一般应具有图框、标题栏和对中符号三项基本内容。而其他内容如方向符号、剪切符号、图幅分区、米制参考分度符号等可根据图纸的用途和使用情况确定取舍，也可根据具体需要临时绘制。

1.1.3 明细栏（GB/T 10609.2—2009）

GB/T 10609.2—2009 规定了技术图样中明细栏的基本要求、内容、尺寸与格式。

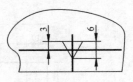

图 1-8 图纸方向符号

1. 适用范围

本标准适用于装配图中所采用的明细栏。其他带有装配性质的技术图样或技术文件也可以参照采用。

2. 基本要求

1）明细栏一般配置在装配图中标题栏的上方，按由下而上的顺序填写，如图 1-9、图 1-10 所示。其格数应根据需要而定。当由下而上延伸位置不够时，可紧靠在标题栏的左边自下而上延续。

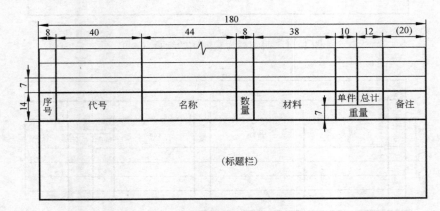

图 1-9 明细栏格式举例（一）

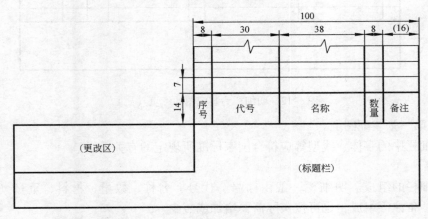

图 1-10 明细栏格式举例（二）

2）当装配图中不能在标题栏的上方配置明细栏时，可作为装配图的续页按 A4 幅面单独给出（图 1-11 和图 1-12），其顺序应是由上而下延伸，还可连续加页。但应在明细栏的下方配置标题栏，并在标题栏中填写与装配图一致的名称和代号。

3）当有两张或两张以上同一图样代号的装配图，而又按照第 1）条配置明细栏时，明

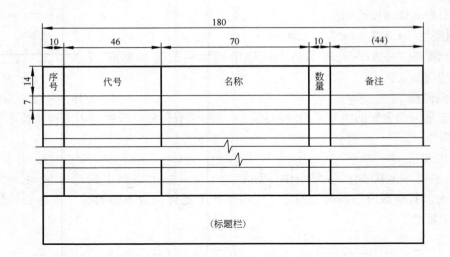

图 1-11　明细栏为装配图的续页（一）

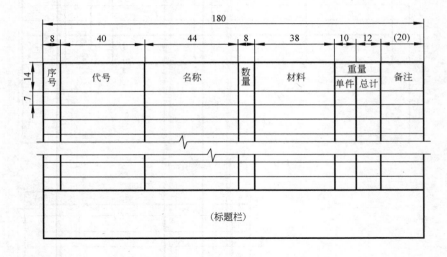

图 1-12　明细栏为装配图的续页（二）

细栏应放在第一张装配图上。

4）明细栏中的字体、线型等应符合国家标准所规定的有关要求。

3. 内容

1）明细栏的组成。明细栏一般由序号、代号、名称、数量、材料、重量（单件、总计）、分区、备注等组成，也可按实际需要增加或减少。

2）明细栏的填写。装配图中每一个零件（有时标准件也可以除外）都必须注写序号、代号、名称、数量、材料、重量、分区、备注等。

4. 尺寸与格式

1）装配图中明细栏各部分的尺寸与格式如图 1-9 和图 1-10 所示。

2）明细栏作为装配图的续页单独给出时，各部分尺寸与格式如图 1-11 和图 1-12 所示。

　　此外，在制图课程学习期间，本书对零件图标题栏和装配图标题栏、明细栏内容进行了简化，可以使用图 1-13 所示的格式。

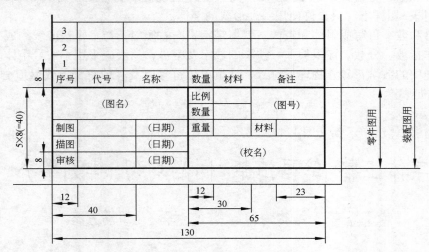

图 1-13　学生作业用简化标题栏和明细栏

1.1.4　比例（GB/T 14690—1993）

　　比例为图样中图形与其实物相应要素的线性尺寸之比，分原值比例、放大比例、缩小比例三种。制图时，应在表 1-2 规定的系列中选取适当的比例。必要时也允许选取表 1-3 规定的比例。

表 1-2　标准比例系列

种　　类	比　　　例				
原值比例	1:1				
放大比例	5:1	2:1	$5 \times 10^n:1$	$2 \times 10^n:1$	$1 \times 10^n:1$
缩小比例	1:2	1:5	1:10	$1:2 \times 10^n$	$1:5 \times 10^n$	$1:1 \times 10^n$

注：n 为正整数。

表 1-3　允许选取比例系列

种　　类	比　　　例				
放大比例	4:1	2.5:1	$4 \times 10^n:1$	$2.5 \times 10^n:1$	
缩小比例	1:1.5	1:2.5	1:3	1:4	1:6
	$1:1.5 \times 10^n$	$1:2.5 \times 10^n$	$1:3 \times 10^n$	$1:4 \times 10^n$	$1:6 \times 10^n$

注：n 为正整数。

　　1）比例一般标注在标题栏中，必要时可在视图名称的下方或右侧标出。

　　2）不论采用哪种比例绘制图样，尺寸数值均按零件实际尺寸值注出。

1.1.5　字体（GB/T 14691—1993）

　　1. 一般规定

　　1）图样中书写字体必须做到：字体工整、笔画清楚、间隔均匀、排列整齐。

　　2）汉字应写成长仿宋体，并应采用国家正式公布推行的简化字。汉字的高度不应小于 3.5mm，其字宽一般为 $h/\sqrt{2}$（h 表示字高）。

　　3）字体的号数即字体的高度，其公称尺寸系列为：1.8mm、2.5mm、3.5mm、5mm、

7mm、10mm、14mm、20mm。如需书写更大的字，其字体高度应按$\sqrt{2}$的比率递增。

4）字母和数字分为 A 型和 B 型。A 型字体的笔画宽度 d 为字高 h 的 1/14；B 型字体对应为 1/10。同一图样上，只允许使用一种形式的字体。

5）字母和数字可写成斜体和直体。斜体字字头向右倾斜，与水平基准线约成75°。

6）用作指数、分数、极限偏差、注脚的数字及字母，一般应采用小一号字体。

7）图样中的数学符号、物理量符号、计量单位符号以及其他符号、代号应分别符合国家的有关标准规定。

2. 字体示例

（1）长仿宋体汉字示例（图 1-14）

字体工整　笔画清楚　间隔均匀　排列整齐

横平竖直　结构均匀　注意起落　填满方格

技术制图机械电子汽车航空船舶　　　　土木建筑矿山井坑港口纺织服装

图 1-14　长仿宋体汉字示例

（2）字母、数字书写示例（图 1-15）

ABCDEFGHIJKLMNOPQRSTUVWXYZ

abcdefghijklmnopqrstuvwxyz

12345678910　I II III　IV V VI VII VIII　IX X

R3　2×45°　M24–6H　φ60H7　φ30g6

$\phi 20^{+0.021}_{0}$　$\phi 25^{-0.007}_{-0.020}$　*Q235　HT200*

图 1-15　字母、数字书写示例

1.1.6　图线（GB/T 4457.4—2002、GB/T 17450—1998）

（1）图线型式及应用　国标规定了各种图线的名称、形式、宽度以及在图上的一般应用，常用线型及应用见表 1-4 及图 1-16。

表 1-4　图线形式及应用

代码 No.	线　型	宽　度	一　般　应　用
01.1	细实线	约 $d/2$	1. 过渡线 2. 尺寸线及尺寸界线 3. 剖面线 4. 指引线和基准线 5. 重合断面的轮廓线 6. 短中心线 7. 螺纹的牙底线及齿轮齿根线 8. 范围线及分界线 9. 辅助线 10. 投影线 11. 不连续同一表面连线 12. 成规律分布的相同要素连线

（续）

代码 No.	线　型	宽　度	一　般　应　用
01.1	波浪线	约 $d/2$	1. 断裂处的边界线 2. 视图和剖视分界线
	双折线	约 $d/2$	1. 断裂处的边界线 2. 视图和剖视分界线
01.2	粗实线	d	1. 可见棱边线 2. 可见轮廓线 3. 相贯线 4. 螺纹牙顶线 5. 螺纹长度终止线 6. 齿顶圆（线） 7. 剖切符号用线
02.1	细虚线	约 $d/2$	1. 不可见棱边线 2. 不可见轮廓线
02.2	粗虚线	d	允许表面处理的表示线
04.1	细点画线	约 $d/2$	1. 轴线、对称中心线 2. 分度圆（线） 3. 孔系分布的中心线 4. 剖切线
04.2	粗点画线	d	限定范围表示线
05.1	细双点画线	约 $d/2$	1. 相邻辅助零件的轮廓线 2. 可动零件的极限位置的轮廓线 3. 剖切面前的结构轮廓线 4. 成形前轮廓线 5. 轨迹线 6. 毛坯图中制成品的轮廓线 7. 工艺用结构的轮廓线

注：虚线中的每一线段长度约 $12d$，间隔约 $3d$；点画线和双点画线的长画长度约 $24d$，点的长度 $\leqslant 0.5d$，间隔约 $3d$。

（2）图线宽度　图线分粗、细两种，粗线的宽度 d 应按图的比例大小和复杂程度选定基本线宽 d，再按表1-5选用适当的线宽组。绘制比较复杂的图样或比例较小时，应优先选用细的线宽组。同时注意，同一张图样中，应选用相同的线宽组。

以下将细虚线、细点画线、细双点画线分别简称为虚线、点画线和双点画线。

（3）图线画法

1）同一图样中，同类图线的宽度应基本一致。虚线、点画线及双点画线的线段长度和间隔应各自大致相等。

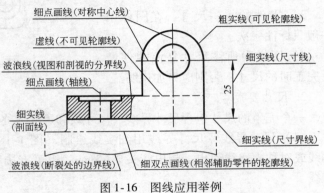

图1-16　图线应用举例

表 1-5　图线线宽组

线宽比	线　宽　组					
d	2.0	1.4	1.0	0.7	0.5	0.35
$0.5d$	1.0	0.7	0.5	0.35	0.25	0.18

2）两条平行线（包括剖面线）之间的距离应不小于粗实线的两倍宽度，其最小距离不得小于 0.7mm。

3）绘制圆的对称中心线时，圆心应为长画的交点。点画线和双点画线的首末两端应是长画而不是点。建议中心线超出轮廓线 2～5mm。

4）在较小的图形上画点画线或双点画线有困难时，可用细实线代替。

为保证图形清晰，各种图线相交、相连时的习惯画法如图 1-17 所示。

点画线、虚线与粗实线相交以及点画线、虚线彼此相交时，均应交于点画线或虚线的线段处。虚线为粗实线的延长线时，应留间隙，如图 1-17 所示。

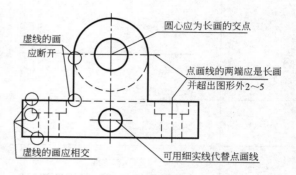

图 1-17　图线画法

1.1.7　尺寸标注（GB/T 4458.4—2003，GB/T 16675.2—2012）

图样中，除需表达零件的结构形状外，还需标注尺寸，以确定零件的大小。国标中对尺寸标注的基本方法做了一系列规定，必须严格遵守，如图 1-18 所示。

1. 基本规定

1）图样中的尺寸，以毫米为单位时，不需注明计量单位代号或名称。若采用其他单位，则必须标注相应计量单位或名称（如35°30′）。

2）图样上所注的尺寸数值是零件的真实大小，与图形大小及绘图的准确度无关。

3）零件的每一尺寸，在图样中一般只标注一次。

4）图样中所注尺寸是该零件最后完工时的尺寸，否则应另加说明。

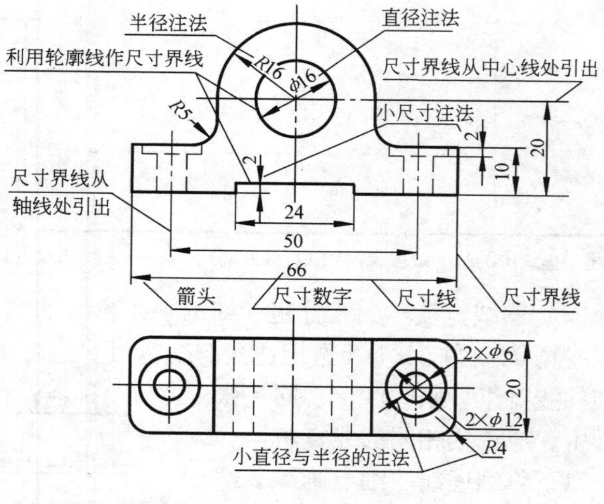

图 1-18　图样上的各种尺寸注法

2. 尺寸要素

一个完整的尺寸包含尺寸界线、尺寸线和尺寸线终端、尺寸数字和符号三组要素。

（1）尺寸界线　尺寸界线用细实线绘制（图 1-18）。尺寸界线一般是由图形轮廓线、轴线或对称中心线引出，超出箭头 2～3mm。也可直接用轮廓线、轴线或对称中心线作尺寸界线。

尺寸界线一般与尺寸线垂直，必要时允许倾斜。

（2）尺寸线　尺寸线用细实线绘制（图1-18）。尺寸线必须单独画出，不能用图上任何其他图线代替，也不能与图线重合或在其延长线上，并应尽量避免尺寸线之间及尺寸线与尺寸界线之间相交。

标注线性尺寸时，尺寸线必须与所标注的线段平行，相同方向的各尺寸线间距要均匀，间隔应大于5mm。

（3）尺寸线终端　尺寸线终端形式有：箭头、细斜线和单边箭头（图1-19）。

箭头适用于各种类型的图形，箭头不能过长或过短，尖端要与尺寸界线接触，不得超出也不得离开，如图1-20所示。

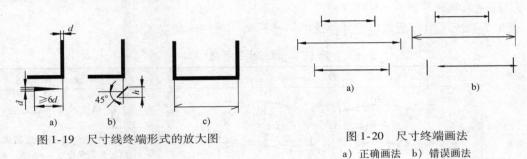

图1-19　尺寸线终端形式的放大图

图1-20　尺寸终端画法
a）正确画法　b）错误画法

细斜线的方向和画法如图1-19b所示。当尺寸线终端采用斜线形式时，尺寸线与尺寸界线必须相互垂直。尺寸线中段形式可以简化为单边箭头，如图1-19c所示。

同一图样中只能采用一种尺寸线终端形式。通常机械图的尺寸线终端画箭头，土建图的尺寸线终端画斜线或单边箭头。

当采用箭头作为尺寸线终端时，位置若不够，允许用圆点或细斜线代替箭头，见表1-7中"狭小部位"的尺寸注法。

（4）尺寸数字　线性尺寸的数字一般注写在尺寸线上方，也允许注写在尺寸线中断处，同一图样中注写方法和字体大小应一致，位置不够时可引出标注。

线性尺寸数字方向按图1-21所示方向进行注写，并尽可能避免在图示30°范围内标注尺寸，当无法避免时，可按图1-22所示标注。尺寸数字不可被任何图线所通过，否则应将该图线断开。

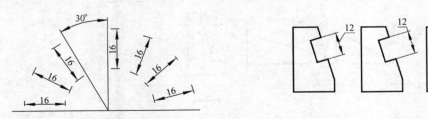

图1-21　线性尺寸数字方向

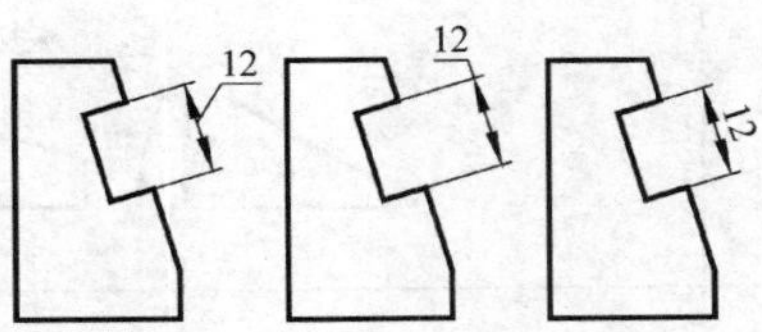

图1-22　在30°范围内的尺寸标注

（5）符号　图中用符号区分不同类型的尺寸。表1-6为常用的尺寸符号，标注尺寸时根据不同情况选用。

表 1-6　常用的尺寸符号

符　号	含　义	符　号	含　义
φ	直径	∨	埋头孔
R	半径	⊔	沉孔或锪平
S	球面	□	正方形
C	45°倒角	↓	深度
t	厚度	∠	斜度
±	正负偏差	▷	锥度
×	参数分隔符	—	连字符

3. 标注示例

表 1-7 列出了国标所规定尺寸注法的一些示例。请仔细阅读。

表 1-7　尺寸标注示例

标注内容	图　　例	说　　明
角度	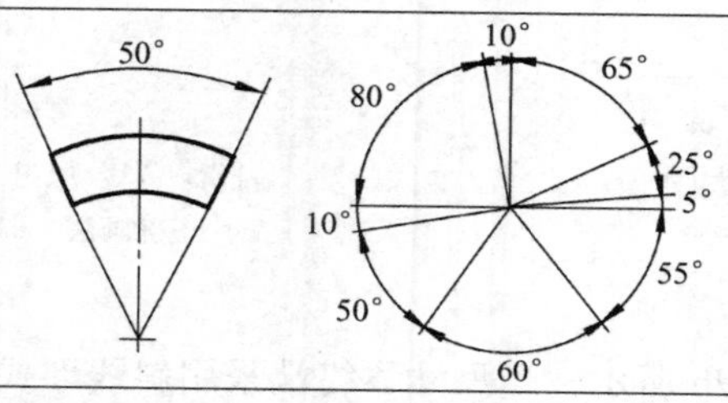	1. 角度尺寸界线沿径向引出 2. 角度尺寸线画成圆弧，圆心是该角顶点 3. 角度尺寸数字一律写成水平方向
圆的直径	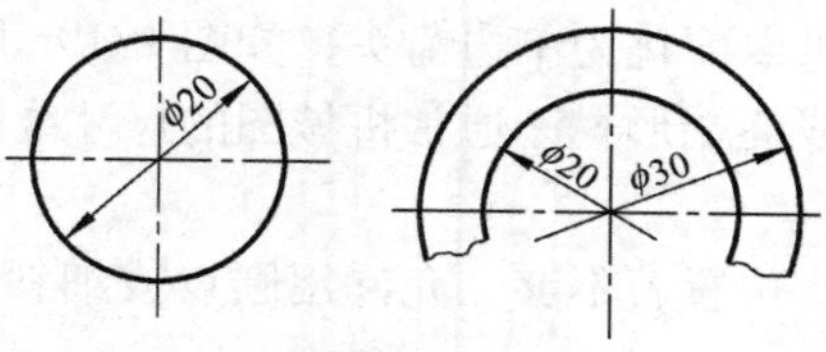	1. 直径尺寸应在尺寸数字前加注符号"φ" 2. 尺寸线应通过圆心，尺寸线终端画成箭头 3. 整圆或大于半圆注直径
圆弧半径	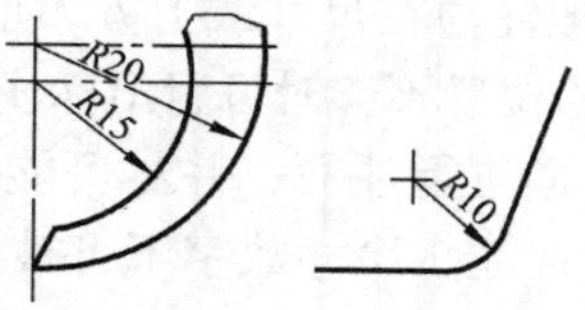	1. 半径尺寸数字前加注符号"R" 2. 半径尺寸必须注在投影为圆弧的图形上，且尺寸线应自圆心引向圆弧 3. 半圆或小于半圆的圆弧标注半径尺寸
斜度	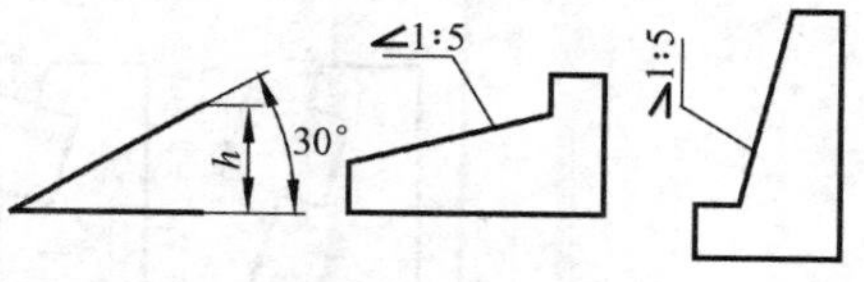	1. 斜度和锥度的标注，其符号应与斜度、锥度的方向一致 2. 符号的线宽为 $h/10$，画法如图
锥度	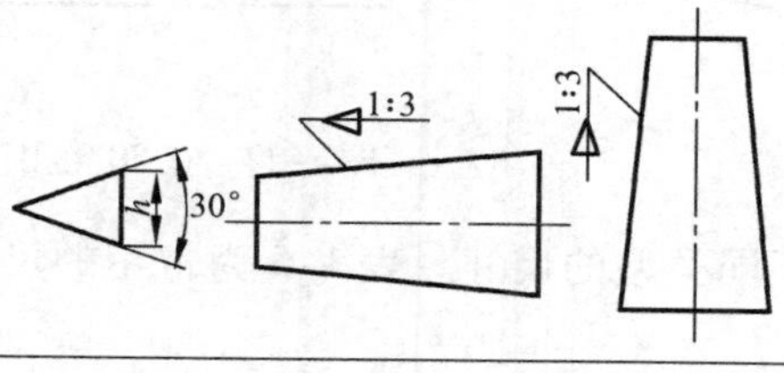	

（续）

标注内容	图　　例	说　　明
大圆弧	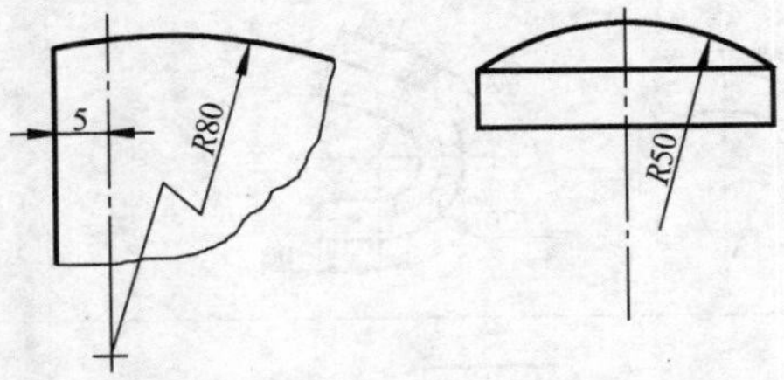	当圆弧半径过大，在图纸范围内无法标出圆心位置时，可以按图示方法进行标注
球面	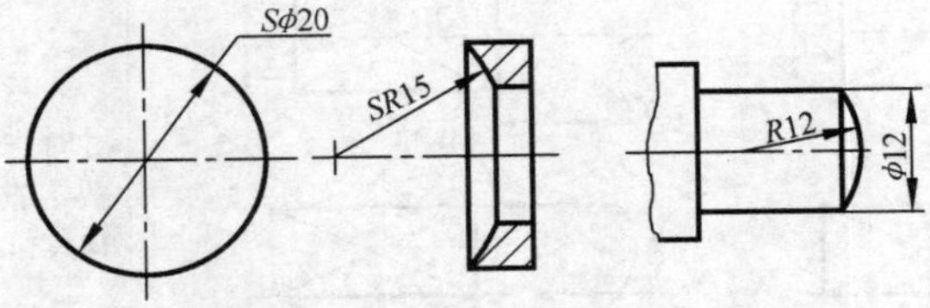	标注球面直径或半径时，应在"ϕ"或"R"前面再加注符号"S"。对标准件、轴及手柄的前端，在不引起误解的情况下，可省略"S"
板状零件	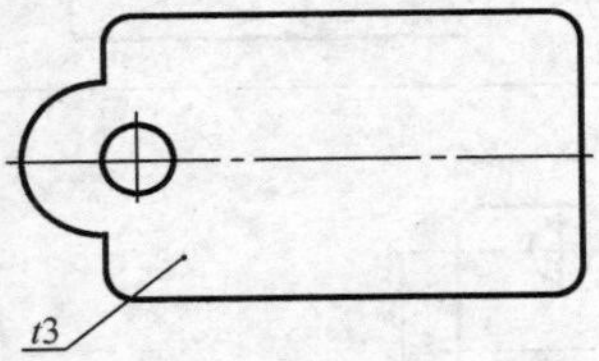	板状零件可以用一个视图表达其形状，在尺寸数字前加注符号"t"表示其厚度
狭小部位	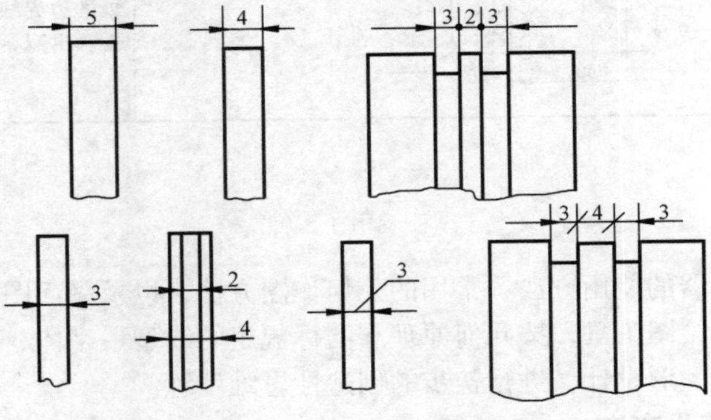	
小半径	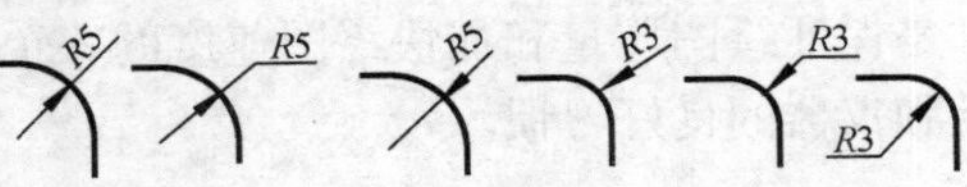	在没有足够位置画箭头或注写数字时，可按左图的形式注写
小直径	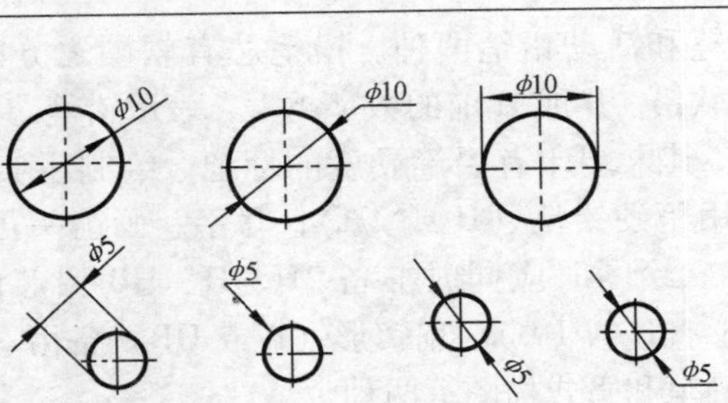	

（续）

标注内容	图　　例	说　明
弦长和弧长	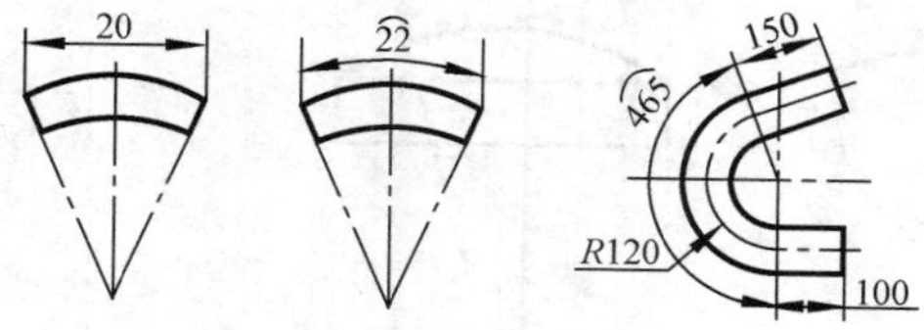	1. 标注弧长时，应在尺寸数字上方加符号 2. 弦长和弧长的尺寸界线应平行该弦的垂直平分线，当弧较大时，可沿径向引出
正方形结构	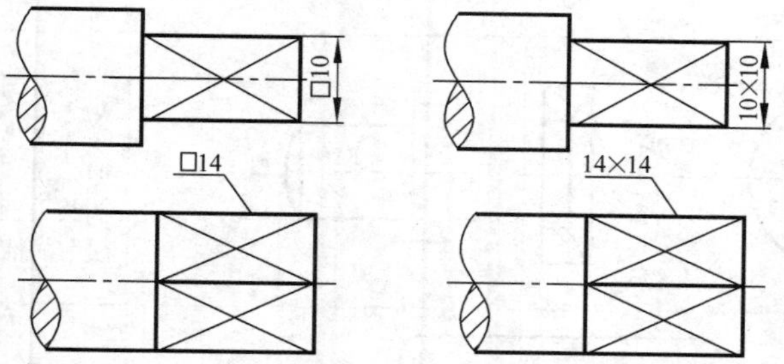	表示断面为正方形结构尺寸时，可在正方形边长尺寸数字前加注符号□，或用14×14代替
对称机件	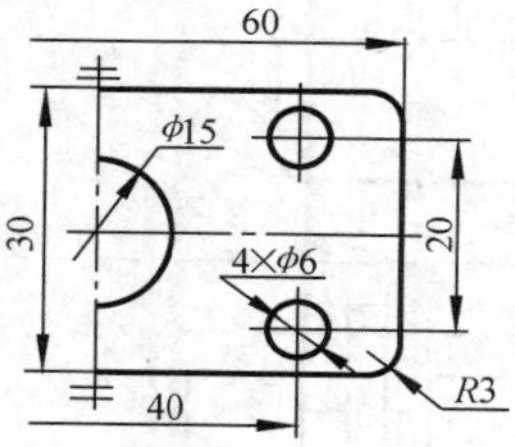	当对称物体的图形只画出一半或略大于一半时，尺寸线应略超过对称中心或断裂处的边界线，并在尺寸线一端画出箭头

1.2　尺规绘图

　　本节介绍绘图工具及仪器的使用方法、常用的几何作图方法，以及平面图形设计和尺寸标注方法。重点是学习使用绘图工具，按几何原理和国标规定的线型、字体、尺寸注法等绘制平面图形，同时通过平面图形设计，进行初步的创造性思维训练。

1.2.1　绘图工具和仪器的使用方法

　　正确使用绘图工具和仪器，是保证绘图质量和加快绘图速度的一个重要方面，因此，必须养成正确使用、维护绘图工具和仪器的良好习惯。

　　1. 绘图笔

　　（1）铅笔　铅笔有木质铅笔和活动铅笔两种。铅笔芯有软硬之分："B"表示软铅，"H"表示硬铅，"HB"表示中软铅。B 或 H 前的数字越大，表示铅笔芯越软或越硬。

　　绘图时一般采用木质铅笔，其末端印有铅笔硬度的标记。绘制粗实线一般用 HB 的铅笔；绘制各种细线及画底稿可用稍硬铅笔（H 或 2H）；写字、画箭头可用 H 或 HB 铅笔；描深粗实线，应采用 B 型铅笔。绘图时应同时准备 2H、H、HB 铅芯的铅笔数支，并削（磨）成如图 1-23 所示的圆锥形（H 或 HB）、扁铲形（B 或 HB）备用。

　　（2）描图笔　描图笔有鸭嘴笔和管式描图笔两种。

　　1）鸭嘴笔。鸭嘴笔是上墨描图的工具，它由笔杆和两片钢片构成。调节鸭嘴笔上的螺钉可以控制线条粗细。描图时，用蘸水笔将墨汁装于鸭嘴笔两钢片之间。墨汁不宜太多或太少，一般每加一次墨先在同一种废纸上画一下，看是否与原画图线粗细一致，若不一致，应调整成一致。画线时，笔要向画线前进方向稍作倾斜，且鸭嘴笔两钢片都要与纸面接触，即笔杆不要向内、外倾斜，如图 1-24 所示。画线时，笔的移动速度要均匀，否则线条粗细和颜色深浅不一致。

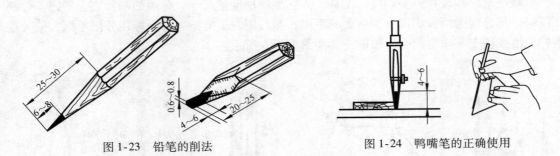

图 1-23　铅笔的削法　　　　　　　　图 1-24　鸭嘴笔的正确使用

　　2）管式描图笔。管式描图笔如图 1-25 所示，也是描图用的，每套有若干支，分别用来描不同粗细的图线，像钢笔一样，一次吸墨可以用很久，大大提高描图效率和图线质量。

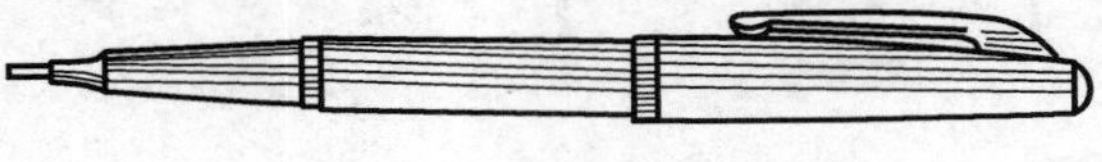

图 1-25　管式描图笔

　　2. 图板、丁字尺和三角板

　　图板是用作画图的垫板，要求表面平坦光滑；又因它的左边用作导边，所以必须平直。

　　丁字尺是画水平线的长尺。画图时，应使尺头始终紧靠图板左侧的导边，如图 1-26 所示。画水平线必须自左向右画。如采用预先印好图框及标题栏的图纸进行绘图，则应使图纸的水平图框线对准丁字尺的工作边后，再将其固定在图板上，以保证图上的所有水平线与图框线平行。如采用较大的图板，则图纸应尽量固定在图板的左边部分（便于丁字尺的使用）和下边部分（以减轻画图时的劳累程度），但后者必须保证下部的图框线离图板下部的距离稍大于丁字尺的宽度，以保证绘制图纸上最下面的水平线时的准确性。

　　用丁字尺画水平线时，用左手握尺头，使其紧靠图板的左侧导边作上下移动，右手执笔，沿尺身上部工作边自左向右画线。如画较长的水平线时，左手应按牢尺身。用铅笔沿尺边画直线时，笔杆应稍向外倾斜，尽量使笔尖贴靠尺边。

　　三角板除了可直接用来画直线外，也可配合丁字尺画铅垂线和与水平线成 15°、30°、45°、60°、75°的倾斜线；用两块三角板还能画出已知直线的平行线和垂直线，如图 1-27 所示。

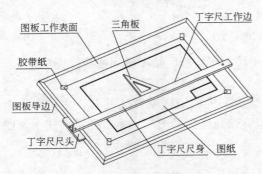

图 1-26　图板、丁字尺、三角板与图纸

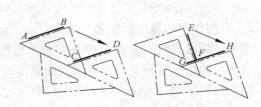

图 1-27　用两块三角板画已知直线的平行线和垂直线

3. 圆规和分规

圆规是画圆及圆弧的工具。在使用前，应先调整针脚，使针尖略长于铅芯。在使用圆规画图时，将钢针轻轻插入纸面，铅芯接触纸面，并将圆规向前进方向稍微倾斜，作顺时针方向旋转，即画成一圆。画较大圆时，须使用接长杆，并使圆规的钢针和铅芯尽可能垂直于纸面，如图 1-28a 所示。

分规是量取线段和分割线段的工具。为了准确地度量尺寸，分规的两针尖应平齐。分割线段时，将分规的两针尖调整到所需的距离，然后用右手拇指、食指捏住分规手柄，使分规两针尖沿线段交替作为圆心旋转前进，如图 1-28b 所示。

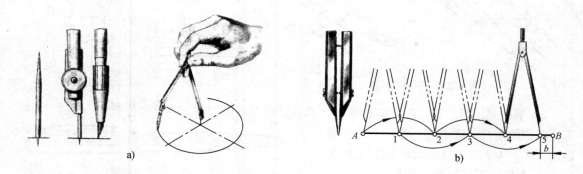

图 1-28　圆规和分规的使用方法

4. 曲线板

曲线板用来画非圆曲线，其轮廓线由多段不同曲率半径的曲线组成。作图时，先徒手用铅笔轻轻地把曲线上一系列的点顺次地连接起来，然后选择曲线板上曲率合适的部分与徒手连接的曲线贴合，并将曲线描深。每次连接应至少通过曲线上三个点，并注意每画一段线，都要比曲线板边与曲线贴合的部分稍短一些，这样才能使所画的曲线光滑地过渡，如图 1-29 所示。

图 1-29　曲线板的使用方法

除上述常用的绘图工具外，还有一字尺、比例尺、多孔板、绘图机和数控绘图机等。

1.2.2　几何作图的基本原理和方法

平面图形由直线和曲线（圆弧和非圆曲线）组成。机械图样中常见的有正多边形、矩形、直角三角形、等腰三角形、圆、椭圆等，或包含圆弧连接的图形。本节介绍一些平面图形作图的几何原理和方法，称为几何作图。

1. 等分圆周和作正多边形

方法和步骤见表 1-8。

表 1-8 等分圆周和作正多边形

类别	作 图	方 法 和 步 骤
三等分圆周和作正三角形	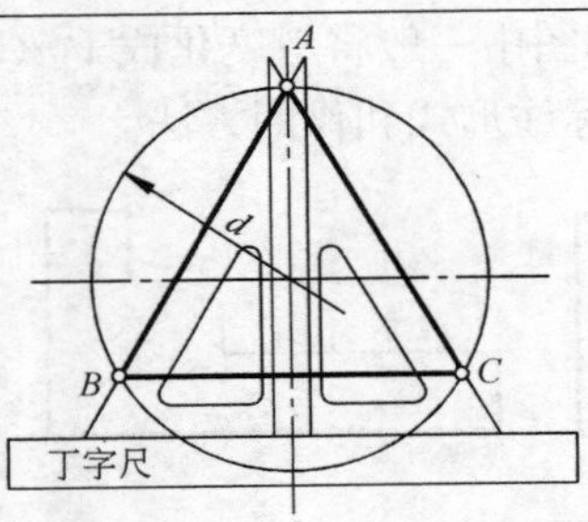	用 30°、60°三角板等分 将 30°、60°三角板的短直角边紧贴丁字尺，并使其斜边过点 A 作直线 AB；翻转三角板，以同样方法作直线 AC；连接 BC，即得正三角形
六等分圆周和作正六边形	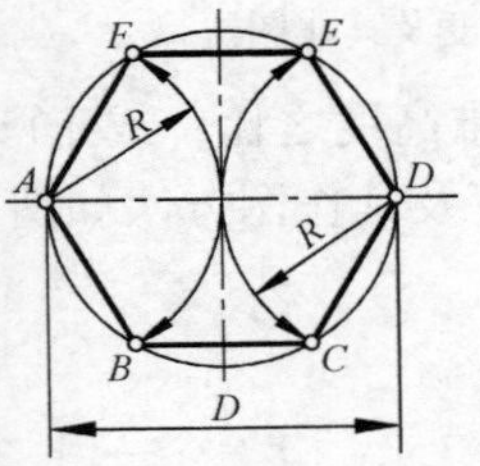	方法一：用圆规直接等分 以已知圆直径的两端点 A、D 为圆心，以已知圆半径 R 为半径画弧与圆周相交，即得等分点 B、F 和 C、E，依次连接各点，即得正六边形
	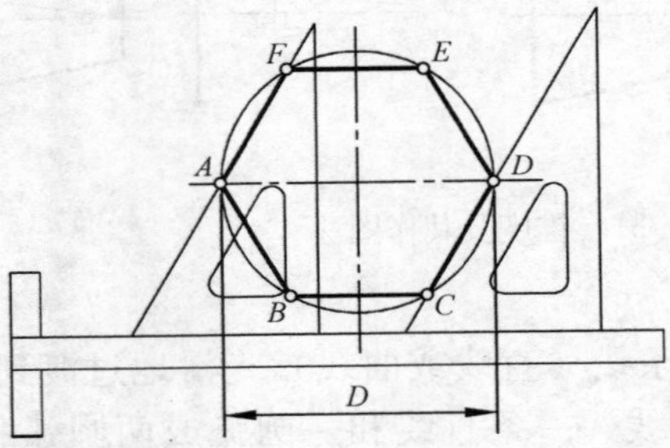	方法二：用 30°、60°三角板等分 将 30°、60°三角板的短直角边紧贴丁字尺，并使其斜边过点 A、D（圆直径上的两端点），作直线 AF 和 DC；翻转三角板，以同样方法作直线 AB 和 DE；连接 BC 和 FE，即得正六边形
五等分圆周和作正五边形	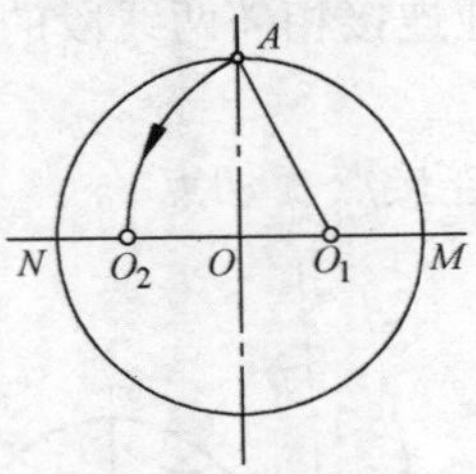 a) 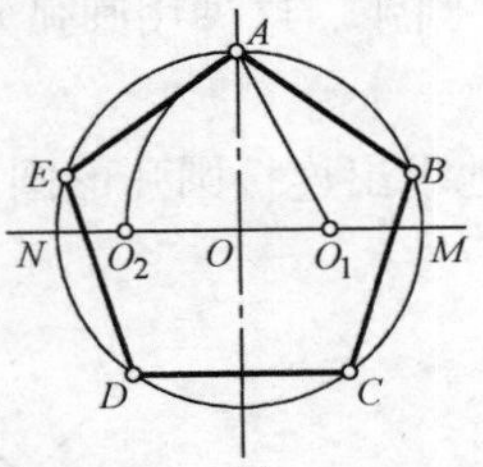 b)	（1）平分半径 OM 得点 O_1，以点 O_1 为圆心，O_1A 为半径画弧，交 ON 于点 O_2，如图 a 所示 （2）取 O_2A 的弦长，自 A 点起在圆周上依次截取，得等分点 B、C、D、E，连接后即得正五边形，如图 b 所示
任意等分圆周和作正 n 边形	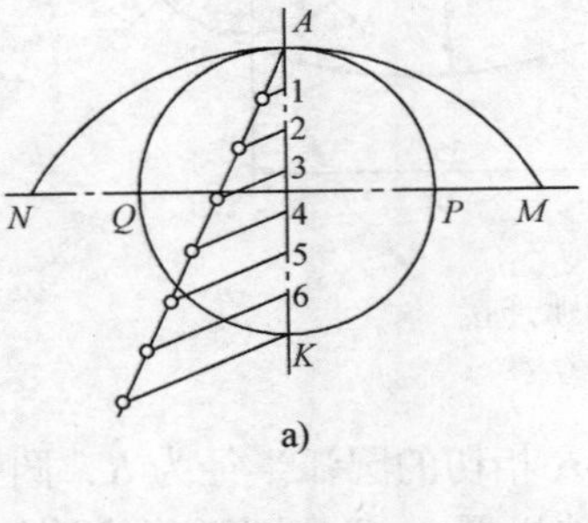 a) 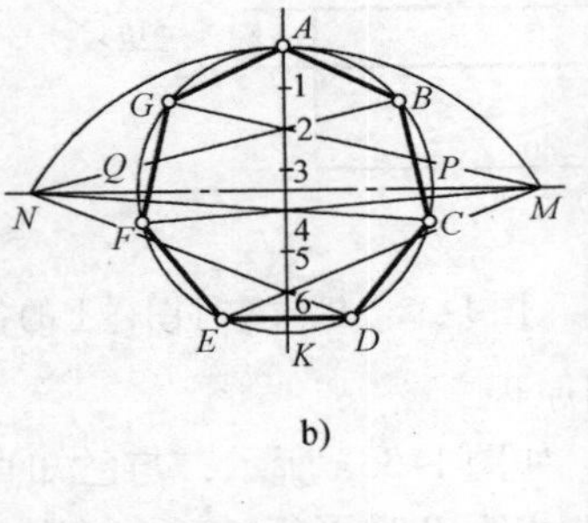 b)	以正七边形作法为例 （1）先将已知直径 AK 七等分，再以点 K 为圆心，以直径 AK 为半径画弧，交直径 PQ 的延长线于 M、N 两点，如图 a 所示 （2）自点 M、N 分别向 AK 上的各偶数点（或奇数点）连线并延长交圆周于点 B、C、D 和 E、F、G，依次连接各点，即得正七边形，如图 b 所示

2. 斜度与锥度作图方法与标注要求

（1）斜度　斜度是指一直线或平面相对另一直线或平面的倾斜程度，斜度数值用倾斜角 α 的正切表示，即斜度 = $\tan\alpha$ = H/L。制图中一般将斜度化成 $1:n$ （= H/L）的形式，其标注形式见表1-7。图1-30是斜度为1:5的标注形式和作图方法。

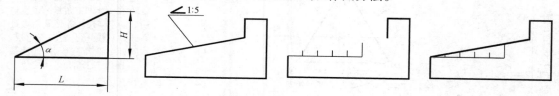

图 1-30　斜度及其作图法

（2）锥度　锥度是正圆锥底圆直径与圆锥高度之比，或正圆锥台两底圆直径之差与锥台高度之比，即锥度 = D/L = $(D-d)/l$，锥度及其作图方法如图1-31所示。锥度的符号及标注方法见表1-7。

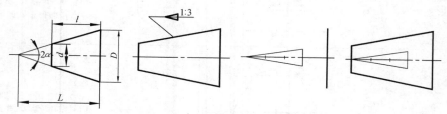

图 1-31　锥度及其作图法

3. 圆弧连接

绘制机器零件轮廓时，常遇到一条线（直线或曲线）光滑地过渡到另一条线的情况，称为连接。例如常用一圆弧将两条直线、一条直线和一圆弧或两圆弧相切连接起来，如图1-32中的 $R8$、$R10$、$R18$、$R40$ 圆弧。这种用圆弧光滑地连接相邻两线段的方法，称为圆弧连接。

要做到光滑连接，必须准确地求出连接圆弧的圆心和连接点（切点）。

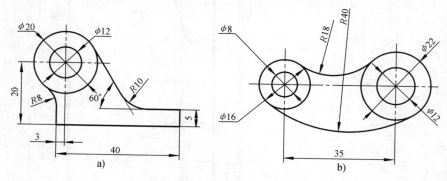

图 1-32　机械零件图样上的各种圆弧连接

（1）圆弧连接的几何原理

1）圆弧与直线连接。如图1-33a所示，与已知直线 AB 相切的圆弧半径为 R，圆弧圆心 O 的轨迹是与已知直线 AB 相距 R 且平行的一条直线。如选以圆心 O 的圆弧作为连接圆弧，

则过 O 作 AB 的垂线，垂足 T 即为连接点（切点），描深连接线段时，T 点即为直线与圆弧的分界点。

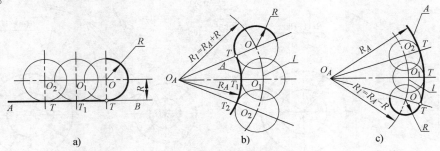

图 1-33　圆弧连接的作图原理

2）圆弧与圆弧连接。连接点（切点）T 与两圆弧的圆心 O_A、O 位于同一条直线上。连接圆弧（半径 R）圆心 O 的轨迹是已知圆弧（半径 R_A）的同心圆。外切时轨迹圆的半径为两圆弧半径之和 $R_l = R_A + R$（图 1-33b），内切时为两圆弧半径之差 $R_l = R_A - R$（图 1-33c）。

（2）圆弧连接的作图实例

【例1-1】　求作图 1-32a 所示轴承座上的圆弧连接。

作图：如图 1-34 所示。

1）求圆心。分别作与已知直线 AB、AC 相距为 10mm 的平行线，其交点 O_1 为连接圆弧 $R10$mm 的圆心。作与已知直线 EF 相距为 8mm 的平行线，再以 O 为圆心，$(10+8)$mm 为半径画圆弧，此弧与平行线交点 O_2 为连接圆弧 $R8$mm 的圆心。

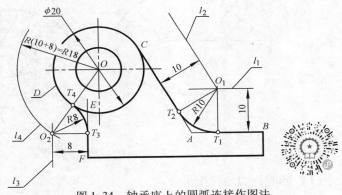

图 1-34　轴承座上的圆弧连接作图法

2）求连接点（切点）。自 O_1 分别向 AB 及 AC 作垂线，得垂足 T_1、T_2，即为连接点（切点）。自 O_2 向 EF 作垂线，得连接点（切点）T_3；连接 O 与 O_2，与已知圆弧 $\phi20$mm 相交于 T_4，即为连接点（切点）。

3）画连接弧。以 O_1 为圆心，10mm 为半径，自点 T_1 至 T_2 画圆弧；以 O_2 为圆心，8mm 为半径，自点 T_4 至 T_3 画圆弧，即完成作图。

【例1-2】　作图 1-32b 连杆上的圆弧连接。

作图：如图 1-35 所示。

1）求圆心。分别以 O_1、O_2 为圆心，$(8+18)$mm、$(11+18)$mm 为半径画弧，得交点 O_3；以 $(40-8)$mm、$(40-11)$mm 为半径画弧，得交点 O_4；O_3、O_4 即为连接圆弧的圆心。

2）求连接点（切点）。作两圆心连线 O_1O_3、O_2O_3 或 O_4O_1、O_4O_2 的延长线，与已知圆弧 $\phi16$mm、$\phi22$mm 分别交于点 T_1、T_2、T_3、T_4，即为连接点（切点）。

3）画连接弧。以 O_3 为圆心，18mm 为半径，自点 T_2 至 T_1 画圆弧；以 O_4 为圆心，40mm 为半径，自点 T_4 至 T_3 画圆弧，即完成作图。

4. 椭圆

已知长轴 AB、短轴 CD，常用的作椭圆的方法如图 1-36 所示。图 1-36a 为四心法（近似画法），图 1-36b 为同心圆法（准确画法）。

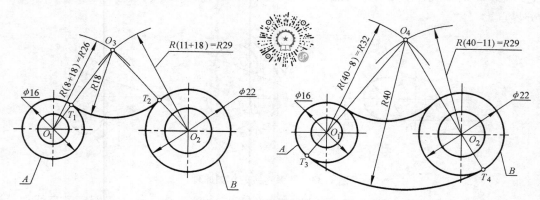

图 1-35　连杆上的圆弧连接作图法

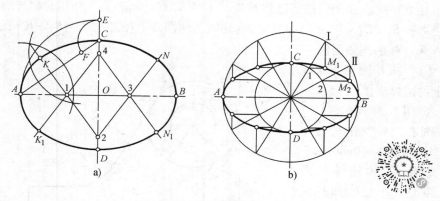

图 1-36　椭圆作图法

（1）四心近似法作图步骤

1）连接 A、C，以 O 为圆心、OA 为半径画弧与 CD 延长线交于点 E；以 C 为圆心、CE 为半径画弧与 AC 交于点 F。

2）作 AF 的垂直平分线与长短轴分别交于点 1、2，再作对称点 3、4；1、2、3、4 即四个圆心。

3）分别作圆心连线 41、43、21、23 并延长。

4）分别以 1、3 为圆心，1A 或 3B 为半径，画小圆弧 K_1AK 和 NBN_1；分别以 2、4 为圆心，2C 或 4D 为半径，画大圆弧 KCN 和 N_1DK_1，即完成近似椭圆的作图。

（2）同心圆法作图步骤　分别以 AB 和 CD 为直径作两同心圆，过中心 O 作一系列放射线与两圆相交，过大圆上各交点 Ⅰ、Ⅱ…引垂线，过小圆上各交点 1、2…作水平线，与相应的垂线交于 M_1、M_2…各点，光滑连接以上各点即完成椭圆的作图。

5. 圆的渐开线

已知圆的直径 D，画渐开线的方法如图 1-37 所示。

1）将圆周分成若干等份（图中为 12 等份），将周长 πD 作相同等分。

2）过圆周上各等分点作圆的切线。

3）在第一条切线上，自切点起量取周长的一个等份（πD/12）得点 Ⅰ；在第二条切线上自切点起量取周长的两个等份（$2\pi D/12$）得点Ⅱ；依次类推得点Ⅲ…Ⅻ。

4）用曲线板光滑连接点Ⅰ、Ⅱ、…、Ⅻ，即得圆的渐开线。

图 1-37b 所示为渐开线在齿轮上的应用。

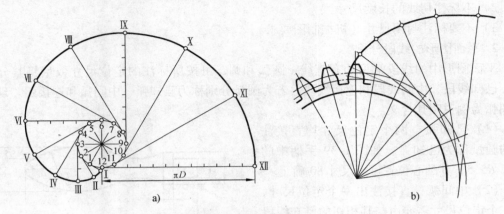

图 1-37　渐开线画法

1.2.3　平面图形画法

1. 平面图形的尺寸分析

标注平面图形的尺寸时，要求做到正确、完整。正确是指应严格按照国家标准规定注写。完整是指尺寸不多余、不遗漏。当利用所注全部尺寸能绘制出整个图形时，则尺寸标注是完整的。若某些地方尚不能绘制，则尺寸有遗漏。作图中用不上的尺寸则是多余尺寸，如图 1-38 中的尺寸 10、20 是多余尺寸。

（1）平面图形尺寸分析　平面图形的尺寸分为定形尺寸和定位尺寸两类。

定形尺寸指确定图形形状和大小的尺寸，如图 1-38 中的 70、40、ϕ12 等。

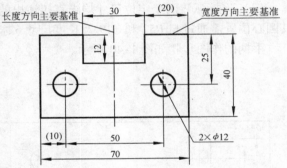

图 1-38　平面图形的尺寸标注

定位尺寸指确定子图形间相对位置的尺寸。图形间一般在两个方向上分别标注定位尺寸，如图 1-38 中的 50、25。

确定尺寸位置的几何元素称为尺寸基准，简称基准。通常将图形中对称中心线、圆心、轮廓直线等作为尺寸基准。一个平面图形至少有两个尺寸基准，即沿长、宽方向上各有一个主要尺寸基准，可能还有几个辅助尺寸基准，以直角坐标或极坐标方式标注，如图 1-38 所示。

（2）平面图形尺寸的标注方法

1）图形分解法。首先将平面图形分解为一个基本图形和几个子图形；其次确定基本图形的尺寸基准，标注其定形尺寸；再依次确定各子图形的基准，标注各子图形的定形、定位尺寸。

如图 1-38 所示平面图形，将其分解为基本图形"长方形"和子图形"两个圆"和"缺口"，然后分别将其定形、定位尺寸注出。

2）特征尺寸法。将平面图形尺寸分为两类特征尺寸，一是直线尺寸，包括水平、垂直、倾斜方向；二是圆弧和角度尺寸。按两类尺寸分别标注。

特征尺寸法的特点是将定形和定位尺寸一起进行标注。

（3）几个注意的问题

1）标注直接用以作图的尺寸。

2）不标注切线的长度尺寸。

3）不要标注封闭尺寸（机械制图要求）。

2. 平面图形的线段分析

平面图形中的线段常见的有直线、圆弧和圆，可按所标注的定位尺寸数量将其分为三类：已知线段、中间线段和连接线段。若为圆弧分别称为已知弧、中间弧和连接弧。现以圆及圆弧为例说明其含义。

（1）已知弧　两个定位尺寸均直接注出的圆弧称为已知弧。如图 1-39 手柄中的圆弧 $R5.5$，其圆心位置可由尺寸 80 确定。

（2）中间弧　直接注出一个定位尺寸，另一个定位尺寸需要由与其相切的已知线段（或圆弧）作图求出，这种圆弧称为中间弧。如图 1-39 中的圆弧 $R52$，可由注出的 $\phi26$ 和其与 $R5.5$ 内切的关系求出圆心位置。

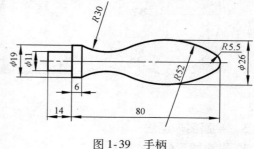

图 1-39　手柄

（3）连接弧　两个定位尺寸均未直接注出的圆弧称为连接弧。如图 1-39 中的圆弧 $R30$，其圆心位置需通过与 $R52$ 和 $\phi19$ 及长度尺寸 6 求出。

手柄的作图步骤如图 1-40 所示。

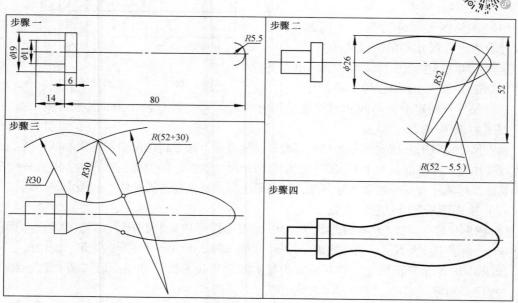

图 1-40　手柄的作图步骤

　　分析清楚平面图形的尺寸和线段后，按先作已知线段，再作中间线段，最后作连接线段的步骤作图。

1.2.4　平面图形构型设计

　　本课程中的构型设计是研究平面图形、立体和零部件的几何形状、构成方式及设计方法，重点是进行几何构型的训练，而不是产品设计。期望通过构型设计，培养形体想象、空间思维，尤其是创造性思维的能力。

　　这里介绍平面图形构型设计的一些基本原则和方法。

　　1. 平面图形构型设计的基本原则

　　（1）构型应表达功能特征　平面几何图形构型主要是进行轮廓特征设计，其表达的对象往往是工业产品、设备、工具等。几何图形形状和组合的依据，来源于对丰富的现有产品的观察、分析、综合，构成的整个图形应能充分表达功能特征。构型设计不仅是仿形，更重要的是通过创造性思维，构造出富有联想和寓意的平面图形来。如设计一个小轿车的图形，首先应表现其轻便、高速、平稳的特点（图 1-41a），为使其优点更加突出，可使外观更加扁平、轻巧，可设计成流线型（图 1-41b）；还可联想构造一种水陆两用车（图 1-41c）；也可以是更加抽象的非车非船的图形（图 1-41d），或赋予鸟形，以设想实现腾空飞行（图 1-41e）等。

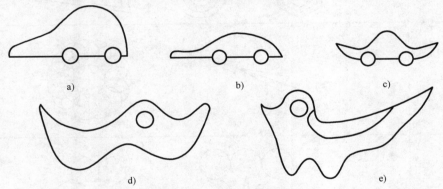

图 1-41　构型应表达功能特征

　　（2）构型应注意工程化　工程化是指图形的取材、描述和表达的对象主要应是工程产品、设备与工具等，如运输设备、生产设备、仪器仪表、电器、机器人等。在日常生活中经常应用和司空见惯的如自行车、汽车、家具、家用电器、绘图工具等，都可作为平面几何图形设计的素材。图 1-42 所示的一些实例均可供构型设计参考。

图 1-42　构型应注意工程化

　　（3）便于绘图与标注尺寸（形与数的描述）　应尽可能利用常用的平面图形和圆弧连接构型，以便于用常用绘图工具作图和标注尺寸。因图形是制造的依据，所以设计的平面图形必须标注全部尺寸，图形和尺寸俱全才是完成了构型设计。有些非圆曲线，如椭圆、渐开线等，已简化成用圆弧连接作图，也必须标注制造需要的特征尺寸。有些工程曲线，如车体、飞行器外形、船体线形、凸轮外廓等需按计算结果绘制，往往标注数个离散点的坐标尺寸，用曲线板逐点光滑连接成轮廓线，显然作图和尺寸标注都相当复杂。本节的构型设计不是真正的工程设计，一般应避免采用非规则的曲线。构型设计更不是一般的美术画，试想像美术家一样，徒手画一条任意曲线是轻而易举的，但要标注它的尺寸却很麻烦。实际上，采用常用图形和圆弧连接是完全可以构造出美观、多样、实用的各种图形的。

一般来说，便于绘制和标注尺寸的图形也便于加工制造，具有良好的工艺性。

（4）注意运用图形变换和整体效果　将常用图形（如正六边形、圆等）按一定规律进行变换，即可设计出形态各异、寓意深长的图案。表 1-9 所示为几种平面图形的变换。

表 1-9　平面图形变换

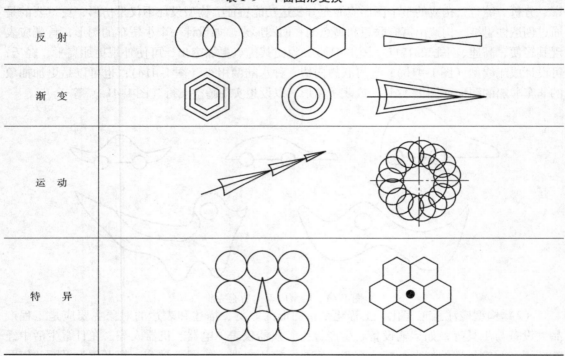

反射		
渐变		
运动		
特异		

平面图形设计还应考虑美学、力学、视觉等方面的整体效果，图 1-43a 表示静中有动，图 1-43b 表示稳定，图 1-43c 表示拉力平衡。

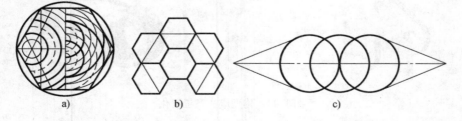

a)　　　　　　　b)　　　　　　　c)

图 1-43　构型设计应考虑美学、力学、视觉等方面的整体效果

2. 平面图形构型设计方法

1）用圆弧连接方法进行平面几何图形设计，图1-44所示为用圆弧连接进行的平面图形设计。

2）平面图案构型设计。图1-44a主要运用了圆形的环形阵列和六边形缩放变换构成了类似于花瓣的图案，箭头轮廓象征着支点，给人以平衡和定位感。

图1-44b主要利用圆和箭头形的缩放发散以及六边形的分割构成，使人很容易联想它象征着电视塔及电波传播时动感的形象。

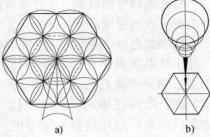

a)　　　　　　　b)

图1-44　平面图形构型设计

1.2.5　绘图的方法与步骤

用绘图仪器及工具，在图纸上准确绘图的步骤如下：

1）准备工作。绘图前应准备好必要的绘图工具和用品，整理好工作地点，熟悉和了解所画的图形，将图纸固定在图板的适当位置，使丁字尺和三角板移动比较方便。

2）图形布局。图形在图纸上的布局应匀称、美观，并考虑到标题栏及尺寸的占位。

3）轻画底稿。用较硬的铅笔（如2H）准确地、很轻地画出底稿。画底稿应从中心线或主要轮廓线开始作图。底稿画好后应仔细校核，改正所发现的错误并擦去多余的线条。

4）检查描深。常选用HB铅笔描深粗实线，用H铅笔描各种细线。圆规的铅芯要选得比铅笔的铅芯软一些。应首先描深所有的圆及圆弧，对同心圆弧应先描小圆弧，再由小到大顺次描其他圆弧。当有几个圆弧连接时，应从第一个开始依次描深，才能保证相切处连接光滑。然后从图的左上方开始，顺次向下描深所有的水平粗实线，再顺次向右描深所有垂直的粗实线，最后描深倾斜的粗实线。其次，按描粗实线的顺序，描深所有的虚线、点画线及细实线（包括尺寸线和尺寸界线）。

5）标注尺寸、写注解文字、画图框及填写标题栏。

在描图纸上描图的顺序与上述类似。

1.3　徒手绘图 *

1.3.1　概述

（1）徒手绘图　以目测估计图形与实物的比例，按一定画法要求徒手（或部分使用绘图仪器）绘制的图称为草图。在进行设计或在工厂现场进行测绘时，都需要这种徒手绘图技术。特别是随着计算机应用技术的发展，徒手绘图能力的提高显得尤为重要。徒手草图是工程技术人员应当学习掌握的一种重要的绘图方法。因为设计初期的方案图样主要是设计灵感的记录，即便是坐在计算机前，也会受到各种限制，很难迸发出设计灵感。所以真正的设计是以草图为主的，只有当设计方案基本确定待出正规图样时，才坐在计算机前或者绘图仪器平台前工作。

（2）徒手绘图的必要性及意义　扎实的草图绘制技能是CAD设计者必须具备的重要技能。草图绘制是设计工作很重要的一个环节，这一点从设计过程可以看出，草图是设计团队同事之间交流设计思想最好的方法（古语讲"一画抵千言"，不无道理）。

草图是最初设计方案不可或缺的表达形式，因为当有突发的灵感时，可迅速地用草图记录下来，做到这一点只要一张纸、一支笔就可以了，不必受地点环境的限制。

一张正确的草图就像一个完整的线路图，可以避免正规图出现错误。实践证明，画草图的人能更有效地完成设计。

草图绘制也是一种学习怎样在二维平面内表现实体的有效练习方法。

徒手绘草图对于设计者调整他们的想法和记录他们的观点有非常大的帮助，草画已知问题的多种解决方案，并方便地在这些方案中进行比较，选择或整合，从而形成解决问题的最佳方案。这个过程通过迅速简化的草图绘制来实现非常方便。

（3）徒手绘图的要求　工程技术中的"徒手绘图"不同于艺术绘画，并不是随心所欲，不受任何条件限制地绘画，相反徒手绘图应该仔细并注意比例，图面要清晰，并

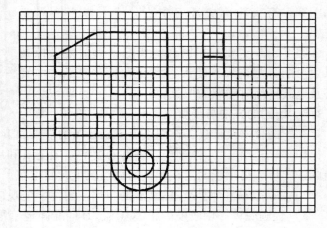

图 1-45　在方格纸上徒手绘制草图

注意正确的线宽。坐标纸（图 1-45）作为徒手绘图的辅助工具，对于初练习者是很有帮助的。在坐标纸上画图，可方便地保证正确比例。

1.3.2　草图的徒手绘制技巧

1. 草画直线

手画直线时，常将小手指靠着纸面，以保证线条画得直。徒手绘图时，图纸不必固定，因此可以随时转动图纸，使欲画的直线正好是顺手方向。图 1-46a 所示为欲画一条较长的水平线 AB，在画线过程中眼睛应盯住线段的终点 B，而不应盯住铅笔尖，以保证所画直线的方向；同样在画垂直线 AC 时（图 1-46b），眼睛应注意终点 C。图 1-46c 表示画较短直线时，手保持不动，只动铅笔。

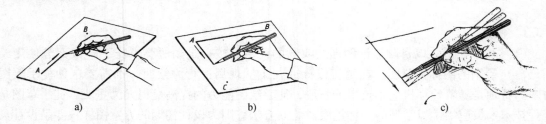

图 1-46　徒手画直线的姿势与方法

当画 30°、45°、60° 等常见的角度线时，可根据两直角边的近似比例关系，定出两端点，然后连接两点即为所画的角度线（图 1-47）。

2. 草画圆和圆弧

画小圆和小圆弧可不用辅助线，直接一两

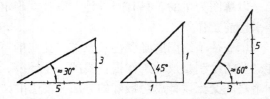

图 1-47　徒手画 30°、45°、60° 斜线

笔简单画出，画较大圆时，就需要一定的辅助作图画法。画不太大的圆时，可先做两条互相垂直的中心线，定出圆心，再根据直径大小，用目测估计半径的大小，在中心线上截得四点，然后便可画圆（图1-48a）。画较大圆时，可用图1-48b所示方法，先浅画出一个封闭的正方形，标出每条边的中点，画出与正方形的每条边都相切的圆弧，然后描深。图1-48c是画两条中心线，再加画上浅的45°半径线，从圆心标记出半径距离，通过半径线浅画出圆弧，最后将所需要的圆描深。注意在最终描深圆之前，用橡皮将所有的辅助作图线擦去。

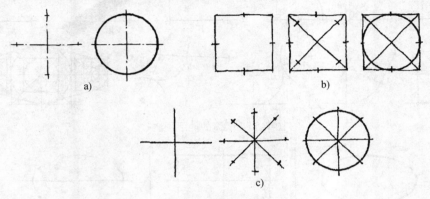

图1-48　徒手画圆

　　图1-49所示是肯动脑的作图者想出的方法。图1-49a将估计的半径标在一个卡片或纸上，从圆心出发，尽可能多地画点，通过这些点，描深最后的圆。图1-49b发挥了圆规的作用，将小指尖或小指的关节放在圆心上，笔尖伸到所需的半径处，严格保证手的位置，然后用一只手小心地旋转图纸，如果使用了绘图垫板，可把垫板放在膝盖上旋转整个垫板。图1-49c所示为把两支铅笔紧握成圆规样，慢慢旋转图纸画圆。

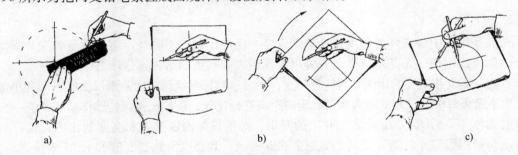

图1-49　其他徒手画圆方法

　　画圆的方法也适应于画圆弧，一般在曲线凹的一侧画是较容易的。画弧时，脑子中须一直想象实际的几何结构线，仔细地近似画出所有相切点。图1-50为各种圆弧的画法。

　　3. 草画椭圆

　　如果斜着看圆，就发现它是椭圆，稍加联想，你就会用自如的手臂运动画出小的椭圆。方法是，自然握笔，把力量用在手臂的上部，并且在纸上快速移动铅笔画出所需的椭圆轨迹。然后，降低笔尖来描出几道线重叠的椭圆线，如图1-51a所示，用软橡皮擦掉多余的线条，并描深最终椭圆。

　　另一画椭圆的方法（图1-51b），先浅画出封闭的矩形，标出每条边的中点，然后画出切线弧，再轻轻地画出椭圆。用橡皮擦掉辅助作图线，最后描深椭圆。

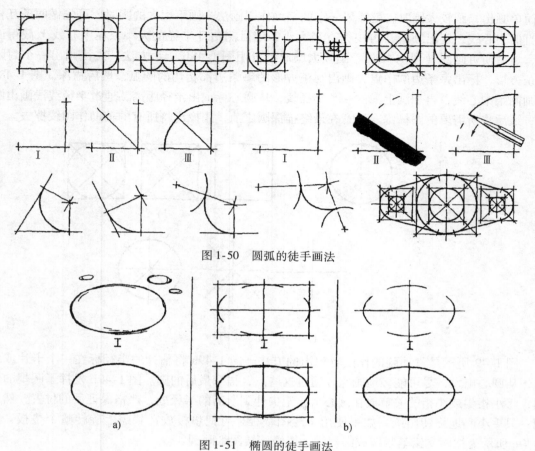

图 1-50　圆弧的徒手画法

图 1-51　椭圆的徒手画法

4. 保持比例

在徒手作图中最重要的尺度是让草图保持一定的比例，不管技术多么高超和细节画得多么好，如果比例——尤其是贯穿全局的重要比例失调严重的话，这张图是很糟的。

首先，高度和宽度的比例必须认真确立；然后，当你继续画中间范围尺寸的图形和小细节时，要不断将每个新确定的距离和已确定的距离进行比较，以使比例保持整体的基本统一。

假如你要草画图 1-52a 给定图片上的橱柜，必须首先确定宽度和高度的比例关系，一种方法是，利用铅笔作为测量工具，如图 1-52b 所示，其高度大约是宽度的 1.75 倍。

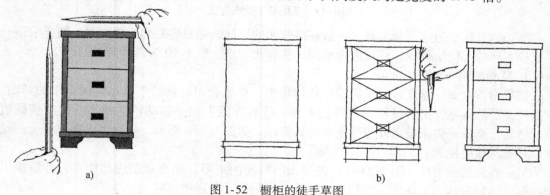

图 1-52　橱柜的徒手草图

1）根据正确比例关系画出封闭矩形。

2）用铅笔试着把抽屉空间分成三部分，浅画对角线确定抽屉中心，并画上抽屉手柄，再画出所有剩下的细节。

3）擦去所有辅助作图线，并把所有轮廓线描深。

估计比例的另一种方法是在卡片或纸片边缘上，画出一个任意长度单位，如根据实际物体画草图，可以用一张纸，或者铅笔本身长度作为一个单位长度，来确定比例。

为了保持比例，也可借助如图 1-45 所示的方格纸画图，为了画图的方便尽可能让图形上的水平线、垂直线、中心线等与方格重合，有利于图形的准确。

不规则物体的草图示例，如图 1-53 所示。

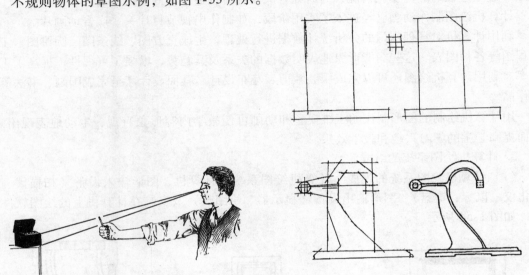

图 1-53　不规则物体的草图绘制

以上介绍了徒手绘制草图技巧，要真正掌握必须进行大量的练习，本书也将在后续内容中，进行实际绘图举例，并配有相应的作业练习。

1.4　计算机绘图 *

1. 计算机绘图的研究内容

计算机绘图（Computer Graphics）是应用计算机软、硬件和图形输入、输出设备，生成、存储、处理和输出图形技术。计算机绘图产生和处理的图形，可以分为两大类：一类是线图（又称矢量图），它用短的直线段来表现图形，如工程图、曲线图形等；另一类是点图（又称位图或光栅图像），它与照片相似，是用点（或称像素）来表现图形，适于表达客观实体的外形或外貌，如飞机、轮船、汽车的外形设计，各种工艺品的造型设计等。常用的计算机绘图方式有编程绘图和绘图软件绘图。

2. 计算机绘图的应用

计算机绘图已经广泛应用于机械、轻工、航空、船舶、汽车等工业领域和科学研究及人们社会生活中，成为计算机辅助设计（CAD）、可视化计算机仿真、虚拟现实等现代信息技术的重要组成部分。目前计算机绘图正在逐渐取代绘图板、丁字尺和绘图仪器的传统绘图方法，把设计人员从繁重的绘图工作中解放出来，投入到创造性的设计工作中。计算机图形的工程可视化能使设计者亲眼目睹机件受力后的应力分布、应变和虚拟样机的性能，从而使工程设计得以优化。例如，设计汽车车身系统模型，然后在外加载的情况下，动态显示不同外载荷下、不同路面上车身的变形，从而模拟出最优化的设计。这样省去了制造样机，节约了时间、经费，同时达到了优化的效果。

在科学研究中，计算机绘图用于科学计算的可视化。通过计算机绘图加速了由数字信息转换成二维、三维图形的过程。例如，计算机图形可清楚地描述复杂分子模型表达原子分子的运动碰撞过程的能量变化情况，为研究合成新物质创造了条件。

计算机绘图制作动画已经进入了实用阶段，如制作电视节目片头、广告动画片。

利用计算机对管理部门的分析统计数据进行处理，生成直方图、线条图、圆饼图、工作进程图等各种图表。这些图能形象地表明数据的关系及其趋势，增强了可视性，提高了工作效率。利用计算机绘图还可以完成服装裁剪、花布设计、鞋面设计甚至完成国画、书法等美术作品。

用计算机绘制的图形制作的三维模型和动画可使教学内容形象直观、生动地表现出来，从而提高学生的学习兴趣和教学效果。

3. 计算机绘图系统的组成

（1）计算机绘图系统的组成　计算机绘图系统由计算机、图形输入设备（扫描仪、数字化仪、鼠标、键盘）、图形输出设备（显示器、绘图仪）及安装在计算机上的绘图软件组成，如图 1-54 所示。

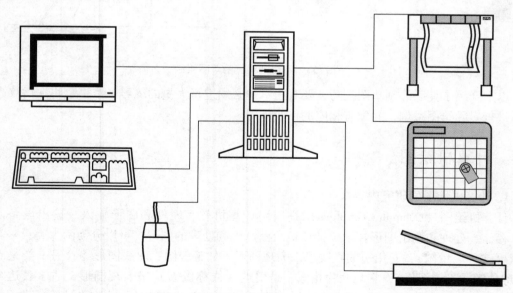

图 1-54　计算机绘图系统硬件连接示意图

（2）计算机绘图系统硬件

1）计算机。计算机可分为工作站与微机两种。工作站与微机相比，在计算速度、虚拟存储、图形处理等方面具有优势。但微机的性价比高，软件很丰富，使用维修方便。

2）图形输入设备。为了对图形实现各种输入操作，除键盘之外，还有各式各样的输入设备，如光笔、鼠标、数字化仪、扫描仪等。

鼠标是计算机的基本设备，也是计算机绘图中最常用、价格最便宜的输入设备。鼠标主要用来控制屏幕上光标的移动、定位和屏幕菜单选择。

数字化仪用于图形的数字化。数字化仪可输入图形的坐标或点取数字化仪上的菜单。

扫描仪可以将图像扫描到计算机内形成光栅图像文件进行存储。扫描仪的使用大大缩短了已有图样的输入时间，是建立大型图库的有效方法。其缺点是扫描输入的图形以点阵方式存储，因此在 CAD 系统中对图形进行编辑修改需要进行矢量化。

3）图形输出设备。图形输出设备主要有图形显示器和打印机两种。目前广泛使用的图形显示器是类似电视屏幕的光栅扫描式显示器。衡量图形显示器清晰度的主要指标是分辨率。同样尺寸的屏幕，水平方向像素的数目越大则分辨率越高，显示的图形越细腻。图形显示还包括图形显示卡，其主要功能是显示控制和帧缓存，提供对像素状态的存取和图形加速。打印机有针式打印机、喷墨打印机和激光打印机三种。针式打印机结构简单、价格低廉，通常用于图形精度不高的场合，如绘制草图、打印报表等。喷墨打印机和激光打印机都可以达到较高的分辨率（300～1200dpi），且具有更高的输出速度。

（3）计算机绘图系统软件　计算机绘图软件可分为两大类：工具软件、应用软件。计算机绘图软件的组成体系如图 1-55 所示。工具软件一般为商品化软件，用户无需自己编写绘图程序，只要使用工具软件提供的绘图功能就能进行计算机绘图。这类软件如 Auto CAD 通用绘图系统、Photoshop 图像处理系统等。

应用软件是用户根据实际绘图需要自己开发的软件，一般用于专业需要。应用软件的开发方式有两种：一种是购买商品化的工具软件，然后使用工具软

图 1-55　计算机绘图软件的组成体系

件提供的二次开发工具，基于该工具软件开发自己的绘图系统，如基于 Auto CAD 开发的各种机械 CAD、建筑 CAD、家具及室内装饰 CAD 等软件；另一种是使用高级程序语言，直接基于操作系统开发，如直接采用 C 语言提供的图形函数进行绘图。无论哪一类绘图软件，都需要操作系统和图形标准的支持。

本书将在第 12 章中详细讨论计算机绘图软件的使用。

第2章　几何元素的投影

任何工程物体的空间构造描述，都借助于其上的特定几何元素：点、线、面。为了正确而迅速地画出物体的投影和分析空间几何问题，必须研究与分析空间几何元素（点、线、面）的图示问题。

2.1　点的投影

由前述投影性质可知，点在一个投影面上的单个投影是不能确定点的空间位置的。工程中为了方便准确地图示点的空间位置，常取两个或三个互相垂直的投影面进行投影。

2.1.1　点在两投影面体系中的投影

1. 两投影面体系的建立

图 2-1 所示为空间两个互相垂直的投影面，处于正面直立位置的投影面称为正立投影面，以 V 表示，简称 V 面；处于水平位置的投影面称为水平投影面，以 H 表示，简称 H 面。V 面和 H 面所组成的体系称为两投影面体系。V 面和 H 面的交线称为 X 投影轴，简称 X 轴。两投影面把空间分成四个分角，依次用I、II、III、IV表示。

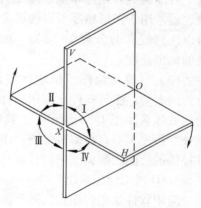

图 2-1　两投影体系

2. 点的两面投影

首先研究点在第 I 分角内的投影。如图 2-2 所示，由空间一点 A 向 H 面作垂线，其垂足就是点 A 在 H 面上的投影，称为点 A 的水平投影，以 a 表示。再由点 A 向 V 面作垂线，其垂足就是点 A 在 V 面上的投影，称为点 A 的正面投影，以 a' 表示。将 H 面及其上面的水平投影 a 绕 X 轴向下旋转使与 V 面重合在同一平面位置上，就得到点的两面投影；因投影面可根据需要扩大，故一般不画出投影面的边界（图 2-2c）。

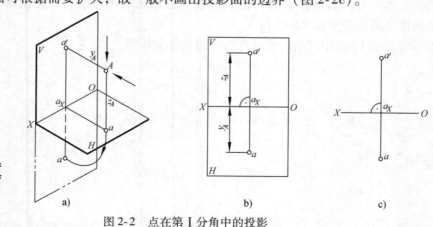

图 2-2　点在第 I 分角中的投影

反过来，有了点的正面投影和水平投影，就可确定该点的空间位置。可以想象图中 X 轴上的 V 面保持直立位置，将 H 面绕 X 轴向前转 $90°$ 呈水平位置，再分别从 a'、a 作 V、H 投影面的垂线，相交即得空间点 A，从而唯一地确定了该点的空间位置。

3. 点在两投影面体系中的投影规律

由图 2-2 可知，Aaa_Xa' 是个矩形，$a'a_X$、aa_X 都垂直 X 轴，H 面向下旋转后，a、a' 的连线 aa' 一定垂直于 X 轴，由此可得出点的投影规律：

1）点的水平投影和正面投影的连线垂直 X 轴，即 aa' 垂直 X 轴。

2）点的水平投影到 X 轴的距离等于空间点到 V 面的距离，即 $aa_X = Aa'$。

3）点的正面投影到 X 轴的距离等于空间点到 H 面的距离，即 $a'a_X = Aa$。

4. 其他分角中点的投影

如图 2-3 所示，空间点 B、C、D 分别处于 Ⅱ、Ⅲ、Ⅳ 分角中，各点分别向相应的投影面作投射线，就可以得到各点的正面投影和水平投影。当前半的 H 面向下旋转（也即后半 H_1 面向上旋转）与 V 面（V_1 面）重合后得到各点的投影图。显然这些点的投影也必定符合上述投影规律，但各点的投影在图上的位置有如下的特点：

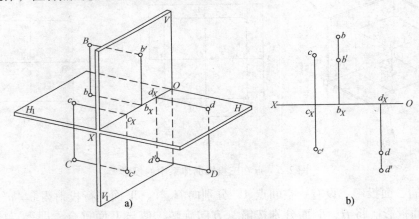

图 2-3 其他分角中点的投影

第 Ⅱ 分角中的点 B，正面投影 b' 和水平投影 b 同在 X 轴的上方。

第 Ⅲ 分角中的点 C，正面投影 c' 在 X 轴下方，水平投影 c 在 X 轴上方。

第 Ⅳ 分角中的点 D，正面投影 d' 和水平投影 d 同在 X 轴下方。

5. 投影面和投影轴上点的投影

点也可以位于投影面上和投影轴上。点在哪个面上，它与这个投影面的距离就为零，并且与该投影面上的投影重合，而另一投影在投影轴上。如图 2-4 所示，点 M 在 H 面上，则 m 与 M 重合，m' 在 X 轴上，同理，点 K 也如此。点 N 在 V 面上，则 n' 与 N 重合，n 在 X 轴上，同理点 L 亦如此。当点在投影轴上时，它的两个投影均与空间点重合在投影轴上。如点 G 在 X 轴上，则 g、g' 与 G 均重合在 X 轴上。

2.1.2 点在三投影面体系中的投影

（1）三投影面体系的建立 如图 2-5a 所示，如在两面体系上再加上一个与 V、H 面均垂直的投影面，它处于侧立位置，称为侧投影面，以 W 表示，简称 W 面，这样三个互相垂直的面就组成一个三投影面体系。H、W 立面的交线称为 Y 投影轴，简称 Y 轴；V、W 面的

交线称为 Z 投影轴，简称 Z 轴，三个投影轴的交点 O 称为原点。

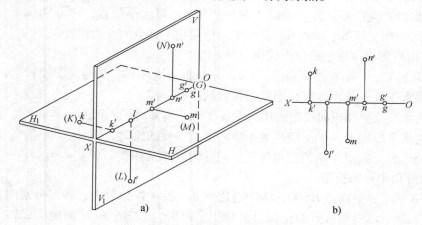

图 2-4　投影面和轴上点的投影

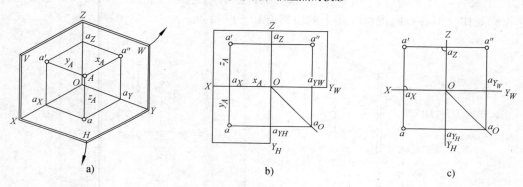

图 2-5　点在三投影面体系中的投影

（2）点的三面投影　设有一空间点 A，分别向 H、V、W 面进行投射得 a、a'、a''，a'' 称为点 A 的侧面投影。将 H、W 面分别按箭头方向旋转，使与 V 面重合，即得点的三面投影（图 2-5b）。其中 Y 轴既随 H 面旋转，也随 W 面旋转，分别用 Y_H、Y_W 表示。通常在投影图上只画出其投影轴，不画投影面的边界（图 2-5c）。

（3）点的直角坐标与三面投影的关系　如把三投影面体系看做空间直角坐标系，则 H、V、W 面即为坐标面，X、Y、Z 轴即为坐标轴，O 点即为坐标原点。由图 2-5 可知，点 A 的三个直角坐标（x_A，y_A，z_A）即为点 A 到三个坐标面的距离，它们与点 A 的投影的关系如下：

$$A \xrightarrow{\text{距离}} W = Aa'' = aa_Y = a'a_Z = Oa_X = x_A \longrightarrow \text{横标}$$

$$A \xrightarrow{\text{距离}} V = Aa' = aa_X = a''a_Z = Oa_Y = y_A \longrightarrow \text{纵标}$$

$$A \xrightarrow{\text{距离}} H = Aa = a'a_X = a''a_Y = Oa_Z = z_A \longrightarrow \text{高标}$$

由此可见：a 由 x_A、y_A 确定；a' 由 x_A、z_A 确定；a'' 由 y_A、z_A 确定。所以空间点 A（x_A，y_A，z_A）在三面投影体系中有唯一的一组投影（a，a'，a''）。反之，已知点 A 的投影（a，a'，a''），即可确定点 A 的空间坐标值。

（4）三投影面体系中点的投影规律　三投影面体系中点的投影规律如下：

1）点的正面投影和水平投影的连线垂直于 X 轴。这两个投影都反映空间点的 x（横）坐标，即

$$aa' \perp X 轴, \quad a'a_Z = aa_{YH} = x_A$$

2）点的正面投影和侧面投影的连线垂直于 Z 轴。这两个投影都反映空间点的 z（高）坐标，即

$$a'a'' \perp Z 轴, \quad a'a_X = a''a_{YW} = z_A$$

3）点的水平投影到 X 轴的距离等于侧面投影到 Z 轴的距离。这两个投影都反映空间点的 y 坐（纵）标，即

$$aa_X = a''a_Z = y_A$$

根据点的三面投影规律，可由点的三个坐标值画出其三面投影图；也可根据点的两个投影作出其第三个投影。

【例 2-1】　已知点 A 的坐标（20，15，10），点 B 的坐标（30，10，0），点 C 的坐标（15，0，0），试作出点的三面投影（图 2-6）。

分析：由于 $z_B = 0$，点 B 在 H 面上，又由于 $y_C = 0$，$z_C = 0$，点 C 在 X 轴上。

作图：点 A 的投影：从 O 点向左在 X 轴 20 处作垂线 aa'，然后在 aa' 上从 X 轴向下向上分别取 $y_A = 15$ 和 $z_A = 10$，求出 a 和 a'，由 a' 作 Z 轴的垂线，然后从 Z 轴向右方取 15 即得 a''。

其他从略。

【例 2-2】　已知点 D 的两个投影 d'、d''（图 2-7），试求出其第三个投影 d。

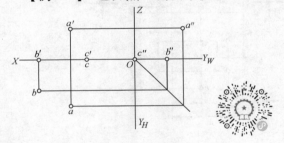

图 2-6　根据点的坐标作投影图　　　　　　图 2-7　已知点的两投影求第三投影

分析：由于已知点的正面投影 d' 和侧面投影 d''，则点的空间位置可以确定，由此可以作出其水平投影。

作图：根据点的投影规律，水平投影 d 到 X 轴的距离等于侧面投影 d'' 到 Z 轴的距离。先从原点 O 作 Y_H、Y_W 分角线，然后从 d'' 引 Y_W 的垂线与分角线相交，再由交点作 X 轴的平行线与由 d' 作出的 X 轴的垂直线相交即得水平投影 d。

【例 2-3】　已知点 A 的三面投影（图 2-8），画出其轴测图。

分析：根据点 A 的三面投影，即可确定点 A 的三个坐标（x_A，y_A，z_A），然后按坐标值作图。

作图：通常将轴测图上的 X 轴画成水平位置，Z 轴画成铅垂位置，Y 轴画成与 X、Z 轴成 135°，即与 X 轴延长线成 45°。在相应轴上量取坐标 x_A，y_A，z_A，得到 a_X，a_Y，a_Z 三点，然后从这三点分别作各轴的平行线即得三个交点 a、a'、a''，再从 a、a'、a'' 作各轴的平行线相交与一点，即得空间点 A。

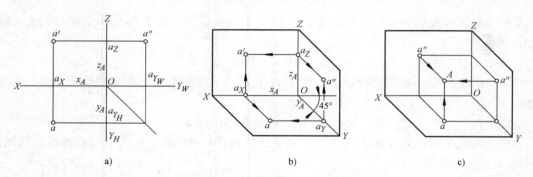

图 2-8　根据点的投影图画出轴测图

2.1.3　两点的相对位置

（1）两点的相对位置的确定　空间点的位置可以用绝对坐标（即空间点对原点 O 的坐标）来确定，也可以用相对于另一点的相对坐标来确定。两点的相对位置即为两点的坐标差。如图 2-9 所示，已知空间点 A（x_A、y_A、z_A）和 B（x_B、y_B、z_B），如分析 B 相对于 A 的位置，在 X 方向相对坐标为（$x_B - x_A$），即两点对 W 面，也就是左右方向的距离（横标）差。Y 方向的相对坐标为（$y_B - y_A$），即两点对 V 面，也就是前后方向的距离（纵标）差。Z 方向的相对坐标为（$z_B - z_A$），即两点对 H 面也就是高度方向的距离（高标）差。

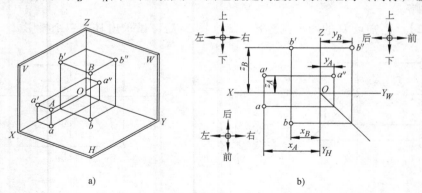

图 2-9　两点的相对位置的确定

由于 $x_A > x_B$，则（$x_B - x_A$）为负值，即点 A 在左，点 B 在右。由于 $y_B > y_A$，则（$y_B - y_A$）为正值，即点 B 在前，点 A 在后。由于 $z_B > z_A$，则（$z_B - z_A$）为正值，即点 B 在上，点 A 在下。

（2）重影点的投影　当两点的某两个坐标值相同时，该两点处于同一条投射线上，因而对某一投影面具有重合的投影，这两点称为对该投影面的重影点。如图 2-10 所示 C、D 两点，其中 $x_C = x_D$，$z_C = z_D$，因此，它们的正面投影 c' 和（d'）重影为一点，由于 $y_C > y_D$，所以从前向后看时，C 是可见的，D 是不可见的。通常规定把不可见的点的投影加上括号，如（d'）以示区别。又如 C、E 两点，其中 $x_C = x_E$，$y_C = y_E$，因此它们的水平投影（c）、e 重影为一点，由于 $z_E > z_C$，所以从上面垂直 H 面向下看时 E 是可见的，C 是不可见的。再如 C、F 两点，其中 $y_C = y_F$，$z_C = z_F$，它们的侧面投影 c''、（f''）重影为一点，由于 $x_C > x_F$，所以从左面垂直于 W 面向右看时，C 是可见的，F 是不可见的。由此可见，对 V 面、H 面、W 面的重影点，它们的可见性，应分别是前遮后、上遮下、左遮右。此外，一个点在一个方向上是可见的,在另一方向上去看则不一定是可见,必须根据该点和其他点的相对位置而定。

在投影图上,如果两个点的投影重合,则对重合投影所在投影面的距离(即对该投影面的坐标值)较大的那个点是可见的,而另一个点是不可见的,因此经常利用重影点来判别可见性问题。

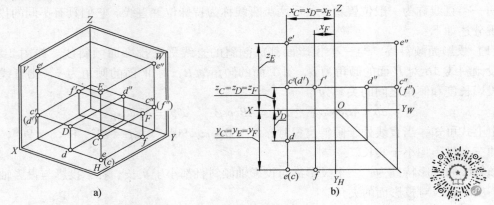

图 2-10　重影点的投影

2.2　直线的投影

空间一直线的投影可由直线的两点(通常取线段两个端点)的投影来确定。如图 2-11 所示的直线 AB,求作它的三面投影时,可分别作出两端点的投影(a、a'、a'')、(b、b'、b''),然后将其同面投影连接起来即得直线的三面投影(ab、$a'b'$、$a''b''$)。

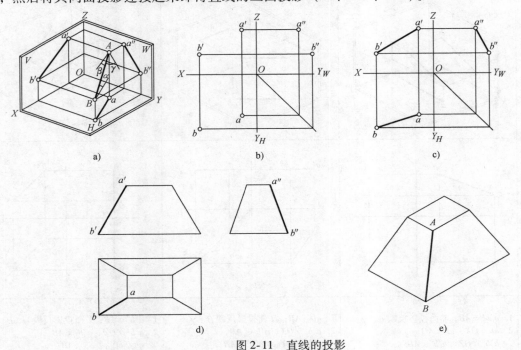

图 2-11　直线的投影

图 2-11d 为直线 AB 的投影在画物体投影图中的应用。

2.2.1　各种位置直线的投影特性

根据直线在三投影面体系中的位置可将其分为投影面倾斜线、投影面平行线和投影面垂直线三类。

前一类直线称为一般位置直线，后两类直线称为特殊位置直线。它们具有不同的投影特性，现分述如下：

（1）投影面倾斜线　与三个投影面都成倾斜的直线称为投影面倾斜线。如图 2-11 所示，设倾斜线 AB 对 H 面的倾角为 α，对 V 面的倾角为 β，对 W 面的倾角为 γ，则直线的实长、投影长度和倾角之间的关系为

$$ab = AB\cos\alpha; \quad a'b' = AB\cos\beta; \quad a''b'' = AB\cos\gamma$$

由上式可知，当直线处于倾斜位置时，由于 $0 < \alpha < 90°$，$0 < \beta < 90°$，$0 < \gamma < 90°$，因此直线的三个投影均小于实长。

倾斜线的投影特性为：三个投影都与投影轴倾斜且都小于实长。各个投影与投影轴的夹角都不反映直线对投影面的夹角。

（2）投影面平行线　仅平行于一个投影面而与另外两个投影面倾斜的直线称为投影面平行线。如表 2-1 所示，平行于 V 面的称为正平线；平行于 H 面的直线称为水平线；平行于 W 面的称为侧平线。

表 2-1　平行线的投影特性

名称	正平线（$AB // V$ 面）	水平线（$AB // H$ 面）	侧平线（$AB // W$ 面）
轴测图	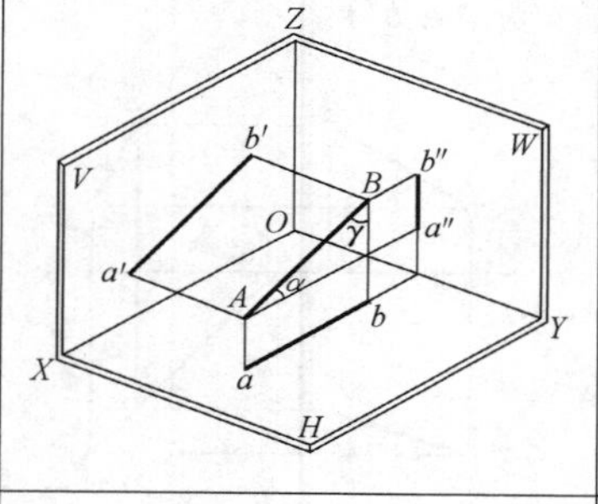	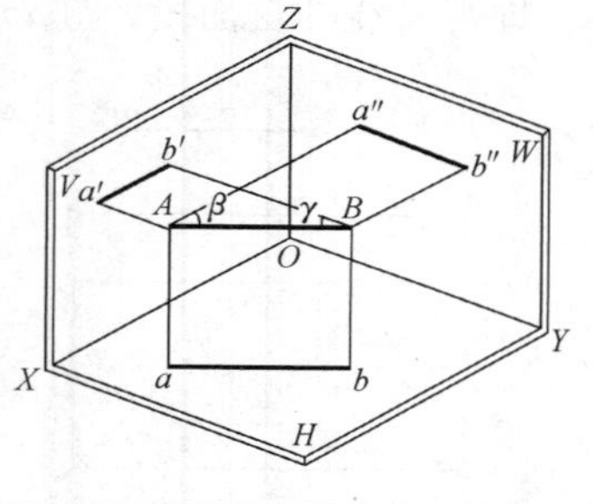	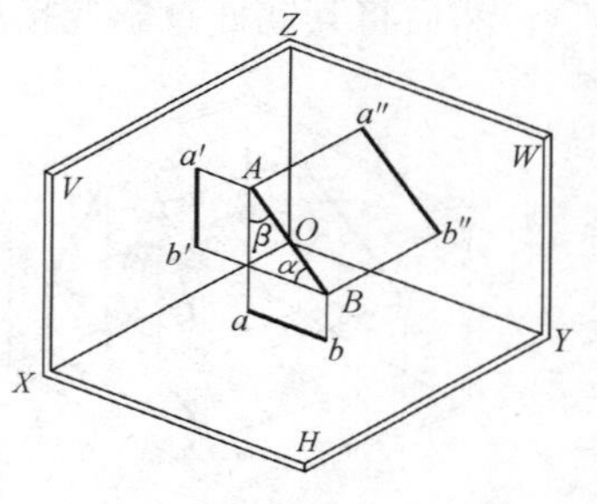
投影图	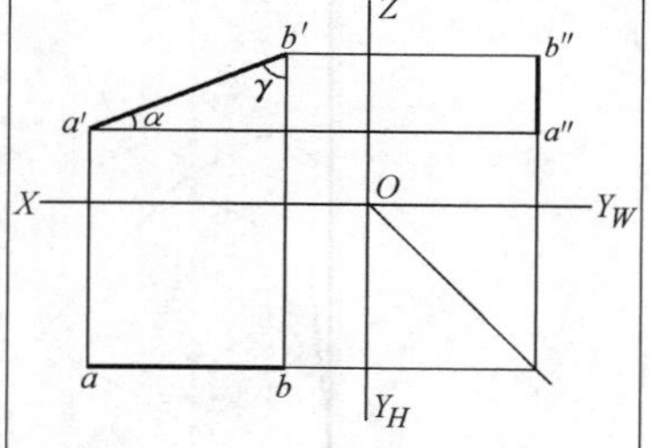	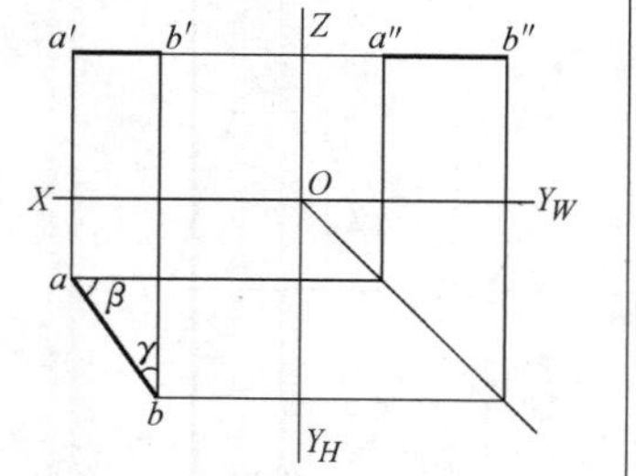	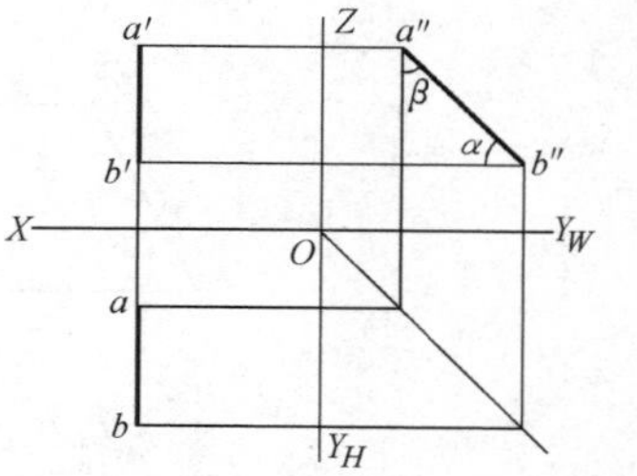
投影特性	1. $a'b' = AB$；V 面投影反映 α、γ 2. $ab // OX$，$ab < AB$，$a''b'' // OZ$，$a''b'' < AB$	1. $ab = AB$；H 面投影反映 β、γ 2. $a'b' // OX$，$a'b' < AB$，$a''b'' // OY_W$，$a''b'' < AB$	1. $a''b'' = AB$；V 面投影反映 α、β 2. $a'b' // OZ$，$a'b' < AB$，$ab // OY_H$，$ab < AB$

（续）

名称	正平线（AB // V 面）	水平线（AB // H 面）	侧平线（AB // W 面）
应用举例	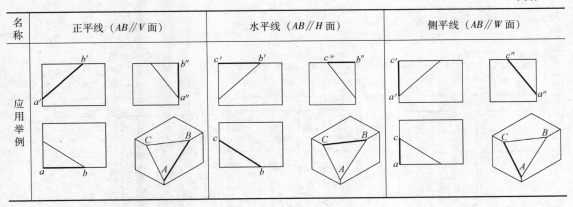		

以正平线 AB 为例，其投影特性为：

1）正面投影 $a'b'$ 反映直线的实长，它与 X 轴的夹角反映直线对 H 面的倾角，与 Z 轴的夹角反映直线对 W 面的倾角。

2）水平投影 ab // X 轴；侧面投影 $a''b''$ // Z 轴，它们的投影长度均小于 AB 实长

$$ab = AB\cos\alpha, \qquad a''b'' = AB\cos\gamma$$

关于水平线和侧平线投影其投影特性可类似得出。

（3）投影面垂直线 垂直于一个投影面即与另外两个投影面都平行的直线称为投影面垂直线（表2-2）。垂直于 V 面的称为正垂线；垂直于 H 面称为铅垂线；垂直于 W 面的称为侧垂线。

表2-2 垂直线的投影特性

名称	正垂线（AB⊥V 面）	铅垂线（AB⊥H 面）	侧垂线（AB⊥W 面）
轴测图	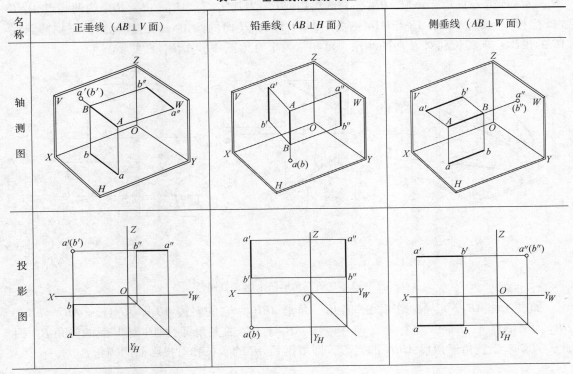		
投影图			

（续）

名称	正垂线（$AB \perp V$ 面）	铅垂线（$AB \perp H$ 面）	侧垂线（$AB \perp W$ 面）
投影特性	1. $a'(b')$ 积聚成一点 2. $ab \perp OX$，$a''b'' \perp OZ$ 3. $ab = a''b'' = AB$	1. $a(b)$ 积聚成一点 2. $a'b' \perp OX$，$a''b'' \perp OY_W$ 3. $a'b' = a''b'' = AB$	1. $a''(b'')$ 积聚成一点 2. $a'b' \perp OZ$，$ab \perp OY_H$ 3. $a'b' = ab = AB$
应用举例	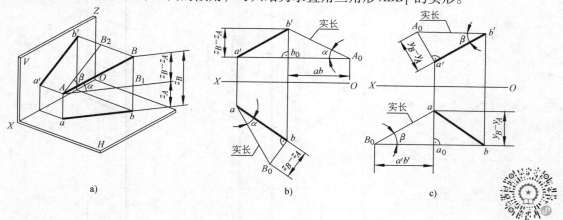		

以铅垂线为例，其投影特性为：

1）水平投影 $a(b)$ 重影为一点。

2）正面投影 $a'b'$ 垂直 X 轴；侧面投影 $a''b''$ 垂直 Y_W 轴，均反映实长。

关于正垂线和侧垂线的投影及其投影特性可类似得出。

2.2.2　直线段的实长和对投影面的倾角

由前述得知，倾斜直线段的投影在投影图上不反映实长和对投影面的倾角。但在工程上，往往要求在投影图上用图解方法解决这一度量问题。

（1）几何分析　图 2-12 所示为一处于 H/V 投影面体系中的倾斜线 AB，现过 A 作 $AB_1 /\!/ ab$，即得一直角三角形 ABB_1，它的斜边 AB 即为其实长，$AB_1 = ab$，BB_1 为两端点 A、B 的 z 坐标差（$z_B - z_A$），AB 与 AB_1 的夹角即为 AB 对 H 面的倾角 α。由此可见，根据倾斜线 AB 的投影，求实长和对 H 面的倾角，可归结为求直角三角形 ABB_1 的实形。

图 2-12　直角三角形法求实长及倾角

如过 A 作 $AB_2 /\!/ a'b'$，则得另一直角三角形 ABB_2，它的斜边 AB 即为实长，$AB_2 = a'b'$，BB_2 为两端点 A、B 的 y 坐标差（$y_B - y_A$），AB 与 AB_2 的夹角即为 AB 对 V 面的倾角 β。因此，只要求出直角三角形 ABB_2 的实形，即可得到 AB 的实长和对投影面的倾角 β。

（2）作图方法　求直线 AB 的实长和对 H 面的倾角 α 可应用下列两种方式作图（图2-12b）：

1）如图2-12b所示，过 b 作 ab 的垂线 bB_0，在此垂线上量取 $bB_0 = z_B - z_A$，则 aB_0 即为所求直线的实长，$\angle B_0ab$ 即为 α 角。

2）过 a' 作 X 轴的平行线，与 $b'b$ 相交于 $b_0(b'b_0 = z_B - z_A)$，量取 $b_0A_0 = ab$，则 $b'A_0$ 也是所求直线的实长，$\angle b'A_0b_0$ 即为 α 角。

同理，如图2-12c所示，以 $a'b'$ 为直角边，以 $y_B - y_A$ 为另一直角边，也可求出 AB 的实长（$b'A_0 = AB$），而斜边 $b'A_0$ 与 $a'b'$ 的夹角即为 AB 对 V 面的倾角 β。类似做法，使 $a_0B_0 = a'b'$，则 $aB_0 = AB$，$\angle aB_0a_0$ 也反映 β 角。

直线对侧面的倾角 γ 请自行求出。

（3）应用作图举例　如图2-13所示，已知直线 AB 的实长 L 和 $a'b'$ 及 a，求水平投影 ab。

分析：如求出了 ab 长度，或 $y_B - y_A$ 的值，就可确定 b。根据直角三角形法，可以分析、想象由已知的 $a'b'$ 和实长 L 能组成一直角三角形，并画出该三角形（图2-13c），标记直角边 $a'b'$ 和斜边 L，然后分析 $a'b'$ 和 L 的夹角和另一直角边各表示什么，弄清后即可得到解题思路。

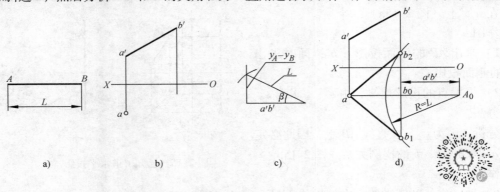

a)　　　　　b)　　　　　c)　　　　　d)

图2-13　已知线段实长 L 求水平投影 ab

作图方法一：

1）由 b' 点作 X 轴的垂线 $b'b_1$。

2）由 a 点作 X 轴平行线与 $b'b_1$ 相交于 b_0，延长 ab_0 至 A_0，使 $b_0A_0 = a'b'$。

3）以 A_0 为圆心，实长 L 为半径画圆弧交 $b'b_1$ 于 b_1 或 b_2，即可求出水平投影 ab_1 或 ab_2 两解，如果取后面一解，则 B 点处于第Ⅱ分角。

作图方法二：由已知 $a'b'$ 得出 $z_B - z_A$ 及实长 L 组成一直角三角形，求出 ab 的长度，再根据 b' 作出 ab_1、ab_2 两解，具体作图请自行完成。

2.2.3　直线上的点

如图2-14所示，直线 AB 上有一点 C，则点 C 的三面投影 c、c'、c'' 必定分别在直线的同面投影 ab、$a'b'$、$a''b''$ 上。且具有以下特性：

（1）从属性　点在直线上，则点的各个投影必定在该直线的同面投影上。反之，点的各个投影在直线的同面投影上，则该点一定在直线上。

（2）定比性　点分线段成定比，则分割线段的各个同面投影长度之比等于其线段长度之比。即 $AC:CB = ac:cb = a'c':c'b' = a''c'':c''b''$。

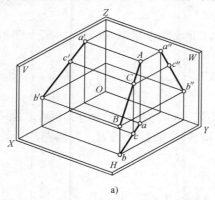

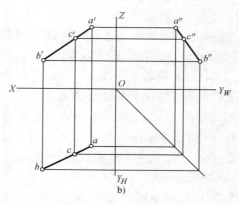

图 2-14　直线上点的投影

【例 2-4】　已知侧平线 AB 的两面投影和直线上点 S 的正面投影 s'，求水平投影 s。

方法一

分析：由于 AB 是侧平线，因此不能由 s' 直接求出 s，但根据点在直线上的投影特性，s'' 必定在 $a''b''$ 上（图 2-15a）。

作图：

1）求出 AB 的侧面投影 $a''b''$，同时求出 S 点的侧面投影 s''。

2）根据点的投影规律，由 s''、s' 求出 s。

方法二

分析：因为点 S 在直线 AB 上，因此必定符合 $a's':s'b' = as:sb$ 的比例关系（图 2-15b）。

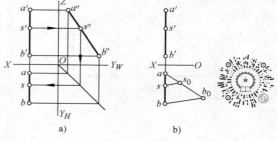

图 2-15　已知 s' 求水平投影

作图：

1）过 a 作任意辅助线，在辅助线上量取 $as_0 = a's'$，$s_0b_0 = s'b'$。

2）连接 b_0b，并由 s_0 点作 $s_0s // b_0b$，交 ab 于点 s，s 即为所求的水平投影。

（3）直线的迹点　直线与投影面的交点称为迹点。直线与 H 面的交点称为水平迹点，用 M 表示；与 V 面的交点称为正面迹点，用 N 表示，如图 2-16a 所示。

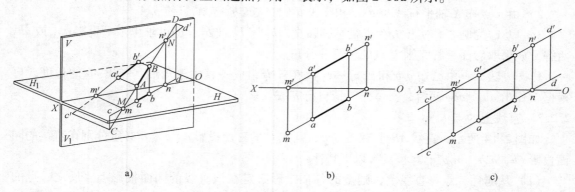

图 2-16　直线的正面迹点和水平迹点

迹点的基本特性是：它是直线上的点，其投影具有从属性；又是投影面上的点，具有投影面上点的投影特性。由此可作出直线上迹点的投影。

点 M 在 H 面上，$z_M = 0$，则 m' 必定在 X 轴上；又 M 是直线 AB 上的点，m' 在 $a'b'$ 上，m 在 ab 上。直线 AB 水平迹点的作图方法为（图2-16b）：

1）延长 $a'b'$ 与 X 轴相交即得水平迹点 M 的正面投影 m'。

2）自 m' 引 X 轴的垂线与 ab 的延长线相交于 m，即为水平迹点 M 的水平投影。

同理，直线的正面迹点的投影做法为（图2-16b）：

1）延长 ab 与 X 轴相交即得正面迹点 N 的水平投影 n。

2）自 n 引 X 轴的垂线与 $a'b'$ 的延长线相交于 n'，即为正面迹点 N 的正面投影。

迹点的几何意义：直线穿过各个分角的分界点。

如将 AB 直线继续延长（图2-16c），则直线向右上方穿过 V 面进入第 II 分角，直线向左下方向穿过 H 面进入第 IV 分角，因此直线穿过 II、I、IV 三个分角，即 DN 在第 II 分角，MN 在第 I 分角，MC 在第 IV 分角。

2.2.4　两直线的相对位置

空间两直线的相对位置有三种情况，即两直线平行、两直线相交和两直线交叉。前两种情况两直线位于同一平面上，称为同面直线；后一种情况两直线不位于同一平面上，称为异面直线。

1. 平行两直线

空间两平行直线的投影必定互相平行，如图2-17a 所示。由于 $AB /\!/ CD$，则有 $ab /\!/ cd$，$a'b' /\!/ c'd'$，$a''b'' /\!/ c''d''$。

反之，如果两直线同面投影都互相平行，则两直线在空间必定互相平行。

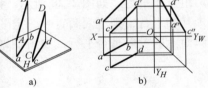

图 2-17　平行两直线的投影

【例 2-5】　判别图 2-18a 所示的两侧平线是否平行（不利用侧面投影）。

图 2-18b　根据平行直线投影的等比关系作图。

图 2-18c　根据平行两直线、相交两直线为同面直线的性质作图。

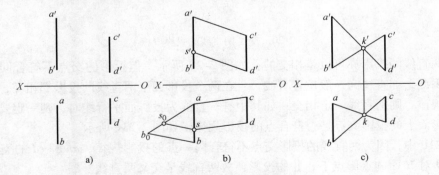

图 2-18　判别两侧平线的相对位置

2. 相交两直线

空间两相交直线的投影必定相交，且两直线交点的投影一定为两直线投影的交点，如图2-19a所示。AB 与 CD 相交，交点为 K，则 ab 与 cd、$a'b'$ 与 $c'd'$、$a''b''$ 与 $c''d''$ 必定分别相交

于 k、k'、k''，如图 2-19b 所示。

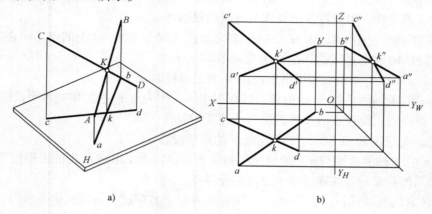

图 2-19　相交两直线的投影

反之，两直线在投影图上的各组同面投影都相交，且各组投影的交点符合空间一点的投影规律，则两直线在空间必定相交。

3. 交叉两直线

既不平行又不相交的两直线称为交叉两直线。交叉两直线的投影关系多变化，可能一组或两组互相平行，如图 2-20 所示。如直线为一般位置直线，且在两个投影面上的两组直线投影互相平行，则空间两直线一定平行；如直线为投影面平行线，则一定要检查在所平行的投影面上的投影是否平行，如图 2-20c 所示。

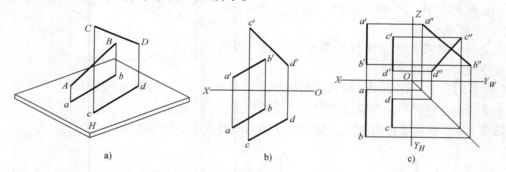

图 2-20　交叉两直线的投影（一）

交叉两直线的投影亦可以是相交的，如图 2-21 所示，但投影的交点不符合同一点的投影规律。因此，如直线为一般位置直线，且在两个投影面上两直线的投影都相交，并符合交点的投影规律，则两直线一定相交；如其中有一直线为投影面平行线时，则一定要检查直线在三个投影面上的投影交点是否符合点的投影规律，如图 2-21c 所示。

图 2-21b 中，因为两直线的投影交点不符合同一点的投影规律，ab 和 cd 的交点实际上是 AB、CD 对 H 面的重影点 Ⅰ、Ⅱ 的投影，故两直线是交叉两直线。

重影点可见性的判断与标示。由于 Ⅰ 在 Ⅱ 之上，所以 1 可见，（2）不可见。同理，在图 2-21b 中，$a'b'$ 和 $c'd'$ 的交点是 AB、CD 对 V 面的一对重影点 Ⅲ、Ⅳ 的投影，由于 Ⅲ 在 Ⅳ 之前，所以 $3'$ 可见，（$4'$）不可见。

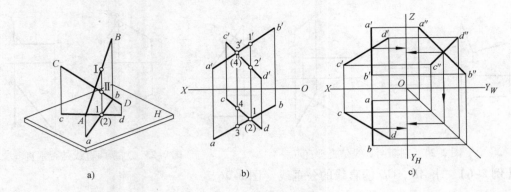

图 2-21　交叉两直线的投影（二）

4. 垂直两直线的投影

若垂直两直线同时平行于某个投影面，则此两直线在该投影面上的投影为垂直。若两直线中有一条平行于某个投影面（另一条不垂直于该投影面），则此两直线在该投影面上的投影仍垂直。上述特性，称为直角投影定理。

现将直角定理证明如下（图 2-22）。

已知：$\angle ABC = 90°$，$BC \parallel H$

求证：$\angle abc = 90°$

证明：因为 $BC \perp AB$，$BC \perp Bb$

　　　　所以 $BC \perp Q$（$ABba$ 平面）

　　　　又因为 $bc \parallel BC$

　　　　所以 $bc \perp Q$，因此 $bc \perp ab$，即 $\angle abc = 90°$

证毕。

如将平面 Q 扩大（图 2-23a），因 $BC \perp Q$，则 BC 直线必垂直于平面 Q 上的任何直线，如 EF 直线，又因 EF 在 H 面上的投影和 ab 重合，在同一条直线上，故 $bc \perp ef$。可见，交叉垂直两直线的投影也符合上述定理。

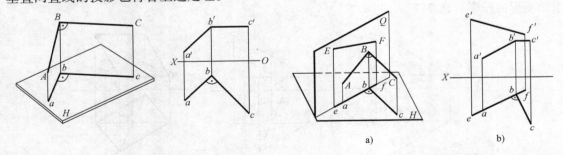

图 2-22　垂直两直线的投影　　　　图 2-23　交叉垂直两直线的投影

反之，若两直线（相交或交叉）在某个投影面上的投影互相垂直，且其中有一直线平行于该投影面，则此两直线必互相垂直。

根据上述定理，不难判断图 2-24 所示的两直线均互相垂直；图 2-25 所示的两直线均不互相垂直。直角投影定理在后面应用很广。

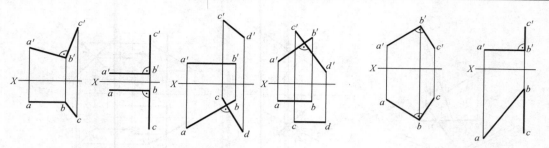

图 2-24　判断两直线是否垂直（一）　　　　图 2-25　判断两直线是否垂直（二）

【例 2-6】　求 *AB*、*CD* 两直线的公垂线（图 2-26）。

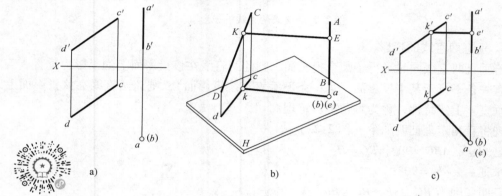

图 2-26　*AB*、*CD* 两直线的公垂线

分析：直线 *AB* 是铅垂线，*CD* 是一般位置直线，所以它们的公垂线是一条水平线。

作图：

1）由直线 *AB* 积聚的水平投影 *a*(*b*) 向 *cd* 作垂线交于 *k*，再由此求出 *k'*。

2）由 *k'* 向 *a'b'* 作垂线交于 *e'*，*e'k'* 和 *ek* 即为公垂线 *EK* 的两投影。

【例 2-7】　已知菱形 *ABCD* 的一条对角线 *AC* 为正平线，菱形的一边位于直线 *AM* 上，求该菱形的投影（图 2-27a）。

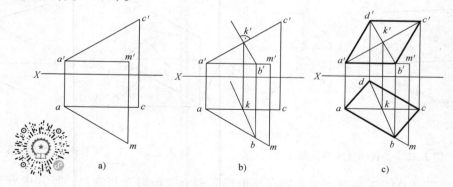

图 2-27　求菱形 *ABCD* 的投影

分析：由菱形的定义可知，其对边互相平行，对角线互相垂直且平分。另对角线为正平线，可利用平分、垂直、平行的特点作图。

作图：

1）在对角线 AC 上取中点 K，即使 $a'k' = k'c'$，$ak = kc$。K 点也必定为另一对角线的中点。

2）AC 是正平线，故另一对角线的正面投影必定垂直 AC 的正面投影 $a'c'$。因此过 k' 作 $k'b' \perp a'c'$，并与 $a'm'$ 交于 b'，由 $k'b'$ 求出 kb（图 2-27b）。

3）在对角线 KB 的延长线上取一点 D，使 $KD = KB$，即 $k'd' = k'b'$，$kd = kb$，则 $b'd'$ 和 bd 即为另一对角线的投影，连接各点即为菱形 $ABCD$ 的投影（图 2-27c）。

观察与思考：观察周围，试着抽象出两直线平行、相交、交叉关系的几何问题，并试着图示。

2.3　平面的投影

平面是物体表面的重要组成部分，也是主要的空间几何元素之一。其表示方法有如下两种。

（1）几何元素表示法　由初等几何得知，下列几何元素组都可以决定平面在空间的位置：

1）不在同一直线上的三个点。

2）直线和直线外的一点。

3）相交两直线。

4）平行两直线。

5）任意平面图形，如三角形、平行四边形、圆形等。

图 2-28 是用各组几何元素所表示的同一平面的投影图。显然各组几何元素是可以互相转换的，如连接 AB 即可由图 a 转换成图 b；再连接 AC，又可转换成图 c，将 A、B、C 三点彼此连接又可转换成图 e 等。从图中可以看出，不在同一直线上的三个点是决定平面位置的基本几何元素组。

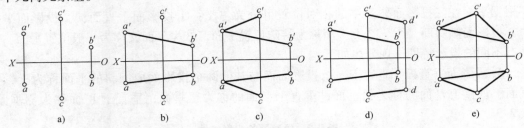

图 2-28　平面的表示法及其投影图

（2）迹线表示法　迹线表示法是用平面上的特殊直线来表示平面的方法，如图 2-29 所示。该特殊直线是平面与投影面的交线，称为迹线。平面 P 与 H、V、W 面的交线分别称为水平迹线、正面迹线和侧面迹线，以 P_H、P_V、P_W 表示。两两相交于 X、Y、Z 轴上的一点称为迹线集合点，分别以 P_X、P_Y、P_Z 表示。

由于迹线在投影面上，故迹线在该投影面上的投影必与其本身重合，规定用迹线符号标记，即在投影图上直接用 P_V 标记正面迹线的正面投影；用 P_H 标记水平迹线的水平投影；用 P_W 标记侧面迹线的侧面投影。该迹线的另两个投影与相应的投影轴重合，一般不再标记。这种用迹线表示的平面称为迹线平面。用几何元素组表示的平面和迹线平面之间是可以互相转换的。

非迹线平面转化为迹线平面如图 2-30a 所示，平面 P 由两相交直线 AB 和 CD 所确定，要把该平面转化成迹线平面。由于迹线是平面与投影面的交线，因此在平面 P 上求出任意两个在同一投影面上的点，通常是平面上两直线的同面迹点，则两迹点的连线即为此平面在该投影面上的迹线。

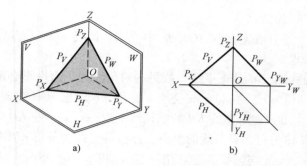

图 2-29　用迹线表示平面

如图 2-30b 所示，作 AB、CD 的正面迹点 N_1、N_2，它们都是平面 P 在 V 面上的点，连接即得 P 平面的正面迹线 P_V。同理，求出 AB、CD 的水平迹点 M_1、M_2，它们的连线即为平面 P 的水平迹线 P_H。P_V、P_H 与 X 轴必定相交与一点 P_X。由此可知，平面上所有直线的迹点都在平面的同面迹线上。

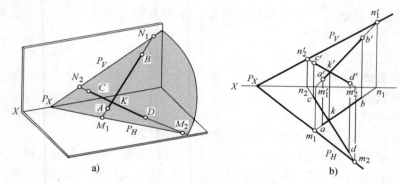

图 2-30　迹线平面与非迹线平面的转换

2.3.1　各类平面的投影特性

根据平面在三投影面体系中的相对位置可分为三类：①投影面垂直面；②投影面平行面；③投影面倾斜面。①、②类平面称为特殊位置平面，③类平面又称为一般位置平面。它们具有不同的投影特性，现分述如下：

（1）投影面垂直面　垂直于一个投影面而与其他两个投影面成倾斜的平面称为投影面垂直面。垂直于 H 面的称为铅垂面；垂直于 V 面的称为正垂面；垂直于 W 面称为侧垂面，见表 2-3。

表 2-3　垂直面的投影特性

名称	铅垂面（$\triangle ABC \perp H$ 面）	正垂面（$\triangle ABC \perp V$ 面）	侧垂面（$\triangle ABC \perp W$ 面）
轴测图			

（续）

名称	铅垂面（△ABC⊥H面）	正垂面（△ABC⊥V面）	侧垂面（△ABC⊥W面）
投影图	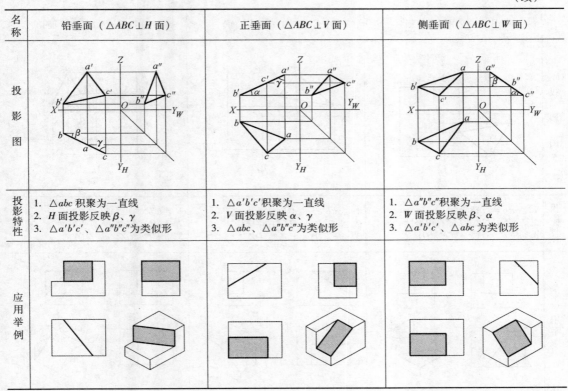		
投影特性	1. △abc 积聚为一直线 2. H 面投影反映 β、γ 3. △a'b'c'、△a"b"c" 为类似形	1. △a'b'c' 积聚为一直线 2. V 面投影反映 α、γ 3. △abc、△a"b"c" 为类似形	1. △a"b"c" 积聚为一直线 2. W 面投影反映 β、α 3. △a'b'c'、△abc 为类似形
应用举例			

以铅垂面为例，其投影特性为：

1）水平投影 abc 重影为一直线，它与 X 轴的夹角反映平面与 V 面的倾角 β；与 Y_H 轴的夹角反映平面与 W 面的倾角 γ。

2）正面投影 △a'b'c' 和侧面投影 △a"b"c" 均为类似形。

关于正垂面、侧垂面的投影及投影特性可类似得出。

（2）投影面平行面 平行于一个投影面也即是垂直于其他两个投影面的平面称为投影面平行面。平行于 H 面的平面称为水平面；平行于 V 面的平面称为正平面；平行于 W 面的称为侧平面，见表 2-4。

表 2-4 平行面的投影特性

名称	水平面（△ABC∥H面）	正平面（△ABC∥V面）	侧平面（△ABC∥W面）
轴测图	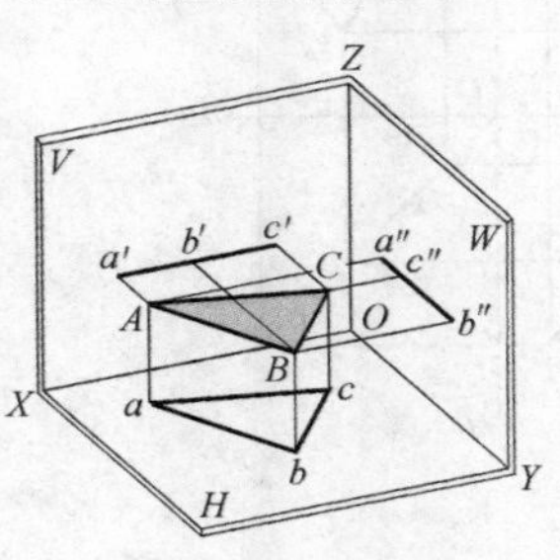	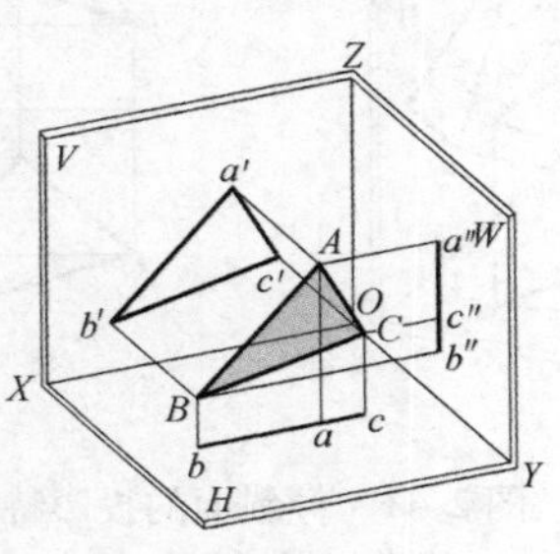	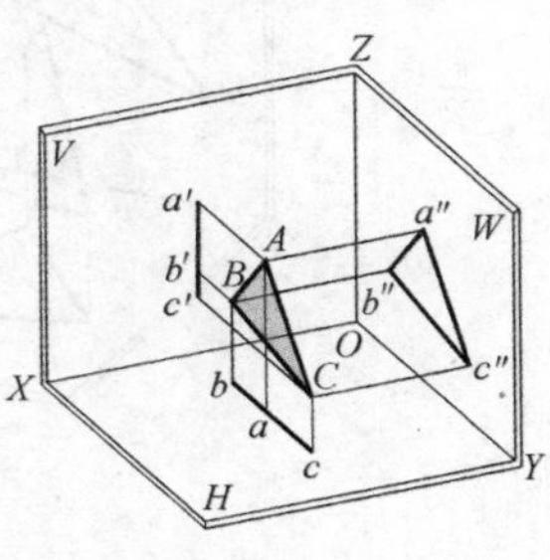

（续）

名称	水平面（△ABC∥H面）	正平面（△ABC∥V面）	侧平面（△ABC∥W面）
投影图	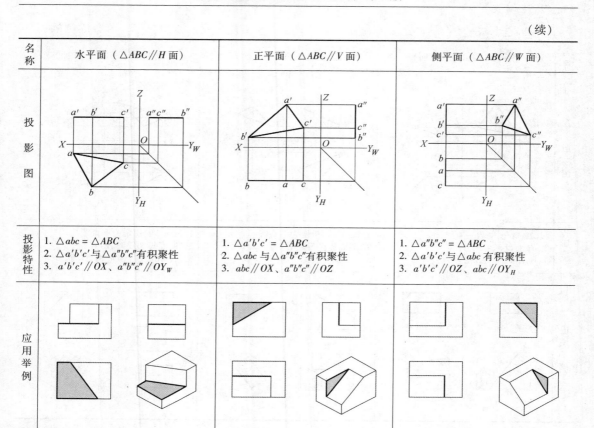		
投影特性	1. △abc = △ABC 2. △a'b'c'与△a"b"c"有积聚性 3. a'b'c'∥OX、a"b"c"∥OYw	1. △a'b'c' = △ABC 2. △abc 与△a"b"c"有积聚性 3. abc∥OX、a"b"c"∥OZ	1. △a"b"c" = △ABC 2. △a'b'c'与△abc 有积聚性 3. a'b'c'∥OZ、abc∥OYh
应用举例			

以水平面为例，其投影特性为：

1）水平投影△abc 反映△ABC 的实形。

2）正面投影 a'b'c'和侧面 a"b"c"投影重影为一直线，它们分别与 X 轴、Yw 轴平行。

关于正平面、侧平面的投影及其投影特性可类似得出。

（3）投影面倾斜面　　与三个投影面都处于倾斜位置的平面称为投影面倾斜面。如图 2-31 所示，△ABC 与三个投影面都倾斜，因此它的三个投影△abc、△a'b'c'、△a"b"c"均为类似形，不反映实形，也不反映该平面与投影面的倾角。

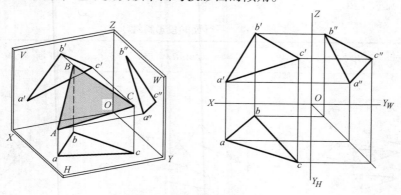

图 2-31　倾斜面的投影特性

（4）垂直面、平行面的迹线表示　垂直面、平行面的迹线表示如图 2-32 所示。倾斜面的迹线表示如图 2-29 所示。

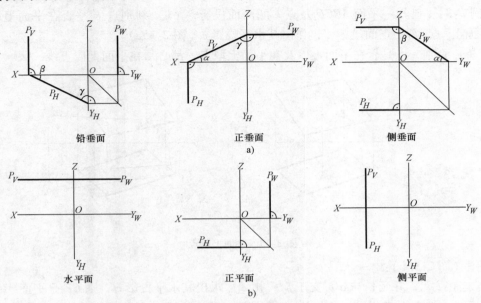

铅垂面　　　　　　　　　正垂面　　　　　　　　　侧垂面
a)

水平面　　　　　　　　　正平面　　　　　　　　　侧平面
b)

图 2-32　垂直面、平行面的迹线表示

观察与思考：

1）你可以在一个长方体上切出各种位置平面吗？试画出其三面投影。

2）列举周围环境中相当于各类位置平面的案例，并想象其图示。

3）画出迹线平面的投影一组，看投影想象其位置，观察周围环境，看哪些物体的投影与之相符。

2.3.2　平面上的点和直线

1. 平面上取直线和点

（1）平面上取直线

1）一直线经过平面上两个点，则此直线一定在该平面上。如图 2-33 所示，△ABC 决定平面 P，由于 M、N 两点分别在 AB、AC 上，故直线 MN 在平面 P 上。

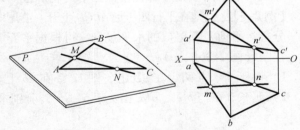

图 2-33　平面上取直线（一）

2）一直线经过平面上一个点且平行于平面上的另一直线，则此直线一定在该平面上。如图 2-34 所示，相交两直线 EF、ED 决定一平面 Q，M 是 ED 上的一个点。如过 M 作 MN // EF，则 MN 一定在平面 Q 上。

（2）平面上取点　如点在平面

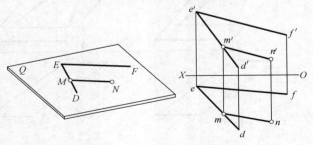

图 2-34　平面上取直线（二）

内的任一直线上，则此点一定在该平面上。如图 2-34 所示，由于点 N 在平面 Q 的直线 MN 上，因此点 N 在平面 Q 上。

【例 2-8】　已知一平面 $ABCD$ 及点 k 的两面投影，（1）判别点 K 是否在平面上；（2）已知平面上一点 E 的正面投影 e'，作出其水平投影 e（图 2-35a）。

分析：判别一点是否在平面上以及在平面上取点，都必须在平面上取直线。

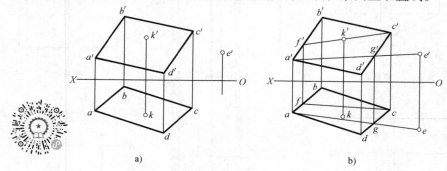

图 2-35　平面上的点

作图（图 2-35b）：

1）连接 $c'k'$，并延长与 $a'b'$ 交于 f'，由 $c'f'$ 求出其水平投影 cf，则 CF 是平面 $ABCD$ 上的一条直线，如点 K 在 CF 上，则 k、k' 应分别在 cf、$c'f'$ 上。从作图中得知 k 不在 cf 上，所以 K 点不在平面上。

2）连接 $a'e'$，与 $c'd'$ 交于 g'，由 $a'g'$ 求出水平投影 ag，则 AG 是平面上的一条直线，如点 E 在平面上，则 E 应在 AG 上，所以 e 应在 ag 上，因此过 e' 作投影连线与 ag 延长线的交点 e 即为所求点 E 的水平投影。

由此可见，即使点的两个投影都在平面图形的投影轮廓线范围内，该点也不一定在平面上。即使一点的两个投影都在平面图形的轮廓范围以外，该点也不一定不在平面上。

【例 2-9】　已知在平行四边形 $ABCD$ 上开一燕尾口，要求根据其正面投影作出其水平投影。

分析：平面上燕尾口的水平投影，可根据平面上取点、线的方法作出。

作图（图 2-36b、c）：

1）由于 I、II 两点在 AB 上，则 1、2 在 ab 上。

2）延长 $3'4'$ 与 $b'c'$、$a'd'$ 相交于 $5'$、$6'$，分别求出水平投影 5、6。由于 V、VI 是平面上

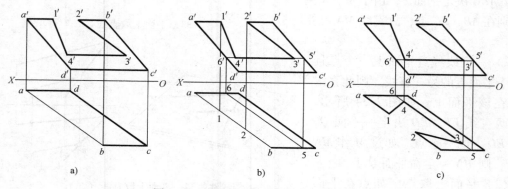

图 2-36　在平面上求燕尾口的水平投影

一直线，而 $5'6'\ //\ c'd'$，则 $56\ //\ cd$。

3）Ⅲ、Ⅳ两点在ⅤⅥ上，因此 3、4 应在 56 上，可由 3′、4′作投影连线作出。

4）连接 1—4—3—2 即得燕尾口的水平投影。

思考题：你可以根据图示平面，构思一个立体并画出其投影吗？试一试！

2. 平面上的特殊直线

平面上各种不同位置的直线，对投影面的倾角各不相同。其中有两种直线的倾角较特殊，一是倾角最小（等于零度），另一是倾角最大。前者为平面上的投影面平行线，后者称为最大斜度线。下面分别叙述这两种直线的投影特性和作图方法。

（1）平面上的投影面平行线　如图 2-37 所示，在 △ABC 平面上作水平线和正平线。如过点 A 在平面上作一水平线 AD，可先过 a' 作 $a'd'\ //\ X$ 轴，再求出其水平投影 ad。$a'd'$ 和 ad 即为水平线 AD 的两面投影。如过点 C 在平面上作一正平线 CE，可先过 c 作 $ce\ //\ X$ 轴，再求出其正面投影 $c'e'$。$c'e'$ 和 ce 即为正平线 CE 的两面投影。

（2）平面上的最大斜度线　如图 2-38 所示，过平面 P 上点 A 作一系列直线如 AN、AM_1、AM_2…，其中 $AN\ //\ P_H$，为平面 P 上的水平线。AM_1、AM_2、…对投影面 H 的倾角各不相同，分别为 α_1、α_2…。点 A 的投射线 Aa 与 AM_1、AM_2、…及它们的投影形成一系列等高的直角三角形。AM_1、AM_2、…分别为直角三角形的斜边，显然，斜边最短者倾角为最大。由于 $AM_1 \perp AN$（即 $\perp P_H$），因此 AM_1 为最短的斜边，它的倾角 α_1 为最大，即 AM_1 为平面上过点 A 对 H 面的最大斜度线。根据垂直相交两直线的投影特性，AN 为水平线时 $am_1 \perp an$。

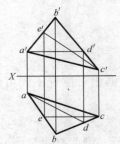

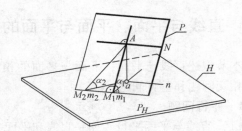

图 2-37　平面上的投影面平行线　　　　　　图 2-38　平面上的最大斜度线

根据以上分析可知，平面对投影面的最大斜度线必定垂直于平面上对该投影面的平行线，最大斜度线在该投影面上的投影必定垂直于平面上该投影面平行线的同面投影。

由于 $\triangle AM_1a$ 垂直 P 面与 H 面的交线 P_H，因此 $\angle AM_1a$ 即为 P、H 两平面的两面角，所以平面对投影面的倾角即为平面 P 对该投影面的最大斜度线对同一投影面的倾角。它一般可应用直角三角形法求出。在平面上可分别作出对 H、V、W 面的最大斜度线，因此相应地可求出该平面对 H、V、W 面的倾角 α、β、γ。

【例 2-10】　求平行四边形 ABCD 对 H 面的倾角 α（图 2-39a）。

分析：平面对 H 面的倾角，即为平面上对 H 面的最大斜度线对 H 面的倾角。

作图：

1）过平面 ABCD 上任一点，如点 A，作平面上的水平线 AF（af、$a'f'$）。

2）过点 D 的水平投影 d 作 $de \perp af$，DE 即为平面上过点 D 对 H 面的最大斜度线。

3）用直角三角形法求出 DE 对 H 面的倾角即为平面对 H 面的倾角 α。

图 2-39b 表示在迹线平面 P 上，任作一条 H 面的最大斜度线 MN（$MN \perp P_H$），并用直角三角形法，求该平面对 H 面的倾角 α 的作图。图 2-39c 为求该平面对 V 面的倾角 β 的作图。

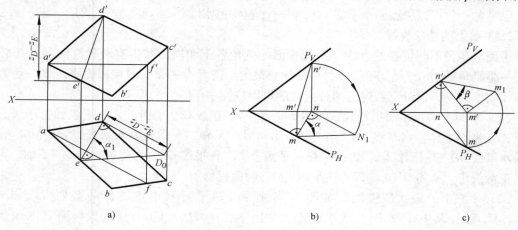

图 2-39　求平面对投影面的倾角

观察与思考：

1）设图 2-39 中的平行四边形 $ABCD$ 内有一圆，圆心为平行四边形的中心，直径 30mm，试分析其投影椭圆的长、短轴的作图方法。

2）试图示下雨时屋顶坡面上水流的方向。

2.4　直线与平面、平面与平面的相对位置

本节叙述直线与平面、平面与平面的相对位置问题。根据相对位置不同可分为平行问题、相交问题和垂直问题。

2.4.1　平行问题

（1）直线与平面平行　如一直线和平面上任意一直线平行，则此直线与该平面平行。

如图 2-40 所示，直线 AB 平行于平面 P 上的一直线 CD，则 AB 必与平面 P 平行。

【例 2-11】　过已知点 K，作一水平线 KM 平行已知平面 $\triangle ABC$（图 2-41）。

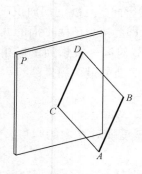

图 2-40　直线与平面平行

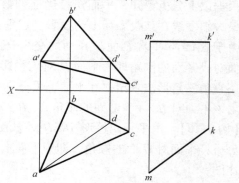

图 2-41　过点 K 作水平线平行于 $\triangle ABC$

分析：△ABC 上的水平线有无数条，但其方向是确定的，因此过点 K 作平行于△ABC 的水平线也是唯一的。所以在△ABC 上作一水平线 AD，再过点 K 作 KM∥AD，即 km∥ad，k'm'∥a'd'，则 KM 为一水平线且平行于△ABC。

【例 2-12】 试过点 K 作一正平线，使之平行于平面 P（图 2-42）。

分析：因 P_V 是 P 平面上特殊的正平线，所以过点 K（k，k'）作 KL∥P_V，即作 k'l'∥P_V，kl∥X 轴，则直线 KL（kl，k'l'）为所求。

【例 2-13】 试过点 K 作一铅垂面 P（用迹线表示），使之平行于直线 AB（图 2-43）。

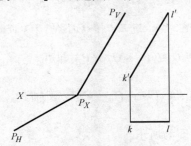
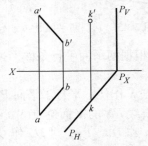

图 2-42　过点 K 作正平线平行于 P 面　　　图 2-43　过点 K 作铅垂面 P 平行于已知直线 AB

分析：由于铅垂面的 H 投影为一直线，故若作铅垂面平行于直线 AB，则 P_H 必平行于 ab。因此，过 k 作 P_H∥ab；过 P_X 作 P_V⊥X 轴，则平面 P 为所求。

（2）两平面平行　如一平面上的相交两直线，对应地平行于另一个平面上的相交两直线，则这两个平面互相平行。

如图 2-44a 所示，相交两直线 AB、CD 组成平面 P，A_1B_1、C_1D_1 组成平面 Q，如果 AB∥A_1B_1，CD∥C_1D_1，则 P∥Q。

如两平行平面与第三个平面相交，其交线一定平行，故两平行平面的各对同面迹线必定互相平行。如图 2-44b 所示，平面 P 平行于平面 Q，则 P_V∥Q_V，P_H∥Q_H。但是如果两平面的两对同面迹线对应平行，还不能肯定两平面是互相平行的。如果平面的两条迹线是相交直线，则该两平面平行；如果平面的两条迹线是平行直线，则要看第三个投影才能确定。如图 2-44c 所示，P、Q 两平面的 V、H 迹线虽分别平行，但该两平面是否平行，还需看 W 迹线才能确定。故当两平面同时垂直于某一投影面时，主要应看有重影性的投影是否平行。

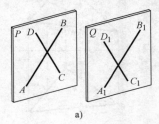
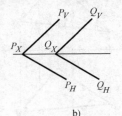
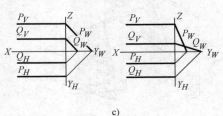

a)　　　　　　　　　b)　　　　　　　　　c)

图 2-44　两平面平行

【例 2-14】 试判别两平面是否平行（图 2-45）。

分析：可在任一平面上作两相交直线，如在另一平面上能找到与它平行的两相交直线，则该两平面互相平行。

作图过程略。

【例 2-15】　试过点 K 作平面 Q（用迹线表示）平行于平面 P（图 2-46）。

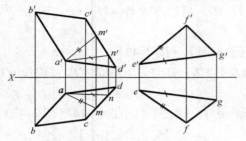

图 2-45　判别两平面是否平行

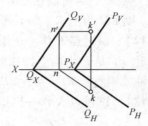

图 2-46　过 K 点作 Q 面平行于 P 面

分析：根据两平面平行条件，过点 K 作平面 Q，使 $Q_V / / P_V$，$Q_H / / P_H$ 即可。

作图：

1）过点 K 作任意平行于平面 P 的直线，如水平线 KN（$kn / / P_H$，$k'n' / / X$ 轴）。

2）求直线 KN 的 V 面迹点 N（n，n'）。

3）过 n' 作 $Q_V / / P_V$，过 Q_X 作 $Q_H / / P_H$，则平面 Q 即为所求。

观察与思考：试列举出周围相当于直线与平面、平面与平面平行的案例，并试着图示它们的平行关系。

2.4.2　相交问题

相交问题是求解直线与平面的交点和两平面的交线问题。

一直线与一平面相交，只有一个交点，它是直线和平面的公共点，既在直线上，又在平面上。两平面的交线是一条直线，它是两平面的公共线，因而求两平面的交线，只要求出属于两平面的两个公共点，或求出一个公共点和交线方向，即可画出交线。可见，求直线与平面的交点和两平面的交线，基本问题是求直线与平面的交点。

1. 利用重影性求交点、交线

（1）平面或直线的投影有重影性时求交点　当平面或直线的投影有重影性时，交点的两个投影有一个可直接确定，另一个投影可根据在直线上或平面上取点的方法求出。

【例 2-16】　求正垂线 AB 与倾斜面 $\triangle CDE$ 的交点 K（图 2-47）。

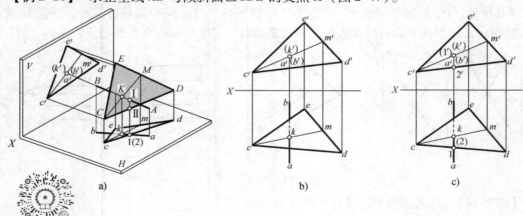

图 2-47　求正垂线与倾斜面的交点

分析：AB 是正垂线，其正面投影具有重影性，由于交点 K 是直线 AB 上的一个点，点

K 的正面投影 k' 与 $a'(b')$ 重影，又因交点 K 也在三角形平面上，所以可利用平面上取点的方法，作出交点 K 的水平投影 k。

作图：

1）求交点。连接 $c'k'$ 并延长使它与 $d'e'$ 交于 m'，再作出三角形平面上直线 CM 的水平投影 cm，cm 与 ab 的交点 k 即为所求点 K 的水平投影（图 2-47b）。

2）判别可见性。交点 K 把直线分成两部分，在投影图上直线与平面重影的部分需要判别可见性，而交点 K 是直线可见、不可见部分的分界点。如图 2-47a 所示，直线 AB 与三角形各边均交叉，AB 上的点 Ⅰ（1，$1'$）和 CD 上的点 Ⅱ（2，$2'$）的水平投影重影，从正面投影上可以看出 $z_1 > z_2$，即点 Ⅰ 在点 Ⅱ 之上，所以点 Ⅰ 可见，点 Ⅱ 不可见。故 AB 上的 ⅠK 段可见，其水平投影 $1k$ 应画成实线，而被平面遮住的另一线段不可见，其投影应画成虚线。AB 的正面投影为一点，故不需要判别其可见性（图 2-48c）。

【例 2-17】　求直线 AB 与铅垂面 $EFGH$ 的交点 K（图 2-48a）。

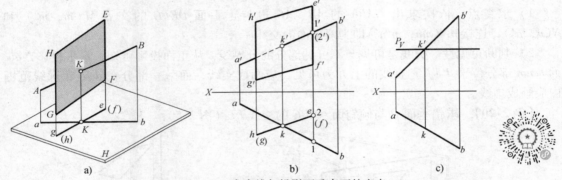

图 2-48　求直线与投影面垂直面的交点

分析：铅垂面的水平投影 $efgh$ 有重影性，故交点的水平投影 k 在 $efgh$ 上，又交点 K 也在直线 AB 上，故 k 也必定在 AB 的水平投影 ab 上，因此点 K 的水平投影 k 是 $efgh$ 和 ab 的交点，而 k' 必定在 $a'b'$ 上。

作图：$efgh$ 和 ab 的交点 k 即为点 K 的水平投影，从 k 作 X 轴的垂线与 $a'b'$ 交于 k'，则点 $K(k，k')$ 即为所求的交点。

直线 AB 上 Ⅰ 点与直线 EF 上 Ⅱ 点的正面投影重合，从水平投影上可以看出 $y_1 > y_2$，因此 Ⅰ 点在 Ⅱ 点之前，Ⅰ 点是可见的，所以 $k'b'$ 画成实线，过 k' 而被平面遮住的直线部分的投影画成虚线。在水平投影上，因四边形 $EFGH$ 是铅垂面，其水平投影重影为一直线，不需要判别可见性。

【例 2-18】　试求直线 AB 与平面 P 的交点 K（图 2-48c）。

作图：由于直线 AB 是一般位置直线，平面 P 是水平面，P_V 有重影性。根据交点是直线和平面公共点这一性质可知，P_V 与 $a'b'$ 交点 k' 即为交点 K 的正面投影。交点 K 的水平投影应在 ab 上，可由 k' 求出，则 k、k' 即为所求 K 点的两面投影。

通常规定，在迹线平面后的线不画虚线。故 AB 的水平投影两侧的线段，均用实线画出。

（2）两平面之一具有重影性求交线　两平面之一投影有重影性时，交线的两个投影有一个可直接确定，另一个投影可根据平面上取直线的方法作出。

【例 2-19】　求正垂面 $\square DEFG$ 与倾斜面 $\triangle ABC$ 的交线 MN（图 2-49）。

分析：正垂面 $\square DEFG$ 的正面投影 $d'e'f'g'$ 重影为直线，交线的正面投影必定在 $d'e'f'g'$ 上，又交线也在 $\triangle ABC$ 上，由此可作出交线的水平投影。

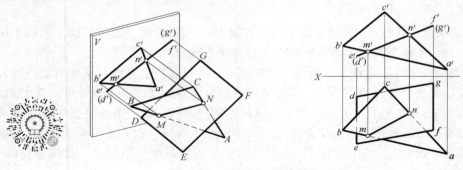

图 2-49　求正垂面与倾斜面的交线

作图：

1）求交点。依次求出 $\triangle ABC$ 的 AB、AC 边与正垂面 $DEFG$ 的交点 $M(m, m')$ 和 $N(n, n')$，连接 $MN(mn, m'n')$ 即为两平面的交线。

2）判断可见性。交线是可见与不可见部分的分界线，从正面投影可知，水平投影 $\triangle abc$ 的 $bcnm$ 部分位于 $d'e'f'g'$ 直线的上方为可见，应画成实线，而另一部分在 $defg$ 轮廓线范围内应画成虚线。

【例 2-20】　求铅垂面 P 与倾斜面 $\triangle ABC$ 的交线 KL（图 2-50）。

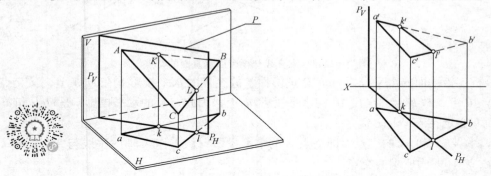

图 2-50　求铅垂面与倾斜面的交线

由于平面 P 是铅垂面，水平迹线 P_H 具有重影性，所以 P_H 与 $\triangle abc$ 相交所得的 kl 即为交线 KL 的水平投影，由此再求出正面投影 $k'l'$。在正面投影上，$\triangle a'b'c'$ 被分成两部分，$a'c'l'k'$ 部分画成实线，另一部分为虚线（因 $AKLC$ 部分在平面 P 之前）。

2. 用辅助平面求交点、交线

当相交两几何元素都不垂直于投影面时，则不能利用重影性来作图。可通过作辅助平面的方法求交点或交线。

（1）利用辅助平面求交点　几何分

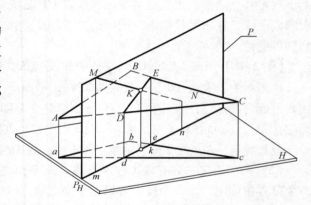

图 2-51　用辅助平面法求交点

析：如图 2-51 所示，直线 *MN* 与平面 △*ABC* 相交，交点为 *K*，过点 *K* 可在 △*ABC* 上作无数条直线，而这些直线都可与直线 *MN* 构成一平面，该平面称为辅助平面。辅助平面与已知平面 △*ABC* 的交线即为过点 *K* 在平面 △*ABC* 上的直线，该直线与 *MN* 的交点即为点 *K*。

根据以上分析，可归纳出求直线与平面交点的三个步骤如下：

1）过已知直线作一辅助平面，为了作图方便，一般作辅助平面垂直某一投影面（如过 *MN* 作辅助平面 *P* 为一铅垂面）。

2）作出该辅助平面与已知平面的交线（如作 *P* 面与 △*ABC* 的交线 *DE*）。

3）作出该交线与已知直线的交点，即为已知直线与已知平面的交点（如 *DE* 与 *MN* 的交点 *K* 即为 *MN* 与 △*ABC* 的交点）。

【例 2-21】 求直线 *MN* 与 △*ABC* 的交点 *K*（图 2-52a）。

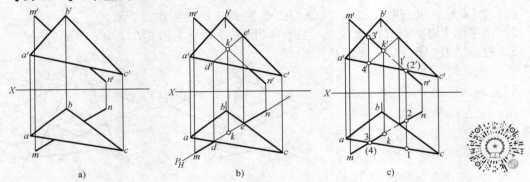

图 2-52 求倾斜线与倾斜面的交点

分析：可根据上述三个步骤求交点。

作图：

1）过 *MN* 作一铅垂面 *P*，即在作图时使水平迹线 P_H 与 *mn* 重合（正面迹线 P_V 在作图中用不到，常省略不画）（图 2-52b）。

2）作出平面 *P* 与 △*ABC* 的交线 *DE*。由于 P_H 有重影性，所以 *de* 与 P_H 重合，可直接确定，再由 *de* 求出 *d'e'*。

3）作出 *DE* 与 *MN* 的交点 *K*。在正面投影上，*d'e'* 与 *m'n'* 的交点 *k'* 即为所求交点 *K* 的正面投影，由 *k'* 可求出水平投影 *k*。

4）判别可见性。从图 2-52c 可以看出，*AC* 线上的 Ⅰ 点与 *MN* 线上的 Ⅱ 点，其正面投影是重合投影，由于 $y_1 > y_2$，故 Ⅰ 点是可见的，Ⅱ 点是不可见的，所以线段 *K*Ⅱ 的正面投影 *k'*（2'）画成虚线。用同样方法可以判定线段 *K*Ⅲ 的水平投影 *k*3 应为实线。

【例 2-22】 已知三条直线 *CD*、*EF*、*GH*，要求作一直线 *AB* 平行 *CD*，且与 *EF*、*GH* 相交（图 2-53b）。

分析：此例不仅是相交问题，还涉及平行问题，因此要同时利用平行问题和相交问题的投影特性来解题。如图 2-53a 所示，所求的 *AB* 一定在平行 *CD* 的平面上，*AB* 与交叉两直线 *EF*、*GH* 相交，可过其中一直线 *EF*（或 *GH*）作一平面平行 *CD*，此平面与另一直线 *GH*（或 *EF*）相交，求出交点 *A*（或 *B*），过 *A*（或 *B*）点作平行 *CD* 的直线交 *EF*（或 *GH*）于 *B*（或 *A*）点，即为所求的直线 *AB*。

作图（图 2-53c）：

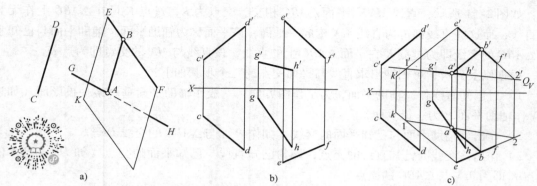

图 2-53　作一直线 AB 与已知直线 CD 平行，与 EF、GH 两直线相交

1）过 EF 作一平面平行 CD。作 EK∥CD，则 KEF 即为所作的平面。

2）求平面 KEF 和 GH 的交点 A。在此作辅助正垂面 Q 求出 GH 与 KEF 平面的交点 A。

3）过点 A 作 AB∥CD，则 AB 即为所求的直线。

（2）利用辅助平面法求交线

两平面相交有两种情况，一种是一个平面全部穿过另一个平面称为全交（图 2-54a）。另一种是两个平面的棱边互相穿过称为互交（图 2-54b）。如将图 2-54a 中的

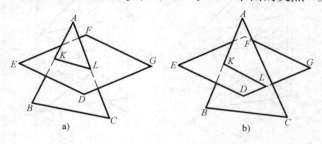

图 2-54　两平面相交的两种情况

△ABC 向右平行移动，即为图 2-54b 的互交情况。这两种相交情况的实质是相同的，因此求解方法也相同。仅由于平面图形有一定范围，因此相交部分也有一定范围。

【例 2-23】　求△ABC 与□DEFG 的交线 KL（图 2-55a）。

分析：选取△abc 的两条边 AC 和 BC，分别作出它们与□DEFG 的交点，连接后即为所求的交线。

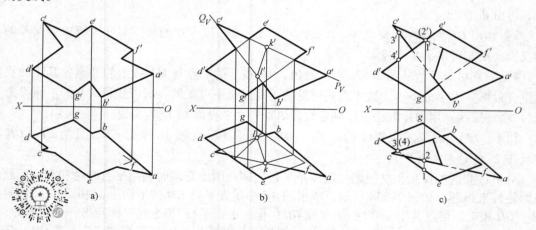

图 2-55　求两倾斜面的交线

作图：

1）利用辅助平面（图中为正垂面）分别求出直线 AC、BC 与 $\square DEFG$ 的交点 $K(k,\ k')$ 和 $L\ (l,\ l')$（图 2-55b）。

2）连线 kl 和 $k'l'$，即为所求交线 KL 的两投影（图 2-55b）。

3）判别可见性，完成作图（图 2-55c）。

（3）用辅助面三面共点法求交线 如图 2-56a 所示，设 $\triangle ABC$ 确定平面 P；两平行线 DE、FG 确定平面 Q，求 P、Q 两平面的交线，可以采用前述的辅助面线面交点法。

这里介绍采用辅助面三面共点法求交线，即在两平面之外任作一辅助面 R，然后分别求出 R 与 P、Q 的交线Ⅰ Ⅱ、Ⅲ Ⅳ，Ⅰ Ⅱ、Ⅲ Ⅳ 的交点 K 就是 P、Q、R 的三面共点，它一定是 P、Q 两平面交线上的点。类似地，再作第二个辅助面，例如 S 面，又能求出一个三面共点 L，连接 K、L，即为 P、Q 两平面的交线。这种方法称为三面共点法。这里应当指明以下两点：

1）辅助面三面共点从原理上讲，辅助面可以是平面，也可以是曲面，但采用平面较为简便。平面的位置可以任选，但采用特殊位置平面作图较简便。

2）辅助面线面交点法求交线与辅助面三面共点法求交线，虽然出发点有些差异，但实质是一致的。

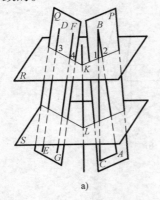
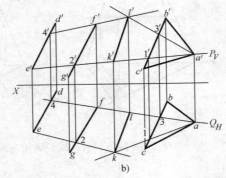

a)   b)

图 2-56 三面共点法求交线

图 2-56b 为求 $\triangle ABC$ 与 DE、FG 两平面交线的正投影图。图中选用了通过点 A、E 的正垂面 P 为辅助面，得辅助交线 AⅠ、EⅡ（AⅠ、EⅡ 交于 K），求出一个三面共点 $K(k,\ k')$，又选用过点 A、F 的铅垂面 Q 为辅助面，得辅助交线 AⅢ、FⅣ（AⅢ、FⅣ 交于 L），求出另一个三面共点 $L(l,\ l')$；连接 K、L，则 $KL(kl$、$k'l')$ 即为所求的交线。

如图 2-57a 所示，P、Q 两平面都用迹线给出，且其同面迹线相交，即 P_H、Q_H 交于 M，P_V、Q_V 交于 N，则交点 M、N 是现成的三面（P、Q、H 面及 P、Q、V 面）共点，因此一定是 P、Q 两平面交线上的点。连接

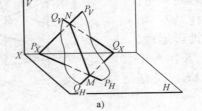
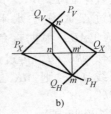

a)   b)

图 2-57 两迹线平面相交（一）

M、N 两点，即得交线 MN。图 2-57b 是其正投影图。由此可知，当两平面的两对同面迹线相交时，交线能够直接求出。

如图 2-58 所示一般位置平面 P 与水平面 Q 相交，P_V、Q_V 的交点 $N(n,\ n')$ 是交线上

的一个点，由于 Q 为水平面，所以交线 NL 必为水平线且平行于 P_H，即 $NL /\!/ P_H$（$nl /\!/ P_H$，$n'l' /\!/ X$轴）。

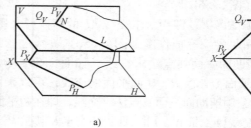

图2-58　两迹线平面相交（二）

如图2-59所示 P、Q 两平面，其 P_H、Q_H 交于点 $M(m, m')$，M 为交线上的一个公共点。由于 P_V、Q_V 在图幅内不相交，可作一辅助面求另一公共点。图2-59a 选用水平辅助面 R，得三面（P，Q，R）共点 $L(l, l')$，从而求出交线 $ML(ml, m'l')$。图2-59b 是选用一个与 Q 平面平行的 S 平面，P、S 交于 $AB(ab, a'b')$，再过 M 点作直线 ML 平行于 AB，即得 P、Q 两平面的交线 $ML(ml, m'l')$。

观察与思考：观察周围物体，列举可抽象出直线与平面相交、平面与平面相交的案例，并试着进行图示表达。

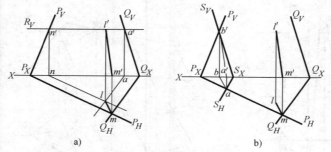

图2-59　两迹线平面相交（三）

2.4.3　垂直问题

1. 直线与平面垂直

直线与平面垂直，则直线垂直平面上的任意直线（过垂足或不过垂足）。反之，直线垂直平面上的任意两条相交直线，则直线垂直该平面。

如图2-60所示，直线 MK 垂直平面 $\triangle ABC$，其垂足为 K，如过点 K 作一水平线 AD，则 $MK \perp AD$，根据直角投影定理，则有 $mk \perp ad$，再过点 K 作一正平线 EF，则 $MK \perp EF$，同理 $m'k' \perp e'f'$。

由此可知，一直线垂直于一平面，则该直线的正面投影

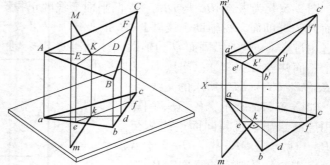

图2-60　直线与平面垂直

必定垂直于该平面上正平线的正面投影；直线的水平投影必定垂直于平面上水平线的水平投影。反之，直线的正面投影和水平投影分别垂直于平面上正平线的正面投影和水平线的水平投影，则直线一定垂直该平面。

当平面用迹线表示时（图 2-61），因 P_H、P_V 是平面上特殊的水平线和正平线，所以直线 $KL \perp P$ 时，应当有 $kl \perp P_H$、$k'l' \perp P_V$。

【例 2-24】　求点 C 到直线 AB 的距离（图 2-62）。

分析：如图 2-62a 所示，从点 C 作直线 AB 的垂线，并求出垂足 K，CK 的实长即为点 C 到直线 AB 的距离。为了求出点 K，可过点 C 作一平面 P 垂直已知直线 AB，再求出 AB 与 P 的交点即为垂足 K。

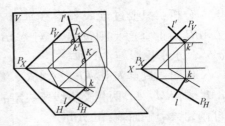

图 2-61　直线与迹线平面垂直

作图（图 2-62c）：

1）过点 C 作正平线 CD，使 $c'd' \perp a'b'$，再过点 C 作水平线 CE，使 $ce \perp ab$，则 CD 和 CE 两直线组成的平面 $P(DCE)$ 一定垂直 AB。

2）求出 AB 和平面 $P(DCE)$ 的交点 $K(k, k')$。

3）连线 ck、$c'k'$ 即为 CK 的两投影。再用直角三角形法求出其实长，即为点 C 到 AB 直线的距离。

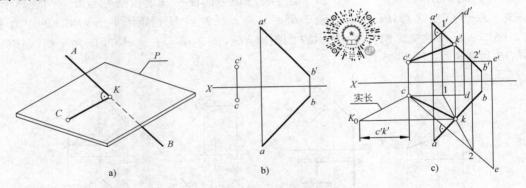

图 2-62　求点到直线的距离

2. 两平面垂直

如直线垂直一平面，则包含这直线的一切平面都垂直于该平面。反之，如两平面互相垂直，则从第一平面上的任意一点向第二平面所作的垂线，必定在第一平面内。

如图 2-63 所示，由于直线 AK 垂直 P 面，则包含 AK 的 Q 面和 R 面都垂直 P 面。如在 Q 面上取一点 B 向 P 面作垂线 BE，则 BE 一定在 Q 面内。

【例 2-25】　已知正垂面 $\triangle ABC$ 和点 K，要求过点 K 作一平面垂直 $\triangle ABC$（图 2-64）。

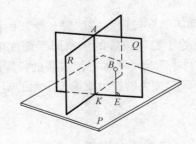

图 2-63　两平面垂直

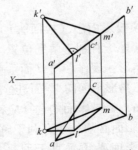

图 2-64　过已知点作平面垂直正垂面

分析：只要过点 K 作直线垂直△ABC，则包含该直线的所有平面都垂直△ABC。由于△ABC 为正垂面，则过点 K 对△ABC 的垂线 KL 必定为正平线，因此其正面投影 $k'l'$⊥$a'b'c'$，水平投影 kl∥X 轴。

作图：过点 K 作 KL⊥△ABC，即作 $k'l'$⊥$a'b'c'$，作 kl∥X 轴；再过点 K 作任一直线 KM，则 KM、KL 两相交直线所决定的平面一定垂直△ABC。由于 KM 是任取的，因此过点 K 可作无数个平面垂直△ABC。

观察与思考：观察周围环境，试着抽象出有垂直关系的几何问题，并试着图示与图解。

2.5　投影变换

2.5.1　投影变换的方法

从前两节中对直线和平面的投影分析可知，当直线或平面相对于投影面处于特殊位置（平行或垂直）时，其投影具有反映实形或重影等特性，比较容易解决其定位或度量问题。

如图 2-65 所示的直线与平面，由于处于特殊位置而使一些定位问题与度量问题易于直接解决。△$a'b'c'$ 反映△ABC 实形（图 2-65a）；$m'k'$ 反映点 M 到矩形平面 $ABCD$ 的距离 MK（图 2-65b）；kl 反映交叉两直线 AB、CD 的距离 KL（图 2-65c）；∠abe 反映两平面△ABC 与▢$BCDE$ 的夹角 θ（图 2-65d）。

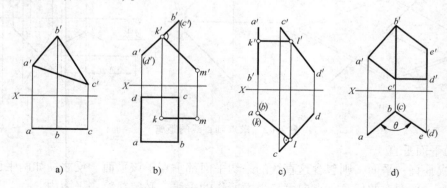

图 2-65　几何元素处于有利于解题位置

如何使几何元素与投影面的相对位置处于有利解题位置呢？本节将引入投影变换的方法来达到此目的。

当直线或平面处于不利于解题位置时，通常可采用下列方法进行投影变换，以有利于解题：

（1）变换投影面法（换面法）　几何元素保持不动，改变投影面的位置，使新的投影面相对几何元素处于有利于解题位置。图 2-66 所示为一处于铅垂位置的三角形平面在 V/H 体系中不反映实形，现作一与 H 面垂直的新投影面 V_1 平行于三角形平面，组成新的投影面体系 V_1/H，再将三角形平面向 V_1 面进行投射，这时三角形在 V_1 面上的投影反映该平面的实形。

由此可知，新投影面的选择应符合以下两个条件：

1）新投影面必须处于有利于解题位置。

2）新投影面必须垂直于原来投影面体系中的一个投影面，组成一个新的两投影面体系。

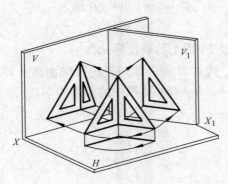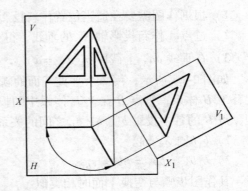

图 2-66　投影变换的方法

前一条件是解题需要，后一条件是应用两投影面体系中的投影规律所必需的。

（2）旋转法　投影面保持不动，将几何元素绕某一轴旋转到相对于投影面处于有利于解题位置。如图 2-66 所示，如将三角形平面绕其垂直于 H 面的直角边（即旋转轴）旋转，使它成为正平面，这时三角形在 V 面上的投影就反映它的实形。

由图 2-66 可知，如平面绕垂直 V 面的轴旋转，则不能求出该平面的实形。可见，旋转轴的选择要有利于解题。

2.5.2　变换投影面法

1. 变换投影面法的基本规律

点是最基本的几何元素，下面首先研究点的变换规律。

（1）点的一次变换　如图 2-67a 所示，点 A 在 V/H 体系中，它的两个投影为 a'、a，若用一个与 H 面垂直的新投影面 V_1 代替 V 面，建立新的 V_1/H 体系，V_1 面与 H 面的交线称为新的投影轴，以 X_1 表示。由于 H 面为不变投影面，所以点 A 的水平投影 a 的位置不变，称之为不变投影。而点 A 在 V_1 面上的投影为新投影 a_1'。由图可看出，点 A 的各个投影 a、a'、a_1' 之间的关系如下：

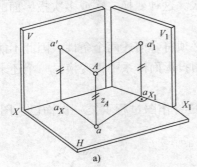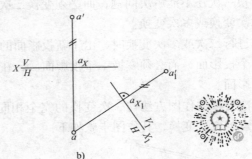

图 2-67　点的一次变换（变换 V 面）

1）在新投影面体系中，不变投影 a 和新投影的连线垂直于新投影轴 X_1，即 $aa_1' \perp X_1$ 轴。

2）新投影到新投影轴的距离等于原来（即被代替的）投影到原来（即被代替的）投影轴 X 的距离，即点 A 的 Z 坐标在变换 V 面时是不变的，$a_1'a_{X_1} = a'a_X = z_A$。

根据上述投影之间关系，点的一次变换的作图步骤如下：

1）根据作图需要在适当位置作新投影轴。用 V_1 面代替 V 面形成 V_1/H 体系。

2）过点 A 作新投影轴 X_1 的垂线，得交点 a_{X_1}。

3）在垂线 aa_{X_1} 上截取 $a_1'a_{X_1} = a'a_X$，即得点 A 在 V_1 面上的新投影 a_1'。

如图 2-68 所示，用一个垂直 V 面的新投影面 H_1 代替 H 面，即用新的投影面体系 V/H_1 代替 V/H 体系；则点 B 在 V/H 体系中的投影为 b'、b，在 V/H_1 体系中的投影为 b'、b_1，同理，点 B 的各个投影 b'、b、b_1 之间的关系如下：

1）$b_1b' \perp X_1$ 轴。

2）$b_1b_{X_1} = bb_X = Bb' = y_B$。

其作图步骤与变换 V 面时相类似。

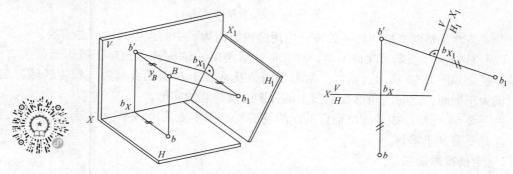

图 2-68　点的一次变换（变换 H 面）

综上所述，点的换面法的基本规律可归纳如下：

1）点的新投影与不变投影的连线垂直于新轴，即点的两面投影的连线垂直于相应的投影轴。

2）点的新投影到新投影轴的距离等于原来的投影到原来投影轴的距离。

（2）点的二次变换　由于新投影面必须垂直于原来体系中一个投影面，因此在解题时，有时变换一次还不能解决问题，而必须变换二次或多次。这种变换二次或多次投影面的方法称为二次变换或多次变换。

在进行二次或多次变换时，由于新投影面的选择必须符合前述两个条件。因此不能同时变换两个投影面，而必须变换一个投影面后，在新的两投影面体系中再变换另一个还未被代替的投影面。

二次变换的作图方法与一次变换的完全相同，只是将作图过程重复一次而已。图 2-69 所示为点的二次变换，其作图步骤如下：

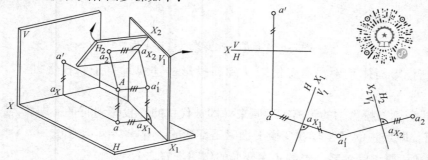

图 2-69　点的二次变换

1）先变换一次，以面 V_1 代替 V 面，组成新体系 V_1/H，作出新投影。

2）在 V_1/H 体系基础上，再变换一次，这时如果仍变换 V 面就没有实际意义，因此第二次变换应变换前一次中还未被代替的投影面，即以面 H_2 来代替 H 面组成第二个新体系 V_1/H_2。这时 $a_1'a_2 \perp X_2$ 轴，$a_2a_{X_2} = aa_{X_1}$。由此作出新投影 a_2。

二次变换投影面时，也可先变换 H 面，再变换 V 面，即由 V/H 体系先变换成 V/H_1 体系，再变换成 V_2/H_1 体系。变换投影面的先后次序按图示情况及实际需要而定。

2. 换面法中六个基本问题

（1）将投影面倾斜线变换成投影面平行线　如图 2-70 所示，AB 为一投影面倾斜线，如要变换为正平线，须变换 V 面使新投影面 V_1 平行于 AB，这样 AB 在 V_1 面上的投影将反映 AB 的实长，与轴的夹角反映直线对 H 面的倾角 α。作图步骤如下：

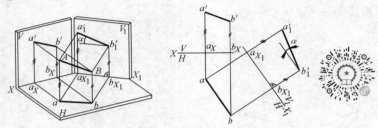

图 2-70　倾斜线变换成平行线（求 α 角）

1）作新投影轴 $X_1 \parallel ab$（因正平线的水平投影平行于 X 轴）。

2）分别由 a、b 两点作轴 X_1 的垂线，与轴 X_1 交于 a_{X_1}、b_{X_1}，然后在垂线上量取 $a_1'a_{X_1} = a'a_X$，$b_1'b_{X_1} = b'b_X$，得到新投影 a_1'、b_1'。

3）连接 a_1'、b_1' 得投影 $a_1'b_1'$，它反映 AB 的实长，与 X_1 轴的夹角反映 AB 对 H 面的倾角 α。

如果要求出 AB 对 V 面的倾角 β，则要求新投影面 H_1 平行 AB，作图时以 X_1 轴 $\parallel a'b'$，如图 2-71 所示。

（2）将投影面平行线变换成投影面垂直线　如图 2-72 所示，AB 为一水平线，要变换成投影面垂直线。根据投影面垂直线的投影特性，反映实长的投影必定为不变投影，只要变换正面投影，即作新投影面 V_1 垂直于 ab，作图时作轴 $X_1 \perp ab$，则 AB 在 V_1 面上的投影重影为一点 a_1'（b_1'）。

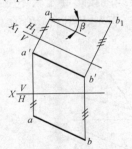

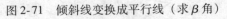

图 2-71　倾斜线变换成平行线（求 β 角）

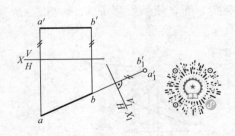

图 2-72　平行线变换成垂直线

（3）将投影面倾斜线变换成投影面垂直线　由上述两个基本问题可知，将投影面倾斜线变换成投影面垂直线，必须经过二次变换，第一次将投影面倾斜线变换成投影面平行线，第二次将投影面平行线变换成投影面垂直线。如图 2-73 所示，AB 为一投影面倾斜线，如先

变换 V 面，使面 $V_1 /\!/ AB$，则 AB 在 V_1/H 体系中为投影面平行线，再变换 H 面，作面 $H_2 \perp AB$，则 AB 在 V_1/H_2 体系中为投影面垂直线。其具体作图步骤如下：

1）先作轴 $X_1 /\!/ ab$，求得 AB 在 V_1 面上的新投影 $a_1'b_1'$。

2）再作轴 $X_2 \perp a_1'b_1'$，得出 AB 在 H_2 面上的投影 $a_2(b_2)$，这时 a_2 与 b_2 重影为一点。

（4）将投影面倾斜面变换成投影面垂直面　如图 2-74 所示，$\triangle ABC$ 为投影面倾斜面，如要变换为正垂面，必须取新投影面 V_1 代替 V 面，V_1 面既垂直 $\triangle ABC$，又垂直 H 面，为此可在 $\triangle ABC$ 上先作一水平线作基准，然后作面与该水平线垂直，则它也一定垂直 H 面，其作图步骤如下：

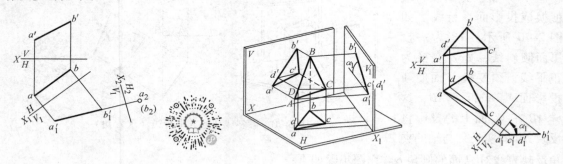

图 2-73　倾斜线变换成垂直线　　　　图 2-74　倾斜面变换成垂直面（求 α_1 角）

1）在 $\triangle ABC$ 上作水平线 CD，其投影为 $c'd'$ 和 cd。

2）作轴 $X_1 \perp cd$。

3）作 $\triangle ABC$ 在面 V_1 上的投影 $a_1'b_1'c_1'$，这时 $a_1'b_1'c_1'$ 重影为一直线，它与 X_1 轴的夹角就是 $\triangle ABC$ 对 H 面的倾角 α_1。

如果求作 $\triangle ABC$ 对 V 面的倾角 β_1，可在此平面上取一正平线 AE，作面 $H_1 \perp AE$，则 $\triangle ABC$ 在面 H_1 上的投影为一直线，它与轴 X_1 的夹角反映该平面对 V 面的倾角 β_1。具体作图如图 2-75 所示。

（5）将投影面垂直面变换成投影面平行面　图 2-76 所示为铅垂面 $\triangle ABC$，要求变换成投影面平行面。根据投影面平行面的投影特性，重影为一直线的投影必定为不变投影，因此必须变换 V 面，使新投影面 V_1 平行 $\triangle ABC$。作图时取轴 $X_1 /\!/ abc$，则 $\triangle ABC$ 在面上的投影 $\triangle a_1'b_1'c_1'$ 反映实形。

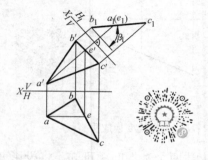

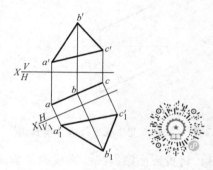

图 2-75　倾斜面变换成垂直面（求 β_1 角）　　　　图 2-76　垂直面变换成平行面

（6）将投影面倾斜面变换成投影面平行面　由前两种变换可知，将倾斜面变换成投影面平行面必须经过二次变换，即第一次将投影面倾斜面变换成投影面垂直面，第二次再将投影面垂直面变换成投影面平行面。如图 2-77 所示，先将 $\triangle ABC$ 变换成垂直面，再变换使 $\triangle ABC$ 平行 V_2 面。具体作图步骤如下：

1）在 $\triangle ABC$ 上取正平线 AE，作新投影面 $H_1 \perp AE$，即作轴 $X_1 \perp a'e'$，然后作出 $\triangle ABC$ 在面 H_1 上的新投影 $a_1b_1c_1$，它重影成一直线。

2）作新投影面 V_2 平行 $\triangle ABC$，即作轴 $X_2 /\!/ a_1b_1c_1$，然后作出 $\triangle ABC$ 在面 V_2 上的新投影 $\triangle a_2'b_2'c_2'$。$\triangle a_2'b_2'c_2'$ 反映 $\triangle ABC$ 的实形。

3. 换面法的应用实例

【例 2-26】　求点 C 到直线 AB 的距离（图 2-78）。

分析：点到直线的距离就是点到直线的垂线

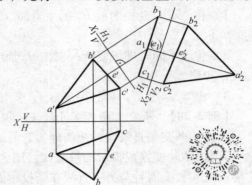

图 2-77　倾斜面变换成平行面

实长。如图 2-78a 所示，为便于作图，可先将直线 AB 变换成投影面平行线，然后利用直角投影定理从点 C 向 AB 作垂线，得垂足 K，再用直角三角形法求 CK 实长；也可将直线 AB 变换成投影面垂直线，点 C 到 AB 的垂线 CK 为投影面平行线，在投影图上反映实长。

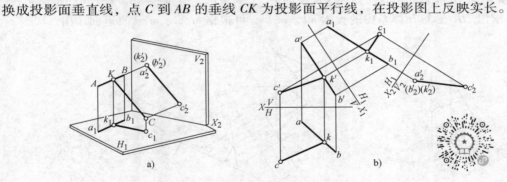

图 2-78　求点到直线的距离

作图（图 2-78b）：

1）先将直线 AB 变换成面 H_1 的平行线。点 C 在面 H_1 上的投影为 c_1。

2）再将直线 AB 变换成面 V_2 的垂直线。AB 在面 V_2 上的投影为 $a_2'b_2'$，点 C 在面 V_2 上的投影为 c_2'。

3）过 c_1 作 $c_1k_1 \perp a_1b_1$，即 $c_1k_1 /\!/ X_2$ 轴，得 k_1、k_2'，连接 c_2'、k_2'，则 $c_2'k_2'$ 反映点 C 到 AB 直线的距离。

如要求出 CK 在 V/H 体系中的投影 $c'k'$ 和 ck，可根据 $c_2'k_2'$、c_1k_1 返回作出。

【例 2-27】　求侧平线 MN 与 $\triangle ABC$ 的交点 K（图 2-79）。

分析：由于图示位置的 MN 为侧平线，因此用辅助平面法求交点时，辅助平面与 $\triangle ABC$ 的交线的两个投影与 MN 的两个同面投影均重影，因此其交点不能

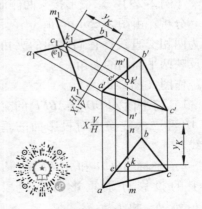

图 2-79　求侧平线与倾斜面的交点

直接作出。如用换面法，可先将△ABC变换为投影面垂直面，然后利用重影性即可求出其交点。

作图：

1）将△ABC变换为面H_1的垂直面（亦可变换为面V_1的垂直面），它在H_1面上的投影为$a_1b_1c_1$。

2）将MN同时进行变换，它在H_1面上的投影为m_1n_1，则其与$a_1b_1c_1$交点即为交点K的该面投影k_1。

3）由k_1求出k'，再利用坐标y_K求出k。k、k'即为交点K在V/H体系中的两投影。

【例 2-28】 求交叉两直线AB、CD间的距离（图 2-80）。

分析：两交叉直线间的距离即为它们的公垂线长度。如图 2-80a 所示，若将两交叉直线之一（如AB）变换成投影面垂直线，则公垂线KN必平行于新投影面，在该投影面上的投影能反映实长，而且与另一直线在新投影面上的投影互相垂直。

作图（图 2-80b）：

1）将AB经过二次变换成为垂直线，其在面H_2上的投影重影为a_2b_2。直线CD也随之变换，在面H_2上的投影为c_2d_2。

2）从a_2b_2作$m_2k_2 \perp c_2d_2$，即为MK在面H_2上的投影，它反映AB、CD间的距离实长。如要求出MK在V/H体系中的投影mk、$m'k'$，可根据m_2k_2、$m_1'k_1'$返回作出。

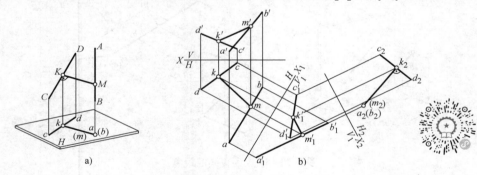

图 2-80　求两交叉直线间的距离

【例 2-29】 求变形接头两侧面$ABCD$和$ABFE$之间的夹角。

分析：由图 2-65d 可知，当两平面的交线垂直于投影面时，则两平面在该投影面上的投影为两相交直线，它们之间的夹角即反映两平面间的夹角。

作图（图 2-81）：

1）将平面$ABCD$与$ABFE$的交线AB经二次变换成对投影面的垂直线。

2）平面$ABCD$和$ABFE$在V_2面上的投影分别重影为直线段$a_2'b_2'c_2'd_2'$和$a_2'b_2'f_2'e_2'$。

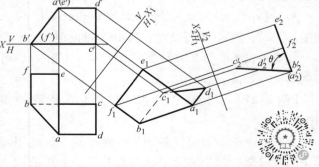

图 2-81　求变形接头两侧面间的夹角

3）$\angle e_2'a_2'c_2'$ 即为变形接头两侧面间的夹角 θ。

2.5.3 绕垂直于投影面的轴旋转*

1. 绕投影面垂直轴旋转的基本规律

（1）点的旋转规律 如图 2-82a 所示，点 A 绕垂直于 H 面的轴 OO 旋转，点 A 到 OO 轴的垂足为 O，点 A 的旋转轨迹为以 O 为中心的圆。该圆所在的平面 P 垂直于轴 OO，由于轴线垂直于 H 面，所以平面 P 是水平面。因此点 A 的轨迹在 V 面上的投影为一平行于 X 轴的直线，在 H 面上的投影反映实形（即为以 o 为圆心、oa 为半径的一个圆）。如果将点 A 转动某一角度 θ 而到达新位置 A_1 时，则它的水平投影 a 也同样转过一 θ 角而到达 a_1，其旋转轨迹是以 o 为圆心、oa 为半径的一段圆弧 aa_1。而其正面投影则沿平行于 X 轴的方向移动，由 a' 移动到 a_1' 位置（图 2-82b）。图 2-83 为点 A 绕垂直于 V 面的轴旋转时的投影变化情况。它的运动轨迹在 V 面上的投影为一个圆，在 H 面上的投影为一平行于 X 轴的直线。

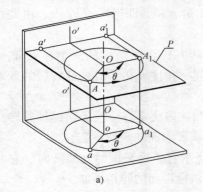
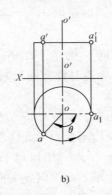
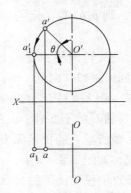

图 2-82 点的旋转（绕垂直 H 面的轴）　　　　图 2-83 点的旋转（绕垂直 V 面的轴）

综上所述，点绕投影面垂直轴旋转的规律为：当一点绕垂直于投影面的轴旋转时，它的运动轨迹在轴所垂直的投影面上的投影为一个圆，而在轴所平行的投影面上的投影为一平行于投影轴的直线。

（2）直线与平面的旋转规律

1）"三同"旋转规律。因直线由两点确定，故直线的旋转可归结为直线上两个点的旋转，由于在旋转时，两点的相对位置不能改变，因此两点必须绕同一旋转轴，按同一方向，旋转同一角度。这就是旋转时的"三同"规律。

图 2-84 所示为投影面倾斜线 AB 绕垂直于 H 面的轴 OO 按逆时针方向旋转 θ 角的情况，根据上述"三同"规律，其新投影的作图步骤如下：

① 首先使点 A 绕 OO 轴逆时针方向转过 θ 角，该 θ 角在 H 面上反映实形。作图时连接 o、a，将 oa 绕 o 点旋转 θ 角到 oa_1 位置。

② 同样将点 B 绕 OO 轴逆时针方向转过 θ 角。作图时连接 ob，将 ob 绕 o 点旋转 θ 角到 ob_1 位置。连接 a_1 和 b_1，即得直线 AB 旋转后的新的水平投影 a_1b_1。显然 $a_1b_1 = ab$。

③ 直线旋转后在 V 面上的新投影可根据点的旋转规律作出，即过 a'、b' 点分别作 X 轴的平行线，与从 a_1、b_1 点引出的投影连线相交得 a_1'、b_1'，连接 a_1、b_1 得直线 AB 旋转后新的正面投影 $a_1' b_1'$。

为作图方便，上述作图方法可以简化为过 o 点作 ab 的垂线得垂足 k，使 ok 转过 θ 角到

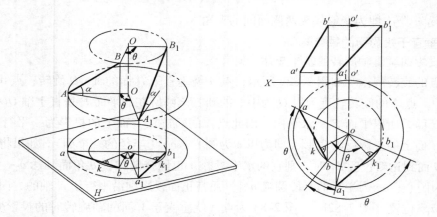

图 2-84　直线的旋转

ok_1 位置，则 a_1b_1 也必定与 ok_1 垂直，同时量取 $a_1k_1 = ak$，$k_1b_1 = kb$，即得 a_1、b_1 点，由此再求出 a_1'、b_1'。

平面的旋转同样也必须按照"三同"规律，$\triangle ABC$ 旋转时可将三角形的三个顶点 A、B、C 绕同一轴 OO 向同一方向（图示为逆时针方向）旋转同一角度 θ 角，得到旋转后的新投影位置（图 2-85）。

2）旋转时的不变性。由图 2-84 可知，$a_1b_1 = ab$，所以当线段绕垂直于投影面的轴旋转时，它在轴所垂直的投影面上的投影长度不变，因此线段与该投影面的倾角不变。

同理，如图 2-85 所示，$\triangle a_1b_1c_1 \cong \triangle abc$，所以当平面绕垂直于投影面的轴旋转时，它在轴所垂直的投影面上的投影形状和大小不变，因此平面与该投影面的倾角不变。

作图时，可根据上述在旋转前后的不变性，首先作出其不变投影，再根据点绕投影面垂直轴的旋转规律作出另一投影。

根据上述性质，有时为使图形清楚，可将旋转后的投影 $\triangle a_1b_1c_1$ 转移到某个适当位置，只要其形状和大小不变，而其另一投影仍按点绕投影面垂直轴的旋转规律作图。这时不必指明旋转轴的位置，这种方法称为不指明轴旋转法，又称平移法，如图 2-86a 所示。如需确定旋转轴可作 C、C_1 和 B、B_1 的中垂面，其交线即为垂直轴 OO，如图 2-86b 所示。

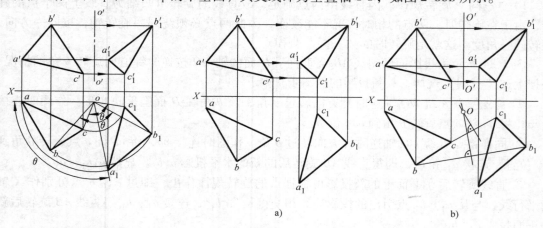

a)　　　　　　　　　　　　　b)

图 2-85　平面的旋转　　　　　　图 2-86　绕不指明轴旋转（平移法）

2. 旋转法中的六个基本问题

（1）将投影面倾斜线旋转成投影面平行线　将投影面倾斜线旋转成投影面平行线，可以求出线段实长和对投影面的倾角。如图 2-87 所示，AB 为投影面倾斜线，要旋转成正平线，则其水平投影应旋转到与 X 轴平行的位置。故选铅垂线作旋转轴，为作图简便，让 OO 轴过端点 A，这样只要旋转另一端点 B 就可以完成作图。具体作图步骤如下：

1）过点 $A(a, a')$ 作 OO 轴垂直 H 面。

2）以点 o 为圆心，ob 为半径画圆弧（顺时针或逆时针均可）。

3）由点 a 作 X 轴的平行线与圆弧相交于 b_1，得 ab_1。

4）从点 b' 作 X 轴的平行线，在该线上求出 b_1'，$a'b_1'$ 即为直线 AB 的实长，$a'b_1'$ 与 X 轴的夹角反映 AB 对 H 面的倾角 α。

（2）将投影面平行线旋转成投影面垂直线　图 2-88 为一正平线 AB，要旋转成投影面垂直线，则反映实长的正面投影必须旋转成垂直 X 轴，故应选正垂线为旋转轴。为作图简便，使 OO 轴过点 B，当旋转后的投影 $a_1'b'$ 垂直于 X 轴时，水平投影重影为一点 $a_1(b)$。$a_1'b'$ 和 a_1b 即为铅垂线 A_1B 的两个投影。

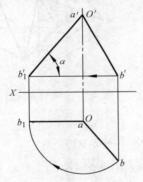

图 2-87　倾斜线旋转成平行线

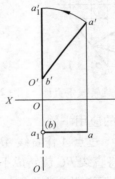

图 2-88　平行线旋转成垂直线

（3）将投影面倾斜线旋转成投影面垂直线　由以上两个基本问题可知，将投影面倾斜线旋转成投影面垂直线须经二次旋转。如图 2-89 所示，直线 AB 先绕过点 B 并垂直 V 面的轴（为简化，图中未画此轴）旋转成水平线 A_1B，其水平投影 a_1b 与 X 轴的夹角即反映直线对 V 面的倾角。然后再绕过 A_1 点并垂直 H 面的轴旋转，使水平线 A_1B 成为正垂线 A_1B_2。由此可知，二次旋转时，必须交替选用垂直 H 和 V 面的旋转轴，如同两次换面中必须交替变换 H 面和 V 面一样。

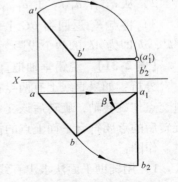

图 2-89　倾斜线旋转成垂直线

（4）将投影面倾斜面旋转成投影面垂直面　将投影面倾斜面旋转成投影面垂直面，可以求出平面对投影面的倾角。如图 2-90 所示，$\triangle ABC$ 为投影面倾斜面，要旋转成铅垂面并求出 β 角，则必须在平面上找一正平线并将其旋转成铅垂线。由前述可知，正平线经一次旋转即可成为铅垂线。作图时先在平面上取一正平线 CN，将它旋转成铅垂线 CN_1，再按 "三同" 规律及旋转时的不变性将 AB 随之旋转，这时 a_1cb_1 必定重影为一直线，$\triangle A_1 B_1 C$ 即为铅垂面。$a_1 c b_1$ 与 X 轴的夹角即反映平面对 V 面的倾角 β_1。

（5）将投影面垂直面旋转成投影面平行面　如图 2-91 所示，将铅垂面 $\triangle ABC$ 旋转成正平面。作图时可过点 B 作垂直 H 面的旋转轴旋转 $\triangle ABC$，使具有重影性的投影 $a_1 b c_1 /\!/ X$ 轴，此时该平面即为正平面，其正面投影 $\triangle a_1' b' c_1'$，反映实形。

（6）将投影面倾斜面旋转成投影面平行面　将投影面倾斜面旋转成投影面平行面，要经过二次旋转。如图 2-92 所示，先通过点 C 作垂直 H 面的轴，将投影面倾斜面 $\triangle ABC$ 旋转成正垂面 $\triangle A_1 B_1 C$，$a_1' b_1' c'$ 与 X 轴的夹角即反映平面对 H 面的倾角 α_1。然后再过点 A_1 作垂直 V 面的旋转轴，将正垂面 $\triangle A_1 B_1 C$ 旋转成水平面 $\triangle A_1 B_2 C_2$，其水平投影 $\triangle a_1 b_2 c_2 \cong \triangle ABC$。

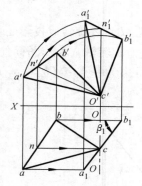　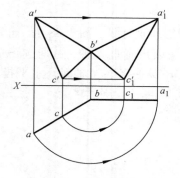　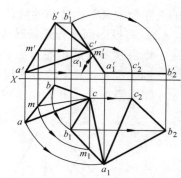

图 2-90　倾斜面旋转成垂直面　　图 2-91　垂直面旋转成平行面　　图 2-92　倾斜面旋转成平行面

3. 旋转法的应用举例

【例 2-30】　过点 A 作直线 AK 与已知直线 BC 垂直相交（图 2-93）。

分析：可将直线 BC 旋转成平行线，再利用直角投影定理作其垂线。

作图：（用不指明轴法作图）。

1）将 BC 直线旋转成正平线 $B_1 C_1 (b_1 c_1,\ b_1' c_1')$（也可以旋转成水平线），即使 $b_1 c_1 /\!/ X$ 轴。点 A 的新位置为点 $A_1 (a_1,\ a_1')$。

2）从 a_1' 作 $a_1' k_1' \perp b_1' c_1'$ 得 k_1' 点，即为垂足 K_1 的正面投影，由 k_1' 作出 k_1。

3）将点 K_1 返回到 BC 上，得 k 点，即作 $k_1' k /\!/ X$ 轴与 $b'c'$ 相交，得 k'，再求出 k，$a'k'$、ak 即为 AK 的两个投影。

【例 2-31】　绕铅垂轴把直线 AB 旋转到平面 $CDEF$ 上（图 2-94）。

分析：如果直线上有两点在平面上，则直线在平面上。可先求出直线与平面的交点，再过交点作旋转轴，旋转后该交点不动仍在平面上，因此只要旋转直线另一点到平面上即可。旋转后的点要符合平面上点的投影性质。

作图：

1）用辅助平面法求出直线 AB 与平面 $CDEF$ 的交点 K。过点 K 作铅垂线 $O'O$。

2）求出直线 AB 的水平迹点 M，并将其转到平面上。由于平面上直线 CF 也在 H 面上，故点 M 绕 $O'O$ 轴旋转时，必定与直线 CF 相交，其交点为 M_1、M_2，即为点 M 旋转到平面上的两个位置。

3）点 K 旋转时不动，即仍在平面上，故 KM_1、KM_2 必定在平面上，A、B 两点旋转后

的位置分别为 A_1、A_2、B_1、B_2，也一定在平面上，因此 A_1B_1、A_2B_2 即为直线 AB 旋转到平面上后的两个位置。

　　观察与思考：观察周围物体，试着发现需要用投影变换方法解决的几何问题，并试着图解之。

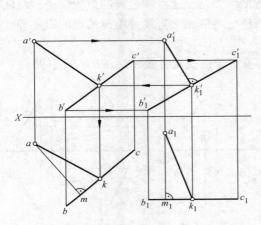

图 2-93　过已知点作直线与已知直线垂直

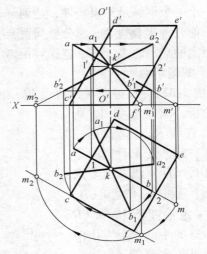

图 2-94　将一直线旋转到已知平面上

2.6　综合问题解题示例

2.6.1　综合问题解题思路

　　综合问题是指多个几何元素关联的定位和度量问题。

　　解答综合问题，首先是分析清楚已知条件和所求的结果应满足的约束条件的数量和性质。已知条件中通常一部分是由文字给出，而另一部分是由图形隐含给出。特别要注意分析图中的隐含条件及所涉及的几何要素相对于投影面的位置。

　　在分析题意的基础上，对题目涉及的几何元素的相对位置进行综合空间想象，确定解题方法。在这一步中是以有关的几何概念和定理，以及有关的投影概念为依据，进行必要的逻辑推理、空间思维和空间分析。一般地说，应当在想象中建立起空间的几何模型，也可借助于画轴测图或以简易模型（如以笔代线、以纸代面）帮助构思。

　　接下来，投影作图，这一步是将设想的解题步骤，逐步绘制在投影图上，求出结果，完成作图。解题时，可以用综合法，在给定的投影面中作图求解，也可用投影变换的方法，如换面法、旋转法。对于不同的问题的解答，会有一种比较简便的解题方法，请读者在解题时注意比较，选择最简捷的解题方式，有时几种方法结合使用，会使题目解答更方便，图面更紧凑。

2.6.2　题目分类及分析方法

　　点、线、面综合题，按其性质可分为单纯的相对位置题、距离题、角度题及其他综合题等。对于单纯的相对位置题，通常用轨迹法或逆推法分析求解。距离题这类题又分定距离题和等距离题，其分析和解题方法有所不同。除简单的求已知几何元素间的距离题外，主要是根据已知几何元素按要求的距离作出另一几何元素或几何元素所缺的投影，通常用轨迹法分析求解。角度题有直接求两直线、直线与平面、平面与平面的夹角问题，也有根据定夹角或等夹角补几何要素的投影问题。这类问题有很多涉及直角投影定理的应用。其他综合题一般是几何关系比较复杂，既有距离要求，又有角度等多种约束，这类题目分析时，必须注意根据已知条件求解结果的多种约束条件，灵活运用轨迹、逆推等分析方法，通过多种辅助方法，一个一个地满足约束条件，达到解题目的。由于各种问题的分析经常用到轨迹法，所以熟悉下面几种集合轨迹，对分析问题会有很大帮助，如与一定点等距离的点的轨迹、与两定点等距离的点的轨迹、与一直线等距离的点的轨迹、与两相交直线等距离的点的轨迹等。

2.6.3　解题示例

【例 2-32】　试过点 K 作直线 KL，使其同时垂直于两交叉直线 AB、CD（图 2-95a）。

分析：由题意可知，所要求的直线 KL，应满足三个条件，即过点 K 且同时垂直于 AB、CD 直线。因要求 KL 同时垂直于 AB 和 CD，故 KL 一定垂直于 AB 和 CD 共同平行的平面 P。为作图简便，可包含直线 AB 作一平行于 CD 的平面 P。

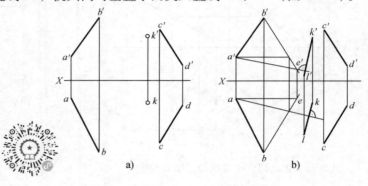

图 2-95　综合分析法举例

作图步骤（图 2-95b）：

1）过点 B 作 $BE /\!/ CD$，则 AB、BE 确定了前述平面 P。

2）作 $KL \perp P$，则直线 KL 即为所求。

【例 2-33】　已知一直角三角形 ABC，其中 AB 为一直角边，另一直角边 AC 平行于 R 平面，且点 C 距 V 面 20mm，试完成该三角形的两投影（图 2-96a）。

分析：由题意可知，所要求的直角三角形的另一边 AC 应满足三个条件：$AC \perp AB$；$AC /\!/ R$；C 点距 V 面 20mm。

满足 $AC \perp AB$ 的条件，AC 的轨迹为过点 A 且垂直于直线 AB 的平面 P（即图 2-96b 中的 MAN 平面）；满足 $AC /\!/ R$ 面的条件，与 R 面平行的直线的轨迹为 R 的平行面，因此 AC 的轨

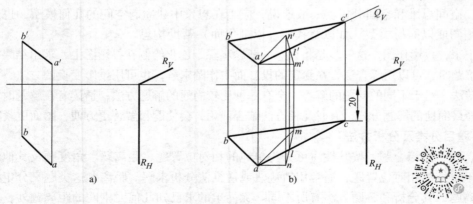

图 2-96　迹线相交法举例

迹在过点 A 且平行于平面 R 的平面 Q 内，则点 C 必在 P、Q 两平面的交线 AL 上。再根据点 C 距 V 面 20mm 的条件，在 AL 上确定点 C，最后连接 B、C，完成作图。

作图步骤（图 2-96b）：

1）包含点 A 作平面 $P \perp AB$（MAN 为平面 P）。

2）包含点 A 作平面 $Q /\!/ R$。

3）求平面 P、Q 的交线 AL。

4）在 AL 上取点 C，使点 C 距 V 面的距离为 20mm。

5）连接 B、C 两点，则 $\triangle ABC$ 即为所求的直角三角形。

【例 2-34】 已知点 M 到 $\triangle ABC$ 的距离为 15mm，求 m（图 2-97a）。

分析：与平面相距为 15mm 的点的集合为与 $\triangle ABC$ 相距 15mm 的平行面，点 M 必在该平面内。

作图步骤（图 2-97b）：

1）含点 C 在 $\triangle ABC$ 内作 $CD /\!/ H$ 面，$CE /\!/ V$ 面。

2）含点 C 作 $CK \perp \triangle ABC$，即 $ck \perp cd$，$c'k' \perp ce$。

3）用直角三角形法求 CK 实长，并确定实长为 15mm 的水平投影长（图 2-97c），求出 f、f'。

4）含点 F 作平面平行于 $\triangle ABC$。

5）在所作平面内含点 M 作直线 GH（gh，$g'h'$），在 gh 上据 m' 求出 m。

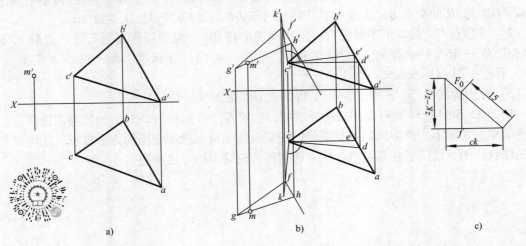

图 2-97　已知点 M 到 $\triangle ABC$ 的距离为 15mm，求 m

【例 2-35】 已知直线 DE、FG、HI、JK（图 2-98a）。等腰 $\triangle ABC$ 的底边 AB 平行于 DE，且点 A 在 FG 上，点 B 在 HI 上，三角形顶点 C 在 JK 上。试完成 $\triangle ABC$ 的两面投影图。

分析：

1）假设 AB 已求出，则 AB 必与 FG 相交，且平行于 DE，即 AB 必在含 FG 且平行于 DE 的平面内。

2）$\triangle ABC$ 为等腰三角形，故点 C 的轨迹在 AB 的中垂面上，即 C 为 AB 的中垂面与 JK 的交点。

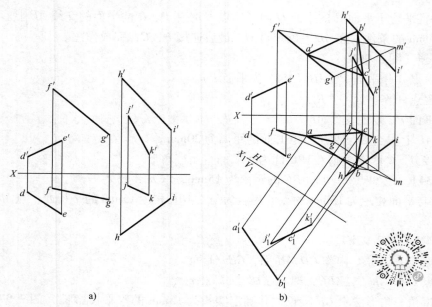

图 2-98　求作等腰△ABC 的两面投影图

作图步骤（图 2-98b）：

1）求底边 AB。按以下步骤进行：①含 FG 作平面 FGM 平行于 DE；②用辅助平面法求作面 FGM 与 HI 的交点 B；③过点 B 作线平行于 DE，交 FG 于 A；④连接 AB。

2）求顶点 C。按以下步骤进行：①用换面法将 AB 变换为投影面平行线，得到 $a_1'b_1'$，同时将 JK 一起变换，得到 $j_1'k_1'$；②作 $a_1'b_1'$ 的中垂面（在新投影面上投影为直线），交 $j_1'k_1'$ 于 c_1'；③返回求出 c、c'。

3）分别连接 a、b、c 和 a'、b'、c'得到△ABC 的两面投影。

例 2-32 和例 2-34 也可以用投影变换的方法解答。特别是例 2-34，如用换面法解答，作图更简单。实际上，许多问题都是既可以用综合法也可用投影变换的方法求解，还可以几种方法综合应用，请读者在练习时，注意选用作图较简单的方法解题。

第3章 曲线与曲面

曲线与曲面也是物体表面的重要组成部分。本章讨论常见的曲线、曲面的投影性质与作图方法。

3.1 曲线的形成与投影

1. 曲线的形成与分类

曲线可以看作为点连续运动的轨迹，也可认为是平面与曲面或两曲面相交而成。

若曲线上所有的点属于同一平面，则此曲线称为平面曲线，如圆、椭圆、双曲线、抛物线、渐开线、摆线等。若曲线上任意四个连续的点不属于同一平面，则此曲线称为空间曲线，如螺旋线等。

如图 3-1 所示，过曲线上点 B 作割线 BD，当点 D 无限趋近于点 B 时，割线的极限位置变为 BN，即称 BN 为曲线在点 B 处的切线。对于平面曲线过切点且垂直于切线的直线，称为过该点的法线。

如果曲线在其各点处都具有连续改变的切线，则称该曲线为光滑的曲线。图 3-2 所示的曲线就是不光滑的，因为在点 B 处切线不能连续变化。

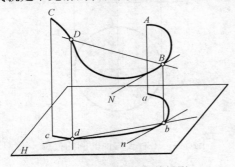

图 3-1 空间曲线及其投影

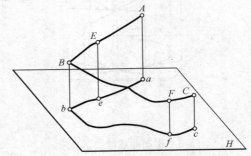

图 3-2 不光滑空间曲线

可以用代数方程表示的曲线称为代数曲线。其代数方程的次数就是曲线的次数。对于平面代数曲线的次数，可以用直线与该曲线最大可能交点数来确定。例如，二次曲线椭圆与直线就有两个交点。

2. 曲线投影的画法

一般情况下，曲线至少需要两个投影才能确定出它在空间的形状和位置。曲线的投影作图，就是按曲线形成的方法，依次画出曲线上一系列的点的各面投影，然后把各点的同面投影顺次、光滑地连成曲线，这种作图方法称为坐标描点法。为了确保曲线投影的准确和清晰，应优先选择一些具有关键位置的点，称为特殊点，如极限位置的点（最高、最低、最前、最后、最左、最右诸点）以及如椭圆长短轴的端点等。

3. 曲线投影的基本性质

曲线的投影具有以下的性质，根据这些性质，在作曲线投影时，可以保证投影的正确性和提高投影的准确性。

1）曲线的投影一般是曲线，只有当平面曲线所在平面平行于投射线时，投影为直线。在正投影条件下，该平面垂直于投影面时，曲线投影为直线。

2）曲线上的点的投影必定在曲线的同面投影上，即点与曲线的从属关系不变。

3）一般情况下平面曲线投影的次数不变，即二次曲线的投影仍为二次曲线。

4）曲线切线的投影仍为曲线投影的切线（图3-3）。

3.1.1　圆的投影

圆是最常见的平面曲线，圆的正投影可能有三种情况：当圆所在平面平行于投影面时，其投影仍为圆；当圆所在平面垂直于投影面时，则其投影为直线；当圆所在平面倾斜于投影面时，则其投影为椭圆。

下面根据不同情况分别讨论在正投影图中，圆的投影及其作图。

（1）圆所在的平面为投影面平行面　当圆所在的平面为投影面平行面时，圆在所平行的投影面上的投影反映该圆的实形；在另一投影面上的投影为直线，线段的长度等于圆的直径（图3-4）。

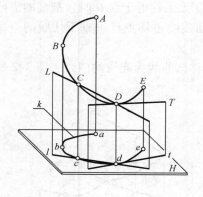

图3-3　平面曲线的投影性质

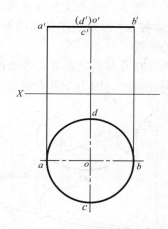

图3-4　平行投影面的圆的投影

（2）圆所在的平面为投影面垂直面　当圆所在的平面为投影面垂直面时，圆在所垂直的投影面上的投影为直线，线段的长度等于直径；在另一投影面上的投影则为椭圆。

如图3-5a所示，圆的 H 面投影 ab 为直线，等于圆的直径 AB。 V 面投影为椭圆，由于圆的直径 CD 平行于 V 面，其投影长度不变， $c'd' = CD$ 成为椭圆的长轴，而圆的直径 AB 处于对 V 面最大斜度线位置，其投影是各直径投影中最短者，投影后成为椭圆的短轴 $a'b'$ ，由于 AB 是一条水平线，其 V 面投影 $a'b'$ 可根据投影关系求得。已知椭圆长、短轴，则可画出椭圆。

如果需要求一般点，可采用投影变换的方法。如图3-5b所示求 Ⅰ、Ⅱ 两点的投影。

（3）圆所在的平面为一般位置平面　当圆所在的平面为一般位置平面时，圆的两个投影均为椭圆。故只要分别求出长、短轴，即可作出椭圆。椭圆的长轴应为平行于投影面的直径的投影，其短轴应在对该投影面成最大斜度线的直径的投影上。

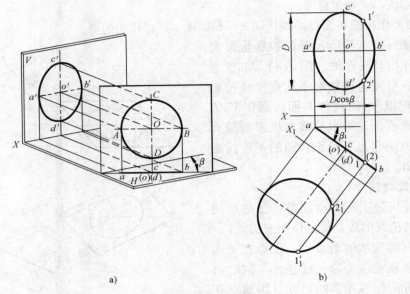

图 3-5　投影面垂直面上的圆

a）直观图　b）投影图

如图 3-6 所示，已知圆心为 O，半径为 R，位于一般位置平面 P 上，求作圆的 V 面投影及 H 面投影。

作图方法一：利用平面上投影面平行线及最大斜度线，确定长、短轴的方向与长度（图 3-7）。

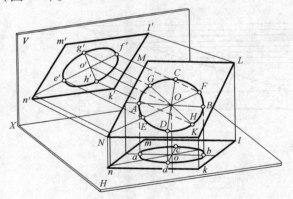

图 3-6　一般位置平面上的圆

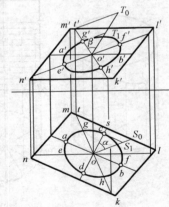

图 3-7　应用最大斜度线法作一般位置圆的投影

作图步骤如下：

1）求圆的水平投影椭圆的长轴，即过点 O 作水平直径 AB 的 H 投影，截取 $ab = 2R$，则 ab 即为长轴。

2）求圆的水平投影椭圆的短轴。过点 O 作对 H 面的最大斜度线 cd（作 $cd \perp ab$，延长 cd 交 ml 于 s），用三角形法求出其 α 及 oS_0，在 oS_0 上截取 $oS_1 = R$ 得 c，并取 $od = oc$，则 dc 即为 H 投影椭圆的短轴。

3）根据 ab、cd 作出椭圆。

4）同理可作出圆正面投影的长轴 $e'f'$ 和短轴 $g'h'$，作出椭圆。

作图方法二：上图所示圆的投影也可利用换面法来作出其长短轴（图3-8）。如作圆的水平投影，首先将四边形平面变换成投影面垂直面，即以 V_1 面代替 V 面，则在 V_1/H 体系中圆为垂直面，可根据圆在投影面垂直面上的作图方法作出其投影。圆的正面投影也可类似作出。

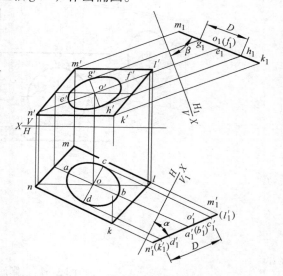

图 3-8　应用换面法作一般位置圆的投影

3.1.2　圆柱螺旋线

圆柱螺旋线是工程上应用最广泛的空间曲线。下面讨论其形成及投影作图方法。

（1）圆柱螺旋线的形成　一动点在正圆柱表面上绕其轴线作等速回转运动，同时沿圆柱的轴线方向作等速直线运动，则动点在圆柱表面上的轨迹称为圆柱螺旋线。如图3-9a所示，点 A 的轨迹即为圆柱螺旋线。点 A 旋转一圈沿轴向移动的距离（如 A_0A_{12}）称为导程（P_n）。当圆柱的轴线为铅垂线时，从前方垂直向后看，如螺旋线的可见部分为自左向右上升的则称为右旋螺旋线，反之称为左旋螺旋线。

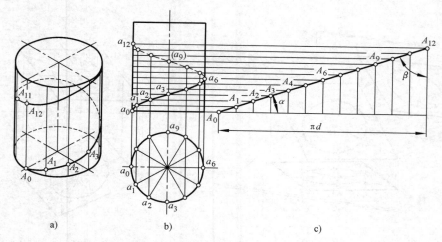

a)　　　　　　　　b)　　　　　　　　　c)

图 3-9　圆柱螺旋线的形成、投影和展开

（2）圆柱螺旋线的投影作图方法　圆柱直径为 d，导程为 P_n 的右旋螺旋线，其投影的作图步骤如下（图3-9b）：

1）作出直径为 d 的圆柱面的两投影，然后将其水平投影（圆）和正面投影上的导程分成相同的等分（图中为12等分）。

2）从导程上各分点作水平线，再从圆周上各分点作垂直投影连线，它们相应的交点，如 a_0'、a_1'、a_2'…，即为螺旋线上各点的正面投影。

3）依次光滑地连接这些点的投影即得螺旋线的正面投影，在可见圆柱面上的螺旋线是可见的，其投影画成实线，在不可见圆柱面上的螺旋线是不可见的，其投影画成虚线，螺旋线的水平投影重影在圆柱面的水平投影圆周上。

如将圆柱表面展开，则螺旋线随之展成一直线（图 3-9c），该直线为直角三角形的斜边，底边为圆柱面圆周的周长（πd），高为螺旋线的导程（P_n）。显然螺旋线的一个导程的长度为 $\sqrt{(\pi d)^2 + P_\mathrm{n}^2}$，直角三角形斜边与底边的夹角 α 称为螺旋线的升角，则

$$\alpha = \arctan \frac{P_\mathrm{n}}{\pi d}$$

斜边与另一直角边的夹角称为螺旋角，以 β 表示，由此可见 $\alpha + \beta = 90°$。

3.2 曲面的形成与表达方法

3.2.1 概述

1. 曲面的形成与分类

（1）曲面的形成 曲面可以用不同的方式给定，在画法几何学中，主要以运动方法来研究曲面的形成（并根据运动规律解决曲面上的定位问题和度量问题），曲面可以看作一条线在空间按一定规律连续运动而成，或者说曲面是动线所有位置的集合。

形成曲面的动线称为母线，该线可以是直线，也可以是曲线，其形状可以是不变的，也可以是不断变化的。

控制母线运动规律的线或面称为导线或导面。母线按规律运动形成的曲面称为规则曲面。母线也可作不规则运动，形成的曲面称为不规则曲面。

同一个曲面常可以用不同的方法形成。如圆柱面（图 3-10）可以是圆母线沿轴线方向平移而成，也可以是直母线绕轴线旋转而成，还可以是以各点距轴线等远的曲线作母线，绕轴线旋转形成圆柱面。在以上不同形式的母线中，一般应采用最简单的母线来描述曲面的形成。

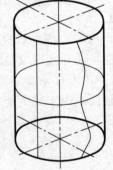

图 3-10 曲面的形成

（2）曲面的分类 根据不同的分类标准，曲面可有许多不同的分类方法。如：按母线的形状分类，曲面可分为直线面和曲线面；按母线的运动情况分类，曲面可分为移动面和回转面；按母线在运动中是否变化分类，曲面可分为定母线面和变母线面；按母线运动是否有规律来分类，曲面可分为规则曲面和不规则曲面；按曲面是否能无皱褶地摊平在一个平面上来分类，则可分为可展曲面和不可展曲面。

按以上各种方法分类，对于同类曲面可能会有跨种类的现象，例如同属直线面的两个曲面，就有可能分属于可展曲面和不可展曲面。

表 3-1 是一个按母线的性质来划分一些规则曲面的简表。

本章重点介绍规则曲面中定母线运动形成的曲面，并以直线面为主，对于曲线面，则只介绍曲线回转面。

表 3-1　曲面分类

曲　面	直线面	柱面、锥面、切线面		可展曲面
		直线回转面	圆柱面、圆锥面	
			单叶双曲回转面	
	曲线面	柱状面、锥状面、双曲抛物面		不可展曲面
		曲线回转面		
		椭圆面、椭圆抛物面		

2. 曲面的投影

在投影图上表示一个曲面，只要作出能够确定曲面的几何要素的必要投影，就可确定一个曲面，因为母线、导线或导面给定以后，形成的曲面将唯一确定。在实际作图中，为了更加形象地表示曲面，除了给出几何要素外，还要画出曲面外形轮廓线的投影。曲面的外形轮廓线就是在正投影条件下，包络已知曲面的投射柱面与曲面的切线。

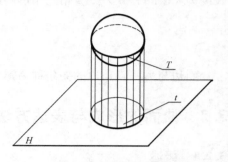

图 3-11　曲面的投影

曲面的外形轮廓线对不同投影面各不相同。如图 3-11 所示，投射柱面与曲面的切线 T 称为曲面对 H 面的轮廓线，而 t 则称为曲面轮廓线的 H 投影。

当曲面轮廓线与曲面的某些位置的母线重合时，这些母线称为转向轮廓线。

3.2.2　柱面

（1）**柱面的形成**　一直母线沿着一曲导线运动且始终平行于直导线而形成的曲面称为柱面。曲导线可以是闭合的，也可以是不闭合的。如图 3-12a 所示，Ⅰ Ⅱ 为母线，Q 为曲导线，AB 为直导线，当母线 Ⅰ Ⅱ 沿着曲导线 Q 运动，且平行于直导线 AB，所形成的曲面即为柱面。由于柱面上连续两素线是平行两直线，能组成一平面，因此柱面是一种可展直线面。

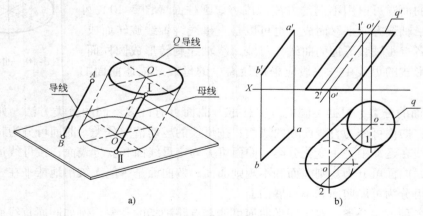

a)　　　　　　　　　　　　　　　　b)

图 3-12　柱面的形成和投影

（2）**柱面的投影**　在投影图上表达柱面一般要画出导线及曲面的外形轮廓线，必要时还要画出若干素线。如图 3-12b 所示，导线 Q 为平行于 H 面的圆，导线 AB 为一般位置直线，表示这一柱面时，可先画出 Q 的正面投影和水平投影，Q 即为柱面的顶圆，其底圆平

行于顶圆 Q，顶圆和底圆的圆心连线 OO 即为该柱面的轴线，轴线必定平行于直导线 AB，由于素线的方向可由轴线控制，因此直导线 AB 可以不再画出。最后画出柱面的外形轮廓线，如在正面投影上，顶圆和底圆最左、最右点投影的连线，即为前后曲面转向线的投影，在水平投影上为两圆的公切线，它们是上、下曲面转向线的投影。这些外形轮廓线均应平行于轴线的同面投影。

3.2.3　锥面

（1）锥面的形成　一直母线沿一曲导线运动且始终通过一定点而形成的曲面称为锥面。该定点称为导点，即为锥面顶点。如图 3-13a 所示，SI 为母线，Q 为曲导线，S 为导点，当母线 SI 沿着曲导线 Q 运动，且始终通过导点 S，所形成的曲面即为锥面。由于锥面上相邻两素线必定为过锥顶的相交两直线，因此锥面也是一种可展直线面。

（2）锥面的投影　在投影图上表达锥面一般只要画出导点（锥顶）、导线以及曲面的外形轮廓线，必要时还要画出若干素线。如图 3-13b 所示，导线 Q 为一水平圆，导点 S 和导圆的中心 O 的连线

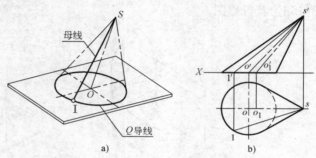

图 3-13　锥面的形成和投影

为一正平线，分别作出 S 点和 Q 圆的两个投影，然后作出其外形轮廓线，也就是锥面转向轮廓线的投影。

由于锥面的轴线是锥面两对称平面的交线，在图 3-13 所示情况下，SO 连线并不是锥面的轴线，而其轴线为 SO_1，其投影 so_1、$s'o_1'$ 分别平分水平投影和正面投影两外形轮廓线所形成的夹角。

3.2.4　曲线回转面

（1）曲线回转面的形成　任意一曲线绕一轴线（即导线）回转而形成的曲面称为曲线回转面。如图 3-14a 所示，平面曲线 $ABCD$ 为母线，OO 为轴线，回转时曲线两端点 A、D 形成的圆为曲面的顶圆和底圆，曲线上距离轴线最近的点 B 和最远的点 C 形成的圆分别为最小圆（喉圆）和最大圆（赤道圆）。

（2）曲线回转面的投影　在投影图上表示曲线回转面通常要画出其轴线、顶圆、底圆、最小圆和最大圆等的投影及其外形轮廓线。如图 3-14b 示，一般在反映轴线的投影图上不必画出最小圆和最大圆的投影。

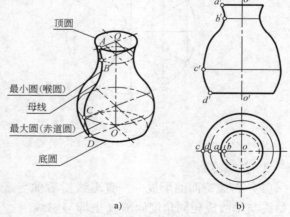

图 3-14　曲线回转面的形成和投影

3.2.5　螺旋面

1. 正螺旋面

（1）正螺旋面的形成　一直母线沿着曲导线为圆柱螺旋线及直导线为圆柱轴线运动，且始终与轴线垂直相交，该

母线运动的轨迹即为圆柱正螺旋面。如图 3-15a 所示，圆柱轴线垂直 H 面，直母线平行 H 面且与轴线相交。正螺旋面是一种不可展的直线面。

（2）正螺旋面的投影　投影图上一般要画出曲导线（螺旋线）、直导线（轴线）以及若干直素线。如图 3-15c 所示。作图时先画出轴线 OO 及螺旋线的投影，如螺旋线的导程为 P_n，母线的长为 L，将导程 P_n 内的轴线和螺旋线分成相同的若干等分，对应点的连线即为正螺旋面的若干素线 OA_0、$ⅠA_1$、$ⅡA_2\cdots$（其长度均等于 L）的投影。导程为 P_n 的圆柱螺旋线的投影也是正螺旋面的外形轮廓线。

如另一同轴线的圆柱面与正螺旋面相交，其交线 $B_0B_1B_2\cdots$ 为另一圆柱螺旋线，它与原来的螺旋线具有相同的导程，但圆柱面直径较小，故导程角较大，如图 3-15b 所示。图 3-15d 为其投影图。

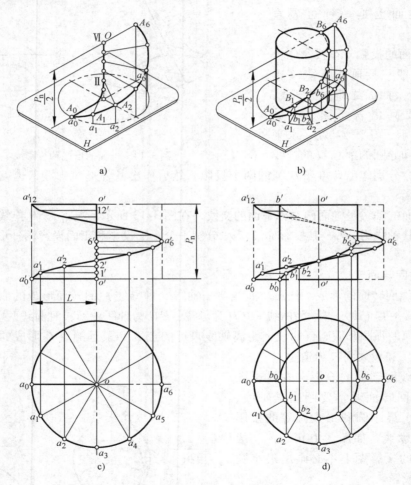

图 3-15　正螺旋面的形成和投影

2. 斜螺旋面

（1）斜螺旋面的形成　一直母线沿着曲导线为圆柱螺旋线及直导线为圆柱轴线运动，且始终与轴线成相同角度倾斜（也即与轴线所垂直的平面成相同倾角）而形成的曲面称为斜螺旋面。如图 3-16 所示，直素线 OA_0、$ⅠA_1$、$ⅡA_2\cdots$ 与 H 面的倾角均为 α 角。如以 OA_0

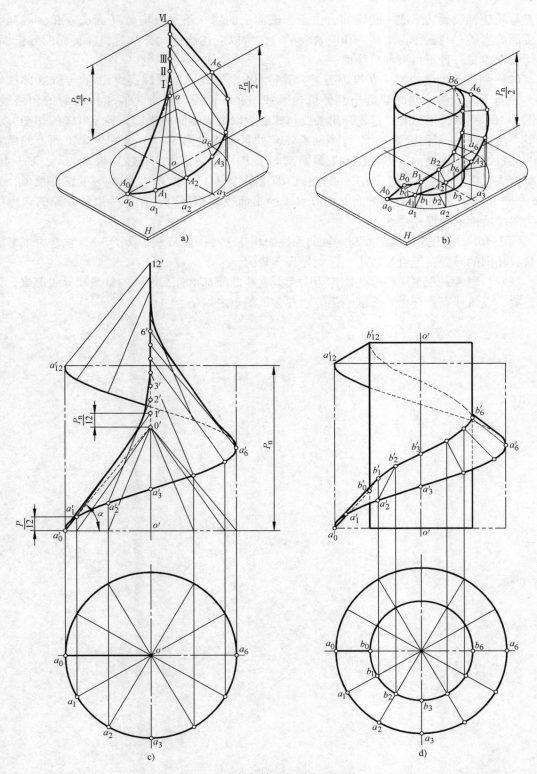

图 3-16　斜螺旋面的形成和投影

　　为直母线绕轴线旋转形成一圆锥面，由于圆锥面上的每一条素线均与 H 面成 α 角，因此斜螺旋面的素线必与圆锥面上某一相应素线平行，所以上述圆锥面又称为斜螺旋面的导锥面。斜螺旋面也是一种不可展的直线面。

　　（2）斜螺旋面的投影　　在投影图上一般要画出曲导线（圆柱螺旋线）、直导线（圆柱轴线）及若干直素线，同时要画出其外形轮廓线，在正面投影上即为直素线投影的包络线。如图 3-16c 所示，作图时，首先画出轴线与螺旋线以及导锥面的投影。各条素线的作图方法如下：从 A_0 点的正面投影 a_0' 作与 X 轴成 α 角的直素线投影 $o'a_0'$，此即为导锥面上的最左素线的投影，从轴上的 o' 点依次截取各距离等于 $P_n/12$（12 为等分数）得 $1'$、$2'$、$3'$…点，与螺旋线投影上的 a_1'、a_2'、a_3'…点连接，即得素线 ⅠA_1、ⅡA_2、ⅢA_3…的正面投影，其 $1'a_1'$、$2'a_2'$、$3'a_3'$…必与导锥面上相应素线的正面投影相平行。作这些素线投影的包络线即为斜螺旋面的外形轮廓线。

　　图 3-16b、d 为此斜螺旋面与同轴的圆柱面相交于另一螺旋线 $B_0B_1B_2$…，它与原来螺旋线具有相同的导程，但直径较小，因而导程角较大。

　　观察与思考：观察周围哪些物体为曲面，这些曲面都由什么形状的母线和导线形成，如车、船、飞机外壳，杯子、牙刷、笔等，并尝试图示之。

第4章 立体及其表面交线

本章内容是在研究点、线、面投影的基础上进一步论述立体的投影作图问题。

4.1 立体的投影

立体是由其表面所围成的。表面均为平面的立体称为平面立体，表面为曲面或平面与曲面的立体称为曲面立体。在投影图上表示一个立体，就是把这些平面和曲面表达出来，然后根据可见性原理判别线条的可见性，把其投影分别画成实线或虚线，即得立体的投影图。

4.1.1 平面立体的投影

平面立体主要有棱柱、棱锥等。在投影图上表示平面立体就是把围成立体的平面及其棱线表示出来，然后判别其可见性，把看得见的棱线投影画成实线，看不见的棱线的投影画成虚线。

1. 棱柱

（1）棱柱的投影 图4-1为一正六棱柱，其顶面、底面均为水平面，它们的水平投影反映实形，正面及侧面投影积聚为直线。棱柱有六个侧棱面，前后棱面为正平面，它们的正面投影反映实形；水平及侧面投影积聚为一直线；棱柱的其他四个侧棱面均为铅垂面，其水平投影均积聚为直线，正面和侧面投影均为类似形。

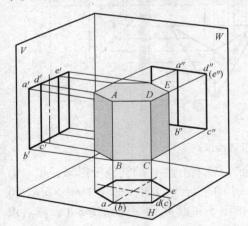 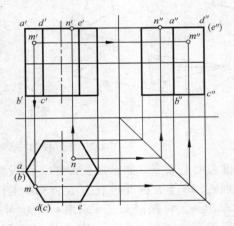

图4-1 正六棱柱的投影及表面上取点

棱线 AB 为铅垂线，其水平投影积聚为一点 $a(b)$，正面和侧面投影均反映实长，即 $a'b' = a''b'' = AB$。顶面的边 DE 为侧垂线，侧面投影积聚为一点 $d''(e'')$，水平投影和正面投影均反映实长，即 $de = d'e' = DE$。底面的边 BC 为水平线，水平投影反映实长，即 $bc = BC$，正面投影 $b'c'$ 和侧面投影 $b''c''$ 均小于实长。其余棱线，可自行分析。

作图时可先画正六棱柱的水平投影正六边形，再根据投影规律作出其他两个投影。

（2）棱柱表面上取点 在平面立体表面上取点，其原理和方法与在平面上取点相同。

由于图 4-1 中所示正六棱柱的各个表面都处于特殊位置，因此在表面上取点可利用积聚性原理作图。

如已知棱柱表面上点 M 的正面投影 m′，要求出其他两投影 m、m″。由于点 M 是可见的，因此，点 M 必定在 ABCD 棱面上，而 ABCD 棱面为铅垂面，水平投影 a(b)(c)d 有积聚性，因此 m 必在 a(b)(c)d 上，根据 m′ 和 m 即可求出 m″。又如已知点 N 的水平投影 n，要求出其他两投影 n′、n″。由于点 N 是可见的，因此点 N 必定在顶面上，而顶面的正面投影和侧面投影都具有积聚性，因此 n′、n″ 必定在顶面的同面投影上。

2. 棱锥

（1）棱锥的投影　图 4-2 所示为一正三棱锥，锥顶为 S，其底面为 △ABC，呈水平位置，其水平投影 △abc 反映实形。棱面 △SAB、△SBC 是一般位置平面，它们的各个投影均为类似形。棱面 △SAC 为侧垂面，其侧面投影 △s″a″c″ 积聚为一直线。底边 AB、BC 为水平线，CA 为侧垂线，棱线 SB 为侧平线，SA、SC 为倾斜线，它们的投影可根据不同位置直线的投影特性进行分析。

作图时先画出底面 △ABC 的各个投影，再作出锥顶 S 的各个投影，然后连接各棱线即得正三棱锥的三面投影。

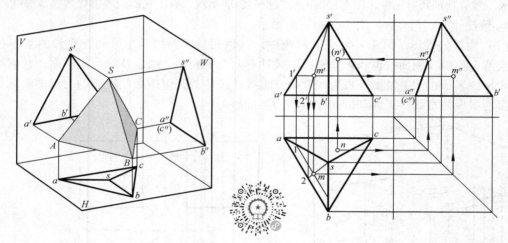

图 4-2　正三棱锥的投影及表面取点

（2）棱锥表面上取点　如已知点 M 的正面投影 m′，要求出点 M 的其他投影 m、m″。由于点 M 在棱面 △SAB 上，因此过点 M 在 △SAB 上作 AB 的平行线 ⅠM，即作 1′m′∥a′b′，再作 1m∥ab，求出 m，再根据 m、m′ 求出 m″。也可过锥顶 S 和点 M 作一辅助线 SⅡ，然后求出点 M 的水平投影 m，再由 m、m′ 求出点 M 的侧面投影 m″。又如已知点 N 的水平投影 n，要求出点 N 的其他投影 n′、n″。由于点 N 在侧垂面 △SAC 上，因此 n″ 必定在 △s″a″c″ 上，由 n、n″ 可求出（n′）。

4.1.2　曲面立体的投影

工程中常见的曲面立体是回转体，主要有圆柱、圆锥、球、环等，在投影图上表示回转体就是把组成立体的回转面或平面和回转面表示出来，然后判别其可见性。

1. 圆柱

圆柱表面由圆柱面和顶、底圆所组成。圆柱面是一直母线绕与之平行的轴线回转而成，如图 4-3a 所示。

（1）圆柱的投影　如图 4-3b 所示，圆柱的轴线垂直于 H 面，其上、下底圆为水平面，水平投影反映实形，其正面和侧面投影积聚为一直线。圆柱面的水平投影也积聚为一圆，在正面与侧面投影上分别画出决定投影范围的外形轮廓线（即为圆柱面可见部分与不可见部分的分界线的投影），如正面投影上为最左、最右两条素线 AA_1、BB_1 的投影 $a'a_1'$、$b'b_1'$；侧面投影上为最前、最后两条素线 CC_1、DD_1 的投影 $c''c_1''$、$d''d_1''$。

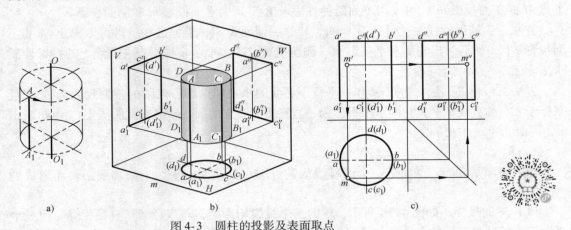

图 4-3　圆柱的投影及表面取点

作图时，先画出轴线和对称中心的各投影，然后画出圆柱面有积聚性的投影（为圆），再根据投影关系画出圆柱的另外两个投影（为同样大小的矩形），如图 4-3c 所示。

（2）圆柱表面上取点　可根据在平面（上、下底圆）上或圆柱面上取点的方法来作图。如图 4-3c 所示，已知点 M 的正面投影 m'，由于点 M 是可见的，因此点 M 必定在前半个圆柱面上，水平投影 m 必定落在具有积聚性的前半水平投影圆上，由 m、m' 可求出 m''。

2. 圆锥

圆锥表面由圆锥面和底圆所组成。圆锥面是一直母线绕与它相交的轴线回转而成的（图 4-4a）。

（1）圆锥的投影　如图 4-4b 所示，圆锥轴线垂直于 H 面，底面为水平面，它的水平投

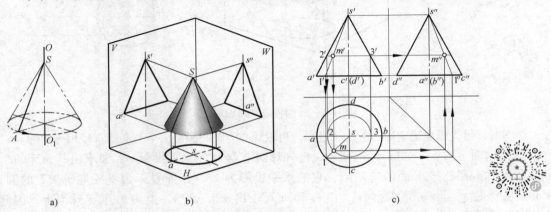

图 4-4　圆锥的投影及表面取点

影反映实形（圆），其正面和侧面投影积聚为一直线。对圆锥面要分别画出决定其投影范围的外形轮廓线，如正面投影上为最左、最右两条素线 SA、SB 的投影 $s'a'$、$s'b'$，侧面投影上为最前、最后两条素线 SC、SD 的投影 $s''c''$、$s''d''$。

作图时，先画出轴线和对称中心的各投影；然后画出底面的各个投影及锥顶点的投影，再分别画出其外形轮廓线，即完成圆锥的各个投影（图 4-4c）。

（2）圆锥表面上取点　可根据圆锥面的形成特性来作图。如图 4-4c 所示，已知圆锥面上点 M 的正面投影 m'，可采用下列两种方法求出点 M 的水平投影 m 和侧面投影 m''。

方法一：辅助素线法。过锥顶 S 和点 M 作一辅助线 SI，根据已知条件可以确定 SI 的正面投影 $s'1'$，然后求出它的水平投影 $s1$、侧面投影 $s''1''$，再由 m' 根据点在直线上的投影性质求出 m 和 m''。

方法二：辅助圆法。过点 M 作一平行于底面的水平辅助圆，该圆的正面投影为过 m' 且平行于 $a'b'$ 的直线 $2'3'$，它的水平投影为一直径等于 $2'3'$ 的圆，m 必在此圆周上，由 m' 求出 m，再由 m'、m 求出 m''。

3. 球

球的表面是球面。球面是一个圆母线绕其过圆心且在同一平面上的轴线回转而形成的（图 4-5a）。

（1）球的投影　如图 4-5b 所示，球的三个投影均为圆，其直径与球直径相等，但三个投影面上的圆是不同的转向线的投影，正面投影上的圆是平行于 V 面的最大圆的投影（区分前、后半球表面的外形轮廓线），水平投影上的圆是平行于 H 面的最大圆的投影（区分上、下半球表面的外形轮廓线），侧面投影上的圆是平行于 W 面的最大圆的投影（区别左、右半球表面的外形轮廓线）。

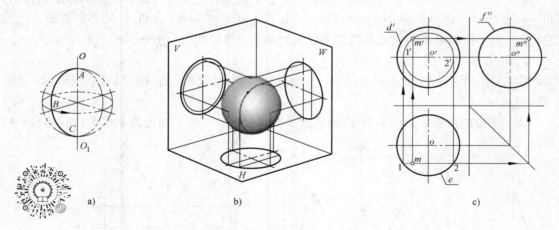

图 4-5　球的投影及表面取点

作图时，可先画出确定球心的三个投影，再以球心为圆心画出三个与圆球直径相等的圆。

（2）球面上取点　如图 4-5c 所示，已知球面上点 M 的水平投影 m，要求出其 m' 和 m''。可过点 M 作一平行于 V 面的辅助圆，它的水平投影为 12，正面投影为直径等于 $1'2'$ 的圆，m' 必定在该圆上，由 m 可求得 m'，由 m 和 m' 可求出 m''。显然，点 M 在前半球面上，因此从前向后看是可见的，同理，点 M 在左半球面上，从左向右看也是可见的。

当然，也可作平行于 H 面的辅助圆来作图，读者自行分析并想象当点位于后半球时，其投影的可见性。

4. 环

环的表面是环面。环面是一圆母线绕不通过圆心但在同一平面上的轴线回转而形成的（图 4-6a），如方向盘。

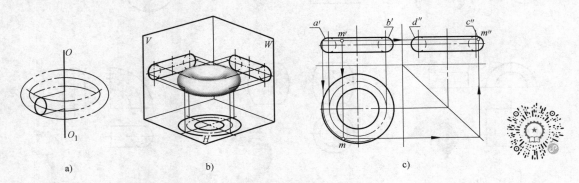

a)   b)   c)

图 4-6 环的投影及表面取点

（1）环的投影 如图 4-6b 所示，环面轴线垂直于 H 面，在正面投影上左、右两圆是圆环面上平行于 V 面的 A、B 两素线圆的投影（区分前、后半环表面的外形轮廓线），侧面投影上两圆是圆环面上平行于 W 面的 C、D 两素线圆的投影（区分左、右半环表面的外形轮廓线），水平投影上画出最大和最小圆（区分上、下半环表面的外形轮廓线），正面投影和侧面投影上的顶、底两直线是环面的最高、最低圆的投影（区分内、外环表面的外形轮廓线），水平投影上还要画出中心圆的投影。

（2）环面上取点 如图 4-6c 所示，已知环面上点 M 的正面投影 m'，可过点 M 作平行于水平面（垂直于环面轴线）的辅助圆，求出 m 和 m''。

在机器零件上也常见到内环面，如图 4-7 是汽车发动机上的气门阀杆，其表面就有圆弧旋转形成的内环面。

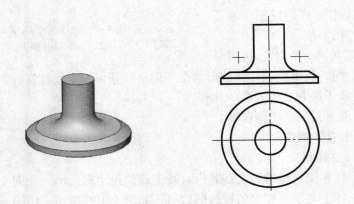

图 4-7 气门阀杆的投影

图 4-8 所示是工程上常见的各种不完整的曲面体，应该熟悉它们的投影。

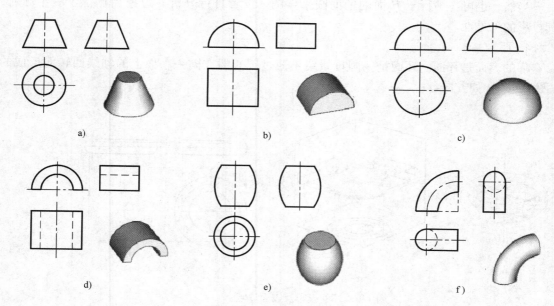

图 4-8　不完整的曲面体

a）圆锥台　b）半圆柱　c）半球　d）半圆筒　e）鼓形回转体　f）四分之一圆环面

4.2　平面与立体相交

在工程上常常会遇到平面与立体相交的情形。例如，车刀的刀头是由一个四棱柱被四个
平面切割而成的（图 4-9a）；铣床上
的尾座顶尖，是由两回转体被平面切
割而成的（图 4-9b）。平面与立体表面
相交的交线称为截交线，平面称为截
平面。在画图时，为了清楚地表达它
们的形状，必须画出交线的投影。本
节将讨论交线的作图方法。

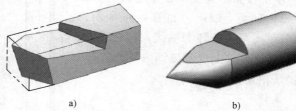

图 4-9　立体与平面相交

a）车刀　b）顶尖

立体被平面截切时，立体形状和
截平面相对位置不同，所形成截交线的形状也不同。但任何截交线都具有以下性质：

1）截交线是截平面和立体表面的共有线。

2）截交线一般是封闭的平面图形。

4.2.1　平面与平面立体相交

1. 平面与平面立体相交

平面与平面立体相交所得的截交线是由直线组成的封闭多边形，如图 4-10a 所示。多边
形的边数取决于立体上与平面相交的棱线的数目，如图 4-10b 所示，用同一平面按不同位置
切割立方体时，其截交线可以是三边形、四边形、五边形或六边形。

根据截交线的性质，求截交线可归结为求截平面与立体表面的共有点、线的问题。由于

物体上绝大多数的截平面是特殊位置平面，因此可利用积聚性作出其共有点、线。

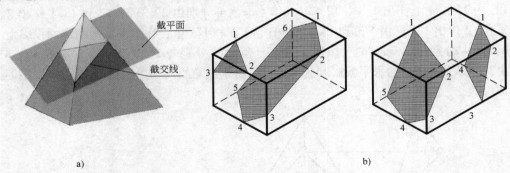

图 4-10　截交线与截平面

【例 4-1】　完成截切后的三棱锥投影（图 4-11）。

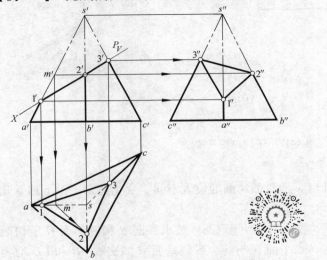

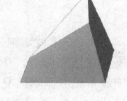

图 4-11　平面截切三棱锥

分析：图 4-11 为三棱锥 $S\text{-}ABC$ 被正垂面 P 所截切，由于 P_V 具有积聚性，所以交线的正面投影与 P_V 重影。

作图：

1）P_V 与 $s'a'$、$s'b'$、$s'c'$ 的交点 $1'$、$2'$、$3'$ 为截平面与各棱线的交点 Ⅰ、Ⅱ、Ⅲ 的正面投影。

2）根据线上取点的方法作出其水平投影 1、2、3 及侧面投影 $1''$、$2''$、$3''$。

3）连接各点的同面投影即得截交线的三个投影。

【例 4-2】　完成带缺口的三棱锥的投影（图 4-12）。

分析：图 4-12 为一带切口的三棱锥，切口由水平截面和正垂截面组成，切口的正面投影有积聚性。水平截面与三棱锥的底面平行，因此它与 △SAB 棱面的交线 ⅠⅡ 必平行于底边 AB，与 △SAC 棱面的交线 ⅠⅢ 必平行于底边 AC，正垂截面分别与 △SAB、△SAC 棱面交于 ⅡⅣ 和 ⅢⅣ。由于组成切口的两个截面都垂直于正投影面，所以两截面的交线 ⅡⅢ 一定是正垂线，画出这些交线的投影即完成切口的水平投影和侧面投影。

作图：

1）由 1′ 在 sa 上作出 1，由 12 // ab、13 // ac，再分别由 2′、3′ 在 12 和 13 上作出 2、3。由 1′2′ 和 12 作出 1″2″，由 1′3′ 和 13 作出 1″3″。1″2″ 和 1″3″ 重合在水平截面的侧面投影上。

2）由 4′ 分别在 sa 和 s″a″ 上作出 4 和 4″，然后再分别与 2、3 和 2″、3″ 连成 42、43 和 4″2″、4″3″，即完成切口的水平投影和侧面投影。特别注意组成切口两截面交线的水平投影 23 应连成虚线。

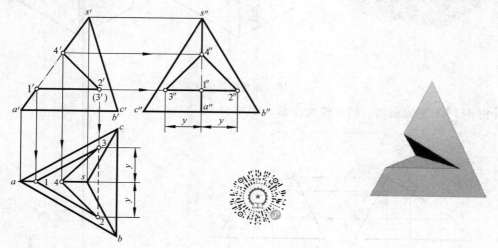

图 4-12　带缺口的三棱锥

2. 平面立体被切割，开槽与穿孔

平面立体被切割、开槽与穿孔时，随着截切面的位置不同，变化甚多。以下列举几个在零件中最常见的基本情况。

1）图 4-13a 所示四棱柱的前后棱面 P 均为侧垂面，被水平面 R 和侧平面 Q 所切割，先作出切割后的正面投影和侧面投影。水平面 R 与前、后侧垂面 P 的交线 AB 和 CD 均为侧垂线，应先找出其在侧面投影——点 a″(b″) 和 (c″)d″，再按宽相等的投影规律，作出交线的水平投影 ab 和 cd。

图 4-13b 为同样的四棱柱被正垂面 S 所斜切，由于平面 S 和 P 的正面投影和侧面投影具

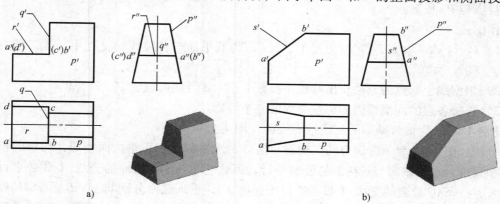

a)　　　　　　　　　　　　　　　　　b)

图 4-13　四棱柱体被切割

有重影性，因此它们的交线 AB（一般位置线）的正面投影 $a'b'$ 和侧面投影 $a''b''$ 分别与 s' 和 p'' 重影。按投影规律便能作出该交线水平投影 ab。

　　如切割的部位从四棱柱的左上方移到中上方，如图 4-14a 所示，则习惯上称之为开槽。如切割部位移到四棱柱的中部，如图 4-14b 所示，则习惯上称之为穿孔。其交线的求法与图 4-13a所述基本相同，请读者自行分析。

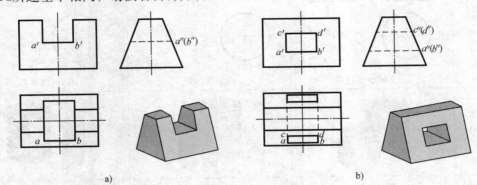

图 4-14　开槽与穿孔

　　2）图 4-15 为零件的应用实例——垫块的形体分析图。图 4-15a 表示该垫块是由上部的四棱锥台和下部的长方块叠加而成，在长方块下部左、右被切割后而形成燕尾形凸块的投影。图 4-15b 表示四棱锥台中部开槽后的投影（作图方法与图 4-14a 相同），从而完成该垫块的三个投影。

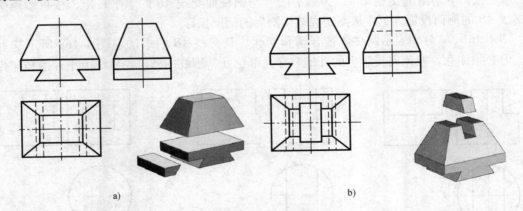

图 4-15　垫块的形体分析

　　模型制作：用泡沫等材料做出三棱、四棱、五棱的柱和锥，并进行切割，使截面为三角形、四边形、五边形、六边形等，或进行多次切割，观察截面形状，并徒手绘图图示之。

4.2.2　平面与曲面立体相交

　　平面与曲面立体相交，所得截交线是平面曲线或平面曲线与直线的封闭图形，特殊情况为直线的封闭图形。

　　1. 平面与圆柱相交

　　（1）交线分析　平面与圆柱相交时，根据平面对圆柱轴线的位置不同，其截交线有三种情形：圆、椭圆和两平行直线，见表 4-1。

表 4-1　平面与圆柱相交的各种情形

截平面位置	与轴线垂直	与轴线倾斜	与轴线平行
空间形状			
与圆柱表面交线形状	圆	椭圆	两平行直线

（2）应用实例

1）圆柱被与圆柱轴线平行的平面截切。图 4-16a 所示圆柱体的左、右被切割，先作出切割后的正面投影，再作出水平投影，最后通过水平投影与正面投影求出侧面投影。侧平面 P 的水平投影 p 与圆的交点 $a(b)$ 为截平面 P 与圆柱面交线 AB 的水平投影，按投影规律作出交线 AB 的侧面投影 $a''b''$，从而完成被切割后的侧面投影。

图 4-16b、c 分别表示圆柱体被开槽和穿孔，其交线 AB 的求法与图 4-16a 所示基本相同，但必须注意，在侧面投影上的开槽与穿孔部位处，圆柱的外形轮廓线由于开槽和穿孔而

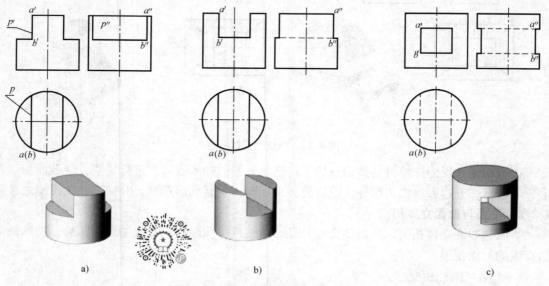

图 4-16　圆柱体被切割、开槽与穿孔
a）切割　b）开槽　c）穿孔

不存在了。

图 4-17a、b、c 分别表示空心圆柱体被切割、开槽和穿孔后的三面投影画法。作图时应分别作出切割平面与圆柱外表面及内圆柱表面（即圆柱孔）的交线 AB 及 CD 的投影，其作法与图 4-16 相似，读者可在图 4-17 上对照直观图仔细分析其内、外圆柱面上的交线求法，以及在侧面投影上圆柱的外形轮廓线的存在与否问题。

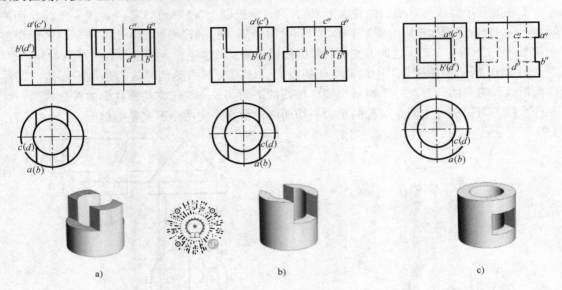

图 4-17　空心圆柱体被切割、开槽与穿孔

2）圆柱被与圆柱轴线倾斜的平面截切。图 4-18a 所示为圆柱被正垂面截切，由于平面与圆柱的轴线斜交，因此截交线为一椭圆。截交线的正面投影积聚为一直线，水平投影与圆柱面的投影（圆）重影，其侧面投影可根据投影规律和圆柱面上取点的方法求出。具体作图步骤如下：

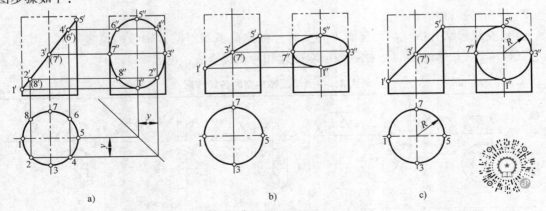

图 4-18　平面与圆柱相交

第一步，先作出截交线上的特殊点。对于椭圆首先要找出长短轴的四个端点。长轴的端点 I、V 是截交线的最低点和最高点，位于圆柱面的最左最右两素线上。短轴的端点 III、VII 是截交线的最前点和最后点，分别位于圆柱面的最前最后素线上。这些点的水平投影是 1、

5、3、7，正面投影 1′、5′、3′、7′，根据投影规律作出侧面投影 1″、5″、3″、7″，根据这些特殊点即可确定截交线的大致范围。

第二步，再作出适当数量的一般点，如 Ⅱ、Ⅳ、Ⅵ、Ⅷ 等点的各个投影，在侧面投影上为 2″、4″、6″、8″。

第三步，将这些点的投影依次光滑地连接起来，就得到截交线的投影。

上述的截平面如与 H 面的倾角大于 45°，则侧面投影上 1″5″大于 3″7″。如截平面对 H 面的倾角小于 45°，则侧面投影上 1″5″小于 3″7″，这时形成的椭圆投影如图 4-18b 所示。若倾角等于 45°，则 1″5″等于 3″7″，这时截交线的侧面投影为圆，其半径即为圆柱面半径（图 4-18c）。

图 4-19 所示为冲模切刀上的截交线的投影。切刀头部的形状可认为是由平面截切圆柱面而形成。刀头的前部被一个平行于圆柱轴线的平面切去一块，它与圆柱面的截交线为一对平行直线。刀刃部分由两个对称的平面斜切而成，截交线为两个不完整的椭圆。

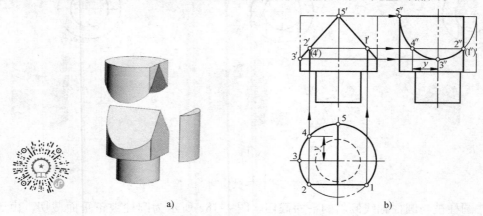

a)　　　　　　　　　　　　　　　　　　b)

图 4-19　冲模切刀的截交线

模型制作：①制作一个烟囱"拐脖的外形"；②制作图 4-16 所示的三个模型，并试着图示切掉的部分。

2. 平面与圆锥相交

（1）交线形状分析　平面与圆锥相交时，根据截平面对圆锥轴线的位置不同，其截交线有五种情形——圆、椭圆、抛物线、双曲线和两相交直线，见表 4-2。

表 4-2　平面与圆锥相交的各种情形

截 平 面 位 置				
	当 α<γ 时	当 α=γ 时	当 α>γ 时	
空 间 形 状				
交线名称	圆	椭圆	抛物线	双曲线	两相交直线

（2）交线求法　图 4-20 为一直立圆锥被正垂面截切。该截平面倾斜于圆锥轴线，且圆锥素线与 H 面的倾角大于截平面对 H 面的倾角，因此截交线为椭圆。由于圆锥前后对称，所以此椭圆也一定前后对称，椭圆的长轴就是截平面与圆锥前后对称面的交线（正平线），其端点在最左、最右素线上；而短轴则是通过长轴中点的正垂线。截交线的正面投影积聚为一条直线，其水平投影和侧面投影通常为一个椭圆。它的作图步骤如下：

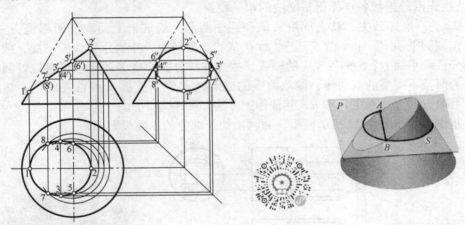

图 4-20　正垂面与圆锥相交

1）先求出截交线上的特殊点。在截交线和圆锥面最左、最右素线正面投影的交点处作出 1′、2′，由 1′、2′可求出 1、2 和 1″、2″。1′、2′，1、2 和 1″、2″就是空间椭圆长轴的三面投影。

取 1′2′的中点，即为空间椭圆短轴有积聚性的正面投影 3′（4′）。过 3′（4′）按圆锥面上取点的方法作辅助水平圆，作出该水平圆的水平投影，由 3′、（4′）在其上求得 3、4，再由此求得 3″、4″，3′、4′，3、4 以及 3″、4″即为空间椭圆短轴的三面投影。

取对正面投影重影的 V、VI 点，即先在截交线的正面投影上定出 5′、6′，作水平辅助圆，求出 5、6，并由此求得 5″、（6″）（特别注意由于 V 和 VI 是最前和最后素线上的点，因此 5″、6″是截交线侧面投影与圆锥面侧面投影转向轮廓线的切点）。

2）再作适当数量的一般点。为了准确地画出截交线，再在上半椭圆和下半椭圆上，取对正面投影重影的 VII、VIII 点。即先在截交线的正面投影上定出 7′、8′，再作水平辅助圆，求出 7、8，并由此求得 7″、8″。

3）依此连接各点即得截交线的水平投影与侧面投影。由图 4-20 可见，1、2、3、4 分别为水平投影椭圆的长、短轴；3″、4″，1″、2″分别为侧面投影椭圆的长、短轴。

图 4-21 所示为一呈水平轴的圆锥被一水平面所截切。由于截平面平行于圆锥轴线，所以截交线为双曲线。它的正面投影与侧面投影均积聚为一直线。其水平投影作图步骤如下：

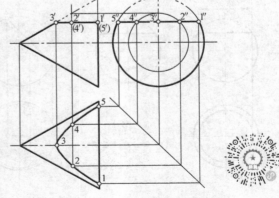

图 4-21　平面与圆锥相交

1）先作出截交线上的特殊点。最左点Ⅲ的水平投影3可由正面投影3′直接求出，最右点Ⅰ、Ⅴ在圆锥底圆上，可由侧面投影1″、5″根据投影规律作出水平投影1、5。

2）再作出一般点。Ⅱ、Ⅳ是截交线上任意两点，正面投影为2′、（4′），根据圆锥面上取点的方法作辅助圆（也可过锥顶S作辅助直线），在侧面投影上求出2″、4″，然后根据两投影求出水平投影2、4。同理，可作出其他一般点。

3）依次光滑地连接各点即得截交线的水平投影。

图4-22为一磨床顶尖，其头部由圆锥和圆柱两部分组成，上面和前面都铣去一部分，可分别看作被侧平面P、水平面S、正平面Q截切。截平面P垂直于顶尖的轴线，截交线是圆的一部分；截平面Q、S平行顶尖的轴线，故圆柱部分截交线为两条平行直线，圆锥部分的截交线为两条不完整的双曲线，两双曲线的交点A的侧面投影a″可首先确定，然后可根据圆锥面上取点的方法确定a′和a，其他作图方法如图4-22所示。

模型制作：制作图4-22所示模型，并画出切掉部分的三面投影图。

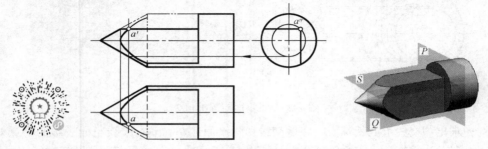

图4-22　磨床顶尖的截交线

3. 平面与球相交

（1）交线分析　球被截平面截切后所得的截交线都是圆。如果截平面是投影面平行面，在该投影面上的投影为圆的实形，另两投影积聚成直线，长度等于截交圆的直径，如图4-23a所示。如果截平面是投影面垂直面，截交线在该投影面上的投影积聚为一直线，另两投影均为椭圆。

（2）交线求法　图4-23a所示为球被水平面截切，截交线的正面投影和侧面投影均积聚为直线，其长度等于截交圆的直径，水平投影为圆。

图4-23b所示为球被正垂面截切，截交线的正面投影积聚为直线，且等于截交圆的直

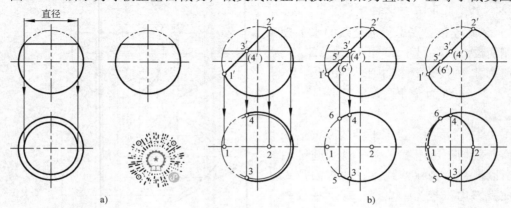

图4-23　正垂面与球相交

径，水平投影为椭圆，它的作图步骤如下：

1）确定椭圆长短轴的端点 1、2、3、4。在正面投影上作出 1′、2′ 两点，在其中点作出 3′、（4′）两点。由于Ⅰ、Ⅱ两点在球面平行于 V 面的最大圆上，由 1′、2′ 点即可求出 1、2 两点。过Ⅲ、Ⅳ两点在球面上作辅助水平圆，即可得 3、4 两点。

2）确定截交线水平投影与轮廓线的交点 5、6。由于Ⅴ、Ⅵ两点在球面平行于 H 面的最大圆上，由此找出 5′（6′）两点，由 5′、（6′）即可求出水平投影 5、6。

3）根据长轴 34 和短轴 12 画出椭圆，5、6 应在椭圆上。

（3）应用实例 图 4-24 所示为半圆头螺钉的头部，是半球用两个以轴线为对称线的侧平面及一个水平面切割而成的。求截交线时，应先作出三面都积聚的正面投影，然后根据正面投影找出截交圆弧半径，完成其他投影。

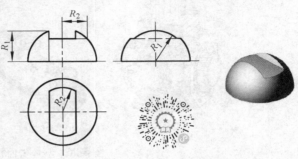

图 4-24 半圆头螺钉头部

4. 平面与组合回转体相交

组合回转体是由若干基本回转体组成的。作图时首先要分析各部分的曲面性质，然后按照它的几何特性确定其截交线形状，再分别作出其投影。

图 4-25 所示为一连杆头，它的表面由轴线为侧垂线的圆柱面、圆锥面和球面组成，前后各被正平面截切，球面部分的截交线为圆；圆锥面部分的截交线为双曲线；圆柱面部分未被截切。作图时先要在图上确定球面与圆锥面的分界线。从球心 o′ 作圆锥面正面外形轮廓线的垂线得交点 a′、b′，连线 a′b′ 即为球面与圆锥面的分界

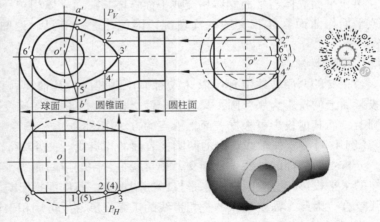

图 4-25 平面与组合回转体（连杆头）的截交线

线，以 o′6′ 为半径作圆，即为球面的截交线，该圆与 a′b′ 线相交于 1′、5′ 点，此即截交线上圆与双曲线的结合点，然后按照图 4-21 画出圆锥面上的截交线，即完成连杆头的正面投影。

模型制作：制作图 4-24 所示的实物模型，并画出切去部分实体的三面投影图，比较与图 4-24 的异同处。

观察与思考：观察图 4-24、图 4-25 的截交线，分析其构成与形状，图示切去部分。

4.3 立体与立体相交

物体上常常会出现立体相交的情形，如图 4-26a 所示的油泵，外壳有两平面立体的交线

（箭头所示）；图 4-26b 是汽车上刹车总泵泵体的外形，是由几个不同方向的圆柱体相交而成的；图 4-26c 是通风管的交叉处，是由两个圆锥与圆柱相交而成的。这就要求在画图时能够正确画出这些立体交线的投影，这一节将系统讨论立体与立体相交交线的求法。

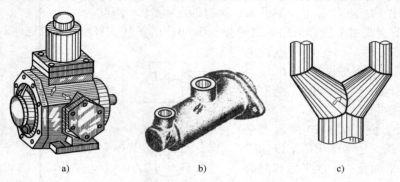

a)　　　　　　　　　　　b)　　　　　　　　　　c)

图 4-26　立体表面相交实例

在学习这一节时，要着重注意下列两个问题：

1）注意观察各种常见的立体的相交实例，了解交线的形状和趋势，增加对交线的感性认识。

2）要掌握求交线的基本方法——辅助平面法。

由于平面立体与平面立体相交或平面立体与曲面立体相交，都可以理解为平面与平面立体或平面与曲面立体相交的截交情况，因此，这一节只讨论曲面立体与曲面立体相交的情况。

1. 积聚性法

当相交的两回转体中有一个（或两个）圆柱面，其轴线垂直于投影面时，则圆柱面在该投影面上的投影为一个圆，具有积聚性，相贯线上的点在该投影面上的投影也一定积聚在该圆上，而其他投影可根据表面上取点的方法作出。

【例 4-3】　求作轴线正交的两圆柱表面的相贯线（图 4-27a）。

分析：两圆柱的轴线垂直相交，相贯线是封闭的空间曲线，且前后对称、左右对称。相贯线的水平投影与直立圆柱面水平投影的圆重合，其侧面投影与水平圆柱面侧面投影的一段圆弧重合。因此，需要求作的是相贯线的正面投影，故可用积聚性和取点、线法作图。

作图（图 4-27b）：

（1）求特殊点（如点 A、B、C、D）　由于两圆柱的正面投影转向轮廓线处于同一正平面上，故可直接求得 A、B 两点的投影。点 A 和 B 是相贯线的最高点（也是最左和最右点），其正面投影为两圆柱面转向轮廓线的正面投影的交点 a' 和 b'。点 C 和 D 是相贯线的最前点和最后点（也是最低点），其侧面投影为直立圆柱面的侧面转向轮廓线的侧面投影与水平圆柱的侧面投影圆的交点 c'' 和 d''。而水平投影 a、b、c 和 d 均在直立圆柱面的水平投影的圆上。由 c、d 和 c''、d'' 即可求得正面投影上的 c' 和（d'）。

（2）求一般点（如点 Ⅰ、Ⅱ）　先在相贯线的侧面投影上取 $1''$ 和（$2''$），过点 Ⅰ、Ⅱ 分别作两圆柱的素线，由交点定出水平投影 1 和 2。再按投影关系求出 $1'$ 和 $2'$（也可用辅助平面法求一般点）。

（3）判别可见性　按水平投影各点顺序，将相贯线的正面投影依次连成光滑曲线。因前后对称相贯线正面投影的不可见部分与可见部分重影，相贯线的水平投影和侧面投影都积聚在圆上。

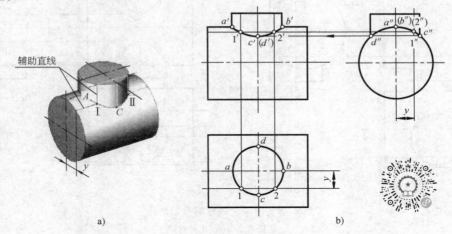

图 4-27　圆柱与圆柱正交

2. 辅助平面法

两曲面体相交，它们的交线一般为光滑的空间曲线。曲线上每一点都是两个曲面的共有点。求共有点的一般方法是利用辅助平面法，如图 4-28 所示。具体作图步骤如下：

1）作一辅助平面 P，使其与两已知曲面体相交。

2）分别作出辅助平面与两已知曲面体的交线。

3）两交线的交点，即为两曲面体的共有点，也就是所求两曲面体交线上的点。

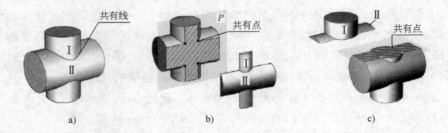

图 4-28　求共有点的方法——辅助平面法

在图 4-28 中采用了两种不同位置的辅助平面。一种是正平面，它与两个圆柱的交线都是平行直线（图 4-28b）；另一种是水平面，它与圆柱 Ⅰ 的交线是圆，与圆柱 Ⅱ 的交线是平行直线（图 4-28c）。

为使作图简化，选择辅助平面的原则是：要使辅助平面与两曲面体的交线的投影都是简单易画的图形，例如直线或圆。

【例 4-4】　求两偏交圆柱的交线（图 4-29）。

分析：因为两圆柱面的轴线分别垂直于水平面和侧面，而交线是两圆柱面的共有线，所以交线的水平投影和侧面投影可以利用积聚性在图上直接找到。交线的水平投影积聚在小圆柱的水平投影圆周上，交线的侧面投影积聚在大圆柱的侧面投影圆弧上（即在小圆柱轮廓线之间的一段圆弧）。

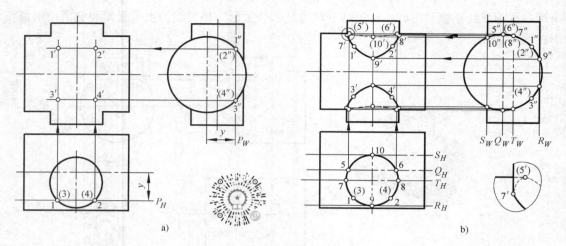

a)   b)

图 4-29　两偏交圆柱的投影画法
a）求共有点　b）求特殊点

作图：

求交线上的共有点：如图 4-29a 所示，为了求出交线上的点 1′、2′、3′、4′，可以选用正平面 P 作辅助平面，作图步骤如下：

1）在水平投影和侧面投影中，作正平面 P 的迹线 P_H 和 P_W。

2）求出平面 P 与小圆柱的交线，它的正面投影是两平行直线；再求出平面 P 与大圆柱的交线，它的正面投影也是两平行直线。P 与两圆柱交线的交点 1′、2′、3′、4′ 即为所求交线上点的正面投影。

求交线上的特殊点：因为交线的水平投影积聚在圆周上，侧面投影积聚在大圆周上，所以特殊点可以根据水平投影和侧面投影直接定出。例如，上面一条交线的最高点的侧面投影是点 5″、(6″)，最低点的侧面投影是点 9″、10″。通过点 5″、(6″) 和 9″、10″ 分别作平行于正面的辅助平面 Q、R、S 与两圆柱相交，就可以求出它们相应的正面投影。

此外，最左点和最右点的水平投影是点 7 和点 8。通过点 7、8 作平行于正面的辅助平面 T 与两圆柱相交，就可以求出它们的正面投影 7′、8′。

判断交线的可见性：点 7′ 和点 8′ 也是交线正面投影的可见与不可见的分界点。因为直立圆柱的轴线在水平圆柱的轴线前面，所以从前往后看，只有直立圆柱的前半部分与水平圆柱的交线才是可见的，即只有当两曲面都可见时，它们的交线才可见。

绘制交线：用曲线板把上述各点光滑连接起来，即得所求两圆柱交线的正面投影。因为点 (5′) 和 (6′) 也是位于水平圆柱的轮廓线上的点，所以曲线应当在这两点与水平圆柱的轮廓线相切。同理，点 7′ 和 8′ 是位于直立圆柱轮廓线上的点，所以曲线应当在这两点与直立圆柱的轮廓线相切（图 4-29b 右下方的局部放大图）。

因为两圆柱相交后成为一个整体，所以水平圆柱的正面轮廓线在点 (5′) 和 (6′) 之间应该没有线。同时根据水平投影看出：水平圆柱的正面轮廓线位于直立圆柱正面轮廓线之后，所以水平圆柱的正面轮廓线在点 (5′) 和 (6′) 附近有一小段线是不可见的。

讨论：

（1）两圆柱正交　两圆柱轴线垂直相交，是机器零件上最常遇到的情况，它的交线形状和特殊点，读者必须对它十分熟悉。在实际作图中，当两圆柱的直径差别较大，并且对交线形状的准确度要求不高时，允许采用近似画法，用大圆柱的半径作圆弧来代替交线，如图 4-30 所示。

（2）交线的产生　交线可以由下列三种情形相交产生：两实心圆柱相交（图 4-31a）；一实心圆柱与一空心圆柱相交（图 4-31b）；两空心圆柱相交（图 4-31c）。

虽然从现象看，有的是圆柱（实心），有的是圆孔（空心圆柱），但它们都是圆柱面。这些圆柱面有的表现为外表面，有的表现为内表面。不管其表面形式如何，只要有两个圆柱面相交，就一定有交线产生。图 4-31c 的正面投影是假想用一正平面 A—A 把零件剖开后画出的投影图。

将图 4-31 中三种情形进行比较，可以

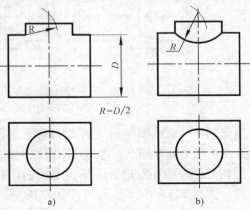

图 4-30　两圆柱正交时交线的近似画法
a）找圆心　b）作圆弧

看出：虽然有内、外表面的不同，但由于相交的基本性质（表面形状、直径大小、轴线相对位置）不变，因此在每个图上，交线的形状和特殊点是完全相同的。

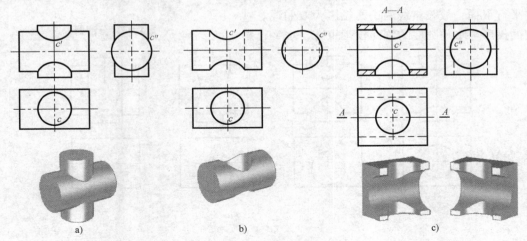

图 4-31　产生交线的三种情形
a）两实心圆柱相交　b）实心圆柱与空心圆柱相交　c）两空心圆柱相交

（3）交线的变化　从图 4-32a、b 可以看出，当两圆柱正交时，若小圆柱逐渐变大，则交线的弯曲程度越大，但这时交线的性质没有改变，还是两条空间曲线，它们的正面投影仍是曲线，只是发生一些量变罢了。但是当两圆柱的直径相等时，却由量变引起质变，这时交线从两条空间曲线变为两条平面曲线（椭圆），它们的正面投影成为两条直线（图 4-32c）。

这种情况在管接头及液压元件上很常见，图 4-33 所示是液压油路中的一个分油器，在它内部钻了三个直径相同的孔，其中两个前后方向的孔与左右方向的孔垂直相交，所得的交线在俯视图上都投影成为直线。俯视图是假想用一水平面 A—A 把分油器剖开后画出的，因此各孔的投影都变成直线。

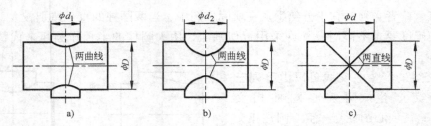

图 4-32　两圆柱正交时直径不同引起的交线变化过程

a) $D > d_1$　b) $D > d_2 > d_1$　c) $D = d$

　　模型制作：制作图 4-31 所示的模型，进行交线
验证，说明三图的异同点，可使用微型机床制作。

　　两相交圆柱的相对位置不同，交线的形状也随
之而异。图 4-34a ~ d 所示为当两圆柱的轴线由垂
直相交逐渐分开时，交线从两条空间曲线逐渐变为
一条空间曲线的情况。这种情况在零件上常能遇
到，读者应该在学习过程中逐步熟悉。

　　两圆柱除了正交和偏交以外，还有一种情
况——斜交。图 4-35a 为两正圆柱斜交，其公共对
称面平行 V 面，故相贯线的正面投影为双曲线。它
的侧面投影与水平圆柱的侧面投影重合，水平投影

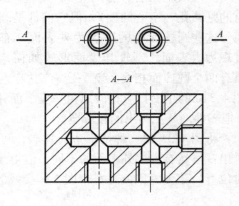

图 4-33　分油器

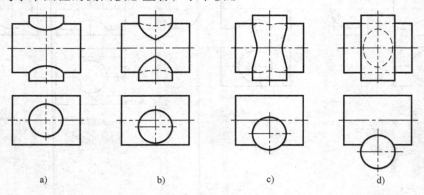

图 4-34　两圆柱由正交变偏交时交线的变化过程

为四次曲线。选择与两轴线平行的正平面作为辅助平面，则该平面与两立体的截交线均为直
线。其作图步骤如图 4-35b 所示。

　　1）求特殊点。从侧面投影可知，Ⅰ、Ⅶ 为最高点，Ⅱ、Ⅺ 为最低点，从正面投影可
知，Ⅶ 为最左点，Ⅱ 为最右点，它们都是两圆柱面上正面转向素线的交点，可直接求出。水
平圆柱的最前和最后素线与斜置圆柱面的交点即为最前点 Ⅸ、Ⅲ，最后点 Ⅻ、Ⅳ，这四个
点可通过作辅助平面 Q 求出。

　　2）求一般点。以正平面 P 作为辅助平面，它与水平圆柱面相交为两条平行直线，这两
直线在侧面投影上重影为两点，即 8″(5″)、10″(6″)，P 与斜置圆柱面相交也为两条平行直
线，为了使作图正确，可用换面法求出斜置圆柱面在 H_1 面上的投影，它为一具有重影性的

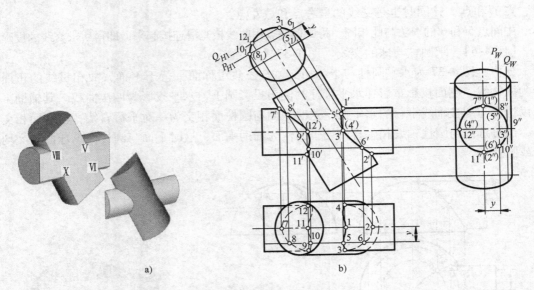

图 4-35　两圆柱斜交

圆，然后根据 y 坐标求出 P_m。与圆的交点即可确定 P 与斜置圆柱相交的一对平行直线的位置。这两组平行直线在正面投影上分别相交为 $5'$、$6'$、$8'$、$10'$，此即为共有点 V、VI、VIII、X 的正面投影，由此可求出其水平投影 5、6、8、10。

3）顺次连接各点即得相贯线的各个投影，水平投影中只有 4—1—5—3 是可见的，其余均为不可见。

【例 4-5】　图 4-36 所示是一弯管的外形，它由一圆柱与圆环相交而成。求作外表面交线的投影（投影图中未画内表面及其相贯线，读者可自己分析解答）。

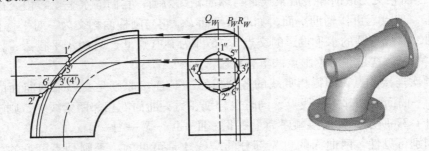

图 4-36　柱面与环面相交

分析：因为圆柱的轴线垂直于侧面，所以交线的侧面投影重影在圆上。同时，因为两曲面具有平行于正面的公共对称面，所以交线在空间是前后对称的，它的正面投影重合成一条曲线。

从所给情况分析，采用一系列与圆环轴线垂直的正平面作为辅助面最方便，因为它与圆环的交线是圆，与圆柱面的交线是两直线，都是简单易画的图形。而用水平面或侧平面作辅助平面都不好，因为它们与圆环的交线是复杂曲线。

作图：先求特殊点的投影。由于交线的侧面投影重影在圆上，所以它的最高点、最低点和最前点、最后点的侧面投影 $1''$、$2''$ 和 $3''$、$4''$ 可以直接找出。通过这些点分别作平行于正面的辅助平面 Q 和 R 与圆柱和圆环相交，就可以求出它们的正面投影 $1'$、$2'$ 和 $3'$、$4'$。可以看出，点 1′和点 2′，同时也是交线的最右点和最左点。

中间点 5′和 6′的求法与此相同。将所得各点用曲线板光滑连接起来，即得所求交线的投影。

【例 4-6】 求圆柱与球的交线（图 4-37）

分析：图 4-37 为水平圆柱与半球相交，其公共对称面平行于 V 面，故相贯线的正面投影为抛物线，侧面投影重影在水平圆柱的侧面投影圆上，水平投影为四次曲线。其辅助平面可以选择与圆柱轴线平行的水平面，这时平面与圆柱面相交为一对平行直线，与球面相交为圆，也可选择与圆柱轴线相垂直的侧平面作为辅助平面，这时平面与圆柱面、球面相交均为圆或圆弧。

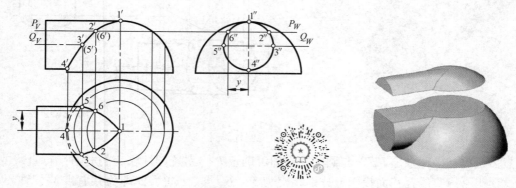

图 4-37　水平圆柱与半球相交

作图：

（1）求特殊点　Ⅰ、Ⅳ为最高点和最低点，也是最右点和最左点，可以直接求出。Ⅲ、Ⅴ为最前点和最后点，也是水平投影可见不可见的分界点，可过圆柱面轴线作辅助水平面 Q，则与圆柱面相交为最前和最后素线，与球面相交为圆，它们的水平投影相交在 3、5 点。

（2）求一般点　可作辅助平面，如取水平面 P，它与圆柱面相交为一对平行直线，与球面相交为圆，直线与圆的水平投影的交点 2、6 即为共有点 Ⅱ、Ⅵ的水平投影，由此可求出正面投影 2′、6′，这是一对重影点的重合投影。

（3）顺次连接各点，即得相贯线的各个投影　其连接原则是：如果两曲面的两个共有点分别位于一曲面的相邻两素线上，同时也分别在另一曲面的相邻两素线上，则这两点才能相连。如图 4-37 所示，其连接顺序为 Ⅰ—Ⅱ—Ⅲ—Ⅳ—Ⅴ—Ⅵ—Ⅰ。

（4）判别可见性　两曲面的可见部分的交线才是可见的，否则是不可见的。Ⅲ—Ⅳ—Ⅴ在圆柱面的下半部分，其水平投影为不可见，3—4—5 画虚线，其余线段画成实线。

球柱相交相贯线的变化情况如图 4-38 所示。

图 4-39a 所示为圆柱与圆锥偏交，相贯线的水平投影与圆柱的水平投影圆重影，其正面投影为四次曲线。其辅助平面可选择过锥顶的铅垂面，也可选择垂直轴线的水平面，它们与两曲面的交线及其投影均为圆或直线。其作图步骤如下：

1）两曲面的底圆都在 H 面上，它们的交点 Ⅰ、Ⅱ 为最低点，可以直接在图上作出。

2）作水平辅助面 T，截切两曲面的交线为两圆，它们的水平投影的交点 3、4 即为共有点 Ⅲ、Ⅳ的水平投影，由此可求出 3′、4′。

3）当水平辅助面与圆锥截切到的圆和与圆柱面截切到的圆相切时，这时辅助平面的高

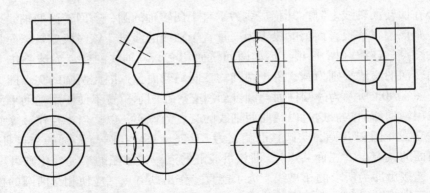

图 4-38　球柱相交相贯线的变化情况

度是最高位置，因此 Ⅴ 是最高点，水平投影 5 为两圆的切点，由圆锥表面上取点的方法求出正面投影 5′。该点投影也可过圆柱轴线与锥顶 S 作辅助铅垂面 P 求出。

　　4）圆柱面的最右素线与圆锥表面的交点 Ⅵ，其水平投影 6 可直接作出，其正面投影 6′可通过作辅助平面 Q 求出。

　　5）圆锥面的最右素线与圆柱表面的交点 Ⅶ，可作过锥顶 S 的正平面 R 作为辅助面求出，它是正面投影上相贯线的投影与圆锥转向轮廓线的切点。

　　6）顺次连接各点即得相贯线的投影。

　　如将圆柱取去，相当于在圆锥上挖一圆柱面槽，其投影如图 4-39b 所示。原来相贯线的不可见部分投影 2′—4′—8′—5′—7′—6′成为可见轮廓线的投影。

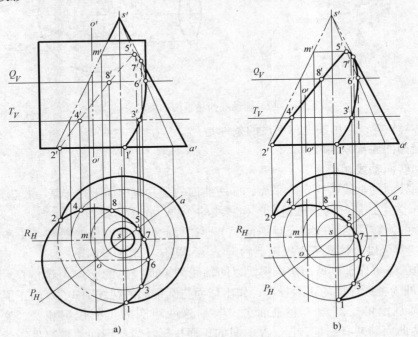

图 4-39　圆柱与圆锥偏交

　　3. 辅助球面法求作相贯线

　　辅助球面法是应用球面作为辅助面。应用辅助球面法的基本原理为：当球与回转面相交，且球心在回转面轴线上时，其相贯线为垂直于回转轴的圆，若回转面的轴线平行于某一投影面时，则该圆在该投影面上的投影为一垂直于轴线的线段，该线段就是球面与回转面投影轮廓线的交点的连线（图4-40c）。如两回转面相交，以轴线的交点为球心作一球面，则球面与两回转面的交线分别为圆，由于两圆均在同一球面上，因此两圆的交点即为两回转面的共有点。图4-40a所示为一圆柱面与圆锥面斜交。在图示位置不便于用辅助平面法求共有点，而可采用辅助球面法。这时以两曲面轴线的交点为球心，以适当半径作一球面，该球面与圆锥面相交为 A 圆和 B 圆，与圆柱面相交为 C 圆。A 圆、B 圆与 C 圆的交点Ⅲ、Ⅳ、Ⅴ、Ⅵ即为两曲面的共有点（三面共点），即相贯线上的点。如球面的半径变化则可求出一系列的共有点，连接后即为所求的相贯线。为了能直接作出共有点，应使相交两圆的投影均为直线，因此两回转面轴线所决定的平面，即它们的公共对称面应平行于某一投影面。

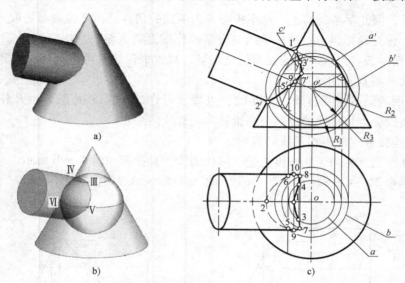

图4-40　辅助球面法求两曲面的交线

　　根据以上分析，应用辅助球面法的条件是：

1）相交两曲面都是回转面。

2）两回转面轴线相交。

3）两回转面的轴线所决定的平面，即两曲面的公共对称面平行于某一投影面。

　　图4-40c为上述圆柱与圆锥斜交时相贯线的作法。作图步骤如下：

　　1）由于两回转面的轴线相交且平行于 V 面，因此两曲面交线的最高点Ⅰ和最低点Ⅱ的正面投影 $1'$、$2'$可以直接从正面投影上确定。从而再作出水平投影1、2。

　　2）其他的点可作辅助球面法求得。以两轴线的正面投影的交点为球心 O，取适当半径 R_3 作圆，此即为辅助球面的正面投影，作出球面与圆锥面的交线圆 A、B 的正面投影 a'、b'以及球面与圆柱面的交线圆 C 的正面投影 c'，这两组圆的正面投影相交，交点 $3'(4')$、$5'(6')$即为两曲面的共有点Ⅲ、Ⅳ、Ⅴ、Ⅵ的正面投影。为使图面清楚起见，分别与 $3'$、$5'$重影的 $(4')$、$(6')$ 在图上没有标出。

　　3）再作若干不同半径的同心球面，可求出一系列的点。作图时，球半径应取在最大和最小辅助球半径之间，一般由球心投影到两曲面轮廓线交点中最远的一点 $2'$的距离 R_1 即为球面的最大半径。半径比这更大的辅助球面将得不到圆柱与圆锥的共有点。从球心投影向两曲面轮廓线作垂线，两垂线中较长的一个 R_2 就是球面的最小半径。半径比这更小的球面就和圆锥不相交。因此辅助球面半径 R 必须在 R_1、R_2 之间，即 $R_2 \leqslant R \leqslant R_1$。

4）共有点的水平投影可作相应的辅助水平圆求出。如图4-40中作过Ⅴ、Ⅵ点的水平圆的水平投影后即可求得5、6点。

5）依次光滑地连接各点，即得相贯线投影。正面投影为双曲线，水平投影为四次曲线。

6）判别可见性。由于水平投影上9、10是可见部分与不可见部分的分界点，因此左面部分的连线9—5—2—6—10画成虚线，其余均画成实线。

由此可见，应用辅助球面法可以在一个投影上完成相贯线在该投影面上投影的全部作图过程，因此这是它的独特优点。

圆锥与圆柱相交相贯线的变化情况如图4-41所示。

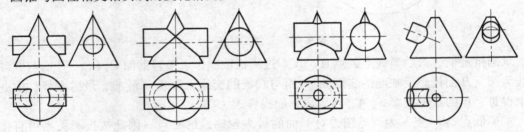

图4-41　圆锥与圆柱相交相贯线的变化情况

多个立体相交，其相贯线较复杂，它由两两立体间的各条相贯线组合而成。求解时，既要分别求出各条相贯线，又要求出各条相贯线的分界点。其求解步骤如下：

1）首先分析参与相交的立体是哪些基本体，是平面体还是曲面体，是内表面还是外表面，是完整立体，还是不完整立体，对于不完整的立体应想象成完整的立体。

2）分析哪些立体间有相交关系，并分析相贯线的形状、趋势、范围。

3）对于相交部分分别求出两两相贯线，以及各条相贯线的分界点（切点、交点），综合起来成为多体的组合相贯线。

【例4-7】　求图示三体相交的相贯线（图4-42）。

分析：图4-42所示为直立圆柱、半圆球及轴线为侧垂线的圆锥三体相交。其组合相贯线是圆柱与圆球的相贯线 A、圆柱与圆锥的相贯线 B、圆锥与圆球的相贯线 C 组合而成。这三条相贯线的共有点（结合点）为Ⅰ、Ⅱ。欲求出组合相贯线，应分别求出相贯线 A、B、C 以及它们的分界点。

作图：

1）求圆柱与圆球的相贯线 A。由于圆柱的轴线通过球心（共轴的两回转体），因此相贯线为一圆，且 V 面投影重影为水平直线 a'，H 面投影与圆柱面的投影重合为圆。

2）求圆柱与圆锥的相贯线 B。由于两回转体轴线正交，又同时平行于 V 面，且在水平投影中，圆柱与圆锥的轮廓线相切，即圆柱与圆锥同时内切于一个球面，因此相贯线为一椭圆，其正面投影为直线 b'，水平投影与圆柱面投影重合，相贯线 A 与 B 的分界点为Ⅰ、Ⅱ（$1'$ 与 $2'$ 重合）。

3）求圆锥与圆球的相贯线 C。由于圆锥与圆球轴线正交，且同时平行于 V 面，相贯线为一封闭的空间曲线，且前后对称，可选用水平辅助面求解。

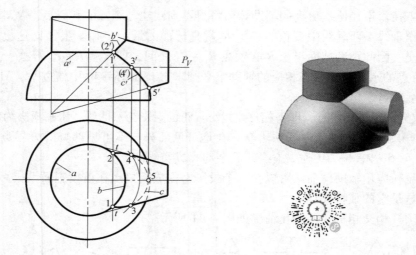

图 4-42　三体相贯（一）

　　求圆锥最前、最后素线上的点Ⅲ、Ⅳ。过圆锥轴线作水平辅助面 $P(P_V)$，P 面与圆球的交线为圆（H 面投影反映圆的实形）；P 面与圆锥的交线为圆锥的最前、最后素线，由此先可求得Ⅲ、Ⅳ的水平投影 3、4，再求出正面投影 3′、(4′)。

　　求最低点 Ⅴ。点Ⅴ为圆球圆锥对 V 面的最大轮廓线的交点，因此按投影关系可直接求出 5′、5。

　　选用侧平面作辅助面，可求出适量的一般点（图中未画）。

　　4）光滑连接各点，并判别可见性。V 面投影中，相贯线均可见，画为粗实线。a'、b' 为直线，$1'(2')$—$3'(4')$—$5'$ 为曲线(c')。

　　H 面投影中，可见性的分界点为 3、4。2—4、1—3 画实线（曲线），且圆锥的轮廓线分别画到 3、4 点处与相贯线相切，4—5—3 画虚线。半圆球底面圆被圆锥挡住部分画虚线。

　　【例 4-8】　求铅垂圆柱、圆锥台、水平圆柱三体相交的相贯线（图 4-43）。

　　分析：图 4-43 表示铅垂圆柱、圆锥台、水平圆柱三体相交。圆锥台与铅垂圆柱同轴，其相贯线为圆，其 V、W 面投影重影成直线，H 面投影为圆（一部分）。水平圆柱上部与圆锥台相交，下部与铅垂圆柱相交，相贯线均为空间曲线，其 W 面投影重影在水平圆柱的圆上。需求 V、H 面投影。内部表面为两个等径正交的圆柱孔相贯，故相贯线为两个相同的半个椭圆。V 面投影重影为直线，H、W 面投影重影为圆。作图步骤如图所示，不再详述。

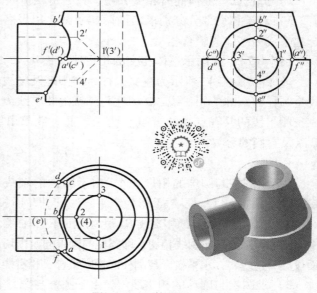

图 4-43　三体相贯（二）

第 5 章　轴测投影（GB/T 4458.3—2006）及其草图速画技术

　　工程上一般采用多面正投影图绘制图样，如图 5-1a 所示，它可以较完整、确切地表达出零件各部分的形状，且作图方便。但这种图样直观性差，不具有一定读图能力的人，难以看懂。为了帮助看图，工程上还采用图 5-1b 所示的轴测投影图，它能在一个投影上同时反映物体的正面、顶面和侧面的形状，因此富有立体感。但零件上原来的长方形平面，在轴测投影图上变成了平行四边形，圆变成了椭圆，因此不能确切地表达零件原来的形状与大小，且作图较复杂，因而轴测图在工程上一般仅用作辅助图样。

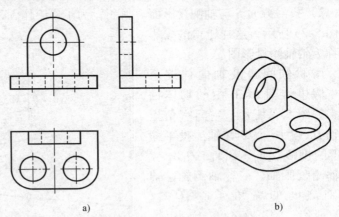

图 5-1　多面正投影图与轴测图的比较

5.1　轴测投影的基本原理

　　（1）轴测投影的形成　图 5-2 说明了正投影图和轴测投影图的形成方法。为便于分析，假想将物体放在一个空间的直角坐标体系中，其坐标轴 X、Y、Z 和物体上三条互相垂直的棱线（长、宽、高）重合，O 为原点。在图 5-2a 中，按与投影面 P 垂直的方向 S_0 投射，在 P 面上得到它的正投影图。由于 S_0 平行于物体的顶面和侧面，也即平行于 Y 轴，所得的视

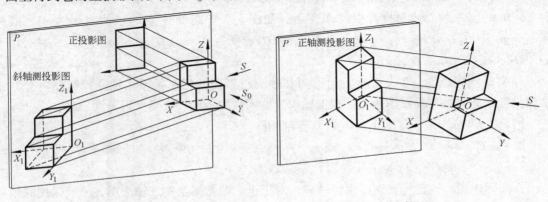

图 5-2　轴测投影的形成

图不能反映顶面和侧面的形状，因而立体感不强。要获得富有立体感的轴测图，必须使投射方向 S 不平行于物体上任一坐标面，或将物体绕假象的 Z 轴、X 轴旋转一个角度（图5-2）。这种将物体连同直角坐标系，按投射方向用平行投影法将其投射在单一投影面上所得的具有立体感的图形称为轴测投影图，简称轴测图；该投影面称为轴测投影面。通常轴测投影有以下两种基本形成方法：

1）投射方向 S 与轴测投影面 P 垂直，将物体放斜，使物体上的三个坐标面和 P 面都斜交（图5-2b），这样所得的投影图称为正轴测投影图。

2）投射方向 S 与轴测投影面 P 倾斜，为了便于作图，通常取 P 面平行于 XOZ 坐标面，如图5-2a 所示，这样所得的投影图称为斜轴测投影图。

（2）轴间角及轴向伸缩系数　假想将图5-2b 中的物体抽掉，如图5-3 所示，空间直角坐标轴 OX、OY、OZ 在轴测投影面 P 上的投影 O_1X_1、O_1Y_1、O_1Z_1 称为轴测投影轴，简称轴测轴；轴测轴之间的夹角（$\angle X_1O_1Y_1$、$\angle X_1O_1Z_1$、$\angle Y_1O_1Z_1$）称为轴间角。

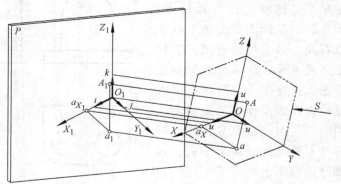

图5-3　轴间角和轴向伸缩系数

设在空间三坐标轴上各取相等的单位长度 u，投影到轴测投影面上，得到相应的轴测轴上的单位长度分别为 i、j、k，它们与原来坐标轴上的单位长度 u 的比值称为轴向伸缩系数。设 $p_1=i/u$，$q_1=j/u$，$r_1=k/u$，则 p_1、q_1、r_1 分别称为 X、Y、Z 轴的轴向伸缩系数。

（3）轴测投影的基本性质　由于轴测投影采用的是平行投影，因此两平行直线的轴测投影仍平行，且投影长度与原来的线段长度成定比。凡是平行于 OX、OY、OZ 轴的线段，其轴测投影必然相应地平行于 O_1X_1、O_1Y_1、O_1Z_1 轴，且具有和 X、Y、Z 轴相同的轴向伸缩系数。由此可见，凡是平行于原坐标轴的线段长度乘以相应的轴向伸缩系数，就是该线段的轴测投影长度，也就是，在轴测图中只有沿轴测轴方向测量的长度才与原坐标轴方向的长度有一定的对应关系，轴测投影由此而得名。在图5-3 中空间 A 点的轴测投影为 A_1，其中 $O_1a_{X_1}=p_1\cdot Oa_X$；$a_{X_1}a_1=q_1\cdot a_Xa$（由于 $a_Xa/\!/OY$，所以 $a_{X_1}a_1/\!/O_1Y_1$）；$a_1A_1=r_1\cdot aA$（由于 $aA/\!/OZ$，所以 $a_1A_1/\!/O_1Z_1$）。

（4）轴测投影的分类　根据投射方向和轴测投影面的相对关系，轴测投影图可分为正轴测投影图和斜轴测投影图两类。根据轴向伸缩系数的不同，各类又可分为三种：

1）如 $p_1=q_1=r_1$，称为正（或斜）等轴测图。

2）如 $p_1=q_1\neq r_1$ 或 $p_1\neq q_1=r_1$ 或 $p_1=r_1\neq q_1$，称为正（或斜）二轴测图。

3）如 $p_1\neq q_1\neq r_1$，称为正（或斜）三轴测图。

在实际作图时，正等轴测图用得较多；对于正二轴测图及斜二轴测图，一般采用的轴向伸缩系数为 $p_1=r_1$、$q_1=p_1/2$。其余各种轴测投影，可视作图时的具体要求选用，但一般需采用专用工具，否则其作图甚繁。本章仅介绍正等轴测图和斜二轴测图两种轴测图的画法。

5.2　正等轴测图

1. 正轴测图的轴间角和轴向伸缩系数

（1）**正等轴测图**　根据理论分析（证明从略，请参阅轴测投影学），正等轴测图的投射方向的水平投影和正面投影均为45°，轴间角为$\angle X_1O_1Y_1 = \angle X_1O_1Z_1 = \angle Z_1O_1Y_1 = 120°$，如图5-4所示。作图时，一般使$O_1Z_1$轴处于垂直位置，则$O_1X_1$和$O_1Y_1$轴与水平线成30°，可利用30°三角板方便地作出（图5-4b）。正等轴测图的轴向伸缩系数$p_1 = q_1 = r_1 \approx 0.82$。但在实际作图时，按上述轴向伸缩系数计算尺寸相当麻烦。而绘制轴测图的主要目的是为了表达物体的直观形状，故为了作图方便，常采用一组简化伸缩系数p、q、r，使$p:q:r = p_1:q_1:r_1$。简化伸缩系数之比值，即$p:q:r$应采用简单的数值，在正等轴测图中，取$p = q = r = 1$，因此就可以将视图上的尺寸a、b和h直接度量到相应的X_1、Y_1和Z_1轴上，这样作出长方块的正等轴测图其形状不变，仅图形按一定比例放大，图上线段的放大倍数为$1/0.82 \approx 1.22$倍。图5-4c所示为长方块的长、宽和高分别为a、b和h，按上述轴间角和轴向伸缩系数作出的正等轴测图。

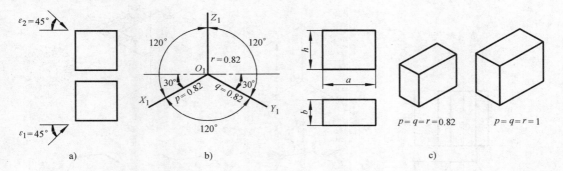

图 5-4　正等轴测图的轴间角与轴向伸缩系数

a）投射方向　b）轴间角与轴向伸缩系数　c）长方体轴向伸缩系数理论值和简化值的区别

（2）**正二轴测图**　正二轴测图的轴间角与轴向伸缩系数及作图等如图5-5所示，叙述从略。

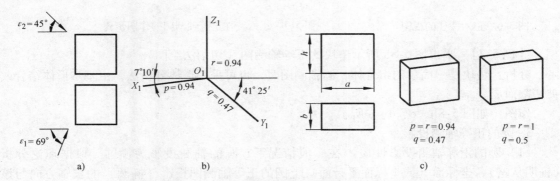

图 5-5　正二轴测图的轴间角与轴向伸缩系数

a）投射方向　b）轴间角与轴向伸缩系数　c）长方体轴向伸缩系数理论值和简化值的区别

2. 平面立体的正等轴测图画法

画轴测图的基本方法是坐标法。但在实际作图时，还应根据物体的形状特点灵活采用各种不同的作图步骤。下面举例说明平面立体轴测图的几种具体作法。

【例 5-1】 画出正六棱柱（图 5-6）的正等轴测图（坐标描点法绘图）。

分析：由于作物体的轴测图时，习惯上是不画出其虚线的（图 5-4、图 5-5），因此作正六棱柱的轴测图时，为了减少不必要的作图线，先从顶面开始作图比较方便。

作图（图 5-7）：

1）画轴测轴，在 O_1Z_1 轴上取六棱柱高度 h，得顶面中心，并画顶面中心线（图 5-7a）。

2）在与 O_1X_1 平行的顶面中心线上截取六边形对角长度得 1、4 两点，在与 O_1Y_1 平行的顶面中心线上截取对边宽度，得 7、8 两点，如图 5-7b 所示。

3）分别过 7、8 两点作 23//65//O_1X_1，并使 23 等于 65 等于六边形的边长（图 5-7c），连接 1、2、3、4、5、6 各点，得六棱柱的顶面。

4）过顶面各顶点向下画平行于 O_1Z_1 的各条棱线，使其长度等于六棱柱的高（图 5-7d）。

5）画出底面，擦去多余的作图线并描深，即完成正六棱柱的正等轴测图（图 5-7e）。

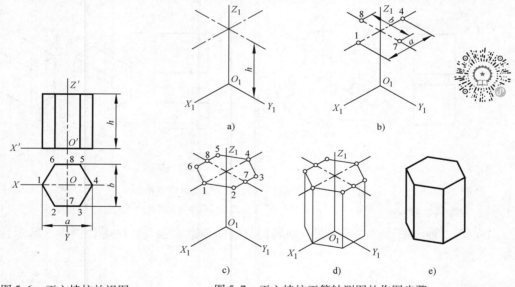

图 5-6　正六棱柱的视图　　　　图 5-7　正六棱柱正等轴测图的作图步骤

【例 5-2】 画出图 5-8a 所示垫块的正等轴测图（切割法绘图）。

分析：垫块是一简单的组合体，画轴测图时，也可采用形体分析法，由基本形体结合或被切割而成。

作图：如图 5-8b、c、d、e 所示。

3. 圆的正等轴测投影

（1）圆的正等轴测投影性质　在一般情况下，圆的轴测投影为椭圆。根据理论分析（证明从略），坐标面（或坐标面平行面）上圆的正等轴测图投影（椭圆）的长轴方向与该坐标面垂直的轴测轴垂直，短轴方向与该轴测轴平行。对于正等轴测图，水平面上椭圆的长轴处在水平位置，正平面上椭圆的长轴方向为向右上倾斜 60°，侧平面上椭圆的长轴方向为

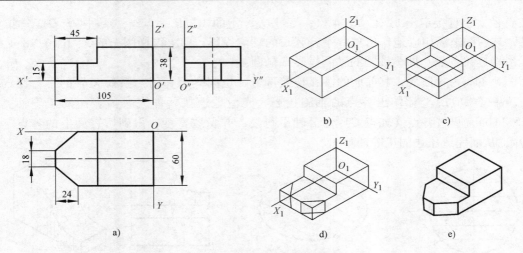

图 5-8　组合体的正等轴测图

向左上倾斜 60°。如采用轴向伸缩系数，则椭圆的长轴为圆的直径 d，短轴为 $0.58d$，（如图 5-9a 所示）。如按简化伸缩系数作图，其长、短轴长度均放大 1.22 倍，即长轴长度等于 $1.22d$，短轴长度等于 $1.22 \times 0.58d \approx 0.7d$（图 5-9a）。

图 5-9b 所示为圆的正二轴测投影，请读者自行分析。

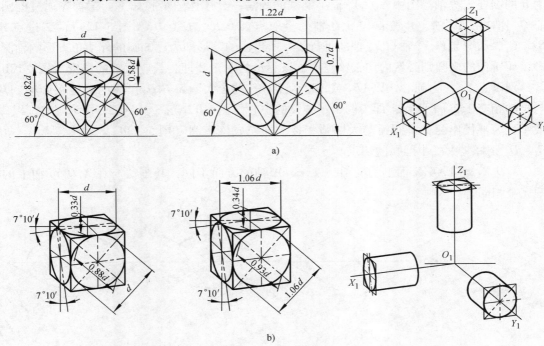

图 5-9　坐标面平行面上圆的正轴测投影

（2）圆的正等轴测图（椭圆）的画法

1）一般画法。对于处在一般位置平面或坐标面（或平行面）上的圆，都可以用坐标法作出圆上一系列点的轴测投影，然后光滑地连接起来即得圆的轴测投影。图 5-10a 所示为一水平面上的圆，其正等轴测图的作图步骤如下（图 5-10b）：①首先画出 X_1、Y_1 轴，并在其上按直径大小直接定出 1、2、3、4 点；②过 O_1Y_1 上的 A_1、B_1…点作一系列平行 O_1X_1 轴的平行弦，然后按坐标相应地作出这些平行弦长的轴测投影，即求得椭圆上的 5、6、7、8…点；③光滑地连接各点，即为该圆的轴测投影（椭圆）。

图 5-11a 为一压块，其前面的圆弧连接部分，也同样可利用一系列 Z 轴的平行线（如 BC），并按相应的坐标作出各点的轴测投影，光滑地连接后即完成前表面的正等轴测图（图 5-11b）；再过各点（如点 C）作 Y 轴平行线，并量取宽度，得到后表面上的各点（如点 D），从而完成压块的正等轴测图。

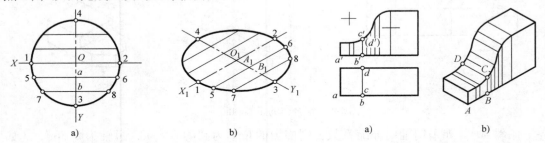

图 5-10　圆的正等轴测图的一般画法　　　　图 5-11　压块的正等轴测图画法

2）近似画法。为了简化作图，轴测投影中的椭圆通常采用近似画法。图 5-12 表示直径为 d 的圆在正等轴测图中 $X_1O_1Y_1$ 面上椭圆的画法，具体作图步骤如下：①首先通过椭圆中心 O_1 作 X_1、Y_1 轴，并按直径 d 在轴上量取点 A_1、B_1、C_1、D_1（图 5-12a）；②过点 A_1、B_1、C_1、D_1 分别作 Y_1 轴与 X_1 轴的平行线，所形成的菱形即为已知圆的外切正方形的轴测投影，而所作的椭圆则必然内切于该菱形，该菱形的对角线即为长、短轴的位置（图 5-12b）；③分别以点 1、3 为圆心，以 $1B_1$ 或 $3A_1$ 为半径作两个大圆弧 B_1D_1 和 A_1C_1，连接 $1D_1$、$1B_1$，与长轴相交于 2、4 两点，即为两个小圆弧的中心（图 5-12c）；④以点 2、4 为圆心，以 $2D_1$ 或 $4B_1$ 为半径作两个小圆弧与大圆弧相接，即完成该椭圆（图 5-12d）。显然，点 A_1、B_1、C_1、D_1 正好是大、小圆弧的切点。

$X_1O_1Z_1$ 和 $Y_1O_1Z_1$ 面上的椭圆，仅长、短轴的方向不同，其画法与在 $X_1O_1Y_1$ 面上的椭圆完全相同。

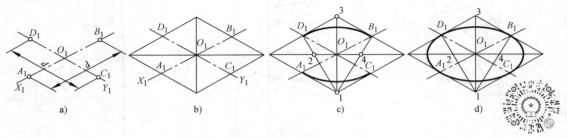

图 5-12　正等轴测图椭圆的近似画法

4. 曲面立体的正等轴测图画法

掌握了圆的正等轴测图的画法后，就不难画出回转曲面立体的正等轴测图。图 5-13 所示为圆柱正等轴测图画法。作图时，先分别作出其顶面和底面的椭圆，再作其公切线即成。

下面举例说明不同形状特点的曲面立体轴测图的具体作法。

【例 5-3】　作支座（图 5-14）的正等轴测图（叠加法绘图）。

分析：支座由带圆角的矩形底板和上方为半圆形的竖板所组成，左右对称。先假定将竖板上的半圆形及圆孔均改为它们的外切正方形，然后再在方形部分的正等轴测图——菱形内，根据图 5-12 所述方法，作出它的内切椭圆。

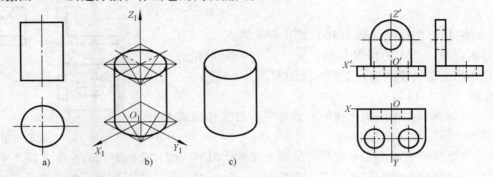

图 5-13　圆柱正等轴测图的画法　　　　　　　　图 5-14　支座的视图

作图（图 5-15）：

1）画轴测轴，采用简化伸缩系数作图，首先作出底板和竖板的外切长方体，注意保持其相对位置（图 5-15a）。

2）画底板上两个圆柱孔，作出上表面两椭圆中心，画出椭圆，再画出孔的下部椭圆（可见部分），如图 5-15b 所示。

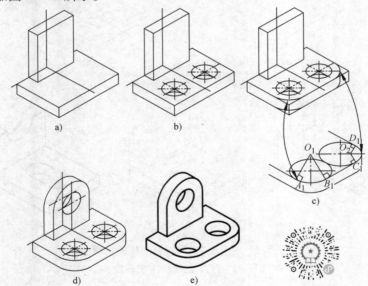

图 5-15　支座的正等轴测图作图步骤
a）叠加　b）底板穿孔　c）切圆角　d）立板穿孔　e）描深

3）画底板的圆角部分，由于只有 1/4 圆周，因此作图时可以简化，不必作出整个椭圆的外切菱形，在角上分别沿轴向取一段等于半径 R 的线段，得点 A_1、B_1 与 C_1、D_1；过以上各点分别作相应边的垂线，分别交于 O_1 及 O_2 点（图 5-15c）；以 O_1 及 O_2 为圆心，以 O_1A_1

及 O_2C_1 为半径作弧，即为底板顶面上圆角的轴测图。

4）画立板圆孔（图5-15d）。

5）画立板上部半圆柱（图5-15d）。

6）擦去多余的作图线并描深，即完成支座的正等轴测图（图5-15e）。

【例5-4】　作托架（图5-16）的正等轴测图。

分析：与例5-3的情况相同，先作出它的方形轮廓，然后分别作出上部的半圆槽和下面的长圆形孔。

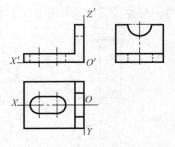

图5-16　托架的视图

作图（图5-17）：

1）画轴测轴，采用简化伸缩系数作图，首先作出成L形的托架的外形轮廓（图5-17a）。

2）在竖板的前表面上和底板的顶面上分别作出半圆槽和长圆形孔的轮廓（图5-17b）。

3）将半圆槽的轮廓沿 X 轴方向向后移一个竖板的宽度，将长圆形孔的轮廓沿 Z 轴方向下移一个底板的厚度（图5-17c）。

4）擦去多余的作图线并描深，即完成托架的正等轴测图（图5-17d、e）。

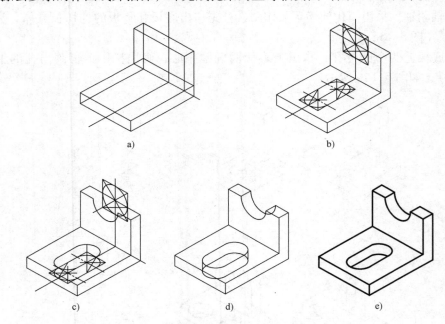

a)　　　　　　　　　　b)

c)　　　　　　d)　　　　　　e)

图5-17　托架的正等轴测图作图步骤

a）叠加　b）、c）穿孔、挖槽　d）补漏线　e）描深

【例5-5】　画出图5-18a所示圆柱被截切后的正等轴测图。

作图步骤（图5-18b、c）：

1）画轴测轴，采用简化伸缩系数作图，首先画成完整的圆柱。

2）在圆柱的轴测图上，定出截平面 P 的位置，得到所截矩形 $ABCD$。

3）按坐标关系定出 C、H、K、E、F、G、D 各点，光滑连接成部分椭圆。

4）去掉作图线及不可见线，加深可见轮廓线后，即为所求轴测图。

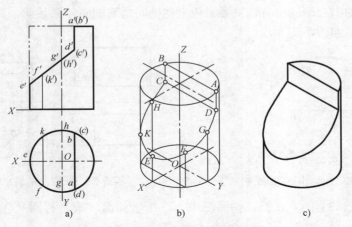

图 5-18　截切后圆柱的正等轴测图画法

【例 5-6】　画出图 5-19a 所示两相交圆柱的正等轴测图。

作图步骤（图 5-19b）：

1）画出轴测轴，采用简化伸缩系数作图，将两个圆柱按正投影图所给定的相对位置画出轴测图。

2）用辅助面法求作轴测图上的相贯线，首先在正投影图中作一系列辅助面，然后在轴测图上作出相应的辅助面，分别得到辅助交线，辅助交线的交点即为相贯线上的点，连接各点即为相贯线。

3）去掉作图线，加深，完成全图。

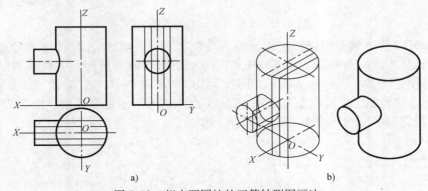

图 5-19　相交两圆柱的正等轴测图画法

5.3　斜二轴测图

（1）斜二轴测图的轴间角和轴向伸缩系数　从图 5-2a 可看出，在斜轴测投影中通常将物体放正，即使 XOZ 坐标平面平行于轴测投影面 P，因而 XOZ 坐标面或其平行面上的任何图形在 P 面上的投影都反映实形，称为正面斜轴测投影。最常用的一种为正面斜二轴测图（简称斜二轴测图），其轴间角 $\angle X_1O_1Z_1 = 90°$，$\angle X_1O_1Y_1 = \angle Y_1O_1Z_1 = 135°$，轴向伸缩系数 $p_1 = r_1 = 1$，$q_1 = 0.5$。作图时，一般使 O_1Z_1 轴处于垂直位置，则 O_1X_1 轴为水平线，O_1Y_1 轴与水平线成 45°，可利用 45°三角板方便地作出（图 5-20）。

作平面立体的斜二轴测图时，只要采用上述轴间角和轴向伸缩系数，其作图步骤和正等轴测图完全相同，如图 5-21 所示。

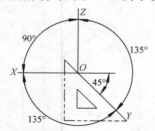

图 5-20　斜二轴测图的轴间角

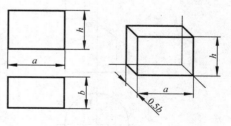

图 5-21　长方块的斜二轴测图

（2）圆的斜二轴测图　在斜二轴测中，三个坐标面（或平行面）上圆的轴测投影如图 5-22 所示。

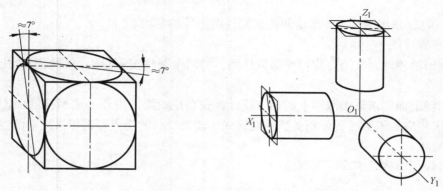

图 5-22　坐标面上圆的斜二轴测图

由于 $X_1O_1Z_1$ 面（或平行面）的轴测投影反映实形，因此 $X_1O_1Z_1$ 面上圆的轴测投影仍为圆，其直径与实际的圆相同。在 $X_1O_1Y_1$ 和 $Y_1O_1Z_1$ 面（或平行面）上圆的斜轴测投影为椭圆，根据理论分析（证明从略），其长轴方向分别与 X_1 轴和 Z_1 轴倾斜 7° 左右（图 5-22），这些椭圆可采用图 5-10 所示方法作出，也可采用近似画法。图 5-23 表示直径为 d 的圆在斜二轴测图中 $X_1O_1Y_1$ 面上椭圆的近似画法，具体作图步骤如下：

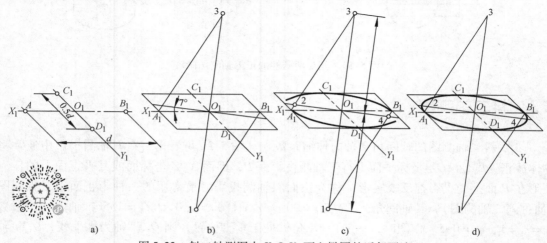

a)　　　　　　　b)　　　　　　　c)　　　　　　　d)

图 5-23　斜二轴测图中 $X_1O_1Y_1$ 面上椭圆的近似画法

1）首先通过椭圆中心 O_1 作 X_1、Y_1 轴，并按直径 d 在 X_1 轴上量取点 A_1、B_1，按 $0.5d$ 在 Y_1 轴上量取点 C_1、D_1（图 5-23a）。

2）过点 A_1、B_1 与 C_1、D_1 分别作 Y_1 与 X_1 轴的平行线，所形成的平行四边形即为已知圆的外切正方形的斜二轴测图，而所作的椭圆必然内切于该平行四边形。过点 O_1 作与 X_1 轴成 7°的斜线即为长轴的位置（注意倾斜方向），过点 O_1 作长轴的垂线即为短轴的位置（图 5-23b）。

3）取 $O_1 1 = O_1 3 = d$，以点 1 和 3 为圆心，分别以 $1C_1$ 或 $3D_1$ 为半径作两个大圆弧。连接 $3A_1$ 和 $1B_1$ 与长轴相交于 2、4 两点，即为两个小圆弧的中心（图 5-23c）。

4）以点 2、4 为圆心，$2A_1$ 或 $4B_1$ 为半径作两个小圆弧与大圆弧相接，即完成该椭圆（图 5-23d）。

$Y_1 O_1 Z_1$ 面上的椭圆，仅长、短轴的方向不同，其画法与在 $X_1 O_1 Y_1$ 面上的椭圆完全相同。

（3）曲面立体的斜二轴测图画法　在斜二轴测图中，由于 XOZ 面的轴测投影仍反映实形，圆的轴测投影仍为圆，因此当物体的正面形状较复杂，具有较多的圆或圆弧连接时，采用斜二轴测图作图就比较方便。下面举例说明。

【例 5-7】　作端盖（图 5-24）的斜二轴测图。

分析：端盖的正面有几个不同直径的圆，在斜二轴测图中都能反映实形。

作图：

1）在正投影图上选定坐标轴，将具有大小不等的端面选为正面，即使其平行于 XOZ 坐标面。

2）画斜二轴测图的轴测轴，根据坐标分别定出每个端面的圆心位置（图 5-25a）。

3）按圆心位置，依次画出圆柱、圆锥及各圆孔（图 5-25b、c）。

4）擦去多余线条，加深后完成全图（图 5-25d）。

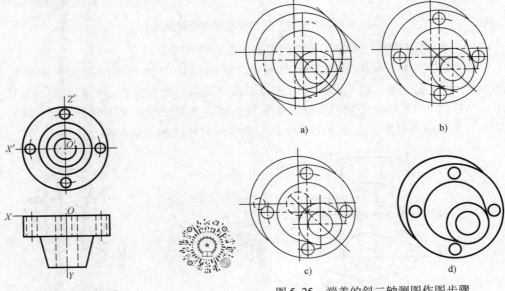

a)　　　　b)

c)　　　　d)

图 5-24　端盖的视图　　　　图 5-25　端盖的斜二轴测图作图步骤

5.4　轴测剖视图的画法

（1）轴测图的剖切方法　在轴测图上为了表达零件内部的结构形状，可假想用剖切平面将零件的一部分剖去，这种剖切后的轴测图称为轴测剖视图。一般用两个互相垂直的轴测坐标面（或其平行面）进行剖切，能较完整地显示该零件的内、外形状（图 5-26a）。尽量避免用一个剖切平面剖切整个零件（图 5-26b）和选择不正确的剖切位置（图 5-26c）。

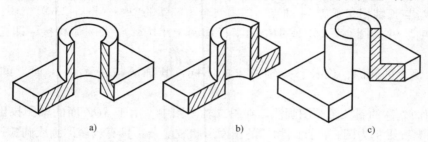

a)　　　　　　　　　　　b)　　　　　　　　　　　c)

图 5-26　轴测图剖切的正误方法

轴测剖视图中的剖面线方向，应按图 5-27 所示方向画出，正等轴测图如图 5-27a 所示，图 5-27b 则为斜二轴测图。

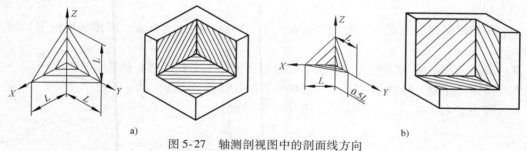

a)　　　　　　　　　　　　　　　　　　　b)

图 5-27　轴测剖视图中的剖面线方向

（2）轴测剖视图的画法　轴测剖视图一般有两种画法：

1）先把物体完整的轴测外形图画出，然后沿轴测轴方向用剖切平面将它剖开。如图 5-28a 所示的底座，要求画出它的正等轴测剖视图。先画出它的外形轮廓，如图 5-28b 所示，然后沿 X、Y 轴向分别画出其断面形状，擦去被剖切掉的 1/4 部分轮廓，再补画上剖切后下部孔的轴测投影，并画上剖面线，即完成该底座的轴测剖视图（图 5-28c）。

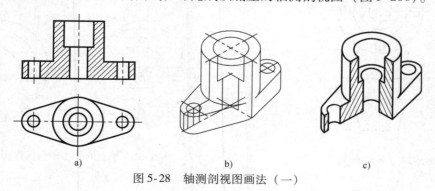

a)　　　　　　　　　　　b)　　　　　　　　　　　c)

图 5-28　轴测剖视图画法（一）

2）先画出剖面的轴测投影，然后再画出剖面外部看得见的轮廓，这样可减少很多不必要的作图线，使作图更为迅速。如图 5-29a 所示的端盖，要求画出它的斜二轴测剖视图。由于该端盖的轴线处在正垂线位置，故采用通过该轴线的水平面及侧平面将其左上方剖切掉 1/4。先分别画出水平剖切平面及侧平剖切平面剖切所得剖面的斜二轴测图，如图 5-29b 所示，用点画线确定前后各表面上各个圆的圆心位置。然后再过各圆心作出各表面上未被切的 3/4 部分的圆弧，并画上剖面线，即完成该端盖的轴测剖视图（图 5-29c）。

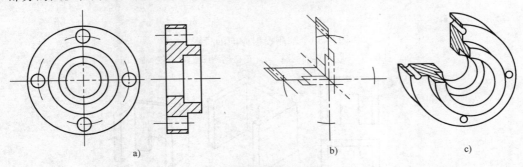

图 5-29　轴测剖视图画法（二）

5.5　轴测投影图的选择

1. 轴测图的选择原则

1）立体感强。

2）表达清楚。

3）作图简便。

2. 轴测图常用类型特点

1）正等轴测图立体感较差，但三个轴间角相等易画图，三个轴向变形系数相等且可简化为 1，所以作图简便，应用广泛。

2）正二轴测图立体感最强，但三个轴间角不相等不易画图，且 Y 轴向变形系数为 0.5，所以作图较麻烦，特别对有圆线的形体不易采用。

3）斜二轴测图立体感最差，但三个轴间角易画图，且垂直于 Y 轴的平面能反映实形，所以作图较简便，特别适用于正面形状复杂或曲线多的形体。

3. 轴测投射方向选择

轴测投射方向 S 在三投影面体系中的投影 s、s'、s'' 分别与投影轴 OX、OY、OZ 的夹角统称为投影角，分别用 ε_1、ε_2、ε_3 表示，如图 5-30 所示。为此，可通过投影角，在已知投影中按表达清楚的原则进行轴测图类型选择。

1）避免被遮挡，即尽可能将隐蔽部分表达清楚，如孔、洞、槽等。从图 5-31 看出，由于正等轴测图与正二轴测图投射方向的 H 投影与水平方向夹角不等，其结果也不相同，此例中正二轴测图表达更清楚。

2）避免形体转角交线及面与轴测投射方向一致。因为此种情况下，图线上下贯通或表面积聚成一直线，致使轴测图左右对称、呆板、失真，影响直观效果，如图 5-32 所示。

3）按形体特征选择轴测投射方向。图 5-33 中列出了四种不同投射方向所画出的形体轴测投影，分别形成了仰视、俯视、左视、右视的轴测图，可按主观表达意愿和形体特征进行选择。

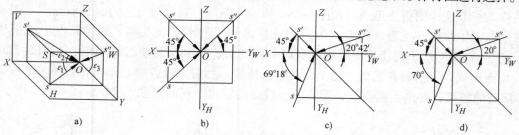

图 5-30　轴测投射方向的投影角

a）直观图　b）正等轴测图　c）正二轴测图　d）斜二轴测图

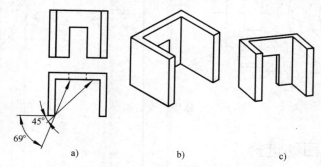

图 5-31　类型选择避免被遮挡

a）投射方向　b）正等轴测图　c）正二轴测图

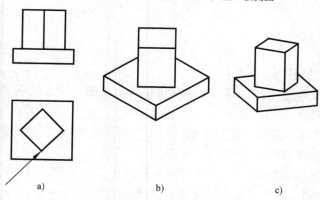

图 5-32　避免交线和面投影成直线

a）投射方向　b）正等轴测图　c）正二轴测图

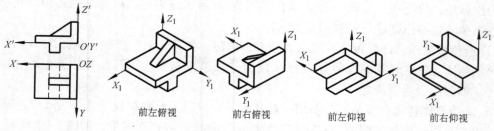

前左俯视　　　前右俯视　　　前左仰视　　　前右仰视

图 5-33　投射方向选择

5.6 正等轴测图的草图画法

（1）草画平面物体 为了由实体画出正等轴测图，手持物体，使其倾斜向绘图者（图5-34a）。在此位置，物体高度方向在图上是垂直位置，宽度和长度方向的边缘各自与水平方向呈30°（正等轴测的轴测轴位置）。

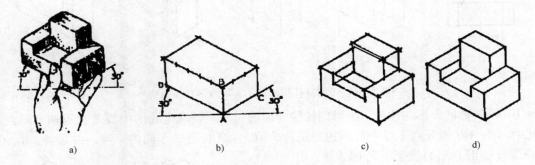

图5-34 草画平面物体正等轴测图

画图步骤如下：

1）轻微用力绘制长方体。AB轴铅垂，而AC及AD与水平方向大约呈30°，这三条线即为正等轴测轴。截取AB、AC及AD与实体相对应的线条长度一致（如物体较大，则应按目测比例适当截取），然后分别画与这三条线相平行的线，并根据目测的物体上的凹凸部分的长宽位置，按比例标记出（图5-34b）。

2）过标点画出凹凸部分的位置线，根据目测尺寸画出凹下深度和凸起高度（图5-34c）。

3）擦去作图辅助线条，并加深物体轮廓线（图5-34d）。

（2）草画带回转面的物体的正等轴测图 草画圆柱的正等轴测图方法步骤如下（图5-35a）：

1）先画圆柱的外切正四棱柱的正等轴测图。

2）再画前面正方形的对角线。

3）再画椭圆及两椭圆的切线。

图5-35b为带圆柱圆锥面的物体的正等轴测图，读者可用与图形成2:1的比例练习草画图示物体。

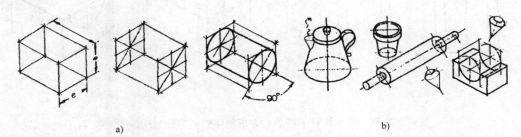

图5-35 草画带回转面的物体的正等轴测图

注意分析圆的正等轴测图椭圆的长短轴的方向与其所在平面坐标的位置关系。

图 5-36a 为带圆柱孔物体的两面投影，画此物体的正等轴测图的步骤如下（图 5-36b）：

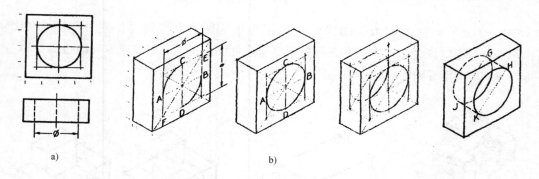

图 5-36　带圆柱孔物体的正等轴测图草图画法

1）画物体的外形四棱柱，再画四棱柱前面的对角线，确定孔的中心及长短轴方向，过中心作 AB、CD 线分别平行平行四边形的边，AB、CD 长度等于圆的半径，并过 A、B、C、D 作圆外接正方形的投影平行四边形，作圆弧 AC、BD 切于 A、C 及 B、D 点。

2）画小半径弧 AD、BC 切于 A、D、B、C 点。

3）在物体的后面，轻画出同样的平行四边形，并以同样的方法画出椭圆。

4）画切于两椭圆的直线（圆孔的轮廓线），用橡皮擦去辅助作用线，加深轮廓线。

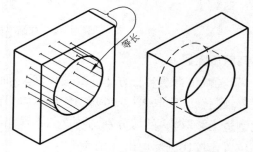

图 5-37　画物体后面椭圆的另一种方法

画物体后面椭圆的另一种方法，如图 5-37 所示。

带半圆柱形槽的长方形物体的正等轴测图画图步骤如图 5-38 所示。图 5-38a 为给定物体的两视图。

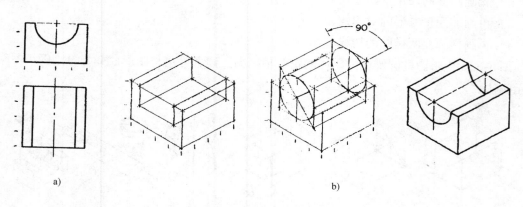

图 5-38　带半圆柱形槽的长方形物体的正等轴测图草图

图 5-39 ~ 图 5-43 为绘制正等轴测图草图应用实例。

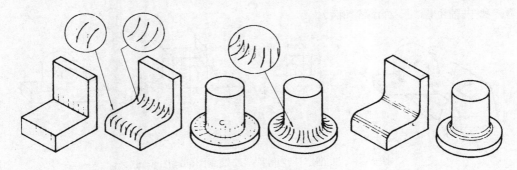

图 5-39　正等轴测图草图实例（一）

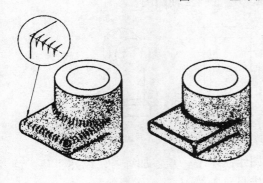

图 5-40　正等轴测图草图实例（二）

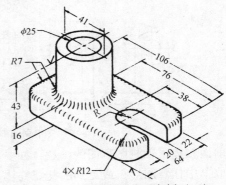

图 5-41　正等轴测图草图实例（三）

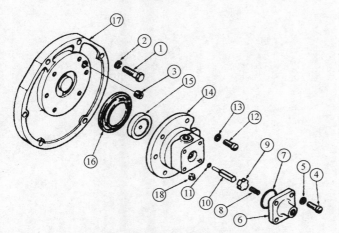

图 5-42　正等轴测图草图实例（四）

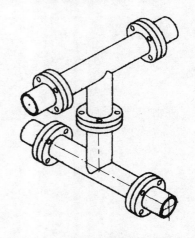

图 5-43　正等轴测图草图实例（五）

5.7　物体斜二轴测图的草图画法举例

图 5-44 所示为根据实体绘制其斜二轴测图的画图步骤：

1）绘出物体的前面的实形（正投影）。

2）与水平线成 45°画出各对应的平行线，在适合深度（约 1/2 宽度尺寸）截取线条，画出后面。

3）擦去辅助图线，加深轮廓线。

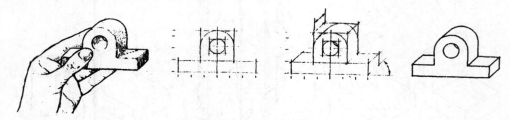

图 5-44　根据实体绘制其斜二轴测图的画图步骤

图 5-45 所示为根据正面投影和侧面投影绘制物体的斜二轴测图。

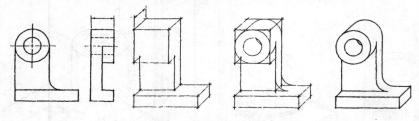

图 5-45　根据两面投影绘制物体的斜二轴测图

　　前面叙述了轴测图草图的画法，如要提高草图绘制水平，须多加练习，以熟生巧。读者可以取书中任意图形，或见到的任意物体为对象进行草画练习。

第6章 组 合 体

本章在学习前述的投影理论、方法的基础上，着重训练物体的图示能力、读图能力以及在图样上符合规范地、不缺不漏不重复地、完整合理地进行尺寸标注的能力。其基本思维方法为形体分析法，辅以线面分析法，以解决组合体上的形体交线或不具有积聚性、实形性的表面形状分析，解决画图和读图中的难点问题，这些训练以三面视图为基础。

6.1 组合体的形体分析

任何复杂的机械零件，从形体角度看，都是由一些简单的平面体和曲面体通过一定的组合形式构成的。我们将这些类似机械零件的物体称为组合体。而把这种从形体角度将复杂的形体分解为简单的平面体或曲面体的思维过程称为形体分析。

通常，组合体的组合形式可分为叠加和切割两种。一般在组合体中，常常为两种形式并存。如图6-1a中的支架是由底板Ⅰ、竖板Ⅱ、凸台Ⅲ叠加并在竖板上打圆孔 P，底板凸台上打长圆孔 R，底面上挖槽 Q 而成。又如图6-1b中的导块是由长方体Ⅰ切去Ⅱ、Ⅲ、Ⅳ块和打了一个圆孔Ⅴ而组成的。

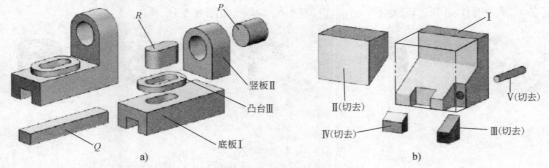

图6-1 组合体的组合形式

a）叠加　b）切割

要快速正确地绘制组合体的投影图，有必要熟悉零件上一些常见的基本形体及其投影图这些基本图素，如图6-2所示。还要熟悉用形体分析为主线的作图思路，如图6-3所示。

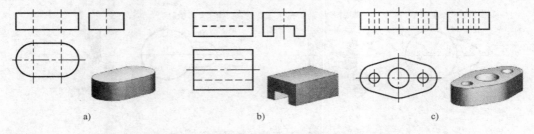

图6-2 常见的基本形体及其三面投影图

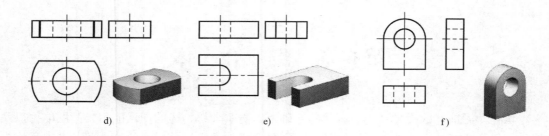

图 6-2　常见的基本形体及其三面投影图（续）

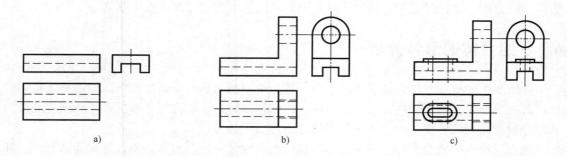

图 6-3　形体分析法绘制组合体的三面投影

（1）形体之间的过渡关系　形体之间的过渡关系可分为四种：不共面、共面、相交、相切，如图 6-4 所示。在画图时，必须注意分析这些关系，才能不多线，不漏线；看图时，也必须看懂形体间的过渡关系，才能想象物体形状，如图 6-5 所示。

图 6-4　形体间的过渡关系
a）不共面　b）共面　c）、d）相交　e）相切

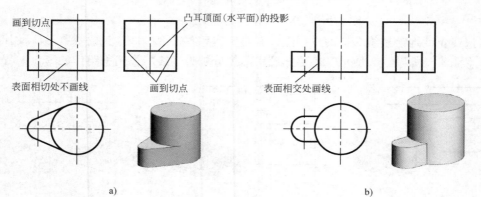

图 6-5　过渡关系画图示例

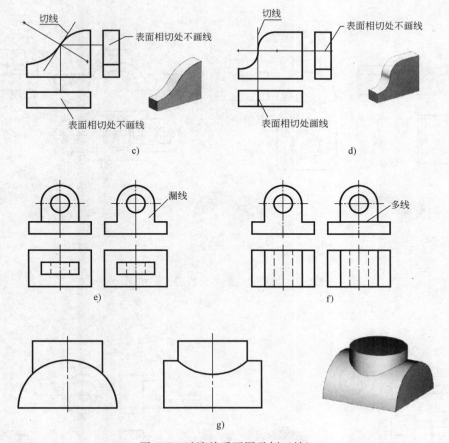

切线

表面相切处不画线

表面相切处不画线

c)

切线

表面相切处不画线

表面相切处画线

d)

漏线

e)

多线

f)

g)

图 6-5 过渡关系画图示例（续）

（2）工程应用实例 图 6-6～图 6-9 分别列举了工艺结构简化后的压盖、轴承盖、偏心轴、靠堵的形体分析图，请读者自己阅读分析其投影作图的思路、方法。

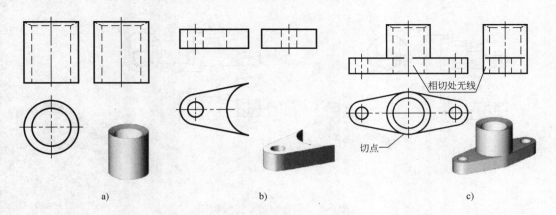

相切处无线

切点

a) b) c)

图 6-6 压盖的形体分析图——相切

a）中间的圆柱 b）左端的底板 c）圆柱和两端底板的结合

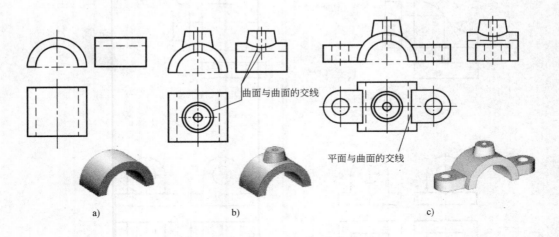

图 6-7　轴承盖的形体分析图——相交

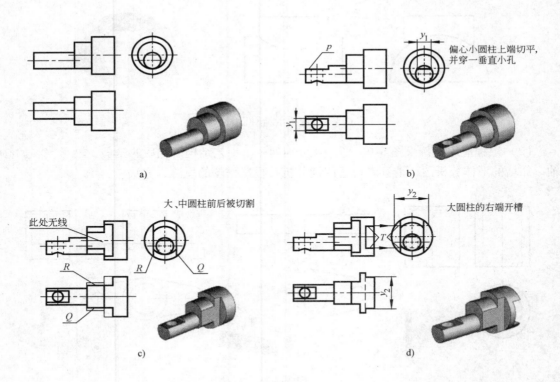

图 6-8　偏心轴的形体分析图

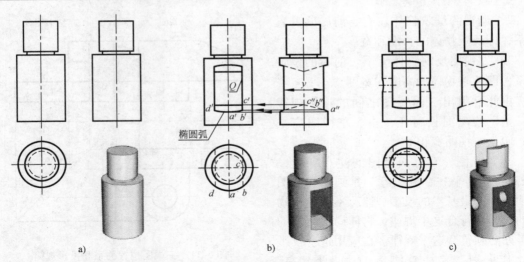

a)　　　　　　　　　　　　b)　　　　　　　　　　　　c)

图 6-9　靠堵的形体分析图

6.2　组合体的视图画法

6.2.1　组合体的三面视图

（1）三面视图的形成　　通常将物体向投影面作正投影所得的图形称为视图。在三投影面体系中可得到物体的三个视图，绘制机械图样时，将其正面投影称为主视图，水平投影称为俯视图，侧面投影称为左视图（图6-10）。

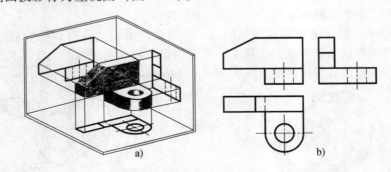

a)　　　　　　　　　　　　　b)

图 6-10　物体的三视图

由于在工程图上，视图主要用来表达物体的形状，而没有必要表达物体与投影面间的距离，因此在绘制视图时不必画出投影轴；为了使图形清晰，也不必画出投影间的连线，如图 6-10b所示。通常视图间的距离可根据图纸幅面、尺寸标注等因素来确定。

（2）三面视图的位置关系　　虽然在画三面视图时取消了投影轴和投影间的连线，但三面视图间仍应保持前面所述的各投影之间的位置关系和投影规律。如图 6-11 所示，三面视图的位置关系为：俯视图在主视图的下方，左视图在主视图的右方。按照这种位置配置视图时，国家标准规定一律不标注视图的名称。

（3）三面视图的投影规律　　对照图 6-10a 和图 6-11，还可以看出：

1）主视图反映物体上下、左右的位置关系，即反映物体的高度和长度。

2）俯视图反映物体左右、前后的位置关系，即反映物体的长度和宽度。

3）左视图反映物体上下、前后的位置关系，即反映物体的高度和宽度。

由此可得出三面视图之间的投影规律为：主、俯视图长对正；主、左视图高平齐；俯、左视图宽相等。

（4）画图、看三面视图的注意事项"长对正、高平齐、宽相等"是画图和看图必须遵循的最基本的投影规律。不仅整个物体的投影要符合这个规律，物体局部结构的投影亦必须符合这个规律。在应用这个投影规律作图时，要注意物体的上、下、左、右、前、后六个部位与视图的关系（图6-11）。如俯视图的下边和左视图的右边都反映物体的前面，俯视图的上边和左视图的左边都反映物体的后面。在俯、左视图上量取宽度时，不但要注意量取的起点，还要注意量取的方向。

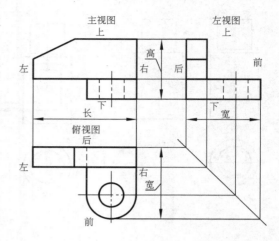

图6-11 三视图位置关系和投影规律

6.2.2 组合体三面视图的画法

画组合体的视图采用的思维方法是形体分析法。所谓形体分析法，就是按组合体的特点，假想将它分解为几个部分，即几个基本体，在清楚各部分形状的基础上，分析形体间的相对位置和表面的连接关系，从而有分析、有步骤地进行画图。

1. 叠加式组合体三视图

下面以图6-12a所示的轴承座为例说明绘图过程。

（1）分析形体 轴承座是用来支承轴的。应用形体分析法，可以把它假想分解成五部分，安装用的底板Ⅳ，与轴相配的圆筒Ⅰ，用来连接底板和支承圆筒的支承板Ⅱ和起加强支承能力的肋Ⅲ，为注油孔设置的凸台Ⅴ，如图6-12b所示。

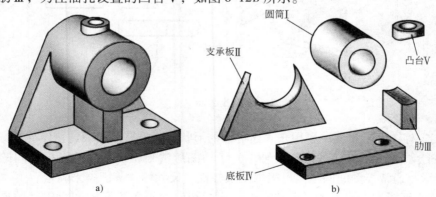

图6-12 轴承座

（2）选择主视图 在三面视图中，主视图是最重要的视图，画图时应首先选择确定主视图。选择确定主视图须考虑两个要素：一是物体的放置位置，即图示上下方向的确定；二是主视投射方向的确定，即图示的前后及左右的确定。选择时，通常将物体放正（主要平面或轴线平行或垂直于投影面），并选择最能反映物体形状结构特征的视图作为主视图。如

图6-12所示的轴承座，将底板放在水平位置，圆筒放在正垂位置作为主视图，而俯视图、左视图的投射方向随之确定。

（3）布置视图　根据各视图的最大轮廓尺寸，在图纸上均匀地布置这些视图，为此，在作图时应先画出各视图中的基线、对称线及主要形体的轴线和中心线，见表6-1中步骤a。

表6-1　叠加式组合体的画图方法

a) 先画出基线、对称线、轴线、中心线，再画出圆筒的三视图	b) 画底板的三视图
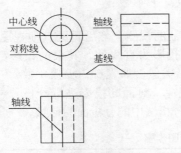<p align="center">先画主视图，再画其他两个视图</p>	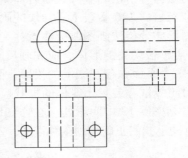<p align="center">注意底板与圆筒的前、后面对齐</p>
c) 画支承板的三视图	d) 画肋的三视图
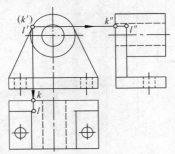<p align="center">支承板与圆筒相切处无线，kl、k″l″是作图线</p>	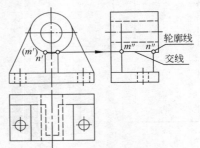<p align="center">在左视图上应画出肋与圆筒交线，取代圆筒的一段轮廓线</p>
e) 画凸台的三视图	f) 检查后，加深
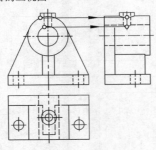<p align="center">在左视图上画出凸台与圆筒的内、外交线</p>	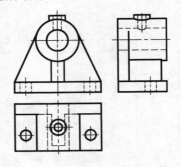

（4）画底图　从反映每一形体形状特征的视图开始，用细线逐个画出它们的投影。

画图的一般顺序是：根据形体分析的结果先画主要部分，后画次要部分；先画大形体，后画小形体；先画整体形状，后画细节形状。具体步骤见表6-1中b、c、d、e。

（5）修改描深　如表 6-1 中的 f 所示。

（6）标注尺寸　标注要求、方法详见下节叙述。

此外，实际的工程图样还需要标注材料、成形、质量控制、安装调试等信息。这些信息的标注方式详见零件图一章的描述。这些信息的设计定制的基本能力则需要通过后续课程的学习训练。

2. 切割式组合体

图 6-1b 所示的导块可以看作是由长方体 Ⅰ 切去 Ⅱ、Ⅲ、Ⅳ，又钻了个孔 Ⅴ 而形成的。

它的形体分析法和叠加式组合体基本相同，只不过是各个形体是一块一块切割下来，而不是叠加上去。表 6-2 表示了导块的画图步骤，请读者仔细阅读。

利用形体分析法画图时应注意：

1）对于被切去的形体，应先画反映该形体形状特征的视图，然后再画其他视图。

2）一个平面在各视图上的投影，除了有积聚性的投影为直线外，其余的投影都应表现为一个封闭线框。各封闭线框的形状应当与该面的实形类似。如表 6-2 步骤 d 中的平面 P 与图 6-13 中阴影处。在作图时，利用这个规律，对面的投影进行分析检查，有助于我们正确地画图和审图，这种方法是线面分析法中的分析面的形状。

表 6-2　切割式组合体的画图步骤

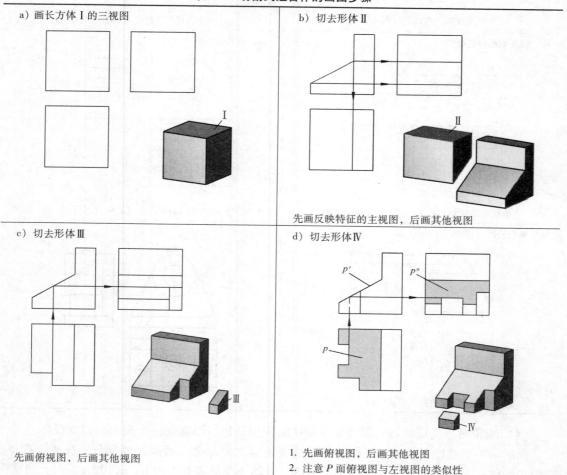

a）画长方体 Ⅰ 的三视图	b）切去形体 Ⅱ
	先画反映特征的主视图，后画其他视图
c）切去形体 Ⅲ	d）切去形体 Ⅳ
先画俯视图，后画其他视图	1. 先画俯视图，后画其他视图 2. 注意 P 面俯视图与左视图的类似性

（续）

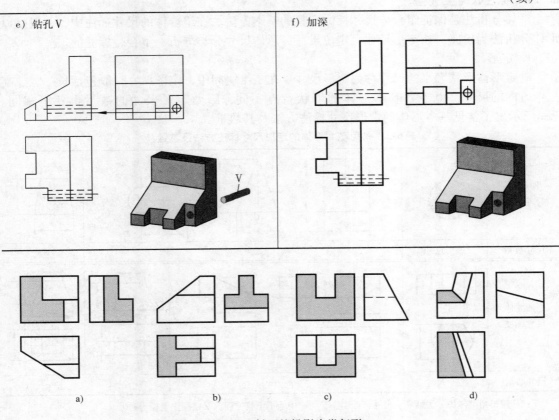

e）钻孔 V　　　　　　　　　f）加深

图 6-13　斜面的投影为类似形

a）　　　　　b）　　　　　c）　　　　　d）

6.3　组合体的尺寸标注

6.3.1　尺寸标注的基本要求

组合体的形状主要由视图来表达，组合体的真实大小以及各部分的相对位置，则是根据图上所标注的尺寸来确定的，加工时也是按照图上的尺寸来制造的。标注尺寸时应满足以下要求：

1）尺寸标注要正确，即尺寸标注形式（尺寸界线、尺寸线与终端、尺寸数字及相关符号）要符合国家标准的规定。

2）尺寸标注要完整，即所注尺寸必须完整、准确、唯一地表示物体的形状和大小。一个机件对应具有确定的独立尺寸个数，多注和少注都不可。

3）尺寸标注要清晰，即尺寸布置要整齐、清晰，以便于看图、寻找尺寸。

4）尺寸标注要合理，即定位尺寸的基准选择应尽量满足设计与加工工艺等的要求。

第 1 章已经介绍了国家标准有关尺寸标注的规定，本节主要讨论如何做到尺寸标注完整和布置清楚。关于基准选择要合理的问题，本节只从设计角度考虑，关于工艺方面的要求将在零件图中讨论。

6.3.2　标注尺寸要完整

形体分析法是保证组合体尺寸标注完整的基本方法。在组合体的尺寸标注中，一般是以形体分析法为思路，按定形尺寸、定位尺寸、总体尺寸分类分析、整合、标注的。

1. 定形尺寸

确定形体形状大小的尺寸称为定形尺寸。在三维空间中，定形尺寸一般包括长、宽、高三个方向的尺寸。由于各基本形体的形状特点不同，因而定形尺寸的数量也各不相同。表6-3示出了常见基本形体的定形尺寸标注方法及其数量。

表6-3　常见基本形体的定形尺寸标注方法及其数量

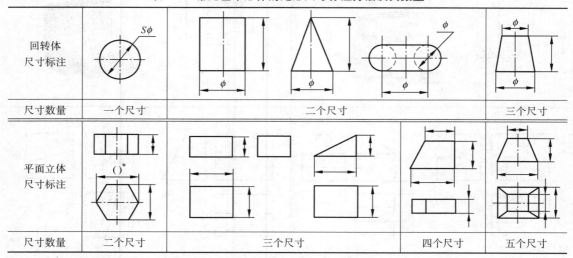

回转体尺寸标注	$S\phi$	ϕ ｜ ϕ ｜ ϕ ｜ ϕ	ϕ ｜ ϕ
尺寸数量	一个尺寸	二个尺寸	三个尺寸
平面立体尺寸标注	( )*			
尺寸数量	二个尺寸	三个尺寸	四个尺寸 ｜ 五个尺寸

注：从定形角度考虑，加括号的尺寸可以不注，生产中为了下料方便等又往往注上作为参考。

当两个形体具有某一相同尺寸，如图6-14中底板上的通孔 $2 \times \phi6$ 与底板等高，孔深尺寸与底板高度尺寸只需标注一个。对两个以上有规律分布的相同形体（如图6-14中对称分布的 $2 \times \phi6$ 孔），只需标注一个形状的定位尺寸，再辅以数量说明（用"$2 \times$"表示两个孔）。对同一形体中的相同结构（如图6-14中底板的圆角 R 值）也只需标注一次，且不注写数量，即不注成"$2 \times R6$"。

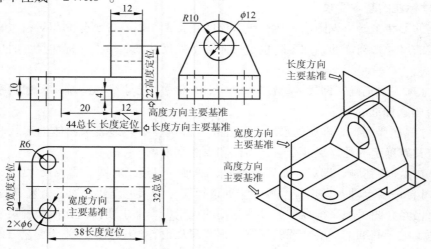

图6-14　组合体尺寸标注

2. 定位尺寸及其尺寸基准

（1）尺寸基准　单个形体只有定形尺寸，引入组合体概念及形体分析法思维过程后，组合体各组成部分就有了相对位置的描述，确定各形体间相对位置的尺寸称为定位尺寸；确定定位尺寸起点的几何要素就称为尺寸基准，简称基准。一般的，在三维空间中，长、宽、高三个方向上应各有一个主要基准。基准要素一般采用组合体（或形体）的对称平面（对称中心线）、主要的轴线和较大的平面（底面、端面）作为主要基准。根据需要，还可以选一些其他几何要素作为辅助基准。主要基准和辅助基准之间应有直接和间接的尺寸联系。图 6-14 示出了该组合体三个方向的主要基准。

（2）定位尺寸　定位尺寸是确定形体间相对位置的尺寸。图 6-14 中将长度方向的定位尺寸、宽度方向的定位尺寸、高度方向的定位尺寸分别用"长度定位"、"宽度定位"、"高度定位"指出。

两个形体间应该有三个方向的定位尺寸。若两形体间在某一方向处于共面、对称、同轴时，就可省略该方向的一个定位尺寸。图 6-14 中底板上 $2 \times \phi6$ 两圆柱孔省去了高度定位尺寸。

当以对称平面（对称中心线）为基准标注定位尺寸时，一般以对称中心线为中心，直接标注对称的两形体之间的距离。如图 6-14 中 $2 \times \phi6$ 两圆柱孔的中心距 20（宽度定位尺寸）。

从上述分析可以看出，基本形体的定形尺寸的数量是一定的，两形体间的定位尺寸的数量也是一定的，所以组合体尺寸的数量是确定的。

图 6-15a 所示为选用辅助基准的例子，底板上的 $\phi8$ 孔在宽度方向的定位尺寸 9，是以 $\phi10$ 孔的轴线为辅助基准，而不是根据宽度方向的主要基准来定位的。

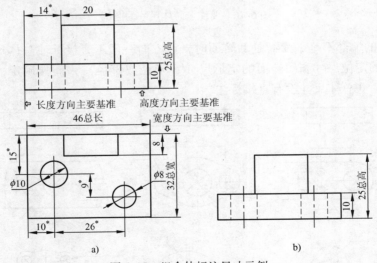

图 6-15　组合体标注尺寸示例

a）组合体注尺寸　b）不要注成封闭尺寸链

注：图中标有"＊"号的尺寸是定位尺寸

3. 总体尺寸

为了了解组合体所占空间的大小，一般需标注组合体的总长、总宽和总高，称为总体尺寸。有时，某一形体的某一尺寸就反映了组合体的总体尺寸（图 6-14 中底板的长和宽就是该组合体的总长和总宽），不必另外标注。有时按各形体逐步标注定形尺寸和定位尺寸后，尺寸已完整，实际上总体尺寸已隐含确定，若再加注总体尺寸就会出现多余尺寸（形成封闭尺寸链），如图 6-15b 所示底板高度尺寸 10、立板高度尺寸 15、总高度尺寸 25 同时标注就是这种情况。此时若加注总高尺寸，应去掉一个板的高度尺寸，如去掉立板高度尺寸 15。为避免调整尺寸，也可先注出整体尺寸，逐个形体标注时，少注该方向上形体的一个尺寸。

需要说明，将尺寸分为定形尺寸、定位尺寸和总体尺寸，只是使尺寸标注完整有序的一种分析方法。某一尺寸的作用可能不止一个，例如某一尺寸可能既起定形作用又起定位作用。

有时，为了满足加工要求，既标注总体尺寸，又标注定形尺寸，如图 6-16 所示。图中底边四个角的 1/4 圆柱可能与孔同轴（图 6-16a），但无论同轴与否，均要标注出孔的轴线间的定位尺寸和 1/4 圆柱的定形尺寸 R，还要标注出总体尺寸。当二者同轴时，应检查所标注的尺寸数值，避免发生矛盾。

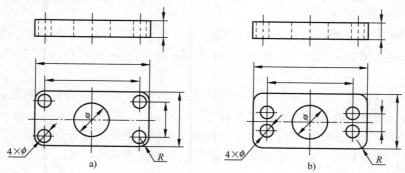

图 6-16　要注全总体尺寸的图例

当组合体的端部不是平面而是回转面时，该方向一般不直接标注总体尺寸，而是由确定回转面轴线的定位尺寸和回转面的定形尺寸（半径或直径）来间接确定，如图 6-17a ~ f 所示各图中的一些总体尺寸没有直接标注。

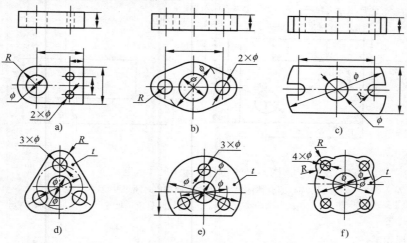

图 6-17　不直接标注总体尺寸的图例

在标注回转体的定位尺寸时，一般是确定其轴线的位置，而不应以其转向线来定位，如图 6-18 所示。

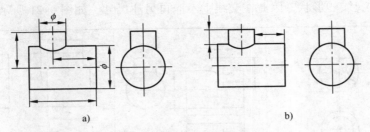

图 6-18　回转体定位应确定其轴线的位置
a）正确　b）错误

6.3.3　标注尺寸要清晰

所谓清晰，就是要求所标注的尺寸排列适当、整齐、清楚，便于看图。

1. 把尺寸标注在反映形体特征的视图上

为了看图方便，应尽可能把尺寸标注在反映形体特征的视图上。图 6-19 所示为把五棱柱的五边形尺寸标注在反映形体特征的主视图上。如图 6-20 所示，R 值应标注在反映圆弧的视图上；φ 值可标注在反映圆的视图上，也可标注在非圆的视图上，为使尺寸清楚，一般标注在非圆的视图上。

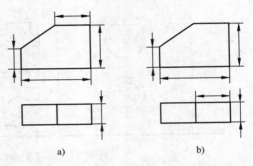

图 6-19　尺寸标注在反映形体特征的视图上
a）好　b）不好

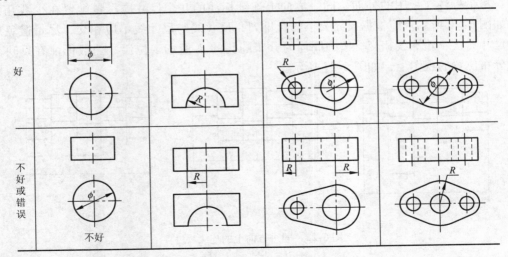

图 6-20　标注 φ、R 的图例

2. 把有关联的尺寸尽量集中标注

为了看图方便，应把有关联的尺寸尽量集中标注，如图 6-21 所示。

3. 交线上不应直接标注尺寸

形体的邻接表面处于相交位置时，自然会产生交线。由于两个形体的定形尺寸和定位尺寸已完全确定了交线的形状，因此在交线上不应再另注尺寸，如图 6-21 所示。

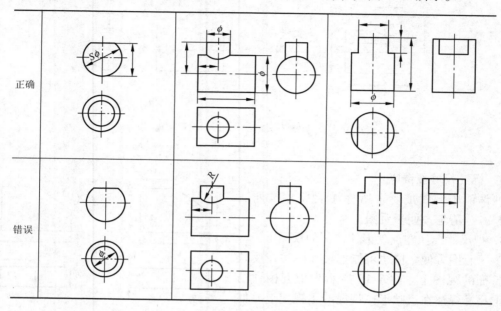

图 6-21　尽量集中标注和交线上不注尺寸的图例

4. 尺寸排列整齐、清楚

排列整齐除了遵守第 1 章中介绍的尺寸注法的规定外，尺寸应尽量标注在两个相关视图之间，尽量标注在视图的外面。同一方向上连续标注的几个尺寸应尽量配置在少数几条线上，如图 6-22 所示。应根据尺寸大小依次排列，尺寸线与尺寸线不应相交，尽量避免尺寸线与尺寸界线、轮廓线相交。按圆周均匀分布的孔的 φ 值和定位尺寸一般标注在反映其数量和分布位置的视图上，如图 6-23 所示。

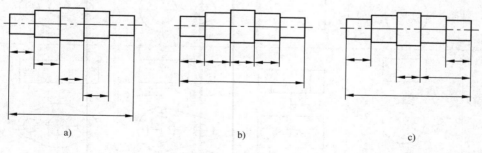

图 6-22　同一方向上的连续尺寸

a）不好　b）好　c）好

6.3.4　标注组合体尺寸的方法和步骤

标注尺寸时，先对组合体进行形体分析，选定长度、宽度、高度三个方向的尺寸基准，逐个形体标注其定形尺寸和定位尺寸，再标注总体尺寸，最后检查并进行尺寸调整。

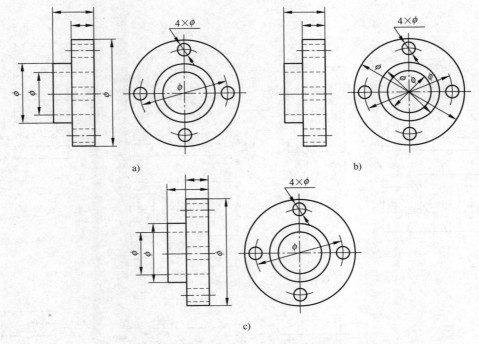

图 6-23 避免尺寸线与其他图线相交

a）好 b）不好 c）不好

下面通过三个示例说明标注组合体尺寸的方法和步骤。

【例6-1】 支座的尺寸标注如图 6-24 所示。

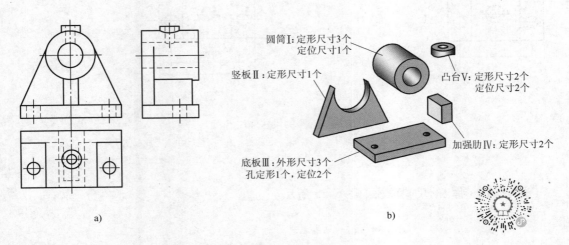

圆筒Ⅰ:定形尺寸3个
定位尺寸1个

竖板Ⅱ:定形尺寸1个

凸台Ⅴ:定形尺寸2个
定位尺寸2个

加强肋Ⅳ:定形尺寸2个

底板Ⅲ:外形尺寸3个
孔定形1个,定位2个

a)

b)

图 6-24 支座的尺寸标注

a）题目 b）形体分析，数尺寸个数（17 个）

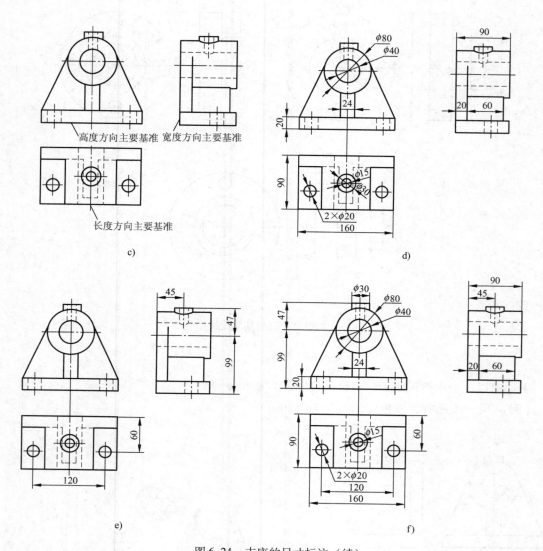

图 6-24　支座的尺寸标注（续）

c) 选基准　d) 标定形尺寸　e) 标定位尺寸　f) 调整尺寸，完成标注

【例 6-2】　导块的尺寸标注如图 6-25 所示。

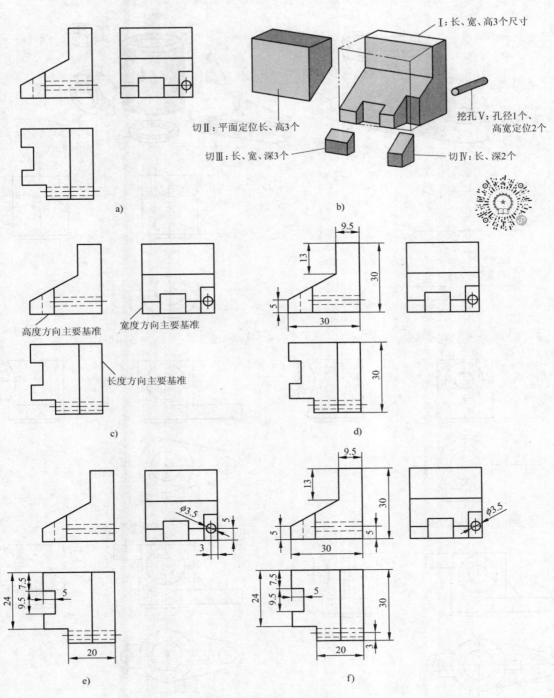

I：长、宽、高3个尺寸

切II：平面定位长、高3个

切III：长、宽、深3个

切IV：长、深2个

挖孔V：孔径1个、高宽定位2个

a)　　　　　　b)

高度方向主要基准

宽度方向主要基准

长度方向主要基准

c)　　　　　　d)

e)　　　　　　f)

图6-25　导块的尺寸标注

a）题目　b）形体分析，数尺寸个数（14个）　c）选基准　d）标注切II的尺寸
e）标注切III、切IV、挖孔V的尺寸　f）调整尺寸，完成14个尺寸的标注

【例6-3】　组合体图样绘图综合举例——以图6-26所示的支架为例，完成形体分析与视图选择，按合理的步骤绘图并标注尺寸。

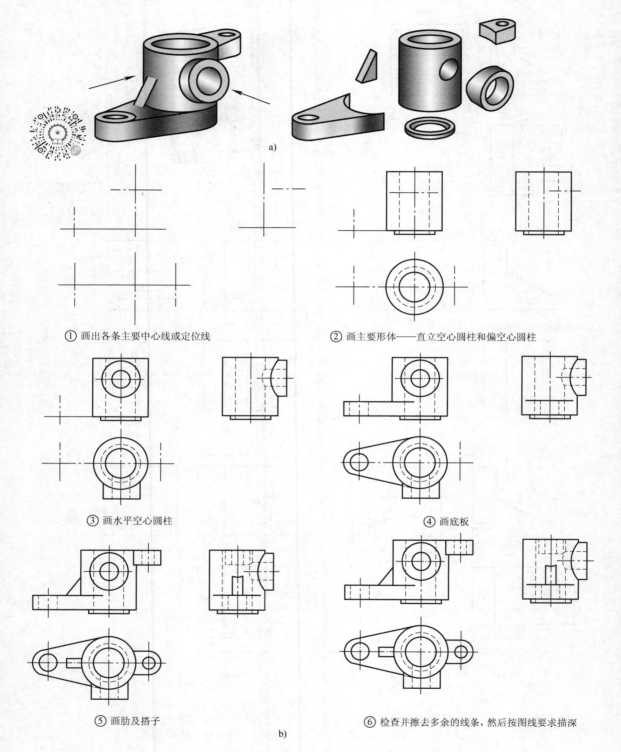

a)

① 画出各条主要中心线或定位线　　　② 画主要形体——直立空心圆柱和偏空心圆柱

③ 画水平空心圆柱　　　④ 画底板

⑤ 画肋及搭子　　　⑥ 检查并擦去多余的线条，然后按图线要求描深

b)

图 6-26　支架的图样绘制综合举例

a）形体分析与视图选择　　b）画图步骤

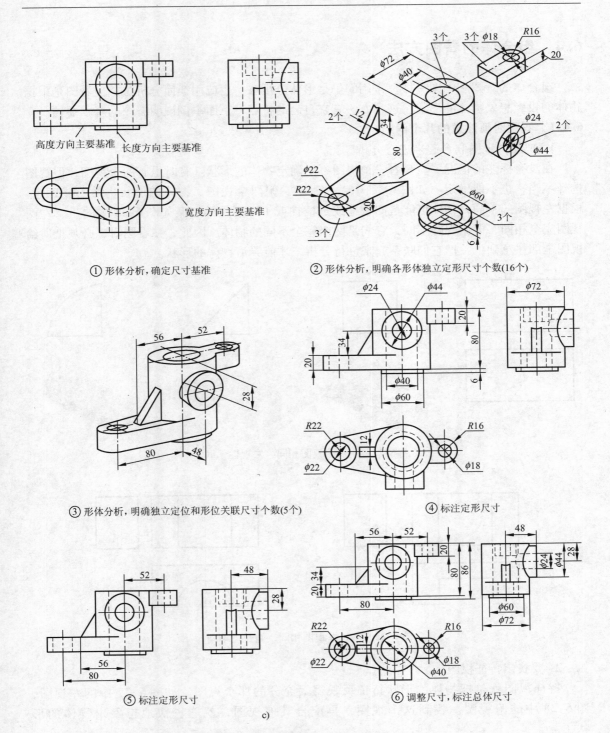

① 形体分析,确定尺寸基准

② 形体分析,明确各形体独立定形尺寸个数(16个)

③ 形体分析,明确独立定位和形位关联尺寸个数(5个)

④ 标注定形尺寸

⑤ 标注定形尺寸

⑥ 调整尺寸,标注总体尺寸

c)

图 6-26 支架的图样绘制综合举例（续）

c）尺寸标注

6.4　组合体的看图方法

组合体的看图和画图一样，常用的仍是形体分析法，也应用线面分析法，但看图是根据物体的投影想象物体的形状。这些方法有它自己的特点，下面举例说明看图的基本要领。

6.4.1　看图时须注意的几个问题

1. 把几个视图联合起来进行分析

在没有标注的情况下，只看一个视图不能确定物体的形状。有时虽有两个视图，但视图选择不当，也不能确定。如图 6-27 中，只看主、俯两个视图，物体的形状仍然不能确定。根据左视图的不同，物体可能是四棱柱或三棱柱或 1/4 圆柱等。又如图 6-28 中的主、左两视图完全相同，但俯视图不同，它们是两个完全不同的物体。因此，在看图时，必须把所给视图全部注意到，并把它们联系起来进行分析，才能弄清物体的形状。

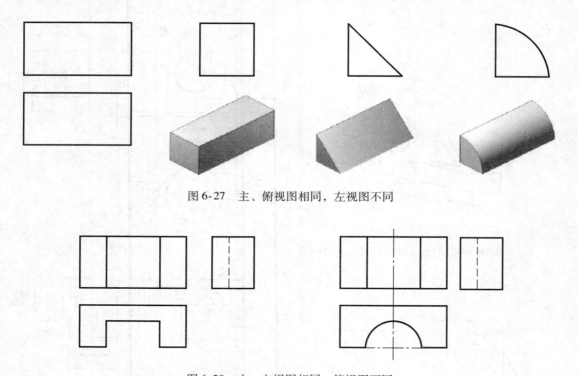

图 6-27　主、俯视图相同，左视图不同

图 6-28　主、左视图相同，俯视图不同

2. 要找出特征视图

特征视图就是把物体的形状特征反映得最充分的那个视图。如图 6-27 中的左视图，图 6-28 中的俯视图。找到这个视图，再配合其他视图，就能较快地想象出物体的形状了。

组成物体的各个形状特征并非总是集中在一个视图上，而是可能每个视图上都有一些，如图 6-29 所示的支架由底板和竖板两部分组成，主视图反映整体特征，俯视图反映底板的特征，左视图反映竖板的特征，由三视图想象物体形状的过程如图 6-29b、c、d 所示。

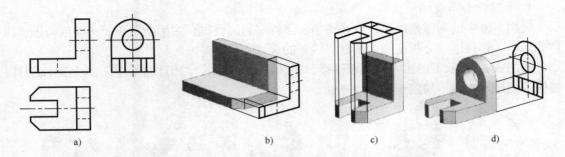

图 6-29　根据三视图构思出物体形状的过程

3. 要注意视图中反映形体间联系的图线

　　形体之间表面连接关系的变化，会使视图中的图线也产生相应的变化。图 6-30a 中三角形肋与底板及侧板的连接线是实线，说明它们的前面不平齐，因此，三角形肋在中间。而图 6-30b 中的连接线是虚线，说明它们的前面平齐。因此，根据俯视图，可以肯定三角形肋有两块，一块在前，一块在后。

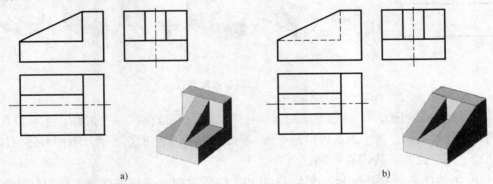

图 6-30　形体之间表面连接关系的变化（一）

　　图 6-31a 中，根据两形体的交线的投影是斜直线，可以肯定它们是直径相等的两圆柱。图 6-31b 中，根据两形体在过渡处没有交线，可以肯定它们是粗细相同的方柱和圆柱。

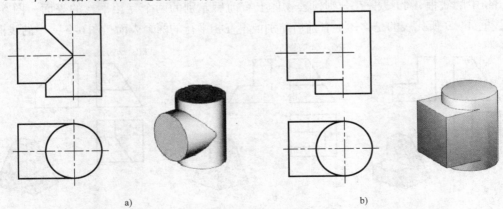

图 6-31　形体之间表面连接关系的变化（二）

4. 要注意分析视图上线框、线条的含义

视图最基本的图素是线条，由线条组成了许多封闭线框，为了能迅速、正确地构思出物体的形状，还须注意分析视图上线框、线条的含义。

如图 6-32 所示，给出一个圆形线框，根据这个线框，可以沿投射方向拉伸构思出圆柱、圆锥、圆球等物体，如图 6-32a ~ f 所示。

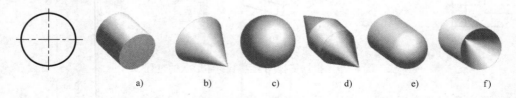

a)　　　b)　　　c)　　　d)　　　e)　　　f)

图 6-32　圆形线框可能的含义

如图 6-33 所示，给出一个长方形线框，根据这个线框，可以沿投射方向拉伸构思出三棱柱、圆柱头长方体、圆角棱形块等形体，如图 6-33a ~ f 所示。

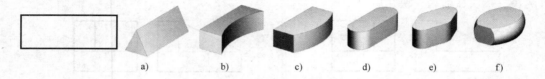

a)　　　b)　　　c)　　　d)　　　e)　　　f)

图 6-33　长方形线框可能的含义

1）由图 6-32、图 6-33 可知，视图上的一个线框，可以代表一个形体，也可以代表物体上的一个连续表面，这个表面可以是平面、曲面或曲面和它的切平面。看图时还须注意形体有"空、实"之别，表面有"凹、凸"、"平、曲"之分。

2）线条的含义。由图 6-32、图 6-33 可知，构成视图上线框的线条，可以代表有积聚性的表面（平面、曲面或曲面和它的切平面），或线（棱线、交线、转向素线等）。

3）相邻两线框的含义。视图上相邻两个线框，代表物体上两个不同的表面。如果是主视图上的相邻线框，则两线框代表的表面，可能是有前后差别，也可能相交。例如，图 6-34a 中的线框 A 和线框 B 分别代表物体上有前后差别的两个互相平行的表面；图 6-34b 中的线框 A、B 所代表的是物体上有前后差别但不互相平行的两个表面；图 6-34c 中的线框 A、

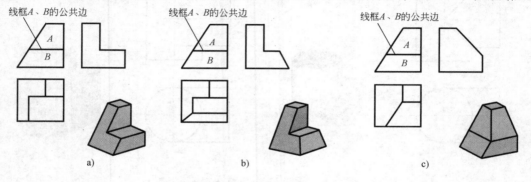

a)　　　　　　　b)　　　　　　　c)

图 6-34　相邻两线框的含义

B 代表的是物体上两个相交的平面。线框 A 和线框 B 的公共边在图 6-34a、b 中代表物体的一个表面，在图 6-34c 中代表物体上两表面的交线。

6.4.2 形体分析看图法

组合体画图和读图都采用形体分析法。画图时将组合体进行形体分解，而读图则是在视图上进行线框分割。首先将一个视图按照轮廓线构成的封闭线框分割成几个平面图形，它们就是各简单立体（或其表面）的投影；然后按照投影规律找出它们在其他视图上对应的图形，从而想象出各简单立体的形状；同时根据图形特点分析出各简单立体的相对位置及组合方式，最后综合想象出整体形状。

下面以轴承座为例，说明如何看懂所给视图（图 6-35）。

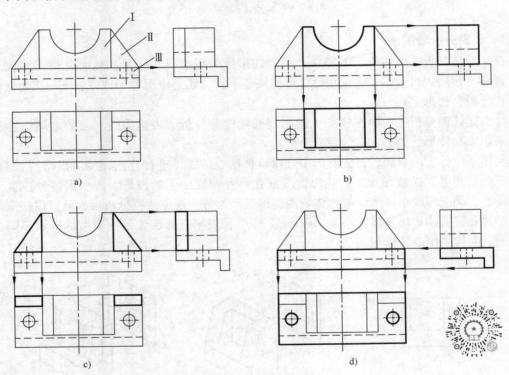

图 6-35 轴承座的看图方法

图 6-35a 中反映轴承座形体特征较多的是主视图。根据这个视图，我们可以把轴承座分成 Ⅰ、Ⅱ、Ⅲ 三部分。从形体 Ⅰ 的主视图出发，根据"三等"对应关系，找到俯、左视图上的相应投影，如图 6-35b ~ d 所示。从图 6-35b 可以看出形体 Ⅰ 是一个长方块，上部挖了一个半圆槽。同样，可以找到形体 Ⅱ 的其余投影，如图 6-35c 所示，可以看出它是一个三角形肋。最后看底板 Ⅲ，俯视图反映了它的形状特征，如图 6-35d 所示。再配合左视图可看出它是带弯边的四方板，上面钻了两个孔。

在看懂每块形状的基础上，再根据整体的三视图，想象它们的相互位置关系，逐渐形成一个整体形状。图 6-35 中轴承座各形体的相对位置，从主、俯两视图上可以清楚地表示出来。方块 Ⅰ 在底板 Ⅲ 的上面，位置是中间靠后，后面平齐。肋 Ⅱ 在方块 Ⅰ 的两侧，也是后面平齐。底板 Ⅲ 的前面有一弯边，它的位置可以从左视图上清楚地看出。这样结合起来想象整体，就能形成如图 6-36 所示的空间形状。

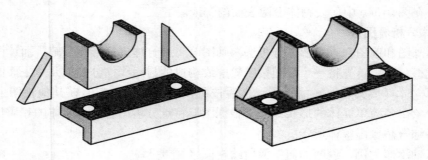

图 6-36　轴承座的空间形状

6.4.3　线面分析看图法

在一般情况下，形体清晰的零件，用上述形体分析法就解决了，然而有些零件较为复杂，特别是切割式组合体，完全用形体分析法还不够，还要应用另一种方法——线面分析法来进行分析、构思。

什么是线面分析法？根据视图上的图线和线框，分析所表达的线、面的空间位置和形状，来想象物体形状的方法称为线面分析法。

利用线面分析法看图，首先对图中形状特征明显的线框进行分割，然后根据"长对正、高平齐、宽相等"的投影规律，找出该线框在另外两视图上的投影，再根据各种位置面的投影特性，确定该线框所表示的物体表面的形状和位置。逐个线框分析后，就可以根据各表面的形状和位置构思出物体的形状。图 6-37 所示为根据线框所表示的表面的形状不同、位置不同，而构思出的物体形状。

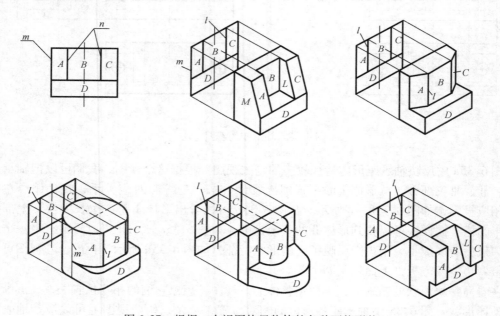

图 6-37　根据一个视图构思物体的各种可能形状

下面以图 6-38 所示压块为例说明线面分析法。

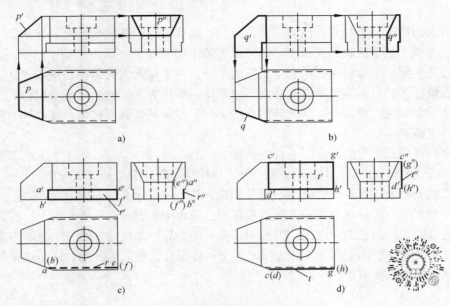

图 6-38 压块的看图方法

先用形体分析法分析整体形状。由于压块的三个视图轮廓基本上都是长方形（只缺掉几个角），所以它的基本形体是长方体。进一步分析细节形状，从主视图看出，压块右方有个阶梯孔。主视图的长方形缺个角，说明在长方体的左上角切掉一角。俯视图的长方形缺两个角，说明在长方体的左端切掉前后两角。左视图也缺两个角，说明下方前、后两边各切去一块。

这样，从形体分析的角度看，有了一个大致的轮廓。但是，究竟是被什么样的平面切的？切割以后的投影为什么会成为这个样子？还需进一步进行线面分析。

下面就利用图上的一个封闭线框在一般情况下反映物体上一个面的投影的规律去进行分析，并按"三等"对应关系找出每一个表面的三个投影。

先看图 6-38a。从俯视图的梯形线框 p 看起，在主视图中找到它的对应投影。由于在主视图上没有与它等长的梯形线框，所以它的正面投影只可能对应斜线 p'。因此，P 面是垂直于正面的梯形平面。长方体的左上角就是由这个平面切割而成的。平面 P 对侧面和水平面都处于倾斜位置，所以，它的侧面投影 p'' 和水平投影 p 是类似形，不反映 P 面的实形。

然后看图 6-38b。从主视图的七边形 q' 看起，在俯视图中找它的对应投影。由于俯视图上没有与它等长的七边形，所以，它的水平投影只可能对应斜线 q。因此，Q 面是垂直于水平面的平面。长方体的左端就是由这样的两个平面切割而成的。平面 Q 对正面和侧面都处于倾斜位置，因此侧面投影 q'' 也是一个类似的七边形。

再看图 6-38c。从主视图的长方形 r' 看起，在俯视图中找它的对应投影。因为长方形 $a'b'f'e'$ 的水平投影是虚线 $a(b)e(f)$。因此 R 面平行于正投影面，它的侧面投影积聚成一条垂直线 $a''(e'')b''(f'')$，而线段 ab 是 R 面与 Q 面交线的正面投影。

最后看图 6-38d。从主视图的长方形 $c'd'h'g'$ 看起，在俯视图上找出与它对应的投影只能是积聚成一条直线 $c(d)g(h)$，因此，T 面也是正平面。它的侧面投影是铅垂线 $c''(g'')d''(h'')$。

其余的表面比较简单易看，读者可自行分析。这样，我们既从形体上，又从面、线的投影上，彻底弄清了整个压块的三视图，就可以想象出如图 6-39 所示的压块的空间形状了。

这种方法主要用来分析视图中难于看懂的部分，对于切割式的零件用得较多。

在一般情况下，常常是两种方法并用，以形体分析法为主，线面分析法为辅。

对于初学者来说，看图是一项比较困难的工作，但是只要我们应用上述两种方法去进行分析，就一定能够学会。

下面我们再举几个看图与画图结合的例题。

图 6-40 所示为一支座的主、俯视图。图 6-41 表示其看图与补图的分析过程。结合主、俯视图的线框分割大致可看出它由三个部分组成，图 6-41a 表示该支座的下部为一长方板，根据其高度和宽度可先补画出该长方板的左视图。图 6-41b 表示在长方板的上、后方的另一个长方块的投影并画出它的左视图。图 6-41c 表示在上部长方块前方的一个顶部为半圆柱形的凸块的投影及其左视图。图 6-41d 为以上三个形体组合，在后部开槽，从凸块中间穿通孔后，该支座完整的三面视图。

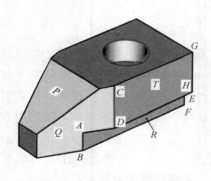

图 6-39　压块的空间形状

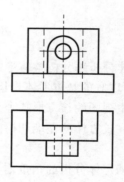

图 6-40　支座的主、俯视图

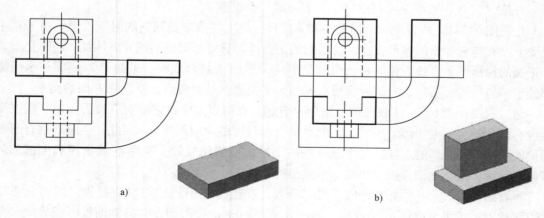

a)　　　　　　　　　　　　　　　b)

图 6-41　支座的看图及补图分析——形体分析法

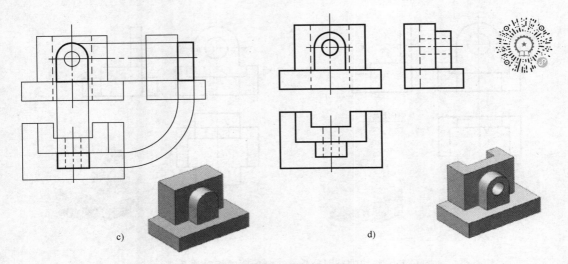

c)　　　　　　　　　　d)

图 6-41 支座的看图及补图分析——形体分析法（续）

　　图 6-42 所示为垫块的主、俯视图，要求补画出其左视图。

　　图 6-43 表示垫块的补图分析过程。这里同时采用了形体分析法和线面分析法。图6-43a表示垫块下部的中间为一长方块，根据主视图的线框 a' 和 b'，对应找出其水平投影a、b 及侧面投影 a''、b''。因为 a、b 及 a''、b'' 都积聚为直线，故 A、B 为正平面。分析面 A 和 B，可知 B 面在前、A 面在后，故它是一个凹形长方块。补出该长方块的左视图，凹进部分用虚线表示。图 6-43b分析了主视图上的 C 面，可知在长方块前面有一凸块，因而在左视图的右边补画出相应的一块。图 6-43c 分析了长方块上面一个带孔的竖板，因图上所指处没有轮廓线，可知竖板的前面与上述的 A 面平齐，在左视图相应部位处补画出竖板的投影。图 6-43d 从俯视图上分析了垫块后部有一个凸块，由于在主视图上没有相对应的虚线，可知后凸块的背面 E 和前

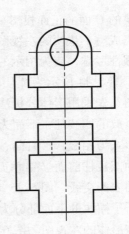

图 6-42 垫块的主、俯视图

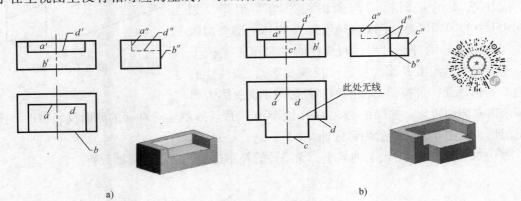

a)　　　　　　　　　　b)

图 6-43 垫块的补图分析——分析面的相对关系

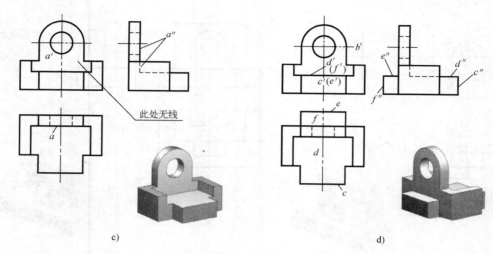

此处无线

c)   d)

图 6-43　垫块的补图分析——分析面的相对关系（续）

凸块的 C 面的正面投影重合，也即前、后凸块的长度和高度相同，补出后凸块的左视图后即完成整个垫块的左视图（根据图形对应关系，凸块也可是三棱柱形的，但从物体的结构合理性考虑，应为图示的四棱柱形）。

图 6-44 所示为撞块的主、俯视图，要求补画出其左视图。先采用形体分析法将物体分为上、下两部分。上面为竖放的四棱柱，下面为长方体经过切割而成，两部分组合形式为相交，且后面、右端面对齐。作图时注意补画上面的四棱柱前面（铅垂面）、左端面与下面被切割后的形体的表面交线。图 6-45 表示其补图的分析过程。图 6-45a 分析了撞块的下面部分为一长方块被正垂面 D 切割，并补出该形体的左视图。图 6-45b 分析了该形体左端被梯形铅垂面 A 切割，根据"三等"关系补画出梯形面 A 的左视图。应注意 A 的正面投影与侧面投影为类似形，如图 6-45b 中的阴影区域。图 6-45c 分析了物体上部叠加四棱柱（棱铅垂）的补图过程，四棱柱的左端面 E 是侧平面，在左视图上画出 E 面的投影（反映实形）；四棱柱的前面 C 为铅垂面，可根据 C 面的侧面投影与正面投影为类

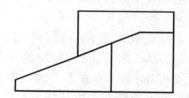

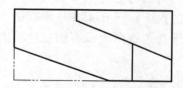

图 6-44　撞块的主、俯视图

似形求出其侧面投影，如图 6-45c 中的阴影区域。最后需要注意 D 面的侧面投影和水平投影为类似形，如图 6-45d 中的阴影区域。

图 6-46、图 6-47 给出了轴承座、支撑轴的补图过程，请读者阅读分析。

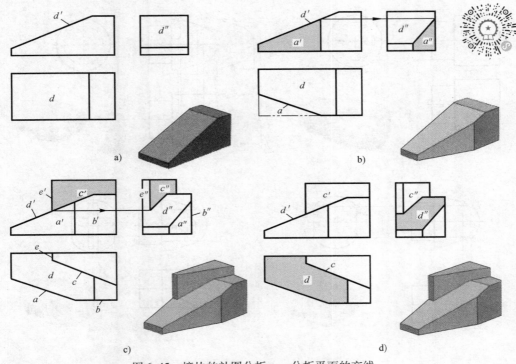

图 6-45 撞块的补图分析——分析平面的交线

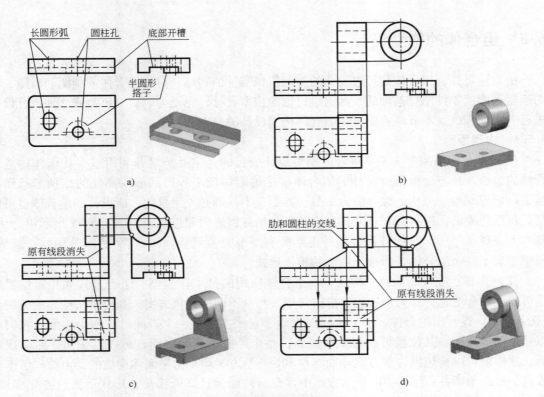

图 6-46 轴承座的看图分析

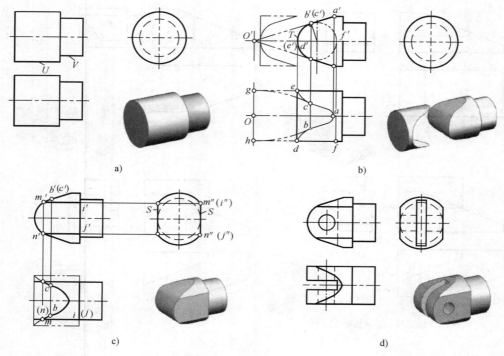

图 6-47　支撑轴的看图分析

6.5　组合体的构型设计

由前述可知，组合体是经过简化的类似机械零件的物体，讨论组合体的画图和看图，是为绘制和阅读零件图打基础的，而这里讨论的构型设计，也是为以后对机器或部件进行设计进行一定的训练。本节将主要讨论组合体构型设计的原则和方法。

6.5.1　构型原则

（1）以几何体构型为主　组合体构型设计的目的，主要是培养利用基本几何体构造组合体的方法。一方面提倡所设计的组合体应尽可能体现工程产品或零部件的结构形状和功能，以培养观察、分析、综合能力。另一方面又不强调必须工程化，所设计的组合体也可以是凭自己想象的。以更有利于开拓思维路径，培养创造力和想象力。如图 6-48 所示组合体，基本上表现了一部卡车的外形，但并不是所有细节完全逼真。图 6-49 所示是圆柱、圆球、圆锥组成了一个组合体，体现了特殊的相贯形式。

（2）多样、变异、新颖　构成一个组合体所用的基本体类型、组合方式和相对位置应尽可能多样和变化，并力求构想出打破常规、与众不同的新颖方案。如要求按给定的俯视图（图 6-50a）设计出组合体，由于俯视图含六个封闭实线框，上表面可有六个表面，它们可以是平面或曲面，其位置可高可低可倾斜；整个外框可表示底面，可以是平面、曲面或斜面，这样就可以构想出许多方案。如图 6-50b 所示方案均是由平面体构成的，由前向后逐步拔高，显得单调些；图 6-50c 所示方案中含有圆柱面，且高低错落，形式活泼，变化多样；而图 6-50d 所示方案采用圆柱切割而成，构思更新颖。

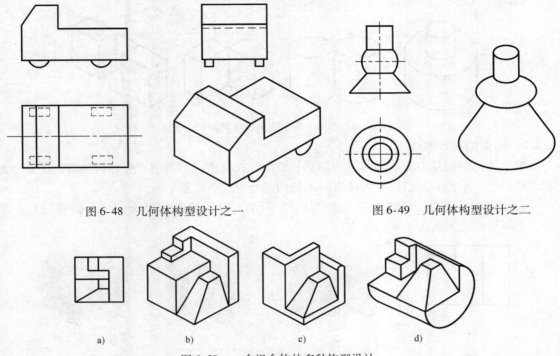

图 6-48 几何体构型设计之一   图 6-49 几何体构型设计之二

a)   b)   c)   d)

图 6-50 一个组合体的多种构型设计

（3）体现稳定、平衡、动、静等造型艺术法则 使组合体的重心落在支承面之内，会给人稳定和平衡感，对称形体符合这种要求，如图 6-51 所示。非对称形体（图 6-52）应注意形体分布。以获得力学和视觉上的稳定和平衡感。图 6-53 所示小轿车的造型，显得静中有动，给人以形式美观、轻便、可快速行驶的感觉。

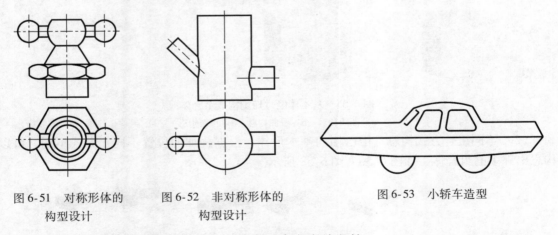

图 6-51 对称形体的   图 6-52 非对称形体的   图 6-53 小轿车造型
     构型设计   构型设计

尚有许多造型艺术法则可供借鉴，读者可参考有关文献。

（4）符合工程实际和便于成型

1）两个形体组合时，不能出现线接触和面连接，如图 6-54 所示。

2）一般采用平面或回转曲面造型，没有特殊需要不用其他曲面，这样绘图、标注尺寸和制作都比较方便。

封闭的内腔不便于成型，一般不要采用。

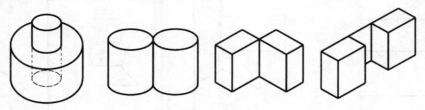

图 6-54　形体组合不能出现线接触和面连接

6.5.2　构型的基本方法

组合体构型的基本方法即前述的切割和叠加，在具体进行切割和叠加构型时，还要考虑表面的凹凸、平曲和正斜以及形体之间不同的组合方式等因素。

（1）凹凸、平曲、正斜构思　如图 6-55 所示，根据给定的单面视图，依据凹凸、平曲、正斜可构思出许多不同的组合体。

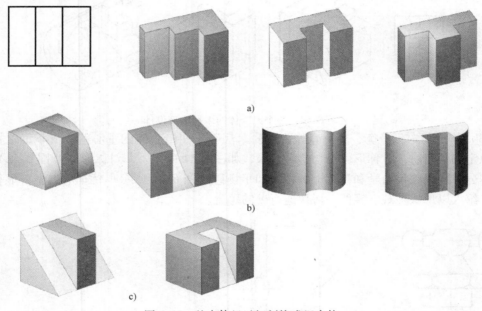

图 6-55　基本体经过切割构成组合体
a）凹凸构思　b）平曲构思　c）正斜构思

（2）不同组合方式构思　由已知的基本形体，根据叠加的位置不同、方式不同，可以构思出许多的组合体，如图 6-56 ~ 图 6-58 所示。

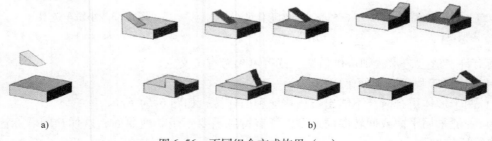

图 6-56　不同组合方式构思（一）

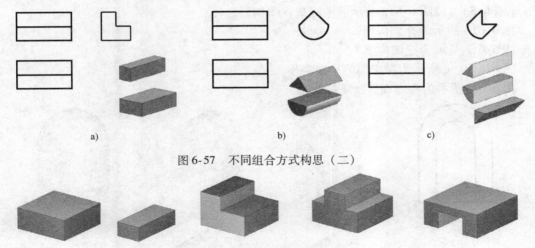

图 6-57 不同组合方式构思（二）

图 6-58 不同组合方式构思（三）

（3）虚实线重影构思 由图 6-55 给出的单面视图，如考虑虚实线重影，还可以构思出许多种形体，如图 6-59 所示。

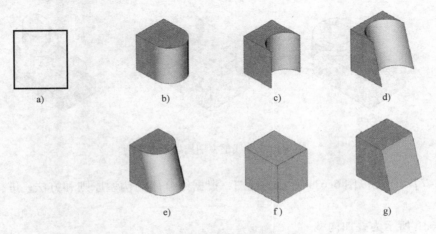

图 6-59 虚实线构思

6.5.3 构型设计举例

【例 6-4】 以图 6-60a 所示的单线框视图构思形体，变化在于前表面的凹、凸、平、曲、正、斜，图 6-60b 与 c 为曲面的凹凸变化，图 6-60b 与 e、c 和 d 为曲面的正斜变化，图 6-60f 与 g 为平面的正斜变化。

图 6-60 单线框视图构思形体举例

【**例6-5**】 以图6-61a所示的两线框视图构思形体。

图6-61b所示为叠加构型。

图6-61c所示为挖切构型。

图6-61d、e所示为考虑面的平曲构型。

图6-61f所示为考虑虚实线重影构型。

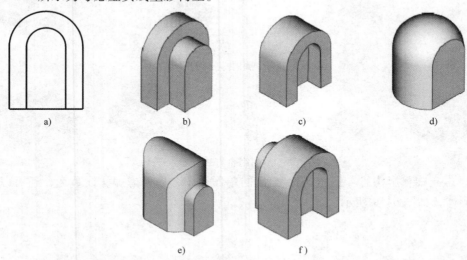

a)   b)   c)   d)

e)   f)

图6-61 两线框视图构思形体举例

【**例6-6**】 以图6-62a所示的多线框视图构思形体。

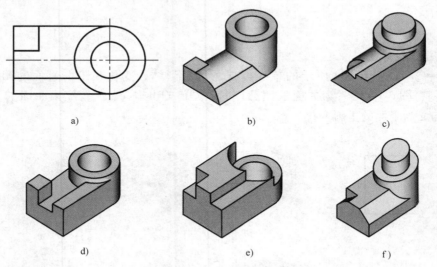

a)   b)   c)

d)   e)   f)

图6-62 多线框视图构思形体举例

【**例6-7**】 下面以图6-63a所示的视图，根据组合体的构型原则和方法，进行构型设计举例。

图6-63b所示为叠加构型。

图6-63c所示为挖切构型。

图 6-63d、e 所示为考虑面的平曲构型。

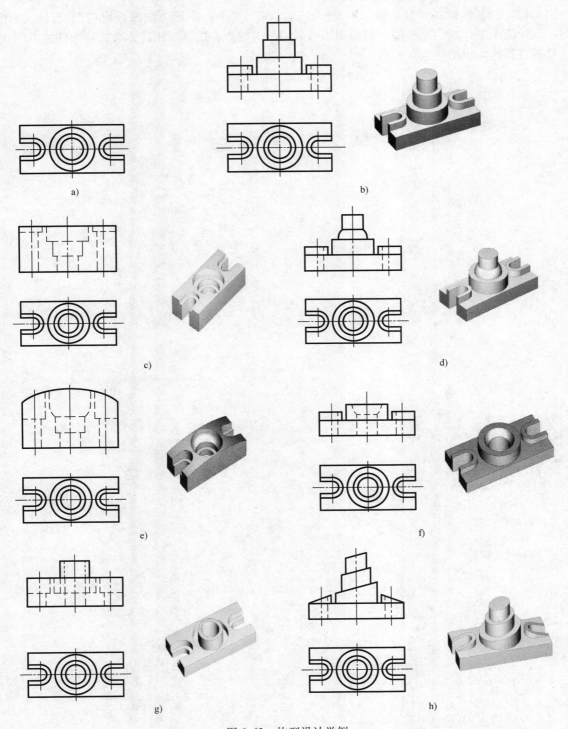

图 6-63　构型设计举例

图 6-63f、g 所示为考虑凹凸方式构型。

图 6-63h 所示为考虑面的正斜构型。

设计与制作：以"日、目、田、凹、凸、回"等字的字形为视图进行构型设计，将图示设计成果制作成实物模型。模型制作可采用手工制作、机器制作的方法，有条件的可用计算机进行实体模型仿真。

第7章 图样画法

在生产实际中，物体的形状和结构是比较复杂的，为了正确、完整、清晰、规范地将物体的内外形状表达出来，国家标准《技术制图》、《机械制图》中规定了各种画法，如外形表达——视图（GB/T 17451—1998、GB/T 4458.1—2002）、内形表达——剖视图（GB/T 17452—1998、GB/T 4458.6—2002）、断面图（GB/T 17452—1998、GB/T 4458.6—2002）、局部放大图（GB/T 4458.1—2002）、简化画法和规定其他画法（GB/T 16675.1—2012、GB/T 4458.1—2002）等。

7.1 物体外形的表达——视图

视图通常用于物体外形的表达，有基本视图、向视图、局部视图和斜视图。

7.1.1 基本视图

表示一个物体可有六个基本投射方向，如图 7-1a 中的 a、b、c、d、e、f 方向，相应地有六个基本投影面垂直于六个基本投射方向。物体向基本投影面投射所得视图称为基本视图，如图 7-1a 所示。六个基本视图的投影面展开方式如图 7-1b 所示。基本视图的名称、配置如图 7-2 所示。

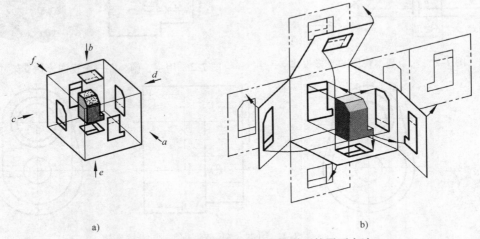

a)   b)

图 7-1　六个基本视图的形成及投影面的展开方法

画六个基本视图时应注意：

1）六个基本视图的投影对应关系，符合"长对正、高平齐、宽相等"的投影关系，即主、俯、仰、后视图等长，主、左、右、后视图等高，左、右、俯、仰视图等宽的"三等"关系。

2）六个视图的方位对应关系，仍然反映物体的上、下、左、右、前、后的位置关系。尤其注意左、右、俯、仰视图靠近主视图的一侧代表物体的后面，而远离主视图的那侧代表物体的前面，后视图的左侧对应物体右侧。

　　3）在同一张图样内按上述关系配置的基本视图，一律不标注视图名称。

　　4）在实际制图时，应根据物体的形状和结构特点，按需要选择视图。一般优先选用主、俯、左三个基本视图，然后再考虑其他视图。在完整、清晰地表达物体形状的前提下，使视图数量为最少，力求制图简便。

　　图7-3为支架的三视图，可看出如采用主、左两视图，已经能将零件的各部分完全表达，这里的俯视图显然是多余的，可以省略不画。但由于零件的左、右部分都一起投射在左视图上，因而虚实线重叠，很不清晰。如果再采用一个右视图，便能把零件右边的形状表达清楚，同时在左视图上，表示零件右边孔腔形状的虚线可省略不画，如图7-4所示。显然采用了主、左、右三个视图表达该零件比图7-3更清晰。

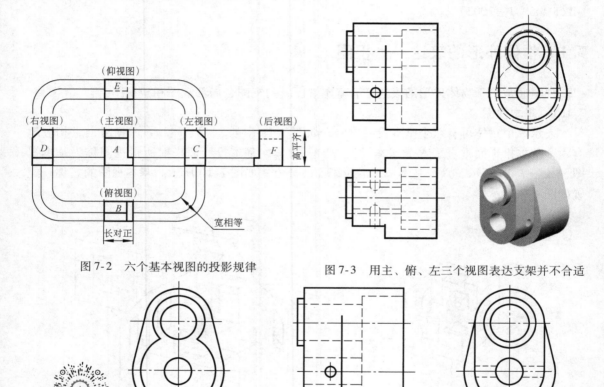

图7-2　六个基本视图的投影规律

图7-3　用主、俯、左三个视图表达支架并不合适

图7-4　用主、左、右三个视图表达支架

7.1.2　向视图

　　向视图是可自由配置的视图。

　　为了合理利用图纸，如不能按图7-2所示配置视图时，可自由配置，如图7-5所示。

　　向视图有图7-5所示的两种标注形式：

　　1）在视图上方标注"×"（"×"为大写拉丁字母），在相应视图附近用箭头指明投射方向，并标注相同的字母（图7-5a）。此标注方式常用于机械工程图样。

2）在视图下方（也可在上方）标注图名。标注图名的各视图位置应根据需要和可能按相应的规则布置（图7-5b）。此标注方式常用于建筑工程图样。

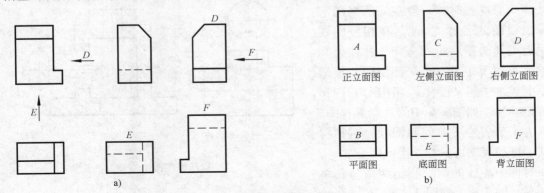

图7-5　向视图的标注方法

7.1.3　局部视图

如只需表示物体上某一部分的形状时，可不必画出完整的基本视图，而只把该部分局部结构向基本投影面投射即可。这种将物体的某一部分向基本投影面投射所得的视图称为局部视图。

如图7-6所示，画出支座的主、俯两个基本视图后，仍有两侧的凸台形状没有表达清楚，显然这样的局部结构没有必要再画出完整的基本视图（左视图和右视图），故图中采用了 A 和 B 两个局部视图来代替左、右两个基本视图，这样既可以做到表达完整，又使得视图简明，避免重复，看图、画图都很方便。

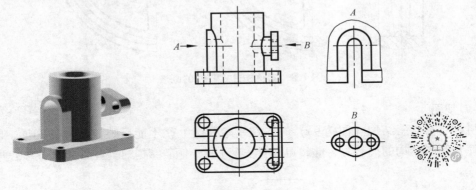

图7-6　局部视图的画法与标注

由于局部视图所表达的只是物体某一部分的形状，故需要画出断裂边界，其断裂边界用波浪线表示（也可用双折线代替波浪线），如图7-6中的"A"。但应注意以下几点：

1）波浪线不应与轮廓线重合或在轮廓线的延长线上。

2）波浪线不应超出物体轮廓线，不应穿空而过。

3）若表示的局部结构是完整的，且外形轮廓线封闭时，波浪线可省略不画，如图7-6中的"B"。

局部视图可按基本视图的形式配置（如图7-6中的 A 局部视图），此时，可省略标注（如图7-6中的 A 局部视图可不注出）；也可按向视图的形式配置并标注（如图7-6中的 B

局部视图）；还可按第三角画法配置在视图上所需表示物体局部结构的附近，并用细点画线将两者相连，如图 7-7a、b 所示。

画局部视图时，一般在局部视图上方标出视图的名称"×"，在相应的视图附近用箭头指明投射方向，并注上同样的大写拉丁字母。当局部视图按投影关系配置，中间又没有其他图形隔开时，可省略标注，如图 7-6 中的 A 局部视图。

为了节省绘图时间和图幅，对称构件式零件的视图可只画一半或四分之一，并在对称中心线的两端画出两条与其垂直的平行细实线，如图 7-8 所示。

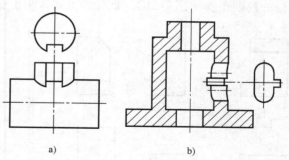

图 7-7　局部视图按第三角画法配置

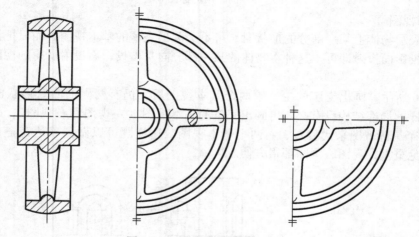

图 7-8　对称构件式零件的画法

7.1.4　斜视图

当机件具有倾斜结构（图 7-9a）时，在基本视图上就不能反映该部分的实形，同时也不便标注其倾斜结构的尺寸。为此，可设置一个平行于倾斜结构的垂直面（图中为正垂面 P）

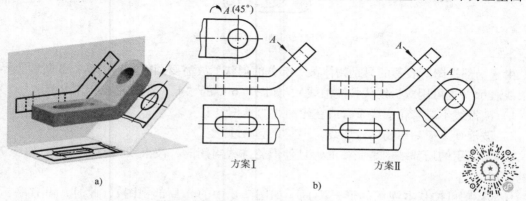

方案 I　　　　　　　　方案 II

a)　　　　　　　　　　　b)

图 7-9　斜视图的产生与配置

作为新投影面，将倾斜结构向该投影面投射，即可得到反映其实形的视图。这种将物体向不平行于基本投影面的平面投射所得的视图称为斜视图。

斜视图主要是用来表达物体上倾斜部分的实形，故其余部分不必全部画出，断裂边界用波浪线表示，如图7-9b所示。当所表示的结构是完整的，且外形轮廓线封闭时，波浪线可省略不画。

斜视图一般按向视图的配置形式配置并标注（图7-9b方案Ⅰ），必要时也可配置在其他适当位置，在不致引起误解时，允许将图形旋转（图7-9b方案Ⅱ）。

经过旋转后的斜视图，必须标注旋转符号（以字高为半径的半圆弧，箭头方向与旋转方向一致，如图7-9b所示），表示该视图名称的大写拉丁字母应靠近旋转符号的箭头端，也允许将旋转角度注写在字母后（括号表示也可不写）。注意：不论斜视图如何配置，指明投射方向的箭头一定垂直于被表达的倾斜部分，而字母按水平位置书写。

7.1.5　第三角画法简介

世界各国的工程图样有第一角投影和第三角投影两种体系。

我国国家标准规定优先采用第一角画法，即将物体放置于第一分角内，使物体处于观察者与投影面之间，按照观察者——物体——投影面的位置关系进行投射（图7-10a），然后按规定展开投影面，其视图配置如图7-10b所示，俯视图画在主视图的下面。美国等国采用第三角画法，即将物体放置于第三分角内，并使投影面处于观察者与物体之间，按照观察者——投影面——物体的位置关系进行投射，此时应将投影面视为透明面（图7-11a），其视图配置如图7-11b所示，俯视图画在主视图的上方。由此可见，这两种画法的主要区别是视图配置关系不同。和第一角画法一样，第三角画法也可以向六个基本投影面投射而得到六个基本视图，其视图的配置关系以主视图为基准，如图7-12所示。图7-13为按第三角绘制的垫块的视图。

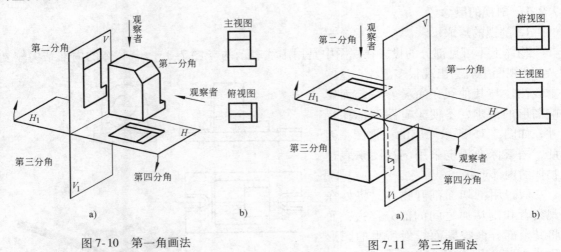

图7-10　第一角画法　　　　　　图7-11　第三角画法

必须注意第一角和第三角画法的看图习惯有所不同。为了区别第一和第三角投影所得的图样，国际标准化组织（ISO）规定了相应的识别符号。第一角投影的识别符号如图7-14a所示，第三角投影的识别符号如图7-14b所示。国家标准规定，采用第三角画法时，必须在图样中画出第三角画法的识别符号；采用第一角画法，必要时也应画出其识别符号。

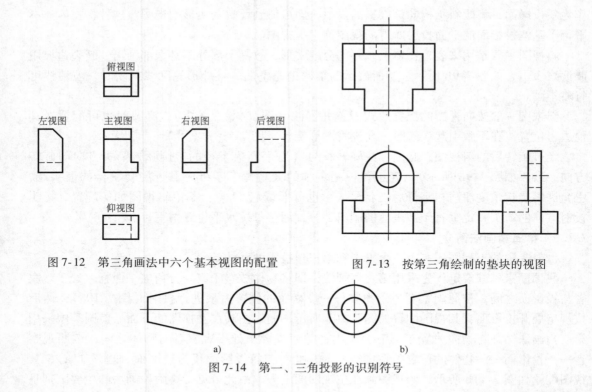

图 7-12　第三角画法中六个基本视图的配置　　　　图 7-13　按第三角绘制的垫块的视图

图 7-14　第一、三角投影的识别符号

7.2　物体内形的表达——剖视图

7.2.1　剖视的概念

1. 剖视的形成

物体上不可见部分的投影在视图中是用虚线表示的（图 7-3）。若物体的内部结构较复杂，在视图中就会出现很多虚线，这些虚线往往与其他线条重叠在一起而影响图形的清晰，不便于看图及标注尺寸，如图 7-15 所示底座的三视图。因此，国家标准规定采用剖视图来表达物体的内部形状。

假想用剖切面剖开物体，将处在观察者和剖切面之间的部分移去，而将其余部分向投影面投射所得的图形称为剖视图，简称剖视。如图 7-16a 采用正平面作为剖切面，在底座的对称平面处假想将它剖开，移去前面部分，

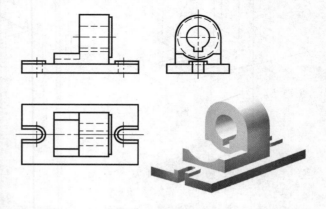

图 7-15　底座及其三视图

使零件内部的孔、槽等结构显示出来，从而在主视图上得到剖视图（图 7-16b）。这样原来不可见的内部结构在剖视图上成为可见的部分，虚线可以画成实线。由此可见，剖视图

主要用于表达零件内部或被遮盖部分的结构。

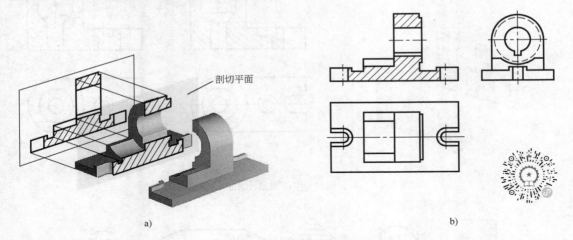

图 7-16 剖视图的形成

2. 剖视图的画法

（1）剖切平面位置的确定 剖切平面一般应通过物体内部孔、槽等的对称面或轴线，且使其平行或垂直于某一投影面，以便使剖切后的孔、槽的投影反映实形。

（2）画剖视图时应注意的问题

1）由于剖切是假想的，因此当零件的一个视图画成剖视图后，其他视图仍应完整地画出。若在一个零件上作几次剖切时，每次剖切都应认为是对完整零件进行的，即与其他的剖切无关。根据物体内部形状、结构表达的需要，可把几个视图同时画成剖视图，它们之间相互独立，互不影响。

2）剖切平面一般应通过物体的对称面或通过内部的孔、槽等结构的轴线和对称中心线，以便反映结构实形。剖切时，要避免产生不完整要素或不反映实形的截断面。

3）在剖视图中，零件后部的不可见轮廓线——虚线一般省略不画，只有对尚未表达清楚的结构，才用虚线画出。在没有剖开的其他视图（如图 7-16b 中的左视图及图 7-22 中的俯视图）上，表达内外结构的虚线也按同样原则处理。

4）基本视图配置的规定同样适用于剖视图，即剖视图既可按投影关系配置在与剖切符号相对应的位置（如图 7-20 中的 *A—A* 剖视），必要时也允许配置在其他适当的位置（如图 7-20 中的 *B—B* 剖视）。

5）画剖视图时，在剖切平面后面的可见轮廓线都必须用粗实线画出（图 7-17a、b）。如图 7-17c 所示，初学时往往容易漏画这些线条，必须给予特别注意。

（3）剖面符号画法 在剖视图中，剖切面与物体的接触部分，称为剖面区域（或断面），在断面图形上要画上剖面符号。在同一金属零件的零件图中，剖面符号用与图形的主要轮廓线或剖面区域的对称线成 45° 的相互平行的细实线（剖面线）画出，如图 7-16、图 7-18 所示。当图形的主要轮廓线与水平成 45° 时，该图形的剖面线应画成 60° 或 30°，其倾斜方向仍应与其他图形的剖面线方向一致。同一物体各剖面区域的剖面线方向和间隔应一致。若需在剖面区域表示材料类别，应采用表 7-1 所示特定的剖面符号表示。

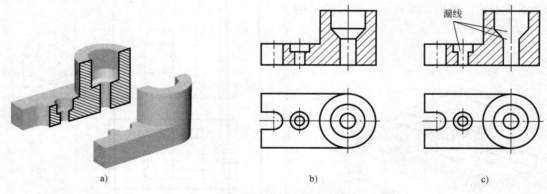

图 7-17　不要漏画剖切平面后面的可见轮廓线

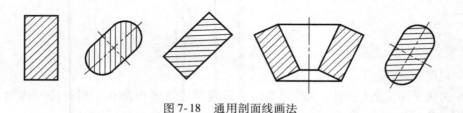

图 7-18　通用剖面线画法

表 7-1　部分特定的剖面符号（GB/T 17453—2005、GB/T 4457.5—1984）

金属材料 （已有规定剖面符号 者除外）			线圈绕组元件		混凝土	
非金属材料 （已有规定剖面符号 者除外）			转子、电枢、变压器和 电抗器等的迭钢片		钢筋混凝土	
木材	纵剖面		型砂、填砂、砂轮、陶 瓷刀片、硬质合金刀片		砖	
	横剖面		液体		基础周围的泥土	
玻璃及供观察用的 其他透明材料			胶合板（不分层数）		格网（筛网、 过滤网等）	

画剖视图时，既可在某一个视图上采用剖视，亦可根据需要同时在几个视图上采用剖视，它们之间是独立的，彼此不受影响。如图 7-19 所示的定位块，其外形简单，而内部结构比较复杂，因此在主视图上采用剖视以表示零件中间的横向孔及上部的槽等结构。该零件的其他结构还需另外用两个剖切平面 A 及 B 来剖切（图 7-19），在图 7-20 中相应画出 A—A、B—B 剖视图。其中 A—A 剖视图放在左视图位置；B—B 剖视图从投射方向看应该画在右视图位置，但是为了合理地利用图纸，可将它布置在图上所示的位置。

3. 剖视图的标注

1）一般应在剖视图的上方用字母标出剖视图的名称"×—×"。在相应的视图上用剖切符号（线宽为（1～1.5）d，长约 5～10mm 的粗实线）、剖切线（点画线，也可省略不画）表示剖切位置，其两端用箭头表示投射方向，并注上同样的字母，如图7-20中的 *B—B* 剖视。

2）当剖视图按投影关系配置，中间又没有其他图形隔开时，可省略箭头，如图7-20中的 *A—A* 剖视。

3）当剖切平面通过零件的对称平面或基本对称的平面，且剖视图按投影关系配置，中间又没有其他图形隔开时，可省略标注，如图7-20及图7-17的主视图。

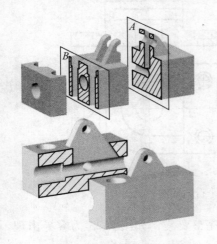

图7-19 定位块的剖切

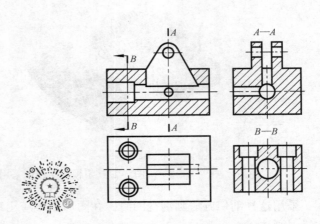

图7-20 用几个剖视图表达定位块

7.2.2 剖切面的种类

物体的结构形状不同，为表达其形状所采用的剖切面、剖切方法也不一样。GB/T 17452—1998 规定，剖切面的种类有单一剖切面（图7-21a）、几个平行的剖切平面（图7-21b）、几个相交的剖切面（交线垂直于某一投影面）（图7-21c），现分述如下：

1. 单一剖切面

一般用单一剖切平面剖切物体，如图7-16、图7-21a中 *A—A* 所示，也可用柱面剖切物体，用单一柱面剖切机件时，剖视图一般应按展开绘制，如图7-25b中 *B—B* 展开。

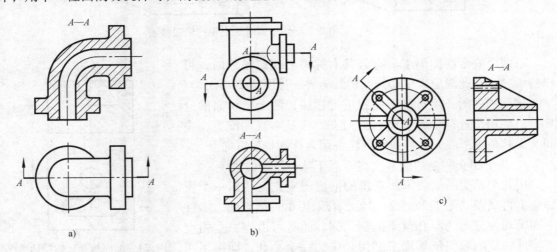

a)　　　　　　b)　　　　　　c)

图7-21 剖切面的种类

2. 几个平行的剖切平面

用几个平行的剖切平面剖开物体，用来表达物体上分布在几个相互平行平面上的内形。图 7-22a 为一下模座，为了在视图表达清楚中间凹下结构及通孔，右端的"U"形槽和左端的台阶孔，采用了互相平行的两个平面剖开物体，而获得剖视图。

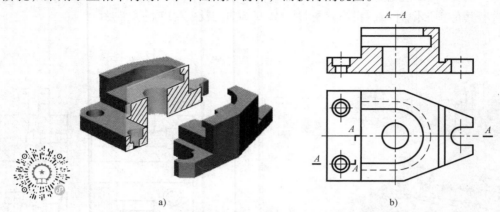

a)　　　　　　　　　　　　　　　　b)

图 7-22　下模座主视图采用两个平行的剖切平面

采用这种剖切方法画剖视图时，在图形内不应出现不完整要素，如图 7-23 为容易出现的错误画法。

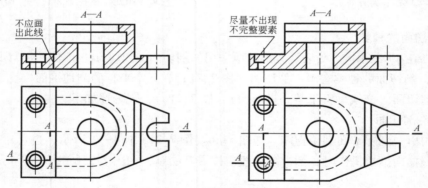

图 7-23　采用几个剖切平面时易出现的错误画法

当两个要素在图形上具有公共对称中心线或轴线时，可以各画一半，此时应以中心线或轴线为界，如图 7-24 所示。

这种剖视图必须对剖切位置进行标注，两个剖切面的分界处，剖切位置符号（短画）应对齐。按基本视图配置，中间又无其他图形隔开，可省略标注视图名称和投射方向。

3. 几个相交的剖切面（交线垂直于某一投影面）

用几个相交的剖切平面获得的剖视图应先旋转到一个投影面上再画图。图 7-25 为一端盖，若采用单一剖切面，零件上四个均匀分布的小孔就不能剖切到。此时可再作一个相交于零件轴线的倾斜剖切面来剖切其中的一个小孔，即采用两

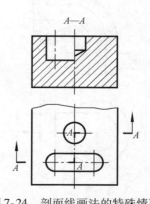

图 7-24　剖面线画法的特殊情况

个相交的剖切面。为了使被剖切到的倾斜结构在剖视图上反映实形，可将倾斜剖切平面剖开的结构及其有关部分旋转到与选定的投影面平行后再进行投射（图 7-25），这样就可以在同一剖视图上表达出两个相交剖切面所剖切到的结构的实形。图 7-26 为采用几个相交的剖切面剖开物体获得的剖视图。图中采用多个相交的剖切面，旨在充分表达清楚物体的内形。

采用几个相交的剖切平面获得的剖视图必须标注剖切位置、投射方向、剖视图名称。

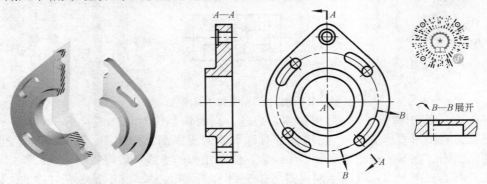

图 7-25　端盖采用两个相交的剖切平面

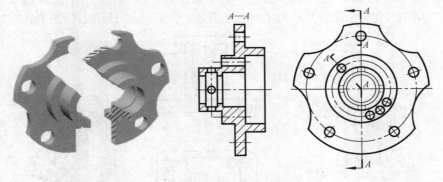

图 7-26　采用几个相交的剖切面

7.2.3　剖视图的种类

画剖视图时，可以将整个视图全部画成剖视图，也可以将视图中的一部分画成剖视图。GB/T 17452—1998 按剖切范围将剖视图分为全剖视图、半剖视图和局部剖视图三种。现分述如下：

（1）全剖视图　用剖切面完全地剖开物体所得的剖视图称为全剖视图，如图 7-16、图 7-20 等均为全剖视图。当物体的外形比较简单（或外形已在其他视图上表达清楚），内部结构较复杂时，常采用全剖视图来表达物体的内部结构。

（2）半剖视图　图 7-27a 所示夹具座的前面有两个螺孔和一个 U 形槽，在主视图上，其内部结构用虚线表达不很清晰。如将主视图画成全剖视图（图 7-27c），则其外形（螺孔和 U 形槽）又无法表达。为同时表达物体的内外结构形状，当物体具有对称平面时，向垂直于对称平面的投影面上投射所得的图形，可以对称中心线为界，一半画成剖视图，另一半画成视图，称为半剖视图（图 7-27b）。

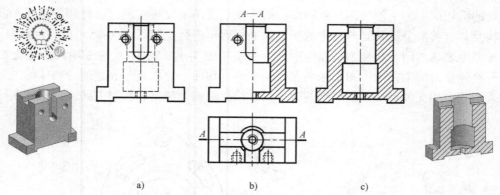

图 7-27　用半剖视图表达长槽夹具座

　　一般地，当物体的内、外结构都需要表达，同时该物体对称（或接近于对称，其不对称部分已另有图形表达清楚），在垂直于对称平面的投影面上的视图，可以采用半剖视图。为使视图清晰，在画成视图的那一半中，表示内部结构的虚线一般可省略不画。

　　在各基本视图上均可画成半剖视图（图 7-28）。但须注意，并不是所有对称的物体都有必要画成半剖视图，如图 7-19 所示的零件，虽然前后接近于对称，但由于左、右两侧的外形较简单，因而 A—A 和 B—B 剖视均画成全剖视图；在俯视图上，虽然其内部具有孔腔，但由于它的结构已经在主视图上被剖切而表达清楚，因此俯视图可以不剖（图 7-20）。

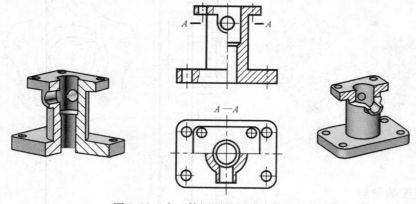

图 7-28　主、俯视图均画成半剖视图

　　半剖视图的标注方法与全剖视图相同，如图 7-27b 和图 7-28 所示。

　　（3）局部剖视图　　图 7-29a 所示的压滚座，在主视图上只有左端的孔需要剖开表示，显然画成全剖视图或半剖视图都是不合适的。这时可假想用一个通过左端孔轴线的剖切平面将物体局部剖开，然后进行投射。这种用剖切面局部地剖开物体所得的剖视图称为局部剖视图。图 7-29a 俯视图右端的孔，以及图 7-28 主视图上底部和顶部左端的孔处，也同样画成局部剖视图。

　　在局部剖视图上，视图和剖视部分用波浪线分界。波浪线可认为是断裂面的投影，因此波浪线不能在穿通的孔或槽中连起来，也不能超出视图轮廓之外，也不能和视图上的其他图线重合。图 7-29b 所示为几种错误画法。

　　图 7-30 为一轴承座，从主视图方向看，物体下部的外形较简单，可以剖开以表示其内腔，但上部必须表达圆形凸缘及三个螺孔的分布情况，故不宜采用剖视；左视图则相反，上

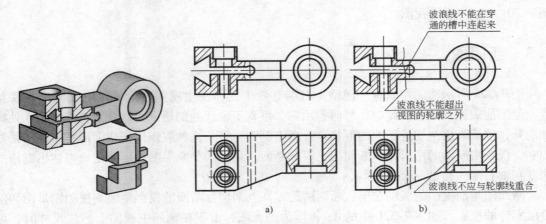

图 7-29 用局部剖视图表达压滚座

部宜剖开以表示其内部不同直径的孔，而下部则要表达物体左端的凸台外形，因而在主、左视图上均根据需要而画成相应的局部剖视图。在这两个视图上尚未表达清楚的长圆形孔等结构及右边的凸耳，可采用 B 视图和 A—A 局部剖视图表示。

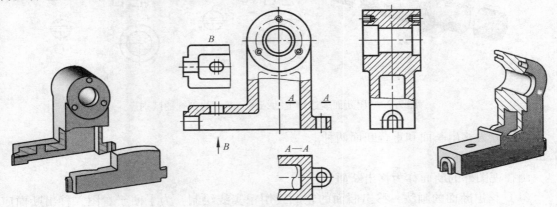

图 7-30 用局部剖视图表达轴承座

综上分析可以看出，局部剖视图是一种较为灵活的表达方法，剖切位置与范围应根据实际需要决定，剖切范围的确定一般地是在尽可能保留需表达的外形的前提下，以尽量大的剖切区域展示内形。局部剖视图常应用于下列情况：

1）物体的外形虽简单，但只需局部地表示其内形，不必或不宜画成全剖视时（图 7-29）。

2）当对称物体的轮廓线与对称中心线重合时，不宜采用半剖视图（图 7-31a），可采用局部剖视，如图 7-31b 所示。

3）物体的内、外形均需表达，但因不对称而不能或不宜画成半剖视图（图 7-30）。

4）当不需要画出整个视图时，可将局部剖视图单独画出，如图 7-30 中的 A—A 剖视图。

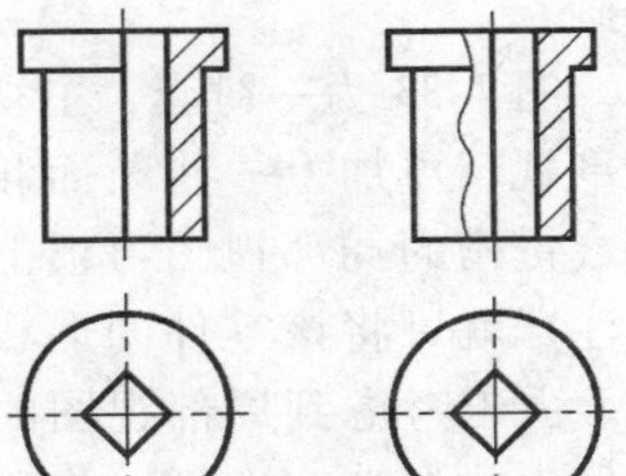

当局部剖视图采用的是单一剖切平面，其剖切位置明显时，可省略标注，如图 7-29、图 7-30 所示。但如果剖切位置不够明显，则应该标注，如

图 7-31 对称物体剖视的画法

图7-30中的 A—A 剖视图。

7.3　断面图

图 7-32a 所示轴的左端有一键槽，右端有一个孔，在主视图上能表示它们的形状和位置，但不能表达其深度。此时，可假想用两个垂直于轴线的剖切平面，分别在键槽和孔处将轴剖开，然后画出剖切处断面的形状，并画上剖面符号。这种假想用剖切平面将零件的某处切断，仅画出断面的图形称为断面图，简称断面。从这两个断面上，可清楚地表达出键槽的深度和轴右端的孔是一个通孔。

断面图与剖视图的区别在于：断面图是零件上剖切处断面的投影，而剖视图则是剖切面后面零件的投影，如图 7-32b 中的 A—A 即为剖视图。由于在轴的主视图上标注尺寸时，可注上直径符号 ϕ 以表示其各段为圆柱体，因此在这种情况下画成剖视图是不必要的。

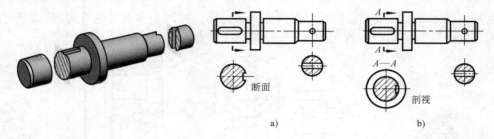

a)　　　　　　　　　　　　　b)

图 7-32　用断面表达轴上的结构、断面与剖视的区别

断面分为移出断面和重合断面两种。

7.3.1　移出断面

画在视图外的断面称为移出断面。

（1）移出断面的画法　移出断面的轮廓线用粗实线绘制。为了便于看图，移出断面应尽量配置在剖切符号或剖切线的延长线上（图 7-32a）。剖切线是剖切平面与投影面的交线，用细点画线表示（如图 7-32a 右边通孔处的垂直点画线），也可省略不画。

图 7-33 为一衬套，主视图采用全剖视，再加上一些断面和局部视图（键槽的局部视图习惯上可不必标注）就可将该零件的形状表达清楚。由于考虑到局部视图的配置及图形安排紧凑，也可以将移出断面配置在其他适当的位置。在不致引起误解时，也允许将移出断面的图形旋转，如图 7-34 所示。

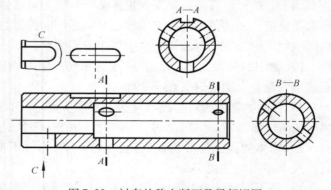

图 7-33　衬套的移出断面及局部视图

在一般情况下，断面仅画出剖切后断面的形状。但当剖切平面通过回转面形成的孔或凹坑的轴线时，则这些结构应按剖视绘制，如图 7-32 轴上右端孔的断面和图 7-33 的 B—B 断

面。图 7-33 的 A—A 断面中的键槽，由于它不是回转面，因此画成缺口，而其余均匀分布的三个圆孔则按剖视画出。但当剖切平面通过非圆孔，会导致出现完全分离的两个断面时，则这些结构应按剖视绘制（图 7-34）。

（2）移出断面的标注　国家标准对移出断面的标注规定如下：

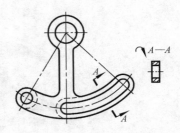

图 7-34　经过旋转的移出断面

1）移出断面一般应以剖切符号表示剖切面的位置，用箭头表示投射方向，并注上字母，在断面图的上方以同样的字母标出相应的名称"×—×"；经过旋转的移出断面，还要标注旋转符号（图 7-34）。

2）配置在剖切符号或剖切线延长线上的不对称移出断面，由于剖切位置很明确，可省略字母，如图 7-32a 左端键槽处的断面。

3）不配置在剖切符号或剖切线延长线上的对称移出断面（如图 7-33 中的 A—A），以及按投影关系配置的移出断面（如图 7-33 中的 B—B），均可省略箭头。

4）配置在剖切线延长线上的对称移出断面可不必标注，如图 7-32a 表示右端通孔的断面。

7.3.2　重合断面

图 7-35a 所示的拨叉，其中间连接板和肋的断面形状采用两个断面来表达。由于这两个结构剖切后的图形较简单，将断面直接画在视图内的剖切位置上，并不影响图形的清晰，且能使图形的布局紧凑。这种重合画在视图内的断面称为重合断面。肋的断面在这里只需表示其端部形状，因此画成局部的，习惯上可省略波浪线。重合断面的轮廓线用细实线绘制。当视图中的轮廓线与重合断面的图形重叠时，视图中的轮廓线仍应连续画出，不可间断，如图 7-35b 所示角钢的重合断面。

由于重合断面是直接画在视图内的剖切位置处，因此标注时可一律省略字母。对称的重合断面可不必标注（图 7-35a），不对称的重合断面可省略标注（图 7-35b）。

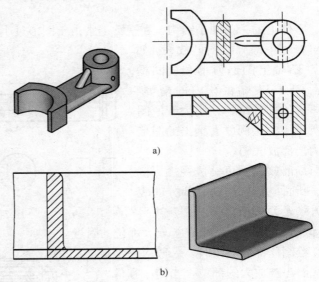

a)

b)

图 7-35　重合断面的画法

7.3.3　断面表达实例

表达实际零件时，可根据具体情况，同时运用这两种断面。如图 7-36 的汽车前拖钩，采用了三个断面来表达上部钩子断面形状变化的情况。由于它们的图形简单，故将两个倾斜剖切平面所得到的断面画成重合断面。右边水平剖切的断面，如仍画成重合断面，将与倾斜剖切的重合断面重叠，因此采用移出断面表达。该零件下部的肋和底板形状，也采用移出断面 A—A 表达。考虑到图形的合理安排，A—A 断面不画在剖切符号的延长线上而另配置在适当位置。为了获得底板和肋的断面实形，*A—A* 断面的剖切平面必须分别垂直于相应的轮廓线，因此该部分必须用两个剖切平面来剖切。国家标准规定，由两个或多个相交的剖切平面剖切得到的移出断面，中间应断开（图 7-36 中的 *A—A* 断面）。

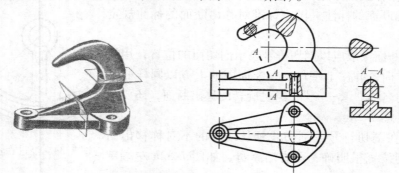

图 7-36　用几个断面表达前拖钩

　　从上面的分析可看出，重合断面和移出断面的基本画法相同，其区别仅是画在图上的位置不同，采用的线型不同。由于移出断面的主要优点是不影响视图的清晰，因此应用较多。

7.4　局部放大图

　　零件上的一些细小结构，在视图上常由于图形过小而表达不清，或标注尺寸有困难，这时可将过小部分的图形放大。如图 7-37 轴上的退刀槽和挡圈槽以及图 7-38 端盖孔内的槽等。将零件的部分结构，用大于原图形所采用的比例放大画出的图形称为局部放大图。

　　局部放大图可画成视图、剖视、断面，它与被放大部分的表达方式无关（图 7-37、图 7-38）。局部放大图应尽量配置在被放大部位的附近。

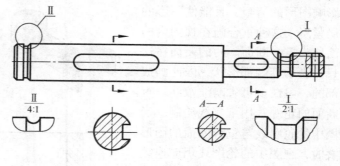

图 7-37　轴的局部放大图

　　绘制局部放大图时，一般应用细实线圈出被放大的部位。当同一零件上有几处被放大的部分时，必须用罗马数字依次标明被放大的部位，并在局部放大图的上方标注出相应的罗马数字和所采用的比例（图 7-37）。当零件上被放大的部分仅一处时，在局部放大图的上方只需注明所采用的比例（图 7-38）。同一零件上不同部位局部放大图相同或对称时，只需画出

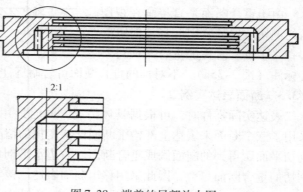

图 7-38　端盖的局部放大图

一个放大图。

这里特别指出，局部放大图上标注的比例是指该图形与零件实际大小之比，而不是与原图形之比。为简化作图，国家标准规定在局部放大图表达完整的情况下，允许在原视图中简化被放大部位的图形。

7.5 简化画法和其他规定画法

制图时，在不影响对零件表达完整和清晰的前提下，应力求制图简便。国家标准规定了一些简化画法和其他规定画法，现将一些常用的画法介绍如下：

1）对于零件上的肋、轮辐及薄壁等，如按纵向剖切，即剖切平面通过这些结构的基本轴线或对称平面时，这些结构都不画剖面符号，而用粗实线将它与其邻接部分分开。图7-39中剖切平面通过肋的对称面，图7-8中剖切平面通过轮辐的对称面，在剖视图上肋及轮辐均不画断面符号，而用粗实线将它与邻接部分分开。

2）当零件回转体上均匀分布的肋、轮辐、孔等结构不处于剖切平面上时，可将这些结构旋转到剖切平面上画出，如图7-39所示。

3）当零件具有若干相同结构（如齿、槽等），并按一定规律分布时，只需画出几个完整的结构，其余用细实线连接（图7-40），在零件图中则必须注明该结构的总数。

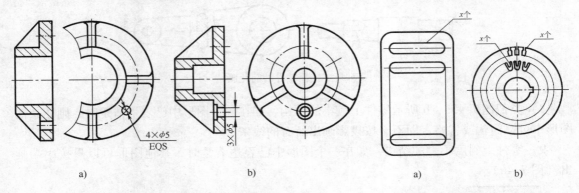

图7-39 均匀分布的肋与孔等的简化画法　　　图7-40 相同要素的简化画法

4）若干直径相同且成规律分布的孔（圆孔、螺孔、沉孔等），可以仅画出一个或几个，其余只用点画线表示其中心位置，在零件图中应注明孔的总数（图7-41）。

5）当回转体零件上的平面不能充分表达时，可用平面符号（相交的两条细实线）表示。如图7-42所示轴的一端圆柱体被平面切割，由于不能在这一视图上明确地看清它是一个平面，所以需加上平面符号。如其他视图已经把这个平面表示清楚，则平面符号可以省略。

6）零件上的滚花部分，一般采用在轮廓线附近用粗实线局部画出的方法表示，也可省略不画，而在零件上或技术要求中注明其具体要求（图7-43）。

7）较长的零件，如轴、杆、型材、连杆等，且沿长度方向的形状一致（图7-44a）或按一定规律变化（图7-44b）时，可以断开后缩短绘制。

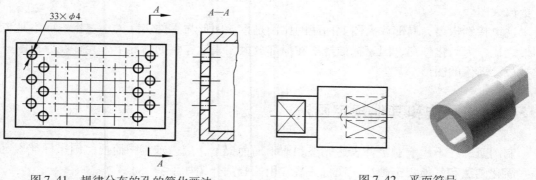

图 7-41　规律分布的孔的简化画法　　　　　　　图 7-42　平面符号

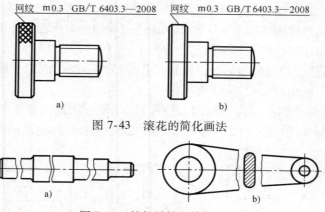

图 7-43　滚花的简化画法

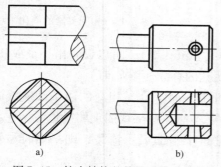

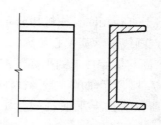

图 7-44　较长零件的简化画法

8）类似图 7-45a、b 所示零件上较小的结构，如在一个图形中已表示清楚时，则在其他图形中可以简化或省略，即不必按投影画出所有的线条。

9）零件上斜度不大的结构，如在一个图形中已表达清楚时，其他图形可以只按小端画出（图 7-46）。

图 7-45　较小结构的简化或省略画法　　　　　图 7-46　斜度不大的结构画法

10）在不致引起误解时，零件图中的小圆角、锐边的小倒圆或 45°小倒角允许省略不画，但必须注明尺寸或在技术要求中加以说明（图 7-47）。

11）在不致引起误解时，图样中允许省略剖面符号，也可用涂色代替剖面符号，但剖

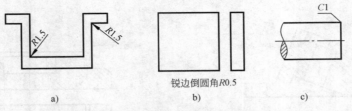

a)　　　　　　　锐边倒圆角R0.5　　　　　　C1
　　　　　　　　　b)　　　　　　　　c)

图 7-47　小圆角及小倒角等的省略画法

切位置和断面图的标注必须遵照本章所述的规定（图 7-48）。

12）圆柱形法兰和类似零件上均匀分布的孔可按图 7-49 所示的方法表示。

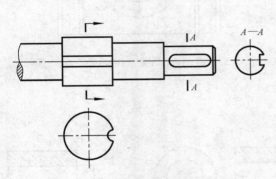

图 7-48　剖面符号的省略画法

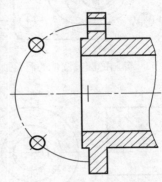

图 7-49　圆柱形法兰上均布孔的画法

13）图形中的过渡线，在不致引起误解时，允许简化，如用圆弧或直线来代替非圆曲线（图 7-50、图 7-51）。

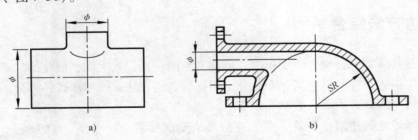

a)　　　　　　　　　　　b)

图 7-50　过渡线的画法

14）与投影面倾斜角度小于或等于 30°的圆或圆弧，其投影可用圆或圆弧代替椭圆，如图 7-52 所示，俯视图上各圆的中心位置按投影来决定。

15）允许在剖视图的断面中再做一次局部剖。采用这种表达方法时，两个断面的剖面线应同方向、同间隔，但要互相错开，并用引出线标注其名称，如图 7-53 中的 B—B 剖视图。

16）在需要表示位于剖切平面前的结构时，这些结构按假想投影的轮廓线（即用双点画线）绘制，如图 7-54 所示零件前面的长圆形槽在 A—A 剖视图上的画法。

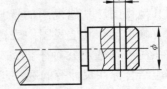

图 7-51　相贯线的简化画法

17）应避免不必要的视图和剖视图，如图 7-55 所示。注意：直径尺寸应尽量标注在非圆视图上。

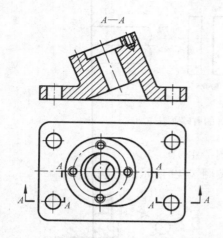

图 7-52　倾斜的圆或圆弧的简化画法

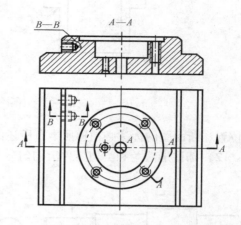

图 7-53　在剖视图的断面中再做一次局部剖

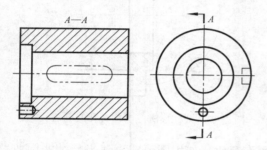

图 7-54　剖切平面前的结构的规定画法

图 7-55　避免不必要的视图

7.6　表达方法综合举例

　　前面通过具体案例分别介绍了视图、剖视、断面、局部放大图、简化画法等。在绘制机械图样时，应根据零件的具体情况而综合运用这些表达方法，使得零件各部分的结构与形状均能表达确切与清晰，而图形数量又较少。

　　要完整清楚地表达给定零件，首先应对要表达的零件进行结构和形体分析，根据零件的内部及外部结构特征和形体特征选好主视图，并根据零件内部及外部结构的复杂程度决定在主视图中是否采用剖视，采用何种剖视。在此基础上选用其他视图。其他视图的选择要力求做到"少而精"，避免重复画出已在其他视图中表达清楚的结构。注意：同一个零件往往可以选用几种不同的表达方案。在确定表达方案时，还应结合标注尺寸等问题一起考虑。图 7-56 为一泵体，其表达方法分析如下：

图 7-56　泵体

　　（1）分析零件形状　泵体的上面部分主要由直径不同的两个圆柱体、向上偏心的圆柱形内腔、左右两个凸台以及背后的锥台等组成；下面部分是一个长方形底板，底板上有两个安装孔；中间部分为连接块，它将上下两部分连接起来。

（2）选择主视图 通常选择最能反映零件特征的投射方向（如图 7-56 箭头所示）作为主视图的投射方向。由于泵体最前面的圆柱直径最大，它遮盖了后面直径较小的圆柱，为了表达它的形状和左、右两端的螺孔，以及底板上的安装孔，主视图上应采用剖视，但泵体前端的大圆柱及均布的三个螺孔也需要表达，考虑到泵体左右是对称的，因而选用了半剖视图，以达到内、外结构都能得到表达的要求（图 7-57）。

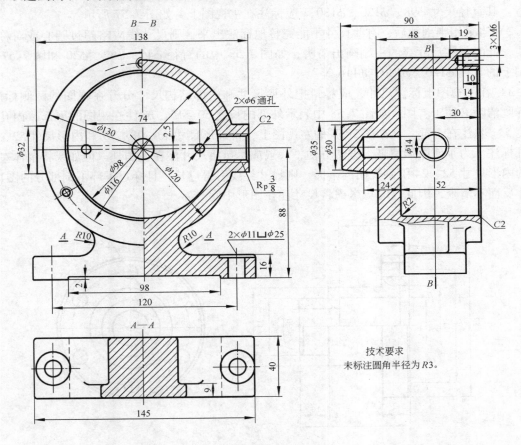

图 7-57 泵体的表达方法

（3）选择其他视图 如图 7-57 所示，选择左视图表达泵体上部沿轴线方向的结构。为了表达内腔形状应采用剖视，但若作全剖视图，则由于下面部分都是实心体，没有必要全部剖切，因而采用局部剖视，这样可保留一部分外形，便于看图。

底板及中间连接块和其两边的肋，可在俯视图上做全剖视来表达，剖切位置选在图上的 A—A 处较为合适。

（4）用标注尺寸来帮助表达形体 零件上的某些细节结构，还可以利用所标注的尺寸来帮助表达。例如，泵体后面的圆锥形凸台，在左视图上标注尺寸 $\phi35$ 和 $\phi30$ 后，在主视图上就不必再画虚线；又如主视图上尺寸 $2 \times \phi6$ 后面加上"通孔"两字后，就不必再另画剖视图去表达该两孔的深度了。

在第 6 章中介绍了组合体的尺寸标注，这些基本方法同样适用于剖视图。但在剖视图上标注尺寸时，还应注意以下几点：

1）在同一轴线上的圆柱和圆锥的直径尺寸，一般应尽量标注在剖视图上，避免标注在投影为同心圆的视图上，如图 7-58 中表示直径的七个尺寸和图 7-57 中左视图上的 $\phi14$、$\phi30$、$\phi35$ 等。但在特殊情况下，当在剖视图上标注直径尺寸有困难时，可以注在投影为圆的视图上。如泵体的内腔是具有偏心距为 2.5 的圆柱面，为了明确表达内腔与外圆柱的轴线位置，其直径尺寸 $\phi98$、$\phi120$、$\phi130$ 等应标注在主视图上，如图 7-57 所示。

2）当采用半剖视后，有些尺寸不能完整地标注出来，则尺寸线应略超过圆心或对称中心线，此时仅在尺寸线的一端画出箭头，如图 7-58 中的直径 $\phi45$、$\phi32$、$\phi20$ 和图 7-57 主视图上的直径 $\phi120$、$\phi130$、$\phi116$ 等。

3）在剖视图上标注尺寸，应尽量把外形尺寸和内部结构尺寸分开在视图的两侧标注，这样既清晰又便于看图，如图 7-58 中表示外部的长度 60、15、16 注在视图的下部，内孔的长度 5、38 注在上部。又如图 7-57 的左视图上，将外形尺寸 90、48、19 和内形尺寸 52、24 分开标注。为了使图形清晰、查阅方便，一般应尽量将尺寸注在视图外。但如果将泵体左视图的内形尺寸 52、24 引到视图的下面，则尺寸界线引得过长，且穿过下部不剖部分的图形，这样反而不清晰，因此这时可考虑将尺寸注在图形中间。

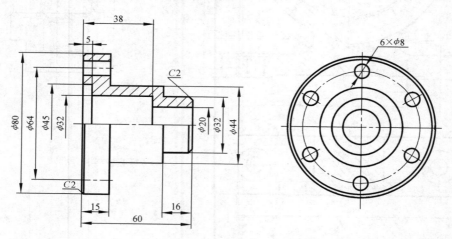

图 7-58　同轴回转体的尺寸标注

4）如必须在剖面线中注写尺寸数字时，则在数字处应将剖面线断开，如图 7-57 左视图中的孔深 24。

第8章 零件图

8.1 机械工程图概述

8.1.1 零件与机器的概念

机械是机器与机构的总称，机构是机械的运动部分，由构件组成，可以做一定的相对运动。机器是执行机械运动的装置，用以变换或传递能量，达到某一工作目的。

机器都是由若干相关的部件、零件，按不同的装配类别和连接方式，根据设计要求装配而成的。部件是由一组协同工作的零件组成的。零件是构成机器的基本实体，是机器制造的基本单元，也是机械装配的最小装配单元。

8.1.2 机械工程图样

机械图样是在机械产品设计、制造、检验、安装、调试过程中使用的，用以反映产品的形状、结构、尺寸、技术要求等内容的工程图样。根据其功能和表达的内容不同，又分为装配图和零件图。根据其表述内容的范围及其作用不同可再细分。其中装配图可分为总装图和部装图。前者主要反映整台机器的工作原理、部件间的装配关系、安装关系、机器外形、安装和使用机器所需要的技术要求，以及机器的主要性能指标和用以指导机器的总装、调试、检验、使用、维护等有关信息的图样。而部装图主要表达部件的外形和安装关系，以及装配、检验、安装所需要的尺寸和技术要求等信息的图样，用以指导装配、调试、安装、检验和拆画零件图。

零件图主要是反映单个零件的结构形状、尺寸、材料、加工制造、检验所需要的全部技术要求等信息的图样，是指导加工、检验的依据。

图8-1为铣刀头装配图，图8-2为铣刀头中零件4座体的零件图。

8.1.3 机械图样在机械产品中的作用

在人类生产活动和我们的日常生活中，到处可遇到各种各样的机械产品，而任何机械产品的设计、制造、安装、调试、使用、维护，乃至技术革新、发明创造等都离不开图样。

机械产品从规划直到销售，历经产品问题的提出与认识（市场调研、可行性分析、确定任务），初步设计方案（列出各种方案、画出草图、形成概念设计、提出新方法和注意点、进行方案评审），对初步设计方案进行分析确定设计方案（功能分析、原理设计、运动及动力设计、确定设计方案），详细设计（对确定的设计方案进行详细的结构和技术设计、绘制装配示意图和装配草图、根据功能要求研究设计零件结构并绘制零件草图、再由零件草图绘制装配图、由装配图拆画出零件图、编写设计说明书及使用说明书），加工制造（包括工艺设计、夹具设计、加工制造零件、检验零件、将合格零件按装配工艺和图样上的技术要求进行装配、调试、样机鉴定、改进、完善设计方案、小批量生产、投入试用、信息反馈、完善定型、决策、批量生产），销售（销售过程中，根据市场信息反馈，再进行进一步的设计完善，在不断地完善中雕琢精品）六个环节。而机械图样在各环节中，都起着表达设计

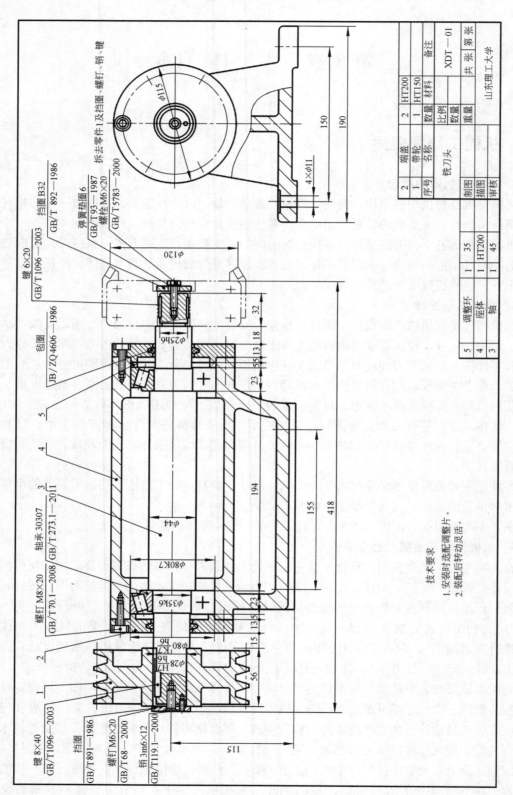

图 8-1　铣刀头装配图

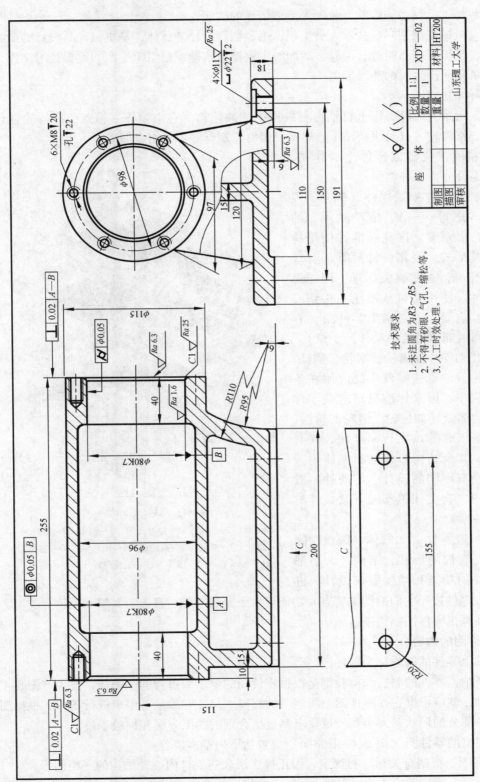

图8-2 铣刀头中零件4 座体零件图

技术要求
1. 未注圆角为R3～R5。
2. 不得有砂眼、气孔、缩松等。
3. 人工时效处理。

座	体		比例	1:1	XDT—02
			数量	1	
			重量		材料 HT200
制图					山东理工大学
描图					
审核					

思想，承载加工、制造、检验、装配等诸多信息的功能。

因此，机械工程图样是技术人员工程思维、创新设计的载体，是机械产品设计的最终成果的体现，是机械产品制造、检验、装配的主要技术依据，是组织生产的重要技术文件，也可能是经济纠纷产生时的法律证据。

8.1.4 零件的分类

图8-3所示为刀具磨床上自动送料机构中的减速箱。它由箱体、箱盖、锥齿轮轴、蜗杆、蜗轮、锥齿轮，以及滚动轴承、螺塞、螺钉、螺母等零件组合而成。

根据零件在机器或部件上的作用，一般可将零件分为三种类型：

（1）标准件 如紧固件（螺栓、螺母、垫圈、螺钉……）、滚动轴承、油杯、毡圈、螺塞等。这些标准件使用特别广泛，其形式、规格、材料等都有统一的国家标准，查阅有关标准，即能得到全部尺寸。使用时可从市场上买到或到标准件厂定做，不必画出零件图（有关知识参阅《联接件与传动件》一章）。

（2）传动件 如齿轮、蜗轮、蜗杆、带轮、链轮等，这些零件广泛应用在各种传动机构中，国家标准只对这类零件的功能结构部分（如齿轮、链轮的轮齿、轮槽、齿槽、键槽）实行标准化，并有规定画法，其余结构形状则根据使用条件的不同而有不同的设计。传动件一般要画零件图（有关知识参阅《联接件与传动件》一章）。

（3）一般零件 如阀体、阀盖、阀杆等零件，它们的形状、结构、大小都必须按部件的功能和结构要求设计。机

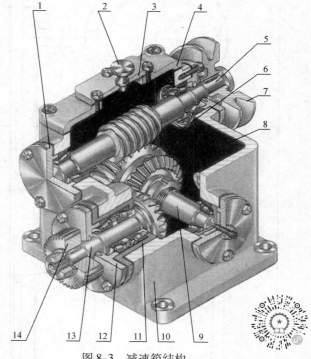

图8-3 减速箱结构

1—轴承盖 2—手把 3—加油孔盖 4—箱盖 5—蜗杆轴
6—蜗轮 7—带轮 8—锥齿轮 9—蜗轮轴 10—箱体
11—轴承套 12—压盖 13—锥齿轮轴 14—齿轮

器上的一般零件按照它们的结构特点和功能可大致分成轴套、盘盖、叉架和箱体等类型。一般零件都需画出零件图以供制造。

8.1.5 零件图的内容

表示单个零件的图样称为零件图。

在生产中，零件的制造和检验都是根据零件图的要求来进行的。例如，要生产图8-4所示的蜗轮轴，就应根据它在零件图上所表明的材料、尺寸和数量等要求进行备料，根据图样上提供的各部分的形状、大小和质量要求制定出合理的加工方法和检验手段。

一张完整的零件图（图8-4～图8-6）应包括下列基本内容：

（1）视图 根据有关标准和规定，用正投影法表达零件内、外结构的一组图形。

（2）尺寸 零件图应正确、完整、清晰、合理地标注零件制造、检验时所需的全部尺寸。

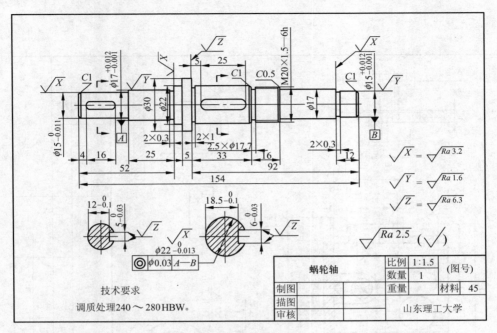

图 8-4 蜗轮轴零件图

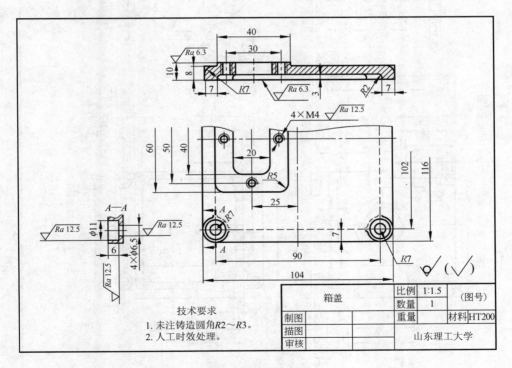

图 8-5 箱盖零件图

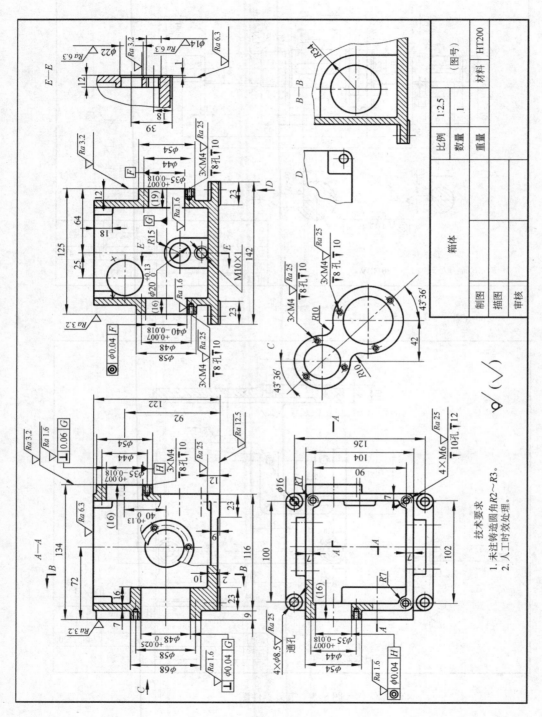

技术要求
1. 未注铸造圆角 R2～R3。
2. 人工时效处理。

图 8-6　箱体零件图

（3）技术要求 标注或说明零件制造、检验或装配过程中应达到的各项要求，如表面结构、尺寸公差、几何公差、热处理、表面处理等要求。

（4）标题栏 标题栏画在图框的右下角，需填写零件的名称、材料、数量、比例，以及单位名称、制图、描图、审核人员的姓名、日期等内容。

零件图的绘制一般按下列过程进行：①构型分析和设计；②选择表达方案；③标注尺寸；④注写技术要求；⑤填写标题栏。

8.2 零件的构型设计依据与表达方案的选择

8.2.1 零件构型设计依据

中国创造：
笔头创新之路

对一个零件的几何形状、尺寸大小、工艺结构、材料选择等进行分析和造型的过程称为零件构型设计。在绘制和阅读零件图时，应首先了解零件在部件中的功能及其与相邻零件的关系，从而想象出该零件是由什么几何形体构成的。分析为什么采用这种形体构成，是否合理，还有没有其他更好的形体构成方案，在主要分析几何形状的过程中同时分析考虑尺寸、工艺结构、材料等，最终确定零件的整体构型。因此，对零件进行构型设计时主要依据以下几方面内容。

（1）保证零件的功能 部件有着确定的功能和性能指标，而零件是组成部件的基本单元，所以每个零件都有一定的作用。例如，具有支承、传动、连接、定位、密封等一项或几项功能。

零件的功能是确定零件主体结构形状的主要依据之一。图8-3所示的减速箱的箱体起支撑和包容传动件的作用，根据其功用及所包容传动件的排列情况，设有方形内腔、轴承孔及对应的单、双面凸台以及安装底板等。

（2）考虑整体相关的关系 整体相关是确定零件主体结构的另一个主要依据。它包括下列几个方面：

1）相关零件的结合方式。部件中各零件间按确定的方式结合起来，应结合可靠，拆装方便。两零件的结合可能是相对静止，也可能是相对运动的；相邻零件某些部位要求相互靠紧，另有些部位则必须留有空隙等。因此零件上需要有相应的结构。如图8-3所示，为使箱盖与箱体表面靠紧，设有周边凸缘；同时为使箱盖与箱体表面靠紧、连接牢固，箱盖上开有光孔，箱体对应部位开有螺纹孔。

2）外形与内形相呼应。零件间往往存在包容、被包容关系，若内形为回转体，外形也应是相应的回转体；内形为方形，外形也应是相应的方形，一般应内外相应，且壁厚均匀，便于制造、节省材料、减轻重量。

3）相邻零件形状相互协调。尤其是外部的零件，形状应当一致。如图8-3所示箱体和箱盖的外观统一，给人以整体美感。

4）与安装使用条件相适应。箱体类、支架类零件均起支撑作用，故都设有安装底板，其安装底板的形状应根据安装空间位置条件确定。如图8-3所示箱体的底板为方形。

（3）符合成型工艺要求的结构 确定了零件的主体结构之后，考虑到制造、装配、使用等问题，零件的细部构型也必须合理。一般地说，成型工艺要求是确定零件局部结构形式的主要依据之一。表8-1为零件上常用的一些合理构型。

表 8-1　零件常用局部结构

类别	合　理	不　合　理	说　明
铸造圆角	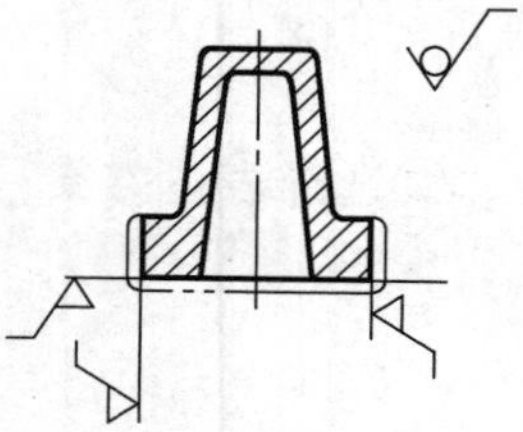		为防止铸造砂型落砂，避免铸件冷却时产生裂纹，两铸造表面相交处均应以圆角过渡。铸造圆角半径一般取壁厚的 $0.2 \sim 0.4$。同一铸件上的圆角半径种类应尽可能减少。两相交铸造表面之一经切削加工，则应画成尖角
斜度	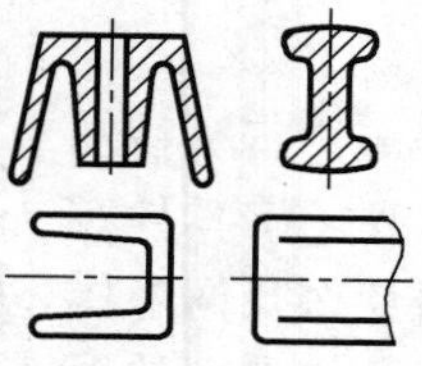	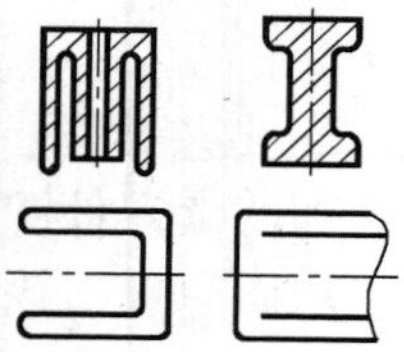	为便于取模，铸件壁沿脱模方向应设计出起模斜度。斜度不大的结构，如在一视图中已表达清楚，其他视图可按小端画出
壁厚	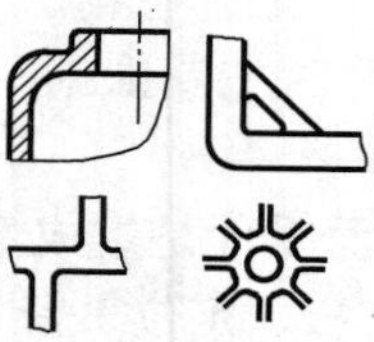	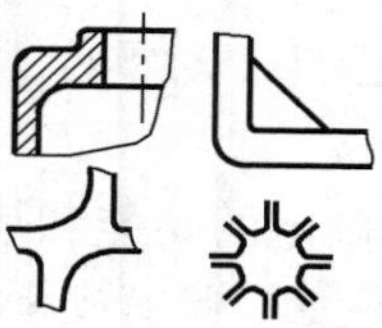	为避免冷却时产生内应力而造成裂纹或缩孔，铸件壁厚应尽量均匀一致，不同壁厚间应均匀过渡
倒角	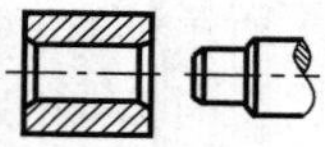	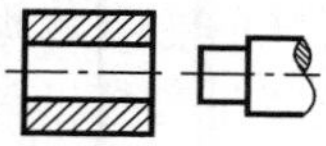	为便于装配，且保护零件表面不受损伤，一般在轴端、孔口、台肩和拐角处加工出倒角
凹槽、凹坑和凸台	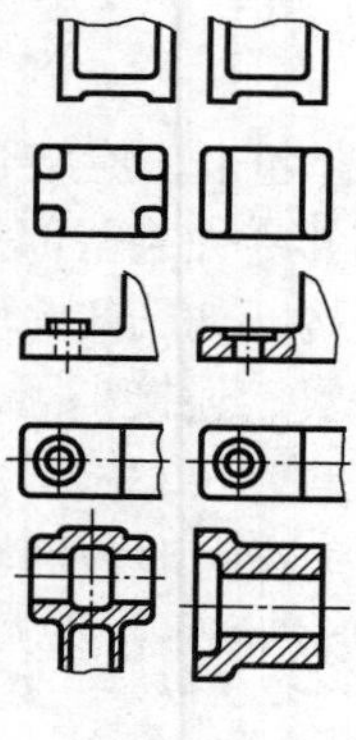	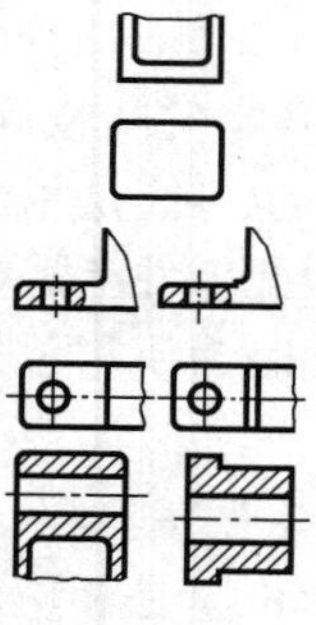	为了保证加工表面的质量，节省材料，降低制造成本，应尽量减少加工面。常在零件上设计出凸台、凹槽、凹坑或沉孔
退刀槽或越程槽	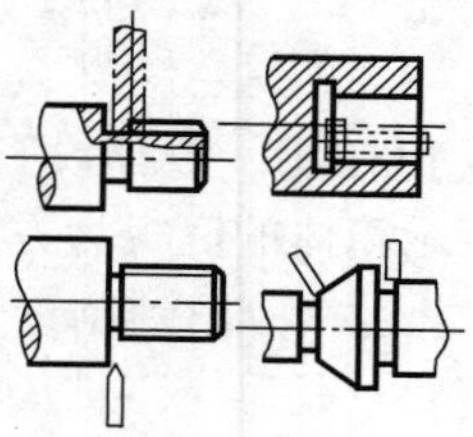	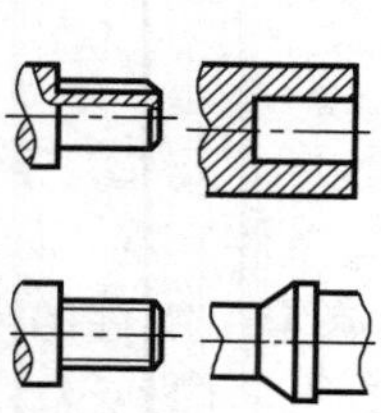	为在加工时便于退刀，且在装配时与相邻零件保证靠紧，在台肩处应加工出退刀槽或越程槽

（续）

类别	合 理	不 合 理	说 明
键槽	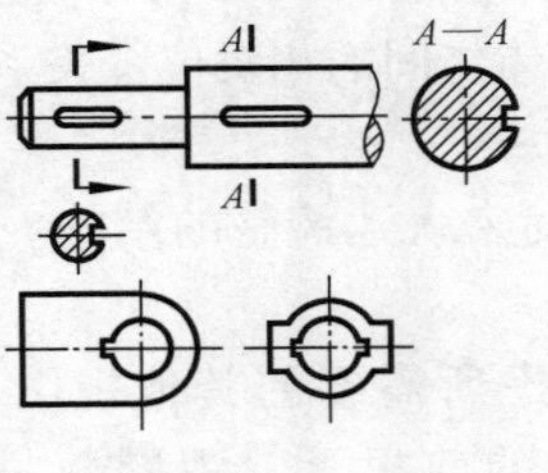	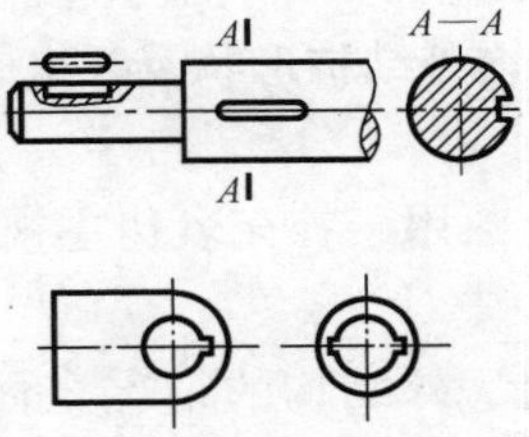	在同一轴上的两个键槽应在同侧，便于一次装夹加工。不要因加工键槽而使局部过于单薄，致使强度减弱。必要时可增加键槽处的壁厚
钻孔	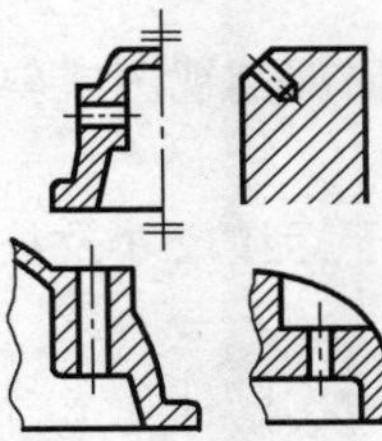	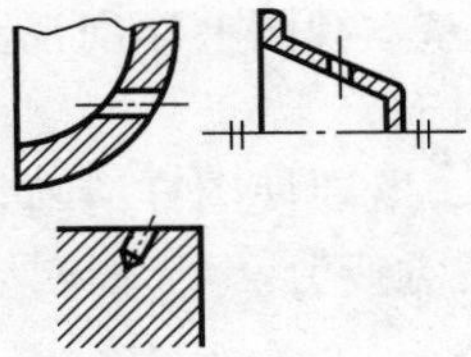	应使钻孔垂直于零件表面，以保证钻孔精度，避免钻头折断。在曲面、斜面上钻孔时，一般应在孔端做出凸台、凹坑或平面

（4）外形美观 外形美观是零件细部构型的另一个主要依据。欲在商品竞争中取得优胜，外观造型能起到很重要的作用。外形会影响人们的心理、情绪等，关系到生产效率和产品质量。美观的造型使人心情愉快，减少疲劳，吸引操作者使用的兴趣，利于提高生产质量和效率。不同的外形会产生不同的视觉效果。如果采用圆角过渡，给人以精致、柔和、舒适的感觉；适当厚度和形状的支撑肋板给人以牢固、稳定、轻巧的印象；侧立的平面和棱线会赋予挺拔有力的效果；相邻零件一致的外形有整体感；有时外观不一更会显得活泼。整体各部分的比例应协调呼应，对不同的主体零件灵活采用均衡、稳定、对称、统一、变异等美学法则。

（5）良好经济性 从产品的性能、使用、工艺条件、生产效率、材料来源等诸方面综合分析，选择材料和加工方法，确定结构形状、尺寸数值和标注形式，拟定技术要求。应尽可能做到形状简单、制造容易、材料来源方便且价格低廉，以降低成本，提高生产效率。

表达一个零件所选用的一组图形，应能正确、完整、清晰、简明地表达各组成部分的内外结构形状，便于标注尺寸和技术要求，且绘图简便。这应在仔细分析零件的结构特点的基础上，适当地选用国家标准规定的（基本视图、剖视、断面和其他）各种表达方法形成较合理的表达方案。

8.2.2 表达方案的选择——视图选择的一般原则

（1）主视图的选择 主视图是一组图形的核心，应选择表示物体信息量最多的那个视图作为主视图。选择时通常应先确定零件的安放位置，再确定主视投射方向（参考7.6 表达方法综合举例）。

1）确定零件位置。壳体、叉架等加工方法和位置多样的零件，应尽量符合零件在机器上的工作位置（图8-6），此原则为工作位置原则。这样读图比较方便，利于指导安装。

盘盖、轴套等以回转体构形为主的零件主要在车床或外圆磨床上加工，应尽量符合零件的主要加工位置，即轴线水平放置（零件在主要工序中的装夹位置），此原则为加工位置原则。这样便于工人加工时看图操作。

2）确定主视投射方向。应以最能反映零件整体结构、形体特征的方向作为主视方向，在主视图上尽可能多地展现零件的内外结构形状及各组成形体之间的相对位置关系，此原则为形状特征原则。

（2）其他视图的选择　　其他视图用于补充表达主视图尚未表达清楚的结构。其选择可以考虑以下几点：

1）根据零件的复杂程度和内、外结构的情况全面考虑所需要的其他视图，使每个视图有明确的表达目的，在尽量采用基本视图表达清楚的前提下，视图数量尽量少，以免繁琐、重复。

2）优先考虑用基本视图以及在基本视图上作剖视图。采用局部剖视图或斜剖视图时应尽可能按投影关系配置在相关视图附近。

3）要考虑合理地布置视图位置，既要使图样清晰匀称，便于标注尺寸及技术要求，充分利用图幅，又能读图方便，减轻视觉疲劳。

（3）表达示例

1）一个视图表达。图8-7所示的顶尖、手把、轴套和垫片，它们都是由锥、柱、球、环等回转体或厚度一致的板状材料组合而成的。其形状和位置关系简单，注上尺寸及规定的附加符号，一个视图就可以表达得完整、清晰。

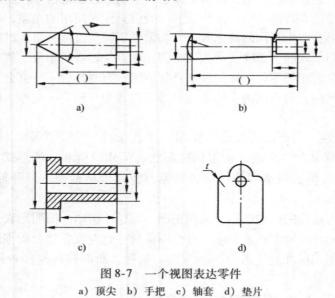

图8-7　一个视图表达零件
a）顶尖　b）手把　c）轴套　d）垫片

2）两个视图表达。图8-8所示的压盖、带轮、三通、垫板、圆头平键，它们的形体虽简单，但形体之间位置关系略复杂，一个视图不能表达完整，所以需要两个视图。

3）三个视图表达。图8-9所示的弯板、支架需要三个视图才能表达清楚。

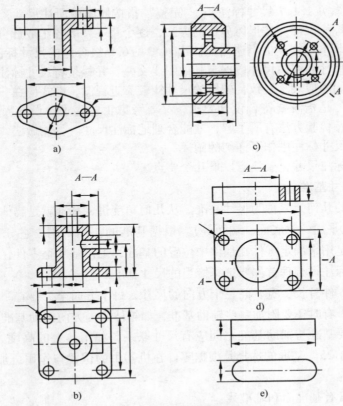

图 8-8　两个视图表达零件

a) 压盖　b) 三通　c) 带轮　d) 垫板　e) 圆头平键

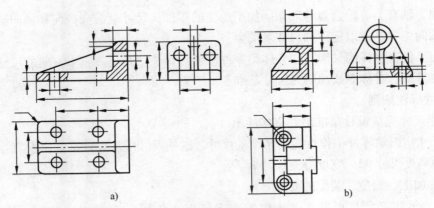

图 8-9　三个视图表达零件

a) 弯板　b) 支架

8.3　零件的尺寸标注

8.3.1　零件尺寸标注总则

零件图尺寸标注的要求是：正确、完整、清晰、合理。"正确"即尺寸标注要符合国家标准的有关规定（参见 1.1.7 尺寸标注）；"完整"指按照图中所注尺寸，可以唯一确定地制造出图示物体。标注尺寸时按形体分析的方法，逐个将零件的各组成部分的定形尺寸、相互间的定位尺寸，既不重复，也不遗漏地注出（参见 6.3 组合体的尺寸标注）；"清晰"即尽量避免尺寸线、尺寸界线、尺寸数据与其他图线交叠，并尽量将尺寸标注在视图外边，且坐标式尺寸线之间间隔应大小一致，较短的尺寸线较靠近视图，链式应在一条直线上，并合理地配置；"合理"是指既要符合设计要求，又要考虑工艺要求。设计人员要对零件的作用、加工制造工艺及检验方法有所了解，才能合理地标注尺寸。具体做法，已在平面图形的尺寸标注、组合体尺寸标注中作了详细的阐述。

要做到合理地标注尺寸，要注意以下几个要点。

8.3.2　合理选择尺寸基准

确定尺寸位置的几何元素称为尺寸基准。从几何角度讲，基准就是物体上具体的线和面（对称线、轴线、大平面——底面、端面等）。根据基准的作用不同，它分为设计基准和工艺基准。设计基准是用来确定零件在部件中位置的基准，工艺基准是零件在加工测量时使用的基准。要使尺寸标注得合理首先要选择恰当的尺寸基准。

一般情况下，零件有长、宽、高三个方向的尺寸，每个方向至少要有一个主要基准，如箱盖、座体、箱体。有时还要附加一些辅助基准，如箱体高度方向辅助基准、箱盖长度方向上的辅助基准。主要基准与辅助基准之间应有尺寸联系，如箱体上的高度方向尺寸 92、箱盖上的长度方向尺寸 25。基准的选择是根据零件在机器中的位置与作用、加工过程中定位、测量等要求来考虑的。

常用的基准要素有基准面和基准线：

1）基准面有安装面、重要的支承面、端面、装配结合面、零件的对称面等。

2）基准线有零件上回转面的轴线等。

一般地，轴套类、轮盘盖等以切削加工为主的零件，尺寸基准分径向和轴向。径向基准为轴线，轴向主要基准取定位轴肩或者端面。

对于加工位置多样的叉架类、壳体类零件，要选择长、宽、高三个方向的尺寸基准。一般以其安装基面、对称面或端面为尺寸基准。

8.3.3　尺寸标注细则

1. 功能尺寸应从设计基准出发直接注出

功能尺寸指影响零件工作性能和精度的尺寸。这些尺寸应从设计基准出发直接注出，如图 8-6 中的高度尺寸 92，宽度方向尺寸 25 等。

2. 考虑加工、测量、装配的要求

1）尺寸标注必须尽可能地考虑加工次序。表 8-2 所示为蜗轮轴的加工次序，根据这一次序该轴的尺寸标注如表中所示。图 8-10 是一台卧式车床，它能完成多种加工，如图 8-11 所示。图 8-12 是一台万能卧式升降台铣床，它也能完成多种加工，如图 8-13 所示。

2）尺寸标注应考虑测量方便，如图 8-14 中的尺寸 L。

3）当零件需要经过多种工序时，同一种工序用到的尺寸应一起考虑，标注时尽可能集中，如制造毛坯用的尺寸和切削加工用的尺寸要分别考虑。

表8-2 蜗轮轴的加工次序

序号	说　明	图　例	序号	说　明	图　例
1	取圆钢，落料，车两端长度为154，钻中心孔	$\phi32$ 154	4	精车左端，直径 $\phi17^{+0.5}_{0}$，$\phi15^{+0.5}_{0}$，$\phi22$。轴向尺寸分别为25、10、5	$\phi17^{+0.5}_{0}$ $\phi15^{+0.5}_{0}$ $\phi22$ 5 10 25
2	粗车右端直径 $\phi24$、长90，左端直径 $\phi24$ 长55	$\phi24$ $\phi32$ $\phi24$ 55 (9) 90	5	铣键槽	12 5−0.030 18.5 6−0.030 4 16 5 25
3	调质后，精车右端直径 $\phi15^{+0.5}_{0}$，$\phi22^{+0.5}_{0}$，$\phi17$，$\phi30$，加工螺纹 M20×1.5，车退刀槽，倒角，保证长度尺寸 80 + 12 = 92	$\phi30$ $\phi22^{+0.5}_{0}$ M20×1.5−6h $\phi17$ $\phi15^{+0.5}_{0}$ 33 16 12 80	6	磨外圆达到公差要求	$\phi15^{-0.011}_{-0.012}$ $\phi17^{+0.012}_{+0.001}$ $\phi15^{+0.012}_{+0.001}$ $\phi17^{+0.012}_{+0.001}$ $\phi22^{0}_{-0.013}$

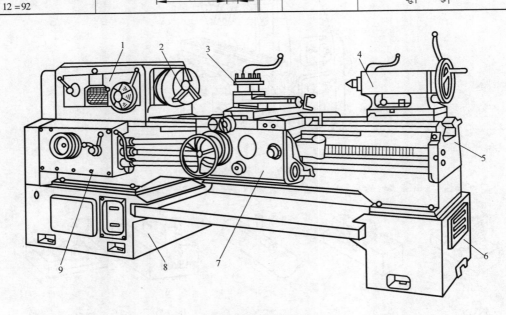

图 8-10　卧式车床

1—主轴箱　2—卡盘　3—刀架　4—尾座　5—床身　6，8—床腿　7—溜板箱　9—进给箱

3. 与相关零件的尺寸要协调

如图 8-1、图 8-2 中，铣刀头端盖六个孔的定位尺寸 $\phi98$ 应与座体上六个螺孔的定位尺寸一致。端盖右端的外圆柱表面直径 $\phi80$ 应与座体上的孔径一致。

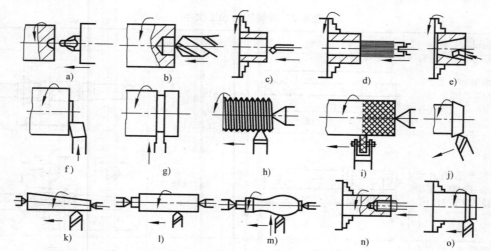

图 8-11　卧式车床加工的典型表面

a）钻中心孔　b）钻孔　c）车孔　d）铰孔　e）车锥孔　f）车端面　g）车环槽　h）车螺纹　i）滚花
j、k）车锥面　l）车外圆　m）车成形面　n）攻螺纹　o）车外圆

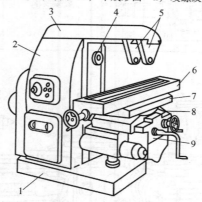

图 8-12　卧式铣床

1—底座　2—床身　3—悬梁　4—主轴　5—支架　6—工作台　7—回转盘　8—床鞍　9—升降台

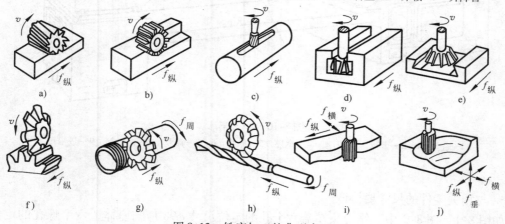

图 8-13　铣床加工的典型表面

a、b）铣平面　c）铣键槽　d）铣 T 形槽　e）铣燕尾槽　f）铣齿轮　g）铣螺纹　h）铣螺旋槽　i、j）铣成形面

4. 不要注成封闭尺寸链

图中在同一方向按一定顺序依次连接起来排成的尺寸标注形式称尺寸链。按加工顺序来说，在一个尺寸链中，总有一个尺寸是在加工最后自然得到的，这个尺寸称封闭环。尺寸链中的其他尺寸称为组成环。如果尺寸链中所有各环都注上尺寸而成为封闭形式则称为封闭尺寸链。由于各段尺寸加工都有一定误差，如图 8-15 各组成环 A、B、C的误差分别是 ΔA、ΔB、ΔC，则封闭环 L 的误差 $\Delta L = \Delta A + \Delta B + \Delta C$ 是各组成环误差的总和，而且封闭环的误差将随着组成环的增多而加大，导致不能满足设计要求。因此通常将尺寸链中不重要的尺寸作为封闭环，不注尺寸或注上尺寸后加上括号作为参考尺寸，使制造误差都集中到封闭环上去，从而保证重要尺寸的精度。如图 8-4 中轴的 $\phi17$ 段的长度，作为封闭环，并未标注。

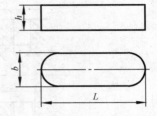

图 8-14 尺寸标注应考虑
测量方便

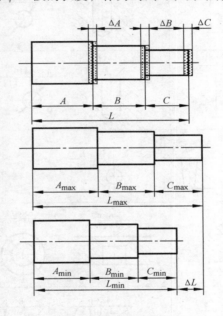

图 8-15 尺寸链分析

5. 常见结构要素的尺寸标注

零件上的键槽、退刀槽、锥销孔、螺孔、倒角、销孔、沉孔、中心孔、滚花等结构，其尺寸注法见表 8-3。

表 8-3　常见结构要素的尺寸注法及简化注法（GB/T 16675.2—2012）

零件结构类型		标注方法	简化注法	说　明
螺孔	通孔	3×M6	3×M6　　3×M6	3 × M6 表示直径为 6mm，有规律分布的三个螺孔。可以旁注；也可直接注出

（续）

零件结构类型		标注方法	简化注法	说　明
螺孔	不通孔	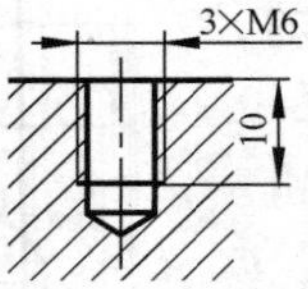 3×M6　10	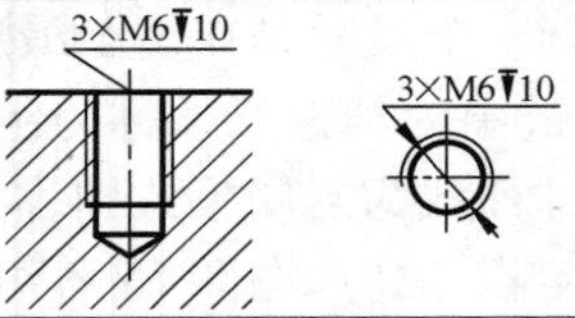 3×M6▼10　　3×M6▼10	螺孔深度可与螺孔直径连注；也可分开注出
		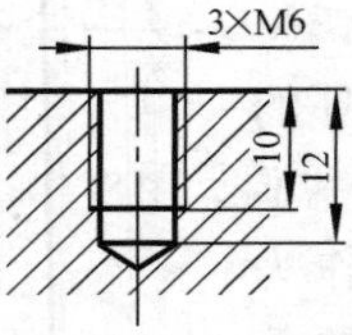 3×M6　10　12	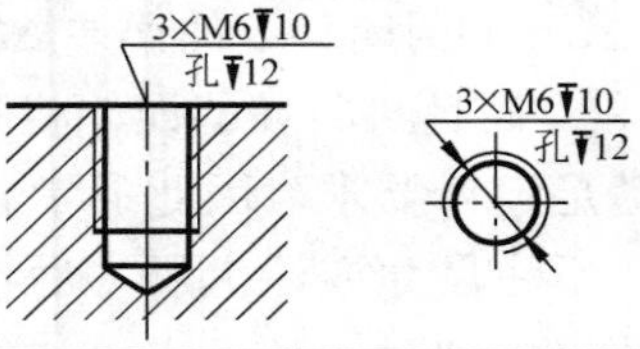 3×M6▼10　孔▼12　　3×M6▼10　孔▼12	需要注出孔深时，应明确标注孔深尺寸
光孔	一般孔	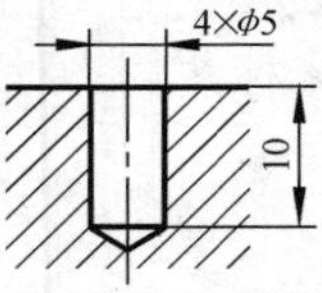 4×φ5　10	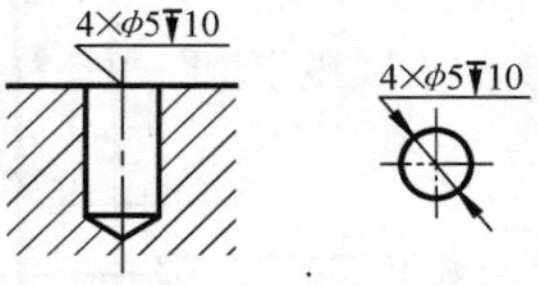 4×φ5▼10　　4×φ5▼10	4 × φ5 表示直径为 5mm、有规律分布的四个光孔。孔深可与孔径连注；也可分开注出
	精加工孔	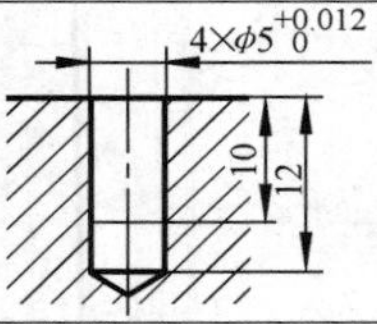 4×φ5$^{+0.012}_{0}$　10　12	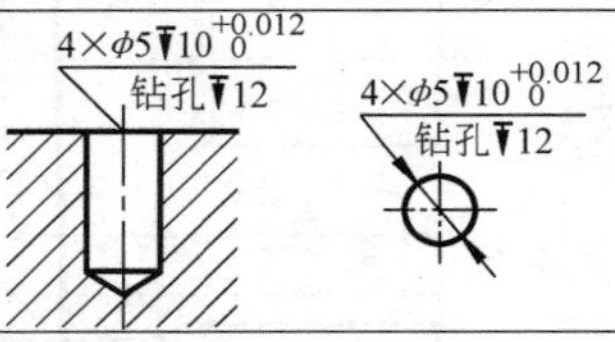 4×φ5▼10$^{+0.012}_{0}$　钻孔▼12　　4×φ5▼10$^{+0.012}_{0}$　钻孔▼12	光孔深为 12mm，钻孔后需精加工至 5$^{+0.012}_{0}$ mm，深度为 10mm
	锥销孔	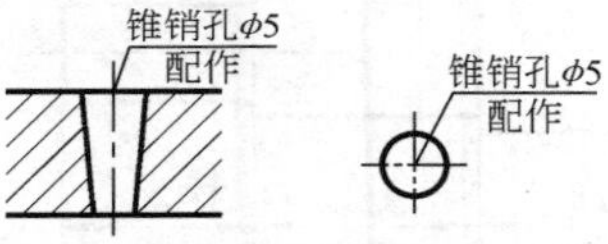 锥销孔φ5　配作	锥销孔φ5　配作	φ5 为与锥销孔相配的圆锥销小头直径。锥销孔通常是相邻两零件装配后一起加工的
沉孔	锥形沉孔	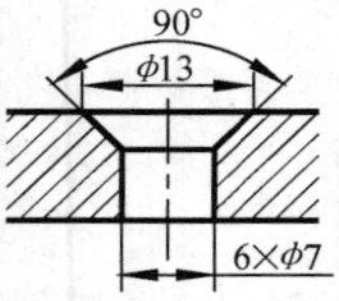 90°　φ13　6×φ7	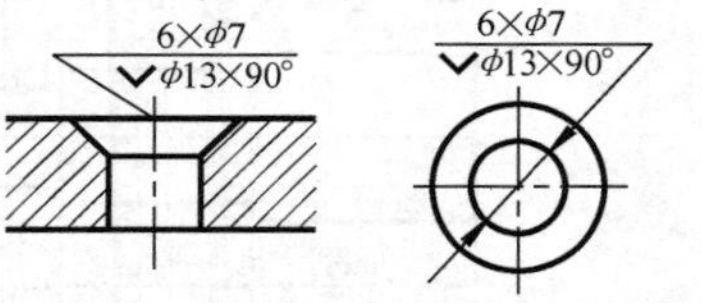 6×φ7　φ13×90°　　6×φ7　φ13×90°	6 × φ7 表示直径为 7mm、有规律分布的六个孔。锥形部分尺寸可以旁注；也可直接注出
	柱形沉孔	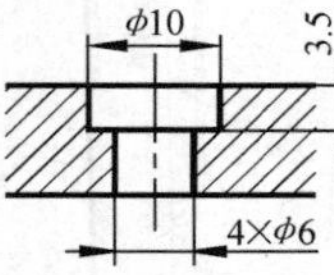 φ10　3.5　4×φ6	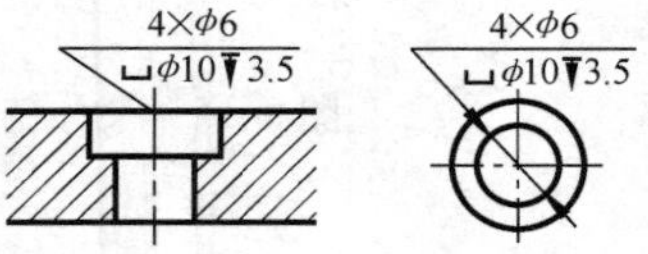 4×φ6　⊔φ10▼3.5　　4×φ6　⊔φ10▼3.5	4 × φ6 的意义同上。柱形沉孔的直径为 10mm，深度为 3.5mm，均需注出
	锪平面	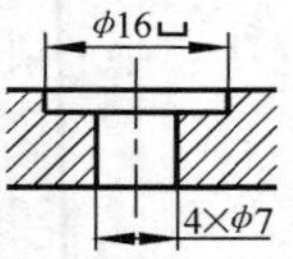 φ16⊔　4×φ7	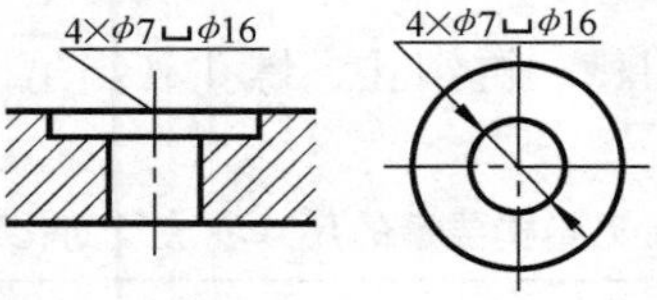 4×φ7⊔φ16　　4×φ7⊔φ16	锪平面 φ16 的深度不需标注，一般锪平到不出现毛面为止
键槽	平键键槽 GB/T 1095—2003	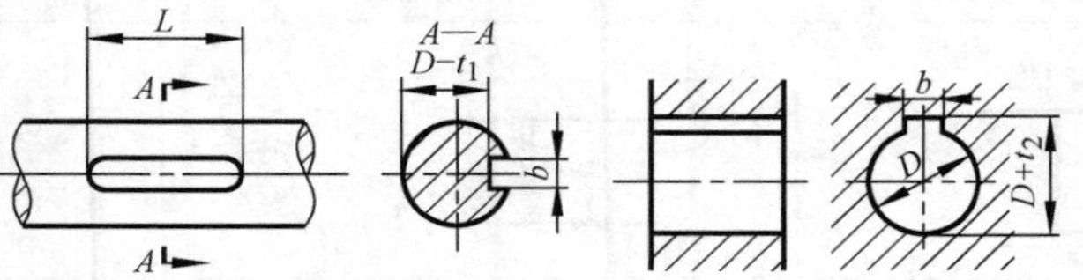 L　A　A	A—A　D−t₁　b　　b　D　D+t₂	标注 D − t₁ 便于测量

（续）

零件结构类型		标注方法	简化注法	说　明
键槽	半圆键键槽 GB/T 1098— 2003			标注直径，便于选择铣刀，标注 $D-t_1$ 便于测量
锥轴、锥孔 GB/T 15754— 1995				当锥度要求不高时，这样标注便于制造木模
				当锥度要求准确并为保证一端直径尺寸时的标注形式
退刀槽及砂轮越程槽 GB/T 3—1997 GB/T 6403.5— 2008				为便于选择割槽刀，退刀槽宽度应直接注出。直径 D 可直接注出；也可注出切入深度 a
倒角 GB/T 6403.4— 2008				倒角为45°时，在倒角的轴向尺寸 L 前面加注符号 "C"；倒角不是45°时，要分开标注
滚花 GB/T 6403.3— 2008				滚花有直纹与网纹两种标注形式。滚花前的直径尺寸为 D，滚花后的直径为 $D+\Delta$，Δ 应按模数 m 查相应的标准确定
平面				在没有表示正方形实形的图形上，该正方形的尺寸可用 $a \times a$（a 为正方形边长）表示；否则要直接标注

（续）

零件结构类型	标注方法	简化注法	说　　明
中心孔 GB/T 4459.5— 1999 GB/T 145— 2001	GB/T 4459.5—A3.15/6.7	GB/T 4459.5—A3.15/6.7　　GB/T 4459.5—A3.15/6.7	中心孔是标准结构，如需在图样上表明中心孔要求时，可用符号表示 　左图为完工零件上要求保留中心孔的标注示例 　中图为在完工零件上不可以保留中心孔的示例 　右图为在完工零件上是否保留中心孔都可以的标注示例
	A型　　　　B型 C型　　　　R型		中心孔分为 A 型、B型、C 型、R 型等。B型、C 型有保护锥面的中心孔，C 型为带螺纹的中心孔。标注示例中GB/T　4459.5—A3.15/6.7 表明采用 A 型中心孔，$d = 3.15$mm、$D = 6.7$mm

8.4　典型零件表达分析

在考虑零件的表达方案之前，必须先了解零件上各结构的作用和要求。下面以图 8-3 所示的减速箱和图 8-16 所示的铣刀头中零件为例进行结构分析、表达分析和尺寸标注分析。

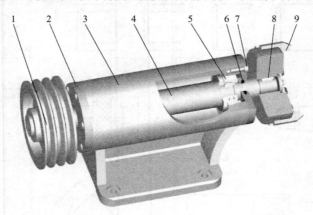

图 8-16　铣刀头结构
1—带轮　2—端盖　3—座体　4—轴　5—轴承　6—密封圈　7—内六角螺钉　8—键　9—铣刀

8.4.1 轴套类零件的表达分析

1. 结构特点

1）这类零件的各组成部分多是同轴线的回转体，且轴向尺寸大，径向尺寸小，从总体上看是细而长的回转体（图8-17）。

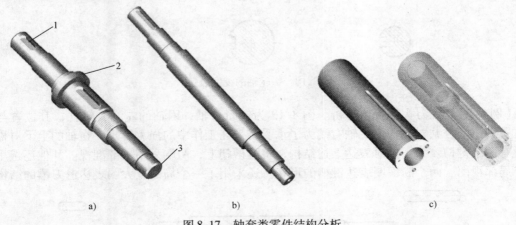

图8-17 轴套类零件结构分析
1—键槽 2—轴肩 3—倒角

2）根据设计和工艺的要求，这类零件常带有轴肩、键槽、螺纹、挡圈槽、退刀槽、中心孔等结构。为去除金属锐边，并便于轴上零件装配，轴的两端均有倒角。

2. 常用的表达方法

1）这类零件常在车床和磨床上加工，选择主视图时，多按加工位置将轴线水平放置。主视图的投射方向垂直于轴线。

2）画图时一般将小直径的一端朝右，以符合零件最终加工位置；平键键槽朝前、半圆键键槽朝上，以利于形状特征的表达。

3）常用断面、局部剖视、局部视图、局部放大图等图样画法表示键槽、退刀槽和其他槽、孔等结构。

3. 实例分析

【例8-1】 蜗轮轴表达分析。图8-17a为减速箱中的蜗轮轴，轴上装有蜗轮和锥齿轮，它们和轴均用键联接在一起，因此轴上有键槽。为了使轴上零件不致沿轴向窜动，保证传动可靠，轴上零件均用轴肩确定其轴向位置。为了防止锥齿轮、蜗轮的轴向移动还用调整片、垫圈和圆螺母加以固定，所以轴上有螺纹段。为了使轴承、蜗轮能靠紧在轴肩上以及便于车削与磨削，轴肩处有退刀槽或砂轮越程槽。轴的两端均有倒角，以去除金属锐边，并便于轴上零件的装配。

通过蜗轮轴的结构分析，可进一步分析它的表达方法（图8-18）。

主视图的选择：轴的基本形体是由直径不同的圆柱体组成。用垂直于轴线的方向作为主视图的投射方向，这样既可把各段圆柱的相对位置和形状大小表示清楚，并且也能反映出轴肩、退刀槽、倒角、圆角等结构。为了符合轴在车削或磨削时的加工位置，将轴线水平横放，并把直径较小的一端放在右面，键槽转向正前方，主视图即能反映平键的键槽形状和位置。

其他视图的选择：轴的各段圆柱，在主视图上标注直径尺寸后已能表达清楚，为了表示键槽的深度，分别采用移出断面（图8-18）。至此蜗轮轴的全部结构形状已表达清楚。

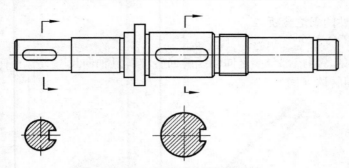

图 8-18　蜗轮轴的视图表达

【例 8-2】　铣刀头轴表达分析。图 8-19 为铣刀头轴，因轴的左端有销孔，其位置与键槽位置在一个公共对称面上，轴右端为了承受铣刀在工作中的强大转矩，在轴的上下对称位置设有两个键槽。为了同时表达上述结构，将键槽朝上，两端采用局部剖视。其他还选用了两个局部视图、两个断面图表达键槽的形状。还采用了一个局部放大图表达退刀槽的结构。

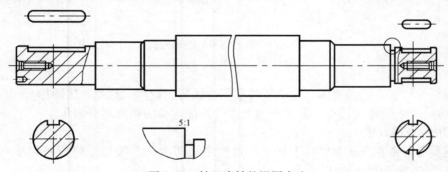

图 8-19　铣刀头轴的视图表达

【例 8-3】　顶尖套筒表达分析　图 8-20 为车床尾座的顶尖套筒的视图。它是一个空心圆柱体，主视图采用全剖视。为了表示右端面均匀分布的三个螺孔，以及两个销孔的位置，加画了 B 视图（也可画右视图）。销孔深度可用标注尺寸的方法解决，因此图上不再表达它的深度。为了表达下面一条长槽及后面的沉孔又加画了 A—A 断面。

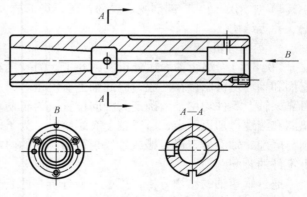

图 8-20　顶尖套筒的视图表达

　4. 尺寸标注特点

　1）轴套类零件的尺寸分为径向尺寸和轴向尺寸。径向尺寸表示轴上各段回转体的直径，它是以轴的中心线为基准的，如图 8-21、图 8-22 所示，特别注意不可漏注"ϕ"。轴向尺寸表示轴上各段回转体的长度，其基准一般选确定轴上主要零件的端面或轴肩面，如图 8-23、图 8-24 所示，蜗轮轴选择蜗轮的定位轴肩，铣刀头轴选择右端轴承的定位轴肩作为轴向主要尺寸基准。一般情况下，主要轴向尺寸应直接注出。

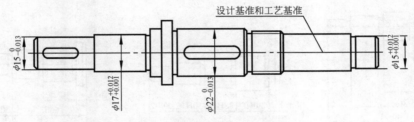

图 8-21　蜗轮轴径向主要尺寸和基准

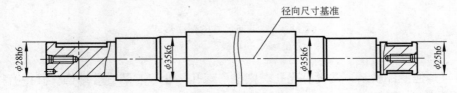

图 8-22　铣刀头轴径向主要尺寸和基准

2）轴向尺寸的标注形式。轴向尺寸标注一般分三种形式——坐标式、链式、综合式，如图 8-25 所示。坐标式是各轴段的轴向定位尺寸均以某一基面为基准标注（图 8-25a）；链式即各轴段的轴向定位尺寸互为基准的标注（图 8-25b）；综合式实际是坐标式与链式的综合（图 8-25c），一般都采用综合式标注。

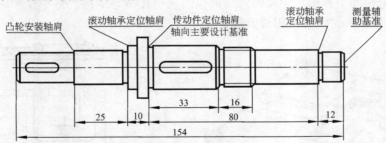

图 8-23　蜗轮轴轴向主要尺寸和基准

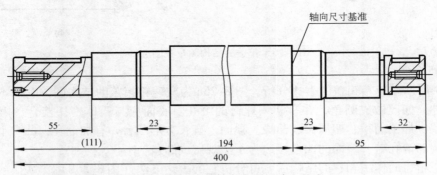

图 8-24　铣刀头轴轴向主要尺寸和基准

8.4.2　盘盖类零件的表达分析

1. 结构特点

主体部分常由回转体组成，轴向尺寸小，径向尺寸大，一般有一个端面是与其他零件联接的重要接触面，如图 8-27、图 8-28 所示，也有与壳体仿形的薄板状构件，如图 8-26 所

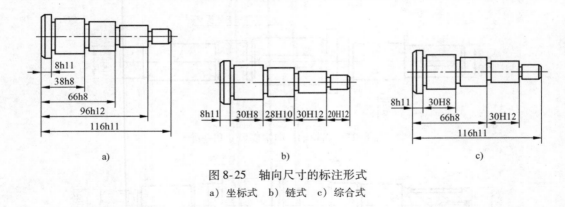

图 8-25　轴向尺寸的标注形式

a）坐标式　b）链式　c）综合式

示。为了与其他零件联结，常设有光孔、键槽、螺孔、止口、凸台等结构，其中有些结构为标准规定尺寸，如键槽。

2. 常用的表达方法

根据盘盖类零件的特点，常用表达方案如下：

1）圆盘形盘盖主要在车床上加工，选择主视图时一般按加工位置原则将轴线水平放置。对于加工时并不以车削为主的箱盖，可按工作位置放置。

2）通常采用两个视图，主视图常用剖视图表示孔槽等结构，另一视图表示外形轮廓和各组成部分，如孔、轮辐等的相对位置。

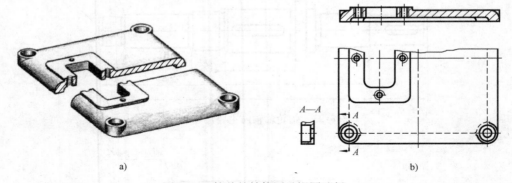

图 8-26　箱盖的结构图及视图选择

3. 分析实例

【例 8-4】　减速箱箱盖的表达分析。图 8-26a 为减速箱箱盖的结构图，它基本上是一个平板型零件。四周做成圆角，并有装入螺钉的沉孔。底面应与箱体密切接合，因此必须加工，为了减少加工面积，四周做成凸缘。顶面上有长方形凸台并有加油孔，凸台上有四个螺孔，以安装加油孔盖。顶面的四个棱边为了美观做成圆角。

了解了箱盖的作用和它的结构后就可分析它的表达方法（图 8-26b）：

1）主视图的选择。画主视图时一般按箱盖的安装位置放置。为了表达箱盖厚度的变化和加油孔、螺孔的形状和位置，主视图采用全剖视。

2）其他视图的选择。为了表示箱盖的外形和箱盖上加油孔、凸台、沉孔等结构形状和位置，可采用俯视图。此外采用 A—A 局部剖视表达沉孔的深度（当然亦可采用表 8-3 中标注尺寸的方法，把沉孔深度表达清楚，而不画 A—A 剖视图）。

【例 8-5】　铣刀头端盖的表达分析。机器上的许多端盖、压盖等零件，它们基本上是圆盘形零件。它的主要结构是同轴的圆柱体和圆柱孔，此外常有均匀分布在同一圆周上的用来安装螺钉的光孔。图 8-27 为铣刀头上的端盖，主要在车床上加工，画图时根据加工位置将轴线水平横放，主视图一般采用全剖视，表示凸缘、内孔、毛毡密封槽（标准结构）等结构，左视图主要用来表达光孔的分布位置。

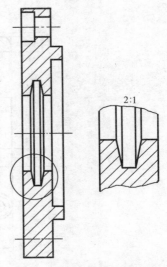

图 8-27　端盖的视图选择

与盘、盖相似的零件中亦有比较复杂的，图 8-28 为车床尾座的手轮，它由轮毂、轮辐和轮缘组成，轮毂和轮缘不在同一平面内，三根成 120° 夹角均布的轮辐与轮毂和轮缘相连，其中有一根轮辐和轮毂连接处制有通孔用以装配手柄。手轮中心的轴孔和键槽与丝杆相连。这类零件主要在车床上加工，根据加工位置主视图轴线水平横放。表达时通常采用两个基本视图，主视图全剖用以表示轮宽和各组成部分的相对位置，轮辐是成辐射状均匀分布的结构，按简化画法，不论剖切平面是否通过，都将这些结构旋转到剖切平面的位置上画出。右视图（或采用左视图）表示轮廓形状和轮辐的分布。常用断面表示轮辐的截面形状。

4. 尺寸标注特点

圆盘形结构的零件，其尺寸分为径向尺寸和轴向尺寸，标注方法和轴套类零件相似，如图 8-29 所示。

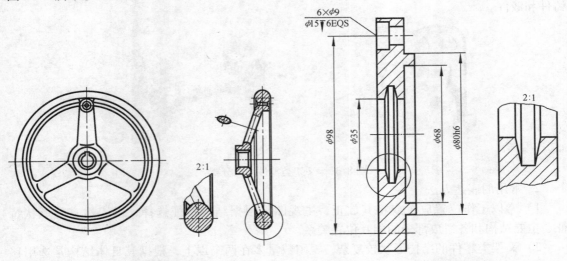

图 8-28　手轮的视图选择　　　　　　　　图 8-29　端盖重要尺寸标注

不以回转体为主的零件，按长、宽、高三个方向标注定形、定位尺寸。如图 8-30 所示，箱盖前后对称，左右除长方形凸台和加油孔外也基本对称，所以在长度和宽度方向均以对称平面为基准，在俯视图上标注出四个沉孔的中心距 90 和 102，由于长方形凸台偏居左方，因此标注凸台对称面的定位尺寸 25，再以凸台对称面为辅助基准，标注螺孔的定位尺寸 30 和 50，加油孔尺寸 20 和 40；箱盖底面与箱体接触，因此高度方向的设计和测量基准均为底面，由此标注出箱盖高度 8，凸台高度 10 和箱盖内面高度 3。

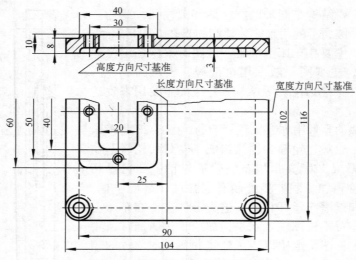

图 8-30　箱盖的重要尺寸及基准

8.4.3　叉架类零件的表达分析

1. 结构特点

如图 8-31 所示，叉架类零件包括各种用途的拨叉和支架。拨叉主要用在机床、内燃机等各种机器的操纵机构上，用以操纵机器，调节速度等。支架主要起支承和连接作用，其结构形状虽然千差万别，但其形状结构按其功能可分为工作、安装固定和连接三个部分，常为铸件和锻件。

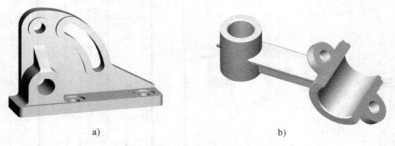

a)　　　　　　　　　　　　　　　　　　b)

图 8-31　叉架类零件结构分析

2. 常用的表达方法

1）常以工作位置放置或将其放正，主视图常根据结构特征选择，以表达它的形状特征、主要结构和各组成部分的相互位置关系。

2）叉架类零件的结构形状较复杂，视图数量多在两个以上，根据其具体结构常选用移出断面、局部视图、斜视图等表达方式。

3. 实例分析

【例 8-6】　托架的表达分析。图 8-31a 所示托架由安装底板、弧形槽竖板及轴承部分组成，竖板与轴承部分用肋支撑以增加强度。其表达方法如图 8-32 所示。主视图表达了弧形竖板、安装板、轴承和肋等结构间的相互关系及它们的形状。左视图采用 A—A 全剖视，主要表达竖板的厚度、竖板上安装孔、轴承孔及肋等结构。用 B 向局部视图表示安装底板的形状和两个安装孔的位置。用 C—C 移出断面表示竖板上圆弧形通孔，重合断面表示肋的断面形状。

【例8-7】 支架的表达分析。图8-31b所示为支架的结构，它由空心半圆柱带凸耳的安装部分、"T"形连接板和支承轴的空心圆柱等构成。其表达方法如图8-33所示。由于安装基面与连接板倾斜，考虑该件的工作位置可能较为复杂，故将零件按放正位置摆放，选择最能反映零件各部分的主要结构特征和相对位置关系的方向作为主视图的投射方向，即零件处于连接板水平、安装基面正垂、工作轴孔铅垂位置。并采用局部剖视以表达

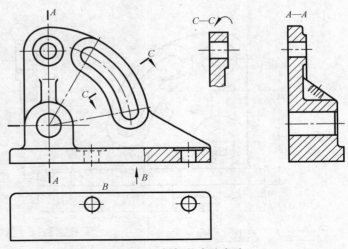

图8-32 托架的表达方法

支承轴孔处的螺孔及安装板上的安装孔，采用A向斜视图以表达安装部分实形及安装孔的位置，采用移出断面表达"T"形连接板的断面形状。

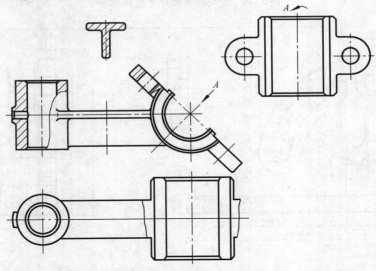

图8-33 支架的表达方法

4. 尺寸标注特点

不同的叉架类零件结构差别较大，且较为复杂。尺寸标注时应按形体分析法标注定形尺寸，并考虑按长、宽、高三个方向标注定位尺寸。一般选择安装基面、工作轴孔轴线、零件的对称面等作为尺寸基准。

如图8-34所示，托架高度方向以底面为基准，标注尺寸32、95等；长度方向以主要工作轴孔的轴线为基准，标注尺寸32、35，并以左端面为辅助基准标注尺寸165、12等；宽度方向以表面要求较高的后面（零件接触面）为基准，标注尺寸40、45、15等。另外，以$\phi20$孔的轴线为辅助基准标注圆弧形孔的定位尺寸$R68$。

图8-35为托架的零件图。

如图8-36所示，支架长度方向以支承轴孔的轴线为基准，标注尺寸115、23；高度方向以零

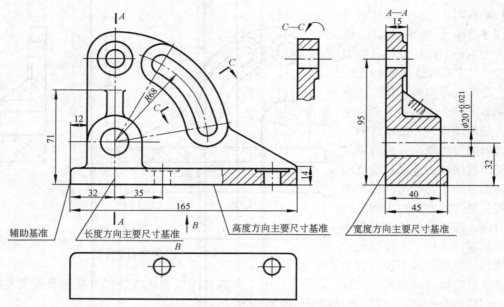

图 8-34　托架的重要尺寸及其基准

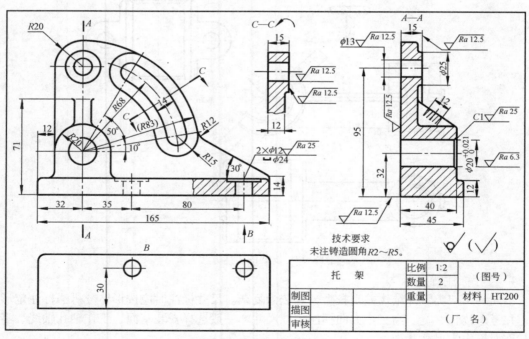

图 8-35　托架的零件图

件的基本对称面为基准，标注尺寸 55、角度定位 45°；宽度方向以前后对称面为基准标注尺寸 64。

图 8-37 所示为支架的零件图。

8.4.4　箱体类零件的表达分析

箱体类零件一般用来支承包容、安装和固定其他零件，因此结构较复杂。图 8-38a 是减速箱体的结构，图 8-38b 是铣刀头座体的结构。

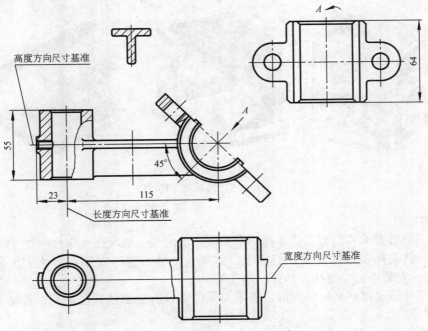

图 8-36 支架的重要尺寸及其基准

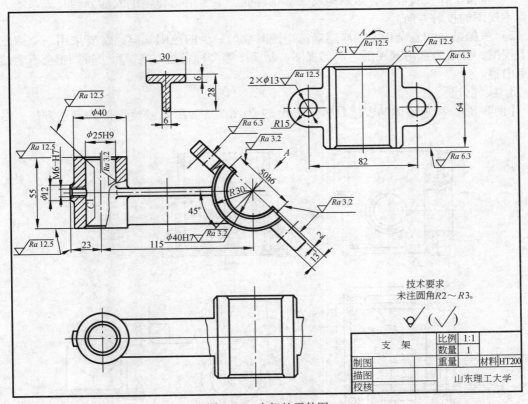

图 8-37 支架的零件图

图 8-38　箱体类零件

1. 结构特点

1）为了能够支承和包容其他零件，常有较大的内腔、轴承孔、凸台和肋等结构。

2）为了将箱体类零件安装在机座上，将箱盖、轴承盖等安装在箱体上，常有安装底板、安装孔、安装平面、螺孔、凸台、销孔等。

3）为了使运动得到良好的润滑，箱体类零件常设有储油池、注油孔、排油孔、各种油槽等润滑部分。

2. 常用的表达方法

1）常按工作位置放置，以最能反映形状特征、主要结构和各组成部分相互关系的方向作为主视图的投射方向。

2）根据结构的复杂程度，应遵守选用视图数量最少的原则。但通常要采用三个或三个以上视图，并适当选用剖视图、局部视图、断面图等多种表达方式，每个视图都应有表达的重点内容。

3. 实例分析

【例 8-8】　减速箱体的表达分析。图 8-39 为图 8-38a 所示减速箱体的表达方法。沿蜗

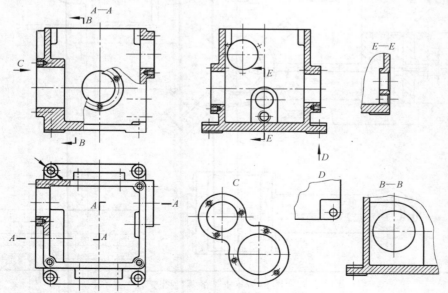

图 8-39　减速箱体的表达方法

轮轴线方向作主视图的投射方向。主视图采用阶梯局部剖，主要表示锥齿轮轴轴孔和蜗杆轴右轴孔的大小以及蜗轮轴孔前、后凸台上螺孔的分布情况。左视图采用全剖，主要表达蜗杆轴孔与蜗轮轴孔之间的相对位置与安装油标和螺塞的内凸台形状。俯视图主要表达箱体顶部和底板的形状，并用局部剖表示蜗杆轴左轴孔的大小。采用 $B—B$ 局部剖视表达锥齿轮轴孔内部凸台的形状。用 $E—E$ 局部剖视表示油标孔和螺塞孔的结构形状。C 视图表达左面箱壁凸台的形状和螺孔位置，其他凸台和附着的螺孔可结合尺寸标注表达。D 视图表示底板底部凸台的形状。至此，箱体顶部端面和箱盖连接螺孔及底板上的四个安装孔没有剖切到，可结合标注尺寸确定其深度。

【例 8-9】　铣刀头座体的表达分析。图 8-38b 所示为铣刀头座体结构图，座体大致由安装底板、连接板和支承轴孔组成。表达方法按工作位置放置，采用全剖视的主视图以表达支承轴孔和连接加强肋的形状、两端连接板的厚度、底板上的通槽等；采用左视图表达底板、连接板、支承轴孔的相对位置和形状；局部仰视图表达底板形状和安装孔的位置，如图8-40所示。

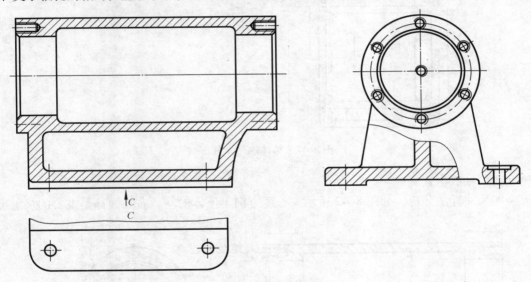

图 8-40　座体表达分析

4. 尺寸标注特点

减速箱体尺寸标注分析，如图 8-41 所示。

（1）高度方向的基准和尺寸　减速箱的底面是安装面，以此作为高度方向的设计基准，加工时也以底面为基准。加工各轴孔和其他平面，因此底面又是工艺基准。由底面注出尺寸 92 确定蜗杆轴孔的位置；尺寸 39 和 18（见图 8-6 中的 $E—E$ 局部剖视）分别确定油标孔和螺塞孔的位置。为了确保蜗杆和蜗轮的中心距，因此以蜗杆轴孔的轴线作为辅助基准标注尺寸 40，以确定蜗轮轴孔在高度方向的位置。

（2）长度方向的基准　长度方向以蜗轮轴孔的轴线为主要基准，以尺寸 72 确定箱体左端凸台的位置，然后以此为辅助基准，再以尺寸 134 来确定箱体右端凸台的位置。以尺寸 9 确定安装底板长度方向的位置。

（3）宽度方向的基准　宽度方向选用箱体和底板的前后对称面作为主要基准，以尺寸 104、142 确定箱体宽度和底板宽度，以尺寸 64 确定前凸台的端面位置，再以 125 确定后凸台端面。以尺寸 25 确定蜗杆轴孔在宽度方向的位置，并以此为辅助基准，以尺寸 42 确定锥

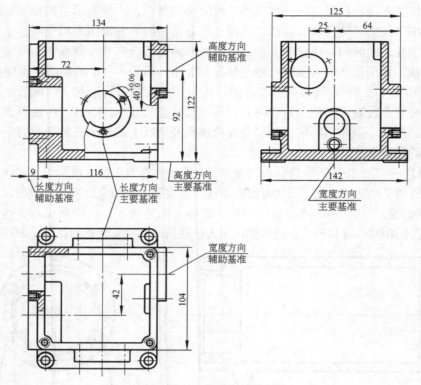

图 8-41　箱体的尺寸分析

齿轮轴孔的轴线位置。

　　座体尺寸标注分析，如图 8-42 所示。长度方向上座体的左、右端面都是重要的接触面，

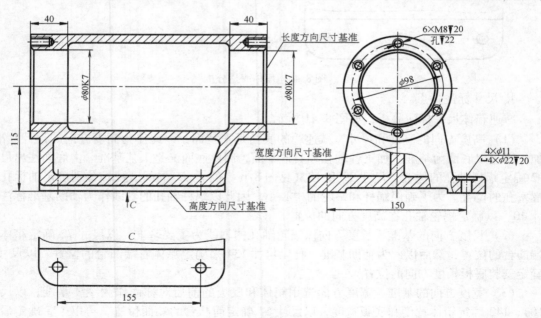

图 8-42　座体的重要尺寸及其基准

选择右端面为长度方向主要尺寸基准，标注尺寸 40，左端面为长度方向辅助基准标注 40；座体前后对称，因此宽度方向选择对称平面作为尺寸基准，标注尺寸 150、φ98；高度方向基准选择安装底面，标注尺寸 115，确定轴承孔轴线的高度，然后标注轴承孔直径 φ80。

座体的零件图如图 8-2 所示。

8.5 零件图的技术要求

机械图样上的技术要求主要包括：表面结构、极限与配合、几何公差、热处理以及其他有关制造的要求。上述要求应按照有关国家标准规定的代（符）号或用文字正确地注写出来。

8.5.1 表面结构（GB/T 131—2006）

1. 表面结构的概念

表面结构是表面粗糙度、表面波纹度、表面缺陷、表面几何形状的总称。零件的表面（零件实体与周围介质的分界面）大都受粗糙度、波纹度及形状误差三种表面结构特性的综合影响。这三种表面结构特性的成因不同，对零件功能产生的影响各异，须分别控制及测量。其中，表面粗糙度主要由加工方法形成，如在切削过程中工件加工表面上的刀具痕迹以及切削撕裂时的材料塑性变形等；表面波纹度由机床或工件的挠曲、振动、颤动、形成材料应变等原因引起；形状误差一般由机器或工件的挠曲或导轨误差引起（图 8-43）。

表面结构特性直接影响机械零件的功能，如摩擦磨损、疲劳强度、接触刚度、冲击强度、密封性能、振动和噪声、镀涂及外观质量等。这些功能直接关系到机械产品的使用性能和工作寿命。一般地，在工程图样上应根据零件功能全部或部分注出零件的表面结构要求。

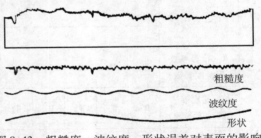

粗糙度

波纹度

形状

图 8-43 粗糙度、波纹度、形状误差对表面的影响

2. 表面结构的标注

表面结构的标注内容包括：表面结构图形符号、表面结构参数以及加工方法或相关信息。

（1）表面结构图形符号 表面结构图形符号分为：基本图形符号、扩展图形符号和完整图形符号。在技术产品文件中对表面结构的要求可用基本图形符号、扩展图形符号和完整图形符号表示。各种图形符号的画法及含义见表 8-4。

表 8-4 表面结构图形符号的画法及含义

名称	符 号	含 义 及 说 明
基本图形符号	H_1 60° 60° H_2	表示对表面结构有要求的图形符号。当不加注粗糙度参数值或有关说明（例如：表面处理、局部热处理状况等）时，仅适用于简化代号标注。没有补充说明时不能单独使用。$d = h/10$，$H_1 = 1.4h$，$H_2 \approx 2.1H_1$，d 为线宽，h 为字高
扩展图形符号	$\checkmark$	基本符号加一短划，表示表面是用去除材料的方法获得。例如车、铣、磨、剪切、抛光、腐蚀、电火花加工、气割等
	$\checkmark$（加小圆）	基本符号加一小圆，表示表面是用不去除材料的方法获得。例如：铸、锻、冲压变形、热轧、冷轧、粉末冶金等。或者是用于保持原供应状况的表面（包括保持上道工序的状况）

（续）

名称	符　号	含　义　及·说　明
完整图形符号	$\sqrt{}$	在基本图形符号的长边上加一横线用于对表面结构有补充要求的标注，允许任何工艺。表面结构的补充要求包括：表面结构参数代号、数值、传输带/取样长度等
	$\sqrt{}$	在扩展图形符号的长边上加一横线用于对表面结构有补充要求的标注，表面是用去除材料的方法获得。表面结构的补充要求包括：表面结构参数代号、数值、传输带/取样长度等
	$\sqrt{}$	在扩展图形符号的长边上加一横线用于对表面结构有补充要求的标注，表面是用不去除材料的方法获得。表面结构的补充要求包括：表面结构参数代号、数值、传输带/取样长度等

（2）表面结构参数　表面结构参数是表示表面微观几何特性的参数。分为三组：轮廓参数、图形参数和基于支承率曲线的参数。这些表面结构参数组已经标准化，标注时，与完整符号一起使用。给出表面结构要求时，应标注其参数代号（表8-5）和相应数值（查阅相关标准获取）。一般包括以下四项重要信息：三种轮廓参数（R、W、P）中的某一种、轮廓特征、满足评定长度要求的取样长度的个数、要求的极限值。表面结构参数代号见表8-5。

表8-5　表面结构参数代号

		高度参数									间距参数	混合参数	曲线和相关参数		
		峰谷值					平均值								
轮廓参数	R – 轮廓参数（粗糙度参数）	Rp	Rv	Rz	Rc	Rt	Ra	Rq	Rsk	Rku	RSm	$R\Delta q$	$Rmr(c)$	$R\delta c$	Rmr
	W – 轮廓参数（波纹度参数）	Wp	Wv	Wz	Wc	Wt	Wa	Wq	Wsk	Wku	WSm	$W\Delta q$	$Wmr(c)$	$W\delta c$	Wmr
	P – 轮廓参数（原始轮廓参数）	Pp	Pv	Pz	Pc	Pt	Pa	Pq	Psk	Pku	PSm	$P\Delta q$	$Pmr(c)$	$P\delta c$	Pmr
图形参数		参　数													
	粗糙度轮廓（粗糙度图形参数）	R					Rx				AR		—		
	波纹度轮廓（波纹度图形参数）	W					Wx				AW		Wte		
基于支承率曲线的参数		参　数													
	基于线性支承率曲线的参数 — 粗糙度轮廓参数（滤波器根据 GB/T 18778.1—2002 选择）	Rk					Rpk				Rvk		$Mr1$		$Mr2$
	基于线性支承率曲线的参数 — 粗糙度轮廓参数（滤波器根据 GB/T 18618—2009 选择）	Rke					$Rpke$				$Rvke$		$Mr1e$		$Mr2e$
	基于概率支承率曲线的参数 — 粗糙度轮廓（滤波器根据 GB/T 18778.1—2002 选择）	Rpq					Rvq				Rmq				
	基于概率支承率曲线的参数 — 原始轮廓 滤波器 λs	Ppq					Pvq				Pmq				

（3）表面结构标注内容与格式　表面结构标注的内容与格式详见图8-44。其中，图8-44a所示为 GB/T 131—1993 规定注法；图8-44b 为 GB/T 131—2006 规定注法。

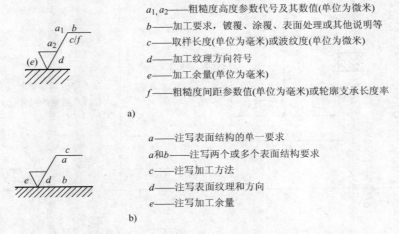

a_1, a_2——粗糙度高度参数代号及其数值(单位为微米)

b——加工要求，镀覆、涂覆、表面处理或其他说明等

c——取样长度(单位为毫米)或波纹度(单位为微米)

d——加工纹理方向符号

e——加工余量(单位为毫米)

f——粗糙度间距参数值(单位为毫米)或轮廓支承长度率

a)

a——注写表面结构的单一要求

a和b——注写两个或多个表面结构要求

c——注写加工方法

d——注写表面纹理和方向

e——注写加工余量

b)

图8-44　表面结构参数代号、参数值及补充要求的注写位置

a) GB/T 131—1993 规定　b) GB/T 131—2006 规定

同时给出新旧两种格式，以使读者在学习现行标准规定的同时，了解过去的标准规定，以方便阅读原来的图纸资料；也使读者能注意到：今后学习和工作中涉及标准应用时重视查新。

（4）表面结构标注示例（表8-6）

表8-6　表面结构标注示例

	标 注 示 例	说　　明
标准注法	*Rz 12.5*　*Rz 6.3*　*Ra 1.6*　*Ra 1.6*　*Rz 12.5*　*Rz 6.3*	根据 GB/T 4458.4—2003 的规定，要使表面结构的注写和读取方向与尺寸的注写和读取方向一致（朝上或朝左） 　表面结构要求可标注在轮廓线上，其符号应从材料外指向并接触表面
	铣　*Rz 3.2*　车　*Rz 3.2*　φ28	必要时，表面结构符号可用带箭头或黑点的指引线引出标注

（续）

标 注 示 例	说　　明
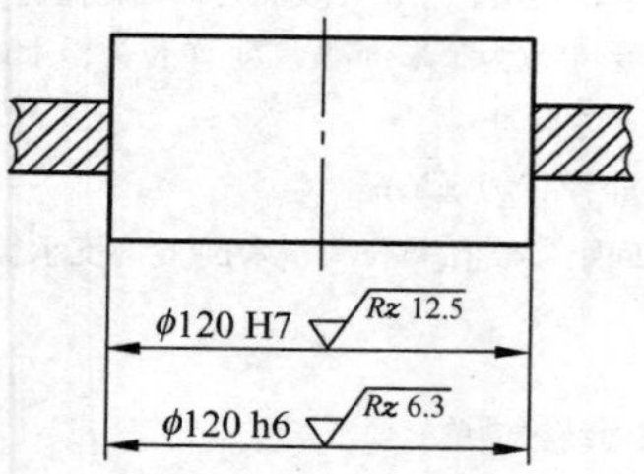 $\phi120\,H7\;\sqrt{Rz\,12.5}$ $\phi120\,h6\;\sqrt{Rz\,6.3}$	在不致引起误解时，表面结构要求可以标注在给定的尺寸线上
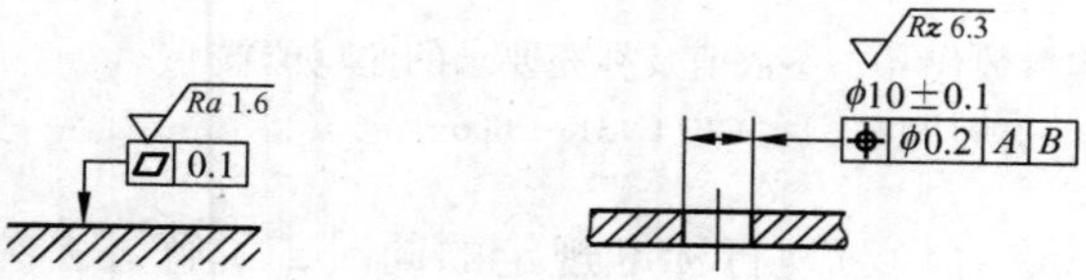 $\sqrt{Ra\,1.6}$　$\boxed{\square\;0.1}$　　$\sqrt{Rz\,6.3}$ $\phi10\pm0.1$　$\boxed{\oplus\;\phi0.2\;A\;B}$	表面结构要求可标注在形位公差框格的上方
标准注法	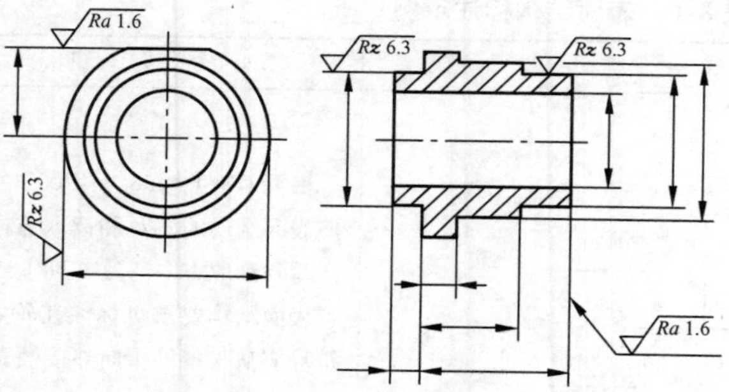 表面结构要求可以直接标注在延长线上，或用带箭头的指引线引出标注
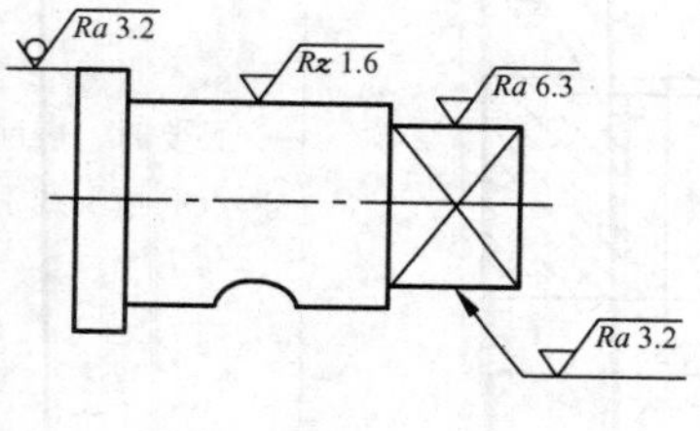	圆柱和棱柱表面的表面结构要求只标注一次。如果每个棱柱表面有不同的表面结构要求，则应分别单独标注

（续）

	标注示例	说 明
简化注法	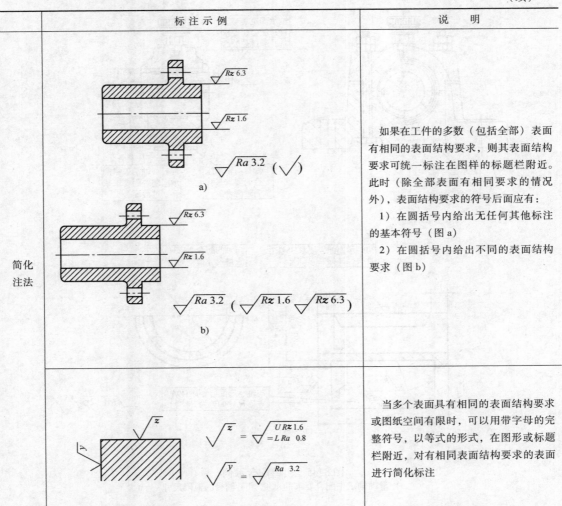	如果在工件的多数（包括全部）表面有相同的表面结构要求，则其表面结构要求可统一标注在图样的标题栏附近。此时（除全部表面有相同要求的情况外），表面结构要求的符号后面应有： 1）在圆括号内给出无任何其他标注的基本符号（图 a） 2）在圆括号内给出不同的表面结构要求（图 b）
		当多个表面具有相同的表面结构要求或图纸空间有限时，可以用带字母的完整符号，以等式的形式，在图形或标题栏附近，对有相同表面结构要求的表面进行简化标注

8.5.2 极限与配合（GB/T 1800.1—2009）

1. 互换性

在成批或大量生产中，规格大小相同的零件或部件，不经选择地任意取一个零件（或部件）可以不必经过其他加工就能装配到产品上去，并达到预期的使用要求（如工作性能、零件间配合的松紧程度等），这就叫具有互换性。由于互换性原则在机器制造中的应用，大大地简化了零件、部件的制造和装配过程，使产品的生产周期显著缩短，这样不但提高了劳动生产率，降低了生产成本，便于维修，而且也保证了产品质量的稳定性。

为了满足互换性要求，以及提高加工的经济性，图样上常注有公差配合、几何公差等技术要求。图 8-45a 为滑动轴承装配图，图上注有配合代号。图 8-45b 为其下轴衬的零件图，图上有些尺寸注有其尺寸的极限偏差。在设计时，要合理地确定各类公差，才能使所绘制的图样符合生产实际的需要，并适当降低加工成本。

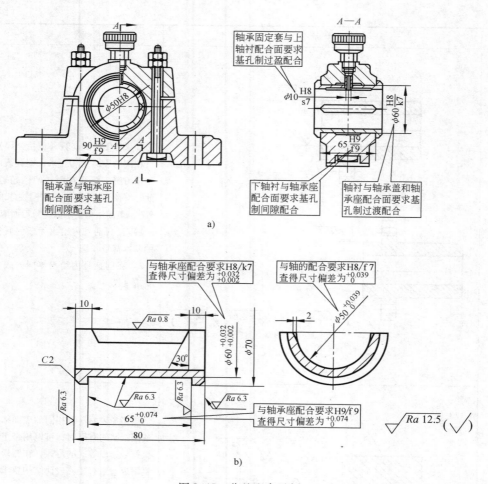

图 8-45　公差配合示例

a) 滑动轴承中配合要求的示例　b) 轴衬的极限尺寸

2. 极限的基本概念

（1）公称尺寸、实际尺寸、极限尺寸、偏差和尺寸公差　　下面通过尺寸 $\phi60^{+0.032}_{+0.002}$ 逐一说明。其中 60 称公称尺寸，它是设计人员根据实际使用要求而确定的尺寸。通过它应用上、下极限偏差可算出极限尺寸，（60 + 0.032）= 60.032 和（60 + 0.002）= 60.002 称为极限尺寸，其中 60.032 为上极限尺寸，60.002 为下极限尺寸。实际尺寸是指测量所得的某一孔、轴的尺寸，通过此尺寸与图上所注极限尺寸比较，即可判别所制零件是否合格。$\phi60^{+0.032}_{+0.002}$ 的合格的实际尺寸介于 $\phi60.032 \sim \phi60.002$ 之间，大于上极限尺寸（60.032）和小于下极限尺寸（60.002）均不合格。

偏差是某一尺寸减其公称尺寸所得的代数差。当实际尺寸等于极限尺寸时，其偏差为极限偏差，极限偏差有上极限偏差和下极限偏差：上极限偏差为上极限尺寸减其公称尺寸所得的代数差，即 60.032 − 60 = +0.032（孔用 ES，轴用 es 表示）；下极限偏差为下极限尺寸减其公称尺寸所得的代数差，即 60.002 − 60 = +0.002（孔用 EI，轴用 ei 表示）。

尺寸公差（简称公差）是允许尺寸的变动量，为上极限尺寸与下极限尺寸之差，即

60.032 - 60.002 = 0.030，或上极限偏差减下极限偏差之差，即 + 0.032 - (+ 0.002) = 0.030。公差值是没有符号的绝对值。

（2）公差与公差带图　图 8-46 为极限与配合的示意图，它表明了上述各术语的关系。在实际工作中，常将示意图抽象简化为公差带图（图 8-47）。公差带图中的零线及公差带的定义如下：

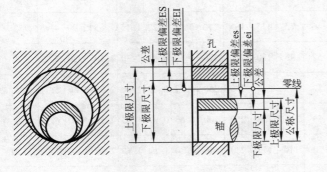

图 8-46　轴与孔配合示意图

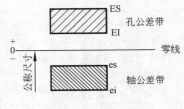

图 8-47　公差带图

1）零线。在极限与配合图解中，表示公称尺寸的一条直线，以此为基准确定偏差和公差。通常将零线水平绘制，正偏差位于其上，负偏差位于其下。

2）公差带。在公差带图解中，由代表上极限偏差和下极限偏差或上极限尺寸和下极限尺寸的两条直线所限定的一个区域。它是由公差大小及相对零线的位置如基本偏差来确定的。

（3）标准公差　标准公差是极限与配合制中所规定的任一公差。标准公差等级代号用符号 IT 和数字组成，如 IT7。公差等级表示尺寸的精确程度。标准公差等级 IT01、IT0、IT1 至 IT18 共 20 级。随着公差等级数字的增大，尺寸的精确程度依次降低，公差数值依次增大。其中 IT01 级最高，IT18 级最低。IT01 ~ IT12 用于配合尺寸，IT13 ~ IT18 用于非配合尺寸。

表 8-7 列出了公称尺寸至 1000mm 的标准公差数值。

表 8-7　标准公差数值（GB/T 1800.1—2009 摘录）

公称尺寸/mm		公　差　等　级																	
		IT1	IT2	IT3	IT4	IT5	IT6	IT7	IT8	IT9	IT10	IT11	IT12	IT13	IT14	IT15	IT16	IT17	IT18
大于	至	μm											mm						
—	3	0.8	1.2	2	3	4	6	10	14	25	40	60	0.10	0.14	0.25	0.40	0.60	1.0	1.4
3	6	1	1.5	2.5	4	5	8	12	18	30	48	75	0.12	0.18	0.30	0.48	0.75	1.2	1.8
6	10	1	1.5	2.5	4	6	9	15	22	36	58	90	0.15	0.22	0.36	0.58	0.90	1.5	2.2
10	18	1.2	2	3	5	8	11	18	27	43	70	110	0.18	0.27	0.43	0.70	1.10	1.8	2.7
18	30	1.5	2.5	4	6	9	13	21	33	52	84	130	0.21	0.33	0.52	0.84	1.30	2.1	3.3
30	50	1.5	2.5	4	7	11	16	25	39	62	100	160	0.25	0.39	0.62	1.00	1.60	2.5	3.9
50	80	2	3	5	8	13	19	30	46	74	120	190	0.30	0.46	0.74	1.20	1.90	3.0	4.6
80	120	2.5	4	6	10	15	22	35	54	87	140	220	0.35	0.54	0.87	1.40	2.20	3.5	5.4

（续）

公称尺寸/mm		公　差　等　级																	
大于	至	IT1	IT2	IT3	IT4	IT5	IT6	IT7	IT8	IT9	IT10	IT11	IT12	IT13	IT14	IT15	IT16	IT17	IT18
		μm											mm						
120	180	3.5	5	8	12	18	25	40	63	100	160	250	0.40	0.63	1.00	1.60	2.50	4.0	6.3
180	250	4.5	7	10	14	20	29	46	72	115	185	290	0.46	0.72	1.15	1.85	2.90	4.6	7.2
250	315	6	8	12	16	23	32	52	81	130	210	320	0.52	0.81	1.30	2.10	3.20	5.2	8.1
315	400	7	9	13	18	25	36	57	89	140	230	360	0.57	0.89	1.40	2.30	3.60	5.7	8.9
400	500	8	10	15	20	27	40	63	97	155	250	400	0.63	0.97	1.55	2.50	4.00	6.3	9.7
500	630	9	11	16	22	30	44	70	110	175	280	440	0.70	1.10	1.75	2.80	4.40	7.0	11.0
630	800	10	13	18	25	35	50	80	125	200	320	500	0.80	1.25	2.00	3.20	5.00	8.0	12.5
800	1000	11	15	21	28	40	56	90	140	230	360	560	0.90	1.40	2.30	3.60	5.60	9.0	14.0

（4）基本偏差　基本偏差是国家标准规定的用以确定公差带相对于零线位置的上极限偏差或下极限偏差，一般为靠近零线的那个偏差。孔和轴分别规定了 28 个基本偏差，其代号用拉丁字母（一个或两个）按其顺序表示，大写的字母表示孔的基本偏差代号，小写的字母表示轴的基本偏差代号。图 8-48 所示为孔和轴的基本偏差系列。

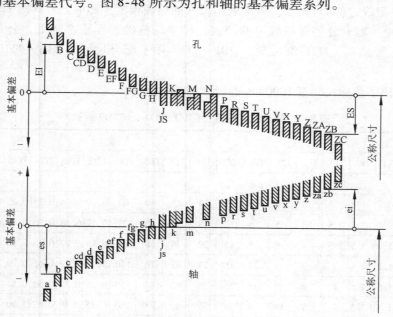

图 8-48　基本偏差系列

根据公称尺寸可从标准表中查得孔和轴的基本偏差数值，再根据标准公差即可计算孔、轴的另一偏差。

（5）公差带　孔、轴的公差带用基本偏差代号与公差等级数字表示。孔的基本偏差代号用大写拉丁字母表示，例如：H8、F8、K7、P7；轴的基本偏差代号用小写拉丁字母表示，例如 h7、f7、k6、p6。

（6）极限偏差表　当公称尺寸确定后，根据零件配合的要求选定基本偏差和公差等级，即可根据孔或轴的基本尺寸、基本偏差和公差等级由极限偏差表上查得孔或轴的极限偏差值。

如孔 $\phi50H8$，根据基本偏差系列可知：其基本偏差为零，查标准公差表，在公称尺寸大于 30 至 50 行中查公差带 H8，得 0.039，此即孔的公差，标注为 $\phi50^{+0.039}_{0}$。

如轴 $\phi50h7$，查轴的极限偏差表（附表 1），在公称尺寸大于 40 至 50 行中查公差带 h7，得 $^{0}_{-0.025}$，此即轴的偏差，标注为 $\phi50^{0}_{-0.025}$。

3. 配合的概念

配合是公称尺寸相同的，相互结合的孔和轴公差带之间的关系。

（1）配合　因为孔和轴的实际尺寸不同，装配后可能出现不同的松紧程度，即出现"间隙"（图8-49a）或"过盈"（图 8-49b）。当孔的尺寸减去相配合的轴的尺寸之差为正时是间隙；为负时是过盈。

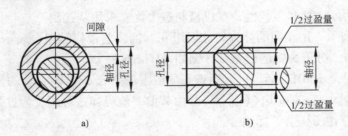

图 8-49　间隙和过盈

根据零件间的要求，国家标准将配合分为三类：

1）间隙配合。间隙配合是具有间隙（包括最小间隙等于零）的配合。此时，孔的公差带在轴的公差带之上。

2）过盈配合。过盈配合是具有过盈（包括最小过盈等于零）的配合。此时，孔的公差带在轴的公差带之下。

3）过渡配合。过渡配合是可能具有间隙或过盈的配合。此时，孔的公差带与轴的公差带相互交叠。

（2）配合制　当公称尺寸确定后，为了得到孔与轴之间各种不同性质的配合，如果孔和轴公差带都可以任意变动，则配合情况变化极多，不便于零件的设计和制造。为此国家标准规定了两种配合制度（图 8-50）。

1）基孔制配合。基本偏差为一定的孔的公差带，与不同基本偏差的轴的公差带形成各种配合的一种制度。基孔制的孔为基准孔，基本偏差代号为 H，其下极限偏差为零。

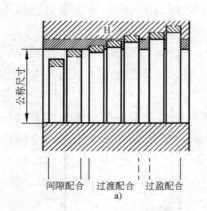 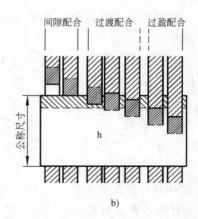

图 8-50　基孔制和基轴制

a）基孔制　b）基轴制

2）基轴制配合。基本偏差为一定的轴的公差带，与不同基本偏差的孔的公差带形成各种配合的一种制度。基轴制的轴为基准轴，基本偏差代号为 h，其上极限偏差为零。

图 8-50 基准孔和基准轴的公差带内画了虚线，表示不同公差等级的公差带宽度不同，它与某一基本偏差的轴（孔）相配，其中有的配合可能为过渡配合，有的可能为过盈配合。

为取得较好的经济性和工艺性，在机械制造中优先采用基孔制。

（3）配合的表示　用相同的公称尺寸后跟孔、轴公差带代号组合表示，写成分数形式，分子为孔的公差带，分母为轴的公差带，例如，H7/g6。

如孔和轴的配合 $\phi30H7/p6$，可分别查孔的极限偏差表 $\phi30H7$ 和轴的极限偏差表 $\phi30p6$ 得：孔 $\phi30H7(^{+0.021}_{0})$；轴 $\phi30p6(^{+0.035}_{+0.022})$。由其偏差值可知这对配合为过盈配合。

4. 极限与配合在图样上的标注

对有公差与配合要求的尺寸，在公称尺寸后应注写公差带或极限偏差值。

零件图上可注公差带或极限偏差值，亦可两者都注，例如：

孔：$\phi40H7$ 或 $\phi40^{+0.025}_{0}$ 或 $\phi40H7(^{+0.025}_{0})$。

轴：$\phi40g6$ 或 $\phi40^{-0.009}_{-0.025}$ 或 $\phi40g6(^{-0.009}_{-0.025})$。

装配图上一般标注配合代号，例如：

孔和轴装配后：$\phi40H7/g6$ 或 $\phi40\dfrac{H7}{g6}$。

表 8-8 列举了图样上标注极限与配合的实例。标注极限偏差时，下极限偏差应与公称尺寸注在同一底线上，上极限偏差注在下极限偏差上方，偏差数值比公称尺寸数字的字号要小一号，偏差数值前必须注出正负号（偏差为零时例外，但也要用"0"注出）。上、下极限偏差的小数点必须对齐，小数点后右端的"0"一般不予注出，如果为了上、下极限偏差值的小数点后的位数相同，可以用"0"补齐，如 $\phi60^{+0.010}_{-0.029}$、$\phi60^{+0.03}_{-0.06}$。极限偏差数值可由极限偏差数值表（附表 1、附表 2）查得，表中所列的数值单位为微米（μm），标注时必须换算成毫米（mm）（1μm =1/1 000mm）。

若上、下极限偏差的数值相同而符号相反时，则在公称尺寸后加注"±"号，再填写一个数值，其数字大小与公称尺寸数字的大小相同，如图 8-51 所示。

50±0.31

零件图上对零件的非配合尺寸一般不标注公差，也称自由公差，其精度一般低于 IT12 级。

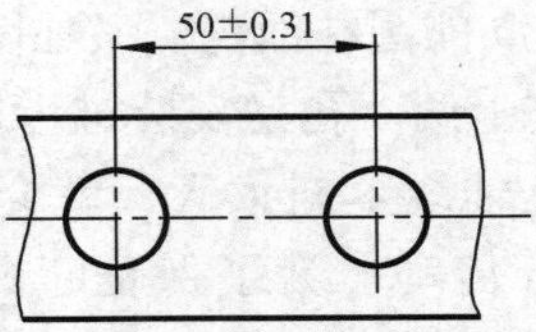

图 8-51　偏差数值相同时的标注示例

表 8-8　极限与配合标注示例

装　配　图		零　件　图	
基孔制配合	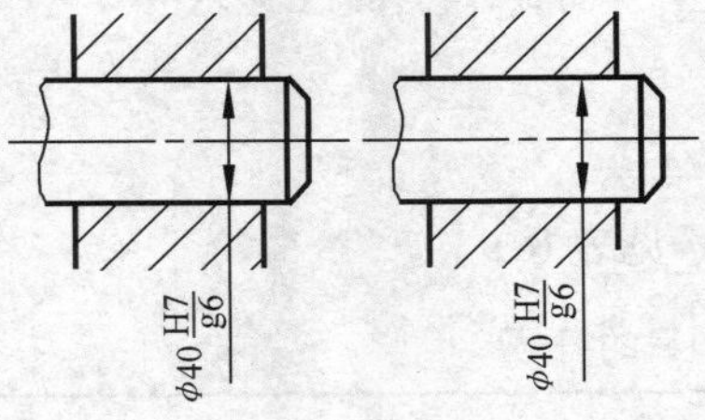 $\phi40\frac{H7}{g6}$　　$\phi40\frac{H7}{g6}$	基准孔	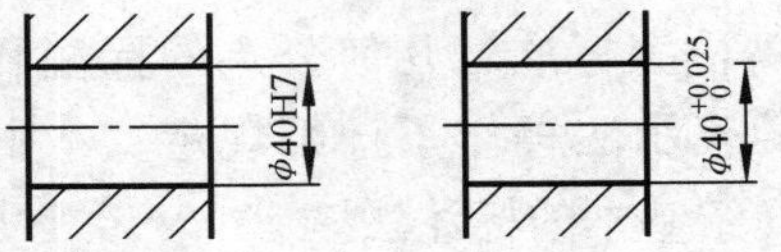 $\phi40H7$　　$\phi40^{+0.025}_{0}$
		轴	 $\phi40g6$　　$\phi40^{-0.009}_{-0.025}$
基轴制配合	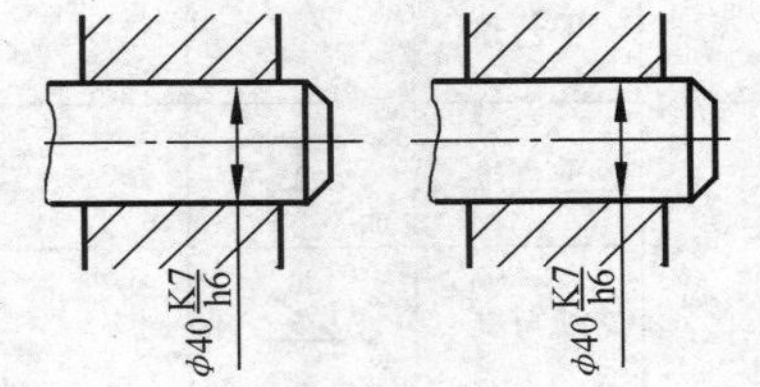 $\phi40\frac{K7}{h6}$　　$\phi40\frac{K7}{h6}$	基准轴	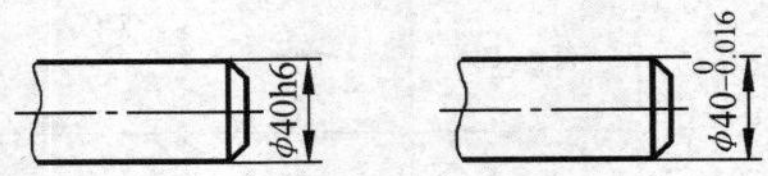 $\phi40h6$　　$\phi40^{0}_{-0.016}$
		孔	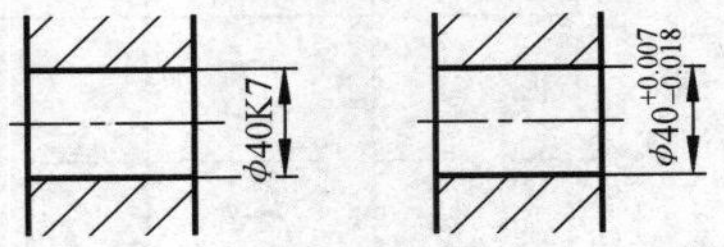 $\phi40K7$　　$\phi40^{+0.007}_{-0.018}$

在装配图上一般标注配合代号，以上两种形式在图上均可标注。例如 $\phi40\dfrac{H7}{g6}$ 表示孔为公差等级 7 级的基准孔，轴的公差等级为 6 级，基本偏差代号为 g；$\phi40\dfrac{K7}{h6}$ 表示轴为公差等级 6 级的基准轴，孔的公差等级为 7 级，基本偏差代号为 K

零件图上一般标注偏差数值或标注公差带代号，也可在公差带代号后用括号加注偏差值

8.5.3　几何公差的标注（GB/T 1182—2008）

几何公差包括形状、方向、位置和跳动公差，是指零件的实际几何特征对理想几何特征的允许变动量。在机器中某些精确程度较高的零件，不仅需要保证其尺寸公差，而且还要保证其几何公差。

对一般零件来说，它的几何公差可由尺寸公差、加工机床的精度等加以保证。对要求较高的零件，则根据设计要求，需在零件图上注出有关的几何公差。如图 8-52a 所示，为了保证滚柱的工作质量，除了注出直径的尺寸公差外，还需要注出滚柱轴线的形状公差 ─│$\phi0.006$│，这个代号表示滚柱实际轴线与理想轴线之间的变动量——直线度，必须保持在

$\phi 0.006$mm 的圆柱面内。又如图 8-52b 所
示，箱体上两个孔是安装锥齿轮轴的孔，
如果两孔轴线歪斜太大，就会影响锥齿
轮的啮合传动。为了保证正常的啮合，
应该使两孔轴线保持一定的垂直位置，
所以要注上位置公差——垂直度，图中
标注 ⊥ 0.05 A 说明一个孔的轴线，必
须位于距离为 0.05mm、垂直于另一个孔
的轴线的两平行平面之间。GB/T 1182—
2008 等国家标准对几何公差的标注和图
样中的表示法等作了详细规定，本书仅
摘要介绍基本的标注法。

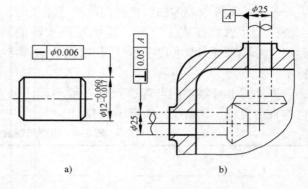

图 8-52　几何公差示例

（1）几何公差符号　几何公差的几何特征、符号见表 8-9。

表 8-9　几何公差特征项目的符号

公差类型		特征项目	符　　号	有无基准要求	公差类型		特征项目	符　　号	有无基准要求
形 状	形 状	直线度	—	无	位 置	方 向	平行度	//	有
		平面度	▱	无			垂直度	⊥	有
		圆　度	○	无			倾斜度	∠	有
		圆柱度	⌀	无		定 位	位置度	⊕	有或无
形状 或 位置	轮 廓	线轮廓度	⌒	有或无			同轴 （同心）度	◎	有
							对称度	＝	有
		面轮廓度	⌒	有或无		跳 动	圆跳动	⁄	有
							全跳动	⁄⁄	有

（2）公差框格　几何公差要求在矩形方框中给出，该方框由两格或多格组成。框格中
的内容从左到右按以下次序填写（图 8-53）：

1）几何特征符号。

2）公差值，要求用线性值，如公差带是圆形或圆柱形的则在公差值前加注"ϕ"；如是
球形的则加注"$S\phi$"。

3）基准用一个字母表示单个基准，用多个字母表示基准体系或公共基准（图 8-55、
图 8-56）。

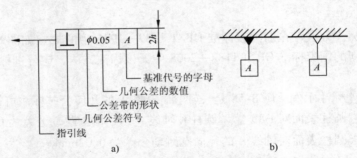

图 8-53 几何公差代号及基准代号

（3）被测要素 用带箭头的指引线将框格与被测要素相连，按以下方式标注：

1）当公差涉及轮廓线或表面时（图 8-54），将箭头置于要素的轮廓线或轮廓线的延长线上（但必须与尺寸线明显分开）。

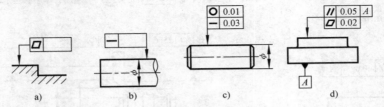

图 8-54 指引线的引出（一）

2）当公差涉及轴线或中心平面或由带尺寸的要素确定的点时，则带箭头的指引线应与尺寸线的延长线重合（图 8-55）。

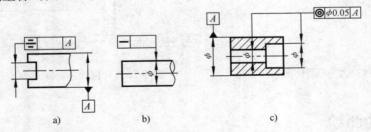

图 8-55 指引线的引出（二）

（4）基准 与被测要素相关的基准用一个大写字母表示。字母标注在基准方格内，用细实线与一个涂黑的或空白的三角形相连以表示基准（图 8-53b）；表示基准的字母还应标注在公差框格内（图 8-54d 和图 8-55c）。

基准三角形应置放于：

1）当基准要素是轮廓线或表面时，在要素的外轮廓上或它的延长线上（但应与尺寸线明显错开，如图 8-54d 所示）。

2）当基准要素是轴线或中心平面或由带尺寸的要素确定的点时，则基准三角形应放置在尺寸线的延长线上。（图 8-55c）。

由两个要素组成的公共基准，用由横线隔开的两个大写字母表示（图 8-56）。

为了不致引起误解，字母 E、I、J、M、O、P、L、

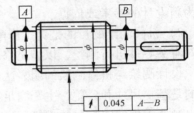

图 8-56 公共轴线为基准的注法

R、F 不采用。

任选基准的标注方法，在旧国家标准 GB/T 1182—1996 中的规定如图 8-57 所示，读者应会识别。由于新的国家标准 GB/T 1182—2008 中无该标注方法，应分别标注或采用技术要求说明。

（5）几何公差标注示例　图 8-58 是一轴套，从图上的几何公差标注可知：

1）$\phi 160_{-0.068}^{-0.043}$ 圆柱表面对 $\phi 85_{-0.025}^{+0.010}$ 圆柱孔轴线 A 的径向圆跳动公差为 0.03mm。

2）$\phi 150_{-0.068}^{-0.043}$ 圆柱表面对轴线 A 的径向圆跳动公差为 0.02mm。

3）厚度为 20 的安装板左端面对 $\phi 150_{-0.068}^{-0.043}$ 圆柱面轴线 B 的垂直度公差为 0.03mm。

4）安装板右端面对 $\phi 160_{-0.068}^{-0.043}$ 圆柱面轴线 C 的垂直度公差为 0.03mm。

5）$\phi 125_{0}^{+0.025}$ 圆柱孔的轴线对轴线 A 的同轴度公差为 $\phi 0.05$mm。

6）$5 \times \phi 21$ 孔对由与基准 C 同轴，直径尺寸 $\boxed{\phi 210}$ 确定并均匀分布的理想位置的位置度公差为 $\phi 0.125$mm。

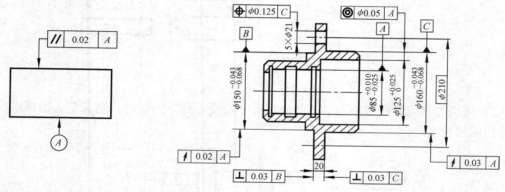

图 8-57　任选基准的标注（旧标准）　　　　　图 8-58　几何公差标注示例

8.6　零件的测绘

8.6.1　测绘概述

测绘是以已有的机器或零件为对象，通过测量和分析，并绘制其制造所需的全部零件图和装配图的过程。

（1）测绘的分类　根据测绘目的不同，分为设计测绘、机修测绘、仿制测绘三种情况。

1）设计测绘的目的是设计。为了设计新产品，对有参考价值的设备或产品进行测绘，作为新设计的参考或依据。

2）机修测绘的目的是为了修配。机器因零部件损坏不能正常工作，又无图样可查时，需对有关零件进行测绘，以满足修配工作的需要。

设计测绘与机修测绘的明显区别是：设计测绘的目的是为了新产品的设计与制造，要确定的是基本尺寸和公差，主要满足零部件的互换性需要。而机修测绘的目的是为了修配，确定出制造零件的实际尺寸或修理尺寸，以修配为主，即配作为主，互换为辅，主要满足一台机器的传动配合要求。

3）仿制测绘的目的是仿制。为了制造生产性能较好的机器，而又缺乏技术资料和图样时，通过测绘机器的零部件，得到生产所需的全部图样和有关技术资料，以便组织生产。测绘的对象大多是较先进的设备，而且多为整机测绘。

（2）测绘工作的意义　测绘仿制速度快，经济成本低，又能为自行设计提供宝贵经验，因而受到各国的普遍重视。前苏联在西方各国对其进行经济技术封锁的条件下，能在航天工业和机器制造业方面取得飞速发展，主要是走测绘仿制之路。日本靠引进外国先进技术和设备，组织测绘仿制和改进工作获得了巨大的经济利益，大约节约了 65% 的研究时间和 90% 的科研经费，使日本在 20 世纪 70 年代初就达到欧美发达国家水平。

许多发展中国家为了节约外汇，常常引进少量的样机，进行测绘仿制，然后改进提高，发展成本国的系列产品，从而保护本国的民族工业，发展本国经济，因此测绘仿制无论对发达国家还是发展中国家都有着重要的意义。

我国也不例外，许多产品是通过测绘仿制后改进国产化的。随着改革开放和技术商品化的发展，测绘技术将在国民经济的发展中继续发挥着重要的作用。

8.6.2　测绘技术

1. 测绘方法和步骤

（1）了解和分析零件　为了搞好零件测绘工作，首先要分析了解零件在机器或部件中的位置，与其他零件的关系、作用，然后分析其结构形状和特点以及零件的名称、用途、材料等，并初步确定技术要求。

（2）确定零件表达方案　首先要根据零件的结构形状特征、工作位置及加工位置等情况选择主视图；然后选择其他视图、剖视、断面等。要以完整、清晰地表达零件结构形状为原则。如图 8-59 所示压盖，选择其加工位置方向为主视图，并作全剖视图，它表达了压盖轴向板厚、圆筒长度、三个通孔等内外结构形状。选择左视图，表达压盖的外形结构和三个孔的相对位置。

（3）绘制零件草图　零件测绘工作一般多在生产现场进行，因此不便于用绘图工具和仪器画图，多以草图形式绘图。零件草图是绘制零件图的依据，必要时还可以直接指导生产，因此它必须包括零件图的全部内容。草图绝没有潦草之意。

图 8-59　压盖立体图

绘制零件草图的步骤如下：

1）布置视图，画各主要视图的作图基准线。布置视图时要考虑标注尺寸的位置，如图 8-60a 所示。

2）目测比例、徒手或部分使用绘图仪器画图。从主视图入手按投影关系完成各视图、剖视图，如图 8-60b 所示。

3）画剖面线，选择尺寸基准，画出尺寸界线、尺寸线和箭头，如图 8-60c 所示。

4）量注尺寸。

5）注写技术要求，即根据压盖各表面的工作情况，标注表面结构要求、确定尺寸公差；注写技术要求和标题栏，如图 8-60d 所示。

6）检查，完成全图。

测量尺寸时应注意以下几点：

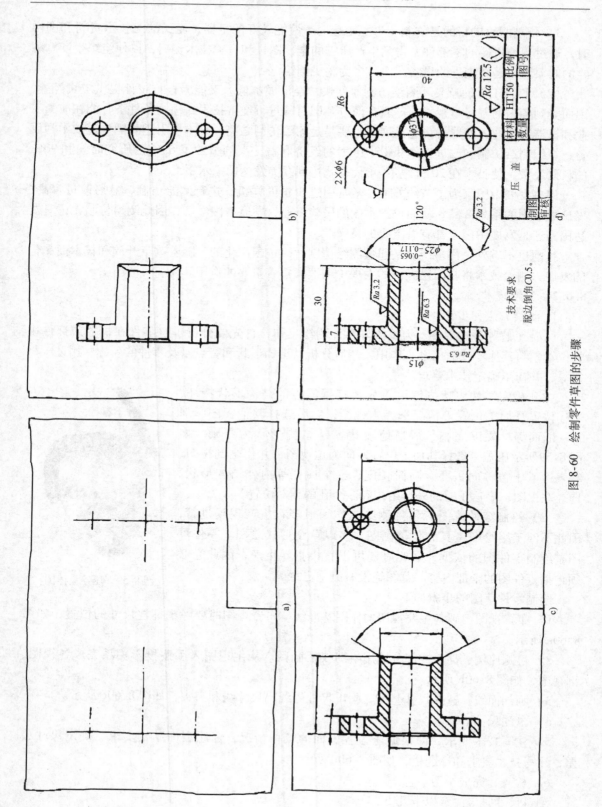

图 8-60 绘制零件草图的步骤

1）相配合的两零件的配合尺寸，一般只在一个零件上测量，如有配合要求的孔与轴的直径，相互旋合的内、外螺纹的大径等。

2）对一些重要尺寸，仅靠测量还不行，尚需通过计算来校验，如一对啮合齿轮的中心距等。有的尺寸应取标准上规定的数值。对于不重要的尺寸可取整数。

3）零件上已标准化的结构尺寸，如倒角、圆角、键槽、退刀槽等结构和螺纹的大径等尺寸，需查阅有关标准来确定。零件上与标准零、部件（如挡圈、滚动轴承等）相配合的轴与孔的尺寸，可通过标准零、部件的型号查表确定，一般不需要测量。

（4）复核整理　复核整理零件草图，再根据零件草图绘制零件图。

2. 常用测量工具及其使用

测量尺寸是零件绘制过程中的重要步骤，并应集中进行，这样既可提高工作效率，又可避免错误和遗漏。常用的基本量具有钢直尺、内外卡钳、游标卡尺和螺纹规等（图 8-61）。

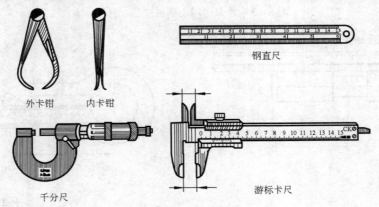

图 8-61　常用的量具

（1）内、外卡钳、钢直尺　内、外卡钳与钢直尺一般配合使用，常用于精度不高或毛面的尺寸测量。内卡钳用于测量孔、槽等结构的尺寸，如图 8-62 所示。

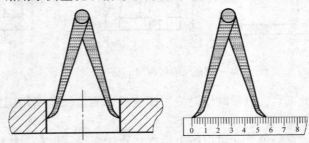

图 8-62　内卡钳、钢直尺测量孔径

外卡钳用于测量外径、孔距等，如图 8-63 所示。

钢直尺可用于测量深度、高度、长度等，如图 8-64 所示。

（2）游标卡尺　游标卡尺兼有内、外卡钳、钢直尺的功能，即可测量孔、槽、外径、长度、高度等尺寸，一般用于较高精度尺寸的测量，如图 8-65 所示。

（3）千分尺　千分尺用于精密的外径尺寸测量，如图 8-66 所示。

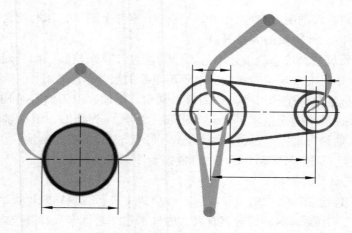

图 8-63　外卡钳用于测量外径、孔距

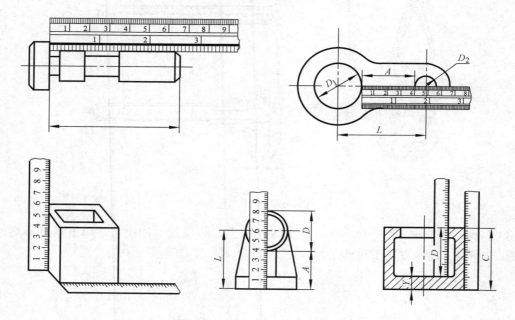

图 8-64　钢直尺测量深度、高度、长度等

　　除了上述一些测量工具，测量螺纹时要用螺纹规，测量圆角要用圆角规等，如图 8-67、图 8-68 所示。

　　一般长度、高度、直径等尺寸可以按上述方法直接测得，也有一些尺寸须通过计算间接测得。如孔距、孔中心高、壁厚以及铸件为了减少加工面形成的大的内腔孔等，如图 8-69 所示。

　　对于不规则曲面形成的立体，可以采用坐标式测量，如图 8-70 所示；也可用拓印法，把机件较复杂的结构拓印在纸上，然后再通过作图获取半径等尺寸，如图 8-71 所示。

　　3. 测绘注意事项

　　1）不要忽略零件上的工艺结构，如铸造圆角、倒圆、退刀槽、凸台、凹坑等。零件的制造缺陷，如缩孔、砂眼、加工刀痕以及使用中的磨损等，都不应画出。

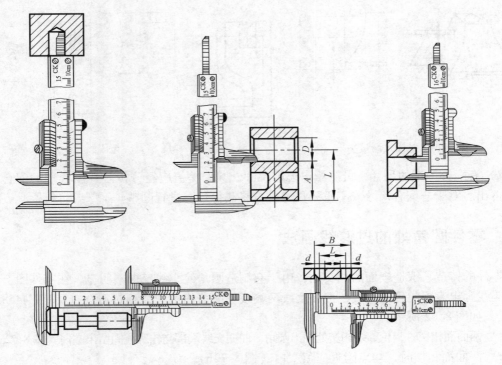

图 8-65 游标卡尺测量方法示例

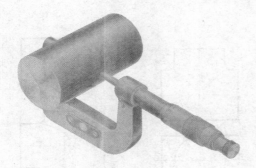

图 8-66 千分尺测量精密的外径尺寸

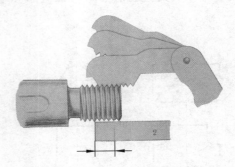

图 8-67 螺纹规测量螺纹

图 8-68 圆角规测量圆角

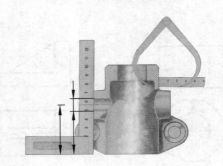

图 8-69 孔中心高、壁厚的测量

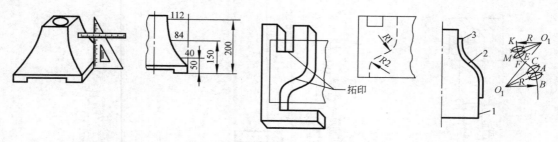

图 8-70　坐标式测量法　　　　　　　　　　图 8-71　拓印法

2）有配合关系的尺寸，可测量出公称尺寸，其偏差值应经分析后选用合理的配合关系查表得出。对于非配合尺寸或不重要尺寸，应将测得尺寸进行圆整。

8.7　零件圆角处的过渡线画法

零件的铸造、锻造表面的相交处，由于有制造圆角使交线变得不明显，在零件图上，仍用细实线画出表面的理论交线，但在交线两端或一端留出空白，称过渡线（GB/T 4458.1—2002），如图 8-72 所示。

1）两曲面相交时，轮廓线相交处画出圆角，曲面交线端部与轮廓线间留出空白（图 8-72a）。

2）两曲面相切时，切点附近应留空白（图 8-72b）。

3）肋板过渡线画法如图 8-72c、d 所示。

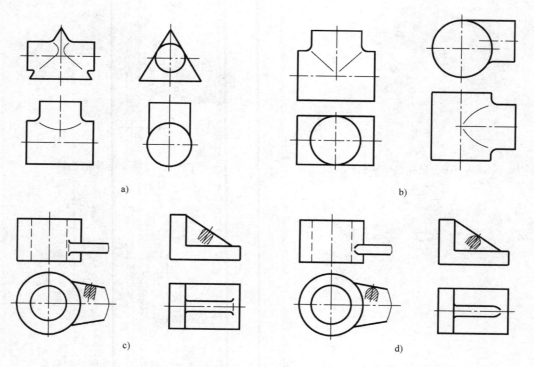

a)　　　　　　　　　　　　　　　　　b)

c)　　　　　　　　　　　　　　　　　d)

图 8-72　过渡线画法

图 8-73 所示的节温器盖，主要由共轴的空心半球和与半球相切的圆筒以及左边的横置圆筒所组成。横置圆筒的轴线通过球心，内外表面的上半部分分别与半球的内外表面相交而得圆交线，它的正面投影为竖的直线段。横置圆筒内外表面的下半部分与直立圆筒的内外表面相交，交线正面投影是曲线。所以正面投影中所画相贯线的投影，实际上是内表面的组合相贯线。它的水平投影省略了。至于其他投影中的相贯线和截交线，图上都有说明，不再一一分析。

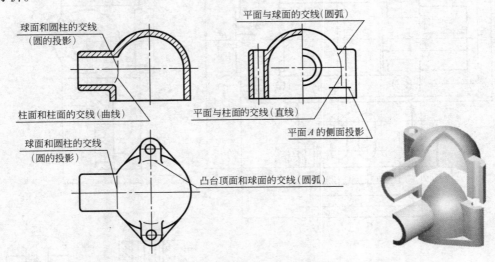

图 8-73　节温器盖上相贯线、过渡线和截交线投影的分析

8.8　看零件图的方法

看零件图的目的是根据零件图想象出零件的结构形状，分析零件的结构、尺寸和技术要求，以及零件的材料、名称等内容。据此确定加工方法和工序以及测量和检验方法。下面以轴座（图 8-74）为例说明看零件图的一般方法。

8.8.1　了解零件在机器中的作用

（1）看标题栏　从标题栏了解零件的名称为轴座，可想象零件的作用，材料为铸铁（可确定其毛坯为铸造件），根据画图比例 1:4 了解零件的实际大小。

（2）了解零件的作用　由名称知该零件的主要作用是用来支承传动轴，因此轴孔是它的主要结构，该零件结构较复杂，表达时用了三个基本视图和三个局部视图。

（3）看其他技术资料　看其他技术资料时，尽可能参看装配图及其相关的零件图等技术文件，进一步了解该零件的功用以及它与其他零件的关系。

8.8.2　分析视图，想象零件形状

分析视图，以便确认零件结构形状，具体方法如下：

（1）形体分析　先看主视图，结合其他视图大体了解轴座由中间的中空长方体连接左、右两空心圆柱，下部凸台，上部凸耳四部分构成。还根据需要进行了开槽与穿孔。该零件大致有空心圆柱、连接安装板、凸台、凸耳四部分组成。

（2）结构形状及作用分析　轴座的中间部分为左、右两空心圆柱，它们是主轴孔，是

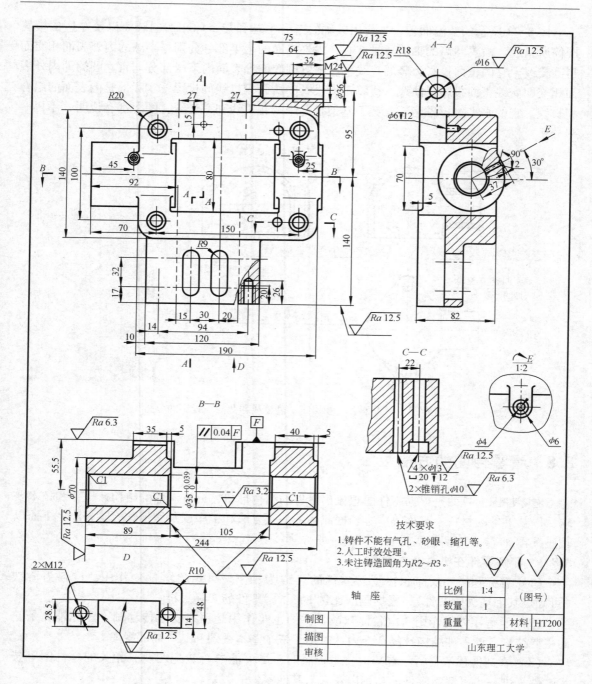

图 8-74　轴座零件图

轴座的主要结构。两空心圆柱用一中空长方形板连接起来，长方形板的四角有四个孔，为轴座安装用的螺钉孔，因此长方形板为其安装部分。长方形板下部有一长方形凸台，其上有两个长圆孔和螺孔，这是与其他零件连接的结构。轴座上部有一凸耳，内中有带螺纹的阶梯孔，亦为连接其他零件之用。

（3）表达分析 由于该零件加工的工序较多，表达时以工作位置放置，采用最能表达零件结构形状的方向为主视图的投射方向。主视图表达了上述四部分的主要形状和它们的上下、左右位置，再对照其他视图可确定各部分的详细形状和前后位置。可以顺着各视图上标注的视图名称逐一对照，找出剖切位置。A—A剖视图为阶梯剖，由A—A剖视图可看出空心圆柱、长方形板、凸台和凸耳的形状和它们的前后位置，并从空心圆柱上的局部剖视和E视图了解油孔及凸台的结构。B—B剖视图为通过空心圆柱轴线的水平全剖视，主要目的是表达轴孔，B—B剖视不仅可了解左右轴孔的结构，还有长方形板和下部凸台后面的凹槽，槽的右侧面为斜面。C—C局部剖视表达螺钉孔和定位销孔的深度和距离。D视图表达了凹槽和两个小螺孔的结构。

（4）尺寸和技术要求分析 先看带公差的尺寸、主要加工尺寸，再看标有表面结构的表面，了解哪些表面是加工面，哪些是非加工面。再分析尺寸基准，然后了解哪些是定位尺寸和零件的其他主要尺寸。从轴座零件图可以看出带有公差的尺寸 $\phi35^{+0.039}_{0}$ 是轴孔的直径，轴孔的表面结构参数为 $Ra3.2\mu m$，左右两轴孔的轴线与后面（安装定位面）的平行度为0.04，可见轴孔直径是零件上最主要的尺寸，其轴线是确定零件上其他表面的主要基准。标注表面结构的表面还有后面、底面、轴孔的端面及凹槽的侧面和底面，其他表面均不再加工。在高度方向从主要基准轴孔轴线出发标注的尺寸有140和95。高度方向的辅助基准为底面，由此标出的尺寸有17等。宽度方向从主要基准轴孔轴线注出尺寸55.5以确定后表面，并以此为辅助基准标出尺寸82以及48、28.5、14等尺寸。长度方向的尺寸基准为轴孔的左端面，以尺寸89、92、70、244等尺寸来确定另一端面、凹槽面，连接孔轴线等辅助基准。注写的技术要求均为铸件的一般要求。

（5）综合归纳 经以上分析可以了解轴座零件的全貌，它是一个中等复杂的铸件，其上装有传动轴及其他零件，起支承作用。轴座的直观图如图8-75所示。

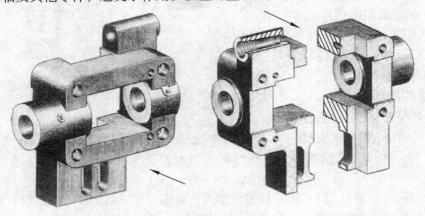

图8-75 轴座

第9章 联接件与传动件

在机器或部件的装配和安装中，广泛使用螺纹紧固件及其他联接件紧固、联接。同时，在机械传动、支承、减振等方面，也广泛使用齿轮、轴承、弹簧等零件。这些被大量使用的零件，有的在结构、尺寸等各方面都已标准化，称为标准件；有的已将部分重要参数标准化、系列化，称为常用件。由于这些零件应用广泛，需要量大，为了便于专业化生产，提高生产效率，国家标准将它们的结构、形式、画法、尺寸精度等进行了标准化。本章将介绍螺纹、螺纹紧固件、键、销、滚动轴承、齿轮及弹簧的规定画法、代号（参数）和标记。

9.1 螺纹（GB/T 4459.1—1995）

螺纹是零件上常见的一种结构，有外螺纹和内螺纹两种，一般成对使用，成对使用的螺纹称为螺纹副。起联接作用的螺纹称联接螺纹，常用的有普通螺纹和管螺纹；起传动作用的螺纹称传动螺纹，常用的有梯形螺纹。

螺纹的制造都是根据螺旋线形成原理而得到的。图 9-1a 为车削外螺纹的情况，工件绕轴线作等速回转运动，刀具沿轴线做等速移动且切入工件一定深度即能切削出螺纹。图 9-1b 为加工内螺纹的一种方法，先用钻头钻孔，再用丝锥攻螺纹，钻孔深度应深于螺纹长度。

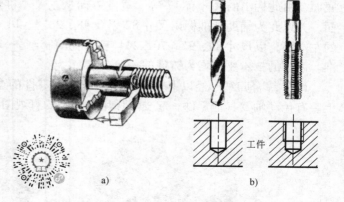

9.1.1 螺纹的基本要素

螺纹由牙型、直径、螺距、线数和旋向五要素确定。螺纹的类型很多，国家标准规定了一些标准的牙型、公称直径和螺距。

图 9-1 螺纹加工方法示例

（1）牙型 通过螺纹轴线剖开，螺纹断面的轮廓形状称为螺纹牙型，有三角形、梯形等。

1）普通螺纹（GB/T 197—2003）的牙型为三角形，牙型角为 60°，螺纹特征代号为 M。普通螺纹又分为粗牙和细牙两种，它们的代号相同。一般联接都用粗牙螺纹。当螺纹的大径相同时，细牙螺纹的螺距和牙型高度比粗牙小，因此细牙螺纹适用于薄壁零件的联接。

2）管螺纹主要用于联接管子，有圆柱管螺纹和圆锥管螺纹之分。圆柱管螺纹的牙型为三角形，牙型角为 55°，非密封管螺纹（GB/T 7307—2001）的螺纹特征代号为 G。密封管螺纹（GB/T 7306—2000）的螺纹特征代号有三种：圆锥内螺纹（锥度 1:16）为 Rc；圆柱内螺纹为 Rp；圆锥外螺纹为 R_1 和 R_2。

3）60° 圆锥管螺纹（GB/T 12716—2011）的牙型为三角形，牙型角为 60°，螺纹特征代号为 NPT，常用于汽车、航空、机床行业的中、高压液压、气压系统中。

　　4）梯形螺纹（GB/T 5796—2005）为常用的传动螺纹，牙型为等腰梯形，牙型角为 30°，螺纹特征代号为 Tr。

　　表 9-1 中所列的几种螺纹的特征代号、标注与说明，请读者仔细阅读，在图样上一般只要标注螺纹特征代号即能区别出牙型。

表 9-1　标准螺纹类别、特征代号与标注

螺纹类别		外形图	特征代号	标记方法	标注图例	说明
联接螺纹	普通螺纹	粗牙普通螺纹 细牙普通螺纹 牙型为三角形 牙型角60°	M	M12-6h-S └短旋合长度代号 └外螺纹中径和顶径（大径）公差带代号 └公称直径（大径） └螺纹特征代号 M20×2-7H-LH └左旋 └内螺纹中径和顶径（小径）公差带代号 └螺距 └公称直径 └螺纹特征代号		用于一般零件间的紧固联接 粗牙普通螺纹不标注螺距 细牙普通螺纹必须标注螺距 中等公差精度（如 6H，6g）不注公差带代号 旋合长度分长（L）、中（N）、短（S），中等旋合长度不标注 右旋螺纹不标注，左旋标注 LH
	管螺纹	55°非密封管螺纹 牙型为三角形 牙型角55°	G	G1A └外螺纹公差等级代号 └尺寸代号 └螺纹特征代号	G1　G1A	用于联接管道 外螺纹公差等级代号有 A、B 两种，内螺纹公差等级仅一种，不必标注其代号
		55°密封管螺纹 牙型为三角形 牙型角55°	Rc Rp R₁ R₂	R₂ 1/2 └尺寸代号 └螺纹特征代号	R₂1/2　Rc 1/2	圆锥内螺纹螺纹特征代号——Rc；圆柱内螺纹螺纹特征代号——Rp；圆锥外螺纹螺纹特征代号——R₁ 和 R₂
传动螺纹	梯形螺纹	 牙型为等腰梯形 牙型角30°	Tr	Tr22×10 (P5)-7e-L └长旋合长度代号 └外螺纹中径公差带代号 └螺距 └导程 └公称直径（大径） └螺纹特征代号	Tr22×10(P5)-7e-L	梯形螺纹螺距或导程必须标注

　　（2）直径　螺纹的直径有大径（d 或 D）、小径（d_1 或 D_1）、中径（d_2 或 D_2）之分（图 9-2）。普通螺纹和梯形螺纹的大径又称公称直径。螺纹的顶径是与外螺纹或内螺纹牙顶

相切的假想圆柱或圆锥的直径，即外螺纹的大径或内螺纹的小径；螺纹的底径是与外螺纹或内螺纹牙底相切的假想圆柱或圆锥的直径，即外螺纹的小径或内螺纹的大径。

（3）线数　螺纹有单线和多线之分。沿一根螺旋线形成的螺纹称单线螺纹（图9-3a）；沿两根以上螺旋线形成的螺纹称多线螺纹（图9-3b）。联接螺纹大多为单线。

（4）螺距和导程　螺纹相邻两牙在中径线上对应两点间的轴向距离称为螺距。沿同一条螺旋线转一周，轴向移动的距离称为导程（图9-3）。单线螺纹的螺距等于导程，多线螺纹的螺距乘线数等于导程。普通螺纹的公称直径和螺距的规定见附表3。

（5）螺纹的旋向　螺纹有右旋和左旋之分。顺时针旋转时旋入的螺纹，称右旋螺纹；逆时针旋转时旋入的螺纹，称左旋螺纹。工程上常用右旋螺纹。右旋不标注，左旋标注 LH。

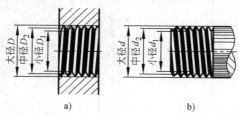

图9-2　螺纹的直径

a）内螺纹　b）外螺纹

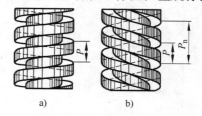

图9-3　螺纹的旋向、线数、螺距和导程

a）右旋、单线　b）左旋、双线

9.1.2　螺纹的规定画法

1. 内、外螺纹的规定画法

在视图、剖视图和断面图中，内、外螺纹的各种画法见表9-2，画法说明如下：

表9-2　内、外螺纹的画法

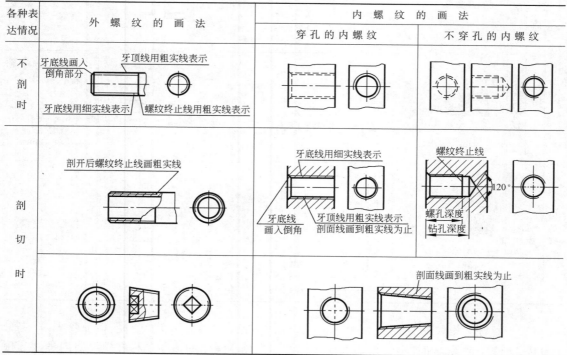

（1）外螺纹　在投射方向垂直于螺纹轴线的视图上，牙顶线的投影用粗实线表示，牙底线的投影用细实线表示。一般近似地取小径＝0.85大径，但当螺纹直径较大时可取稍大于0.85的数值绘制。完整螺纹与螺尾之间用螺纹终止线分开，可见的螺纹终止线用粗实线画出。如果螺纹部分有倒角时，表示螺纹牙底圆直径的细实线要画入倒角部分。在投影为圆的视图上，螺纹牙顶圆用粗实线圆表示，牙底圆用约3/4圈的细实线圆表示，倒角圆省略不画。

（2）内螺纹　若零件上螺孔未经剖切时，在投射方向垂直于螺纹轴线的视图上，螺纹牙顶线、牙底线的投影和终止线等均用虚线表示；在剖视图和断面图中，牙底线投影（大径）用细实线表示。牙顶线投影及终止线等用粗实线表示。在投影为圆的视图中，可见螺纹的牙底圆（大径）画约3/4圈的细实线，牙顶圆（小径）画粗实线；不可见螺纹的上述图线均用虚线绘制，倒角圆省略不画。

（3）注意事项

1）画圆锥内、外管螺纹时，在投影为圆的视图上，不可见端面牙底圆的投影省略不画，当牙顶圆的投影为虚圆时可省略不画。

2）在剖视或断面中，剖面线必须画到粗实线为止。

3）绘制未穿通的内螺纹时，一般应将钻孔深度和螺孔深度分别画出。

2.　内、外螺纹联接（螺纹副）的画法

1）不剖时，螺纹旋合部分的内、外螺纹的牙顶线和牙底线投影均画虚线，其余部分仍按前述规定画法表示（图9-4a）。

2）剖开时，螺纹旋合部分按外螺纹画法绘制，其余部分仍按前述内、外螺纹各自的规定画法表示（图9-4b）。

3）在管螺纹中，圆柱内螺纹与圆锥外螺纹联接时，螺纹旋合部分按圆柱螺纹绘制。

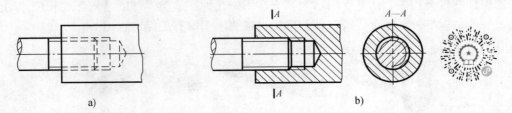

a)　　　　　　　　　　　　　　　b)

图9-4　螺纹联接的画法

9.1.3　螺纹的标注

由表9-1可知，普通螺纹和梯形螺纹从大径处引出尺寸线，按标注尺寸的形式进行标注，标注的顺序如下：

注：括号内为多线螺纹的标注方法。

普通螺纹必须标注螺纹的公差带，它由用数字表示的螺纹公差等级和用拉丁字母（内螺纹用大写、外螺纹用小写）表示的基本偏差代号组成。公差等级在前，基本偏差代号在后。一般中径和顶径的公差带都要标注，先注中径的后注顶径的。当中径和顶径的公差带相同时，只需标注一次。梯形螺纹的公差带只表示中径的螺纹公差等级和基本偏差代号。表 9-3 列出了普通螺纹选用的公差带。

表 9-3　普通螺纹选用的公差带（GB/T 197—2003）

内螺纹的推荐公差带						
公差精度	公差带位置 G			公差带位置 H		
	S	N	L	S	N	L
精密	—	—	—	4H	5H	6H
中等	(5G)	6G	(7G)	5H	6H	7H
粗糙	—	(7G)	(8G)	—	7H	8H

外螺纹的推荐公差带												
公差精度	公差带位置 e			公差带位置 f			公差带位置 g			公差带位置 h		
	S	N	L	S	N	L	S	N	L	S	N	L
精密	—	—	—	—	—	—	—	(4g)	(5g4g)	(3h4h)	4h	(5h4h)
中等	—	6e	(7e6e)	—	6f	—	(5g6g)	6g	(7g6g)	(5h6h)	6h	(7h6h)
粗糙	—	(8e)	(9e8e)	—	—	—	—	8g	(9g8g)	—	—	—

注：1. 大量生产的精致紧固件螺纹，推荐采用带方框的公差带。
　　　2. 括号内的公差带尽可能不用。

9.2　螺纹紧固件及其联接画法

紧固件的种类很多，图 9-5 所示为其中常用的几种。这类零件的结构形式和尺寸均已标准化，一般由标准件厂大量生产，使用单位可按要求根据有关标准选用。

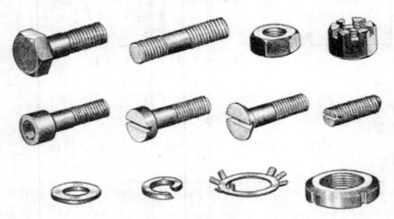

图 9-5　螺纹紧固件

9.2.1　螺纹紧固件的标记与画法

螺纹紧固件的结构形式及尺寸已标准化。各紧固件均有相应规定的标记，其完整的标记由名称、国标代号、尺寸、性能等级或材料等级、热处理、表面处理组成。一般主要标记前四项。表9-4列出了一些常用的螺纹紧固件及其标记和画法，在装配图中也可采用简化画法。螺纹紧固件的详细结构尺寸见附表5～附表17。

表9-4 螺纹紧固件的标记与画法

名称及国标号	图　　例	简化画法	标记及说明
六角头螺栓—A和B级 GB/T 5782—2000	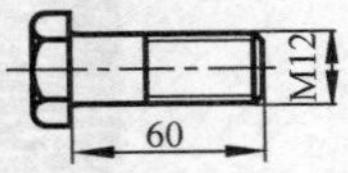 60 M12	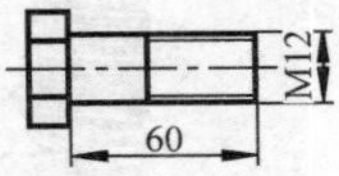 60 M12	螺栓 GB/T 5782　M12×60 表示 A 级六角头螺栓，螺纹规格 d = M12，公称长度 l = 60mm
双头螺柱（$b_m = 1.25d$）GB/T 898—1988	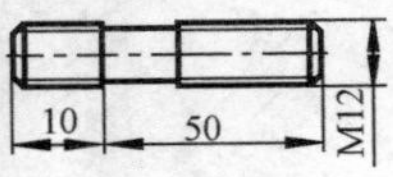 10　50　M12	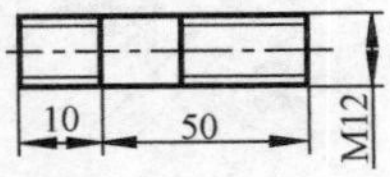 10　50　M12	螺柱 GB/T 898　M12×50 表示 B 型双头螺柱，两端均为粗牙普通螺纹，螺纹规格 d = M12，公称长度 l = 50mm
开槽沉头螺钉 GB/T 68—2000	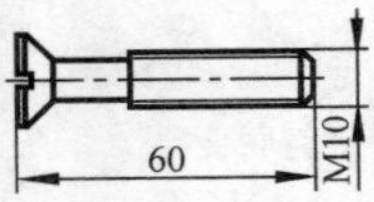 60　M10	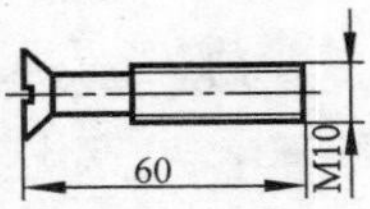 60　M10	螺钉 GB/T68　M10×60 表示开槽沉头螺钉，螺纹规格 d = M10，公称长度 l = 60mm
开槽长圆柱端紧定螺钉 GB/T 75—1985	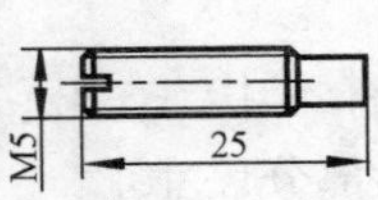 M5　25	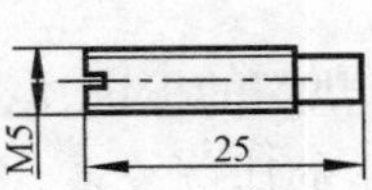 M5　25	螺钉 GB/T 75　M5×25 表示长圆柱端紧定螺钉，螺纹规格 d = M5，公称长度 l = 25mm
1 型六角螺母—A和B级 GB/T 6170—2000	 M12	 M12	螺母 GB/T 6170　M12 表示 A 级 1 型六角螺母，螺纹规格 D = M12
1 型六角开槽螺母 —A和B级 GB/T 6178—1986	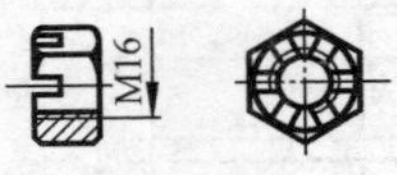 M16		螺母 GB/T 6178　M16 表示 A 级 1 型六角开槽螺母，螺纹规格 D = M16
平垫圈—A级 GB/T 97.1—2002	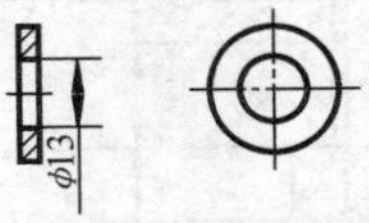 $\phi13$		垫圈 GB/T 87.1　12—140HV 表示 A 级平垫圈，公称尺寸（螺纹规格）d = 12mm，性能等级为 140HV 级
标准型弹簧垫圈 GB/T 93—1987	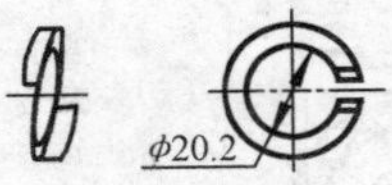 $\phi20.2$		垫圈 GB/T 93　20 表示标准型弹簧垫圈，规格（螺纹大径）为 20mm

9.2.2 螺纹紧固件联接画法

螺纹紧固件联接的基本形式有：螺栓联接、螺柱联接、螺钉联接，如图9-6所示。采用哪种联接按需要而选定。画装配图时，应遵守下列规定：

1）两零件的接触面画一条线，不接触面画两条线。

2）相邻的两零件的剖面线应不同（方向相反或间隔不等）。但同一零件各视图中的剖面线应相同（方向和间隔一致）。

3）在剖视图中，若剖切平面通过螺纹紧固件的轴线，则这些紧固件按不剖绘制。

1. 螺栓联接

螺栓联接常用的联接件有螺栓、螺母、垫圈。它用于被联接件都不太厚，能加工成通孔，且要求联接力较大的情况。

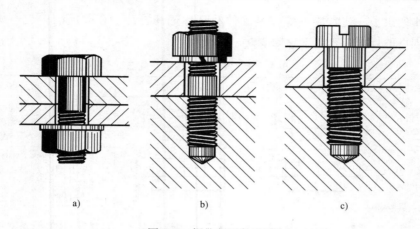

图 9-6　螺纹紧固件联接

a）螺栓联接　b）螺柱联接　c）螺钉联接

螺栓联接的画图步骤如下：

1）根据紧固件螺栓、螺母、垫圈的标记，在有关标准中，查出它们的全部尺寸。但通常是根据公称直径 d 按图9-7所示的比例关系，定出各部分尺寸。

2）确定螺栓的公称长度 l 时，可按 $L = \delta_1 + \delta_2 + h + m + a$ 计算，如图9-7所示，式中 δ_1、δ_2 表示被联接件厚度，h 为垫圈厚度，m 为螺母厚度，a 为露头长度。式中 a 一般取 $(0.3 \sim 0.4)d$，再由 L 的初算值在螺栓的标准 l 公称系列值中，选取一个最接近的标准值。

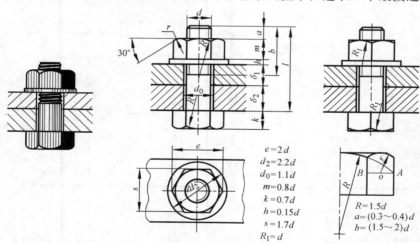

$$e = 2d$$
$$d_2 = 2.2d$$
$$d_0 = 1.1d$$
$$m = 0.8d$$
$$k = 0.7d$$
$$h = 0.15d$$
$$s = 1.7d$$
$$R_1 = d$$

$$R = 1.5d$$
$$a = (0.3 \sim 0.4)d$$
$$b = (1.5 \sim 2)d$$

图 9-7　螺栓联接的画法

例如　已知螺纹紧固件的标记为：

螺栓　GB/T 5782—2000 M20 × l

螺母　GB/T 6170—2000 M20

垫圈　GB/T 97.1—2002 20

被联接件的厚度　$\delta_1 = 25\,\text{mm}$，$\delta_2 = 25\,\text{mm}$

解：由附表12、表15 得 $m = 18\,\text{mm}$，$h = 3\,\text{mm}$。

取 $a = 0.3 \times 20\text{mm} = 6\text{mm}$

计算 $L = (25 + 25 + 3 + 18 + 6)\text{mm} = 77\text{mm}$

根据 GB/T 5782—2000 查得最接近的标准长度为 80mm，即是螺栓的有效长度，同时查得螺栓的螺纹有效长度 b 为 46mm。

3）螺栓联接的画图步骤如图 9-8 所示，其简化作图如图 9-9 所示。

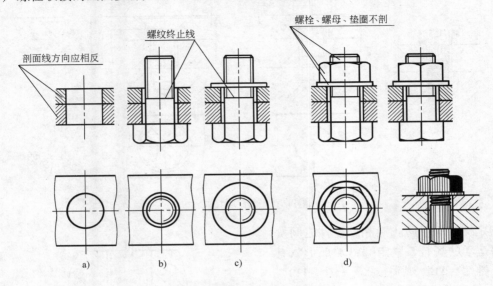

图 9-8　螺栓联接画图步骤

4）注意问题：①被联接件的孔径必须大于螺栓的大径，$d_0 = 1.1d$，否则成组装配时，会由于孔间距有误差而装不进去；②在螺栓联接的剖视图中，两被联接零件的剖面线方向应相反，被联接零件接触面（投影图上为线）画到螺栓的大径处；③螺母及螺栓的六角头的投影（三个视图）应符合投影关系；④螺栓的螺纹终止线必须画到被联接件孔中，不许被垫圈等遮盖，否则螺母可能拧不紧（图 9-9）。

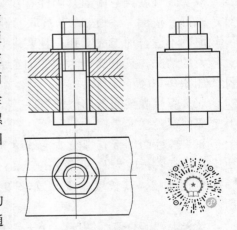

图 9-9　螺栓联接的简化画法

2. 螺钉联接

螺钉联接多用于受力不大、不经常拆装的零件的联接。被联接件之一为通孔，而另一零件一般为不通的螺纹孔，如图 9-6c 所示。

（1）螺钉　螺钉的一端为螺纹，旋入到被联接零件的螺孔中，另一端为头部。螺钉的种类很多，有内六角螺钉、开槽圆柱头螺钉、开槽沉头螺钉、开槽平端紧定螺钉等，可根据不同的需要选用。

（2）螺钉联接的画法（图 9-10）　其联接部分的画法按内外螺纹联接画法绘制，螺钉的螺纹终止线应画在被旋入零件螺孔顶面投影线之上。螺钉头部槽口在投射方向垂直于螺钉轴线的视图上，应画成垂直于投影面；在投影为圆的视图上，则应画成与中心线倾斜 45°。

螺纹的拧入深度 b_m 与双头螺柱相同，可根据被旋入零件的材料决定。

螺钉公称长度的选择方法为：螺钉公称长度 l = 螺纹拧入深度（b_m）+ 光孔零件的厚度（δ）。根据上式初算出的螺钉长度还要按螺钉长度系列选择接近的标准长度。

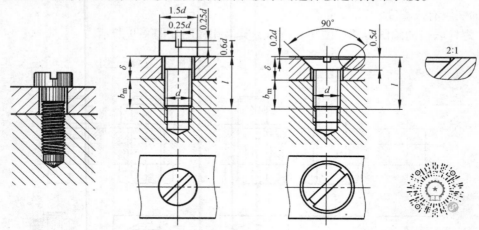

图 9-10　螺钉联接画法

紧定螺钉用于防止两相配零件之间发生相对运动的场合，紧定螺钉端部形状有平端、锥端、凹端、圆柱端等（图 9-11）。

3. 双头螺柱联接

双头螺柱联接常用的紧固件有双头螺柱、螺母、垫圈 。一般用于被联接件之一较厚，不适合加工成通孔，且要求联接力较大的情况，其上部较薄零件加工成通孔，如图 9-6b 所示。

双头螺柱联接的下部似螺钉联接，而其上部似螺栓联接。

双头螺柱两端带有螺纹，一端称为紧定端，其有效长度为 l，螺纹长度为 b；另一端为旋入端，其长度为 b_m，如图 9-12所示。

双头螺柱的有效长度按 $l = \delta + s + m +$

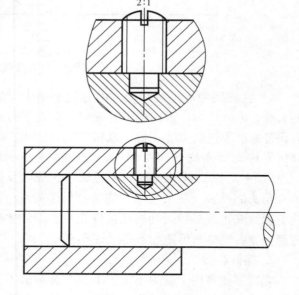

图 9-11　紧定螺钉联接

$(0.3 \sim 0.4)d$ 计算，l 初算后的数值与相应的标准长度系列核对，如不符，应选取标准值。螺孔深度 $H_1 \approx b_m + 0.5d$；钻孔深度 $H_2 =$ 螺孔深度 $H_1 + (0.2 \sim 0.5)d$。弹簧垫圈开口槽方向与水平成 $65° \sim 80°$，从左上向右下倾斜，与实际垫圈开口方向相同，如图 9-12 所示。

为了保证联接牢固，应使旋入端完全旋入螺纹孔中，即在图上旋入端的终止线应与螺纹孔口的端面平齐，如图 9-12 所示。

旋入端长度 b_m 值，根据带螺孔零件的材料不同，有四种标准，参照表 9-5 选取。

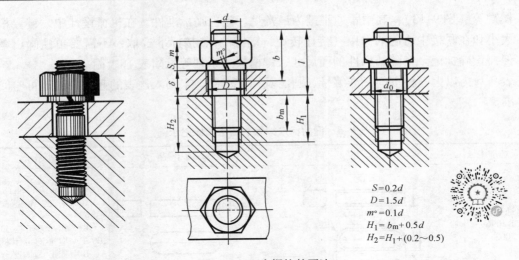

$$S=0.2d$$
$$D=1.5d$$
$$m°=0.1d$$
$$H_1=b_m+0.5d$$
$$H_2=H_1+(0.2\sim0.5)$$

图 9-12　双头螺柱的画法

表 9-5　双头螺柱旋入深度参考值

被旋入零件的材料	旋入端长度 b_m	国　　标
钢、青铜	$b_m=d$	GB/T 897—1988
铸　铁	$b_m=1.25d$	GB/T 898—1988
铸铁和铝之间	$b_m=1.5d$	GB/T 899—1988
铝	$b_m=2d$	GB/T 900—1988

9.3　键联接、销联接

　　键用来联接轴与轴上的传动件（如齿轮、带轮等），以便传动件与轴一起转动传递转矩和旋转运动。这种联接称为键联接。常用的键联接形式有普通平键、半圆键、钩头型楔键三种，如图 9-13 所示。销主要用于零件间的联接或定位，有时也用来防松。

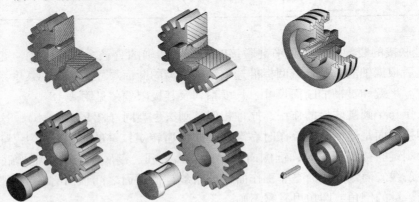

图 9-13　常用的键联接形式

9.3.1　键及其联接

　　（1）键的种类、画法及规定标记　键的种类很多，常用键的形式有普通平键、半圆键、钩头楔键等（图 9-13），其中普通平键为最常见。键也是标准件。在机械设计中，键要根据轴径大小和在联接中所起的作用（传递转矩、键定位），按标准选取，不需要单独画出零件图，但要正确标记。实际结构性剖面尺寸、键槽尺寸系列等见附表 18、附表 19。

　　表 9-6 为以上三种键的标准编号、画法及标记示例，未列入该表的其他各种键可参阅有关标准。

表 9-6　键的标准编号、画法和标记示例

名称及标准编号	图　例	简化画法	标记示例
普通平键 GB/T 1096—2003	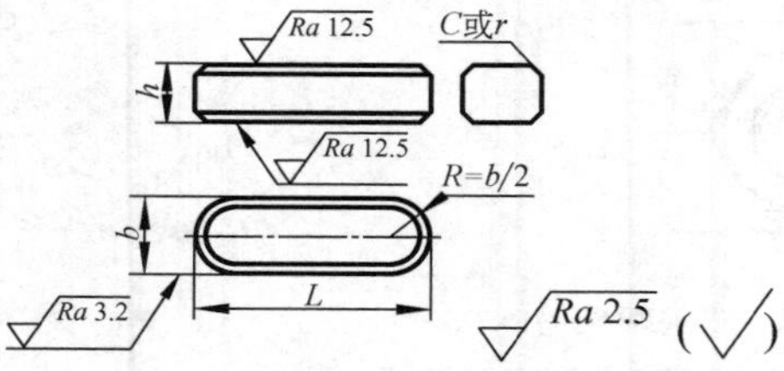	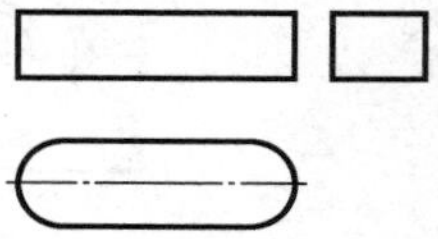	$b=18\mathrm{mm}$, $h=11\mathrm{mm}$, $L=100\mathrm{mm}$ 的 A 型普通平键： GB/T 1096 键 $18\times11\times100$（A 型平键可不标出 A，B 型或 C 型则必须在规格尺寸前标出 B 或 C）
半圆键 GB/T 1099.1—2003	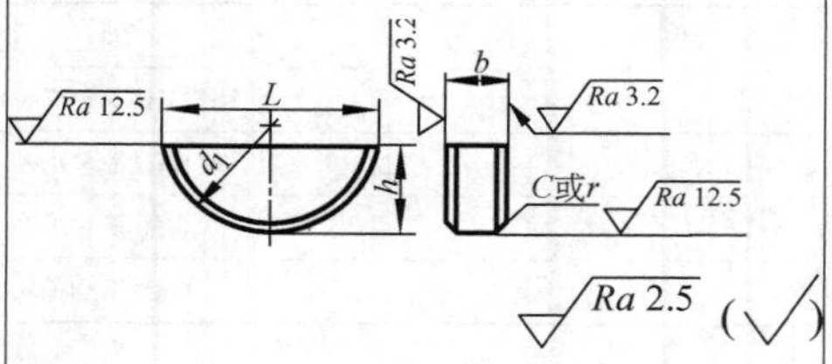	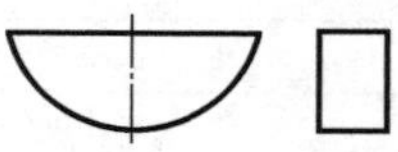	$b=6\mathrm{mm}$, $h=10\mathrm{mm}$, $d_1=25\mathrm{mm}$, $L=24.5\mathrm{mm}$ 的半圆键： GB/T 1099.1　键 6×25
钩头型锲键 GB/T 1565—2003	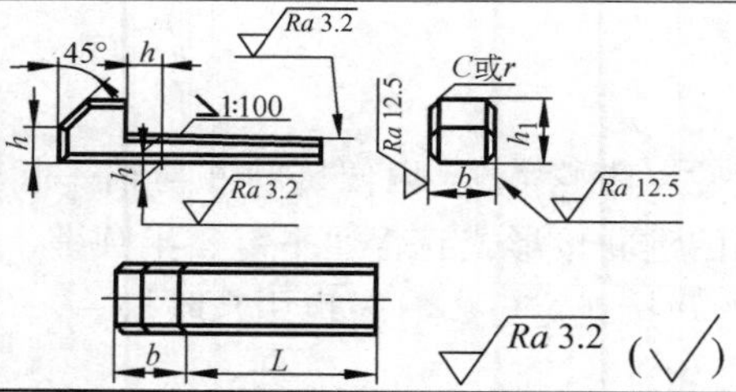	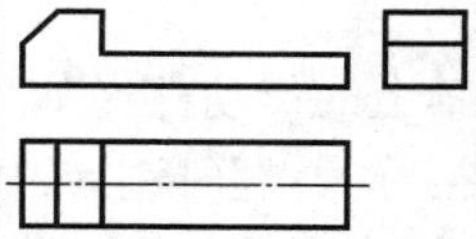	$b=18\mathrm{mm}$, $h=11\mathrm{mm}$, $L=100\mathrm{mm}$ 的钩头型楔键： GB/T 1565　键 18×100

　　（2）键联接的装配画法　画平键联接时，应已知轴的直径、键的形式、键的计算或测量长度，然后根据轴的直径 d 查阅标准选取键和键槽的断面尺寸，从键的长度系列中选取键的长度尺寸。平键和键槽的断面尺寸、长度系列及其极限偏差见附表 18。

　　平键联接与半圆键联接的作用、原理相似，画法也类同（图 9-14a、b），这两种键与被联接零件的接触面是侧面，即工作时靠键的侧面传递转矩；键的底面与轴上键槽底面接触，因此，在绘制键联接装配图时，键侧面与键槽侧面之间、键底面与轴上键槽底面之间无间隙，故画一条线。而键的顶面是非工作面，与轮毂键槽顶面之间顶面有一定间隙，不接触，故画两条线。键的倒角或圆角可省略不画。

　　钩头型楔键的联接画法如图 9-15 所示。钩头型楔键的顶面有 1:100 的斜度，用于对中性要求不高、转速低的工况，如有些带轮、链轮的装配。安装时将键打入键槽，依靠键的顶面和底面与轮毂和轴上键槽之间的挤压的摩擦力来联接。因此，其顶面和底面是工作面，装配后其顶面与底面为接触面，画成一条线，侧面应留有一定间隙，画两条线。

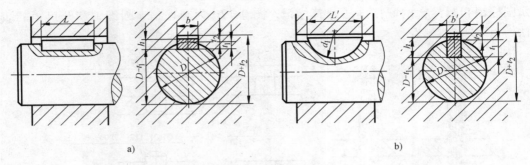

图9-14 平键与半圆键联接画法

9.3.2 销及其联接

销的种类较多，通常用于零件间的联接与定位。常用的销有圆锥销、圆柱销、开口销等（图9-16），开口销与槽型螺母配合使用，起防松作用。销还可作为安全装置中的过载剪断元件。

销是标准件，使用时应按有关标准选用，标准摘录见附表20～附表22。

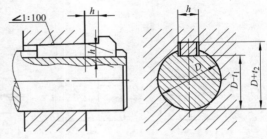

图9-15 钩头型楔键联接画法

表9-7 为以上三种销的标准编号、画法和标记示例，其他类型的销可参阅有关标准。

图9-16 圆锥销、圆柱销、开口销

表9-7 销的标准编号、画法和标记示例

名称	标准编号	图 例	标记示例
圆锥销	GB/T 117—2000	A型（磨削）	公称直径 $d = 10$mm，公称长度 $l = 60$mm，材料为35钢，热处理硬度 28～38HRC，表面氧化处理的 A 型圆锥销： 销 GB/T 117　10×60
圆柱销	GB/T 119.1—2000		公称直径 $d = 10$mm，公差m6，长度 $l = 30$mm，材料为35钢，不经淬火、不经表面处理的圆柱销： 销 GB/T 119.1　10m6×30
开口销	GB/T 91—2000		公称直径 $d = 5$mm，长度 $l = 50$mm，材料为低碳钢，不经表面处理的开口销： 销 GB/T 91　5×50

图9-17a 表示圆柱销孔及圆锥销孔的加工方法，图9-17b 表示销孔尺寸的注法，图9-17c

表示圆柱销和圆锥销的联接画法及其标记，图 9-17d 为圆柱销、圆锥销和开口销的装配画法。

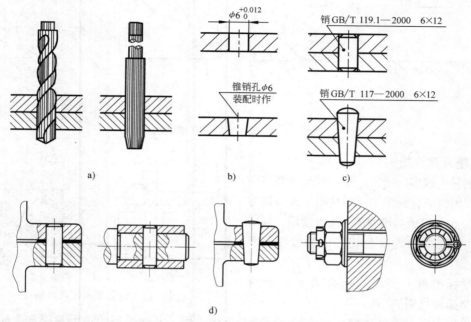

$\phi 6^{+0.012}_{0}$

锥销孔 $\phi 6$
装配时作

销 GB/T 119.1—2000　　6×12

销 GB/T 117—2000　　6×12

a)　　　　　　　　　　b)　　　　　　　　　　c)

d)

图 9-17　销孔的加工方法、尺寸注法和圆柱销、圆锥销的装配画法

注意：

1）圆锥销的公称直径指小头直径，可采用简化画法。

2）开口销的公称规格是指螺杆或轴上的销孔的直径，开口销的实际尺寸小于 d。

3）被联接零件上的销孔应在装配时加工，这一要求应在零件图中的销孔上注明。

9.4　齿轮传动

齿轮是机器中的传动件，它用来将主动轴的转动传递给从动轴，从而完成动力传递、转速及旋向的改变。齿轮与一般零件的区别就是有标准化的轮齿结构。

图 9-18 为减速箱的传动系统图。动力经 V 带轮传入，并经由蜗杆、蜗轮、锥齿轮和圆柱齿轮传出。从图中可以看出：

圆柱齿轮——用于两平行轴间的传动。

锥齿轮——用于两相交轴间的传动。

蜗杆、蜗轮——用于两垂直交错轴间的传动。

齿轮按轮齿方向和形状的不同分为直齿、斜齿、人字齿等。齿型轮廓曲线有渐开线、摆线、圆弧等，一般采用渐开线齿廓。齿轮的一般结构如图 9-19 所示。

下面分别介绍齿轮传动的特点及其画法。

9.4.1　齿轮的基本参数和基本尺寸间的关系

下面以直齿圆柱齿轮为例，介绍齿轮各部分名称及尺寸关系。

直齿圆柱齿轮的外形为圆柱形，齿向与齿轮轴线平行。

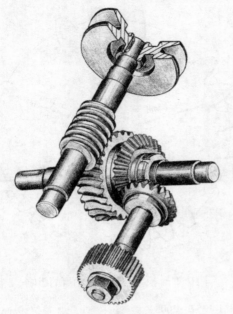

图 9-18　减速箱传动系统

图 9-19　齿轮的结构图
1—辐板　2—轮缘　3—键槽
4—轴孔　5—轮齿　6—轮毂

图 9-20 为相互啮合的两直齿圆柱齿轮各部分名称和代号。

（1）齿顶圆直径 d_a　轮齿顶部的圆周直径。

（2）齿根圆直径 d_f　轮齿根部的圆周直径。

（3）分度圆直径 d　分度圆直径是齿顶圆和齿根圆之间的一个圆的直径。标准齿轮在该圆的圆周上齿厚（s）和槽宽（e）相等。

（4）齿距 p　分度圆上相邻两齿对应点（图 9-20 中 A、B 两点）间弧长称齿距。如以 z 表示齿轮的齿数，显然，分度圆周长为

$$\pi d = zp$$

即

$$d = zp/\pi$$

两啮合齿轮的齿距应相等。对于标准齿轮，齿厚 s 和槽宽 e 均为齿距 p 的 1/2，即

$$s = e = p/2$$

（5）模数 m　模数是齿距 p 与 π 的比值，即 $m = p/\pi$，其单位为 mm。两啮合齿轮的模数应相等。模数大，则齿距 p 也增大，随之齿厚 s 也增大，因而齿轮的承载能力也大。当齿轮的齿数为 z 时，分度圆的周长 $\pi d = zp$，则 $d = zp/\pi$，$d = mz$。不同模数的齿轮要用不同模数的刀具去制造，如图 9-21 所示，相同的分度圆直径，由于模数不同，轮齿的尺寸差异大，需要 5 种刀具加工。为了便于设计和加工，渐开线圆柱齿轮应采用表 9-8 所示的模数系列。

（6）齿高　从齿顶到齿根的径向距离 $h = h_a + h_f$；齿顶高 h_a 是从齿顶圆到分度圆的径向距离；齿根高 h_f 是从分度圆到齿根圆的径向距离。

（7）压力角 α　过齿廓与分度圆交点处的径向直线与齿面在该点处的切平面所夹的锐角称为压力角。我国国家标准规定压力角为 20°。

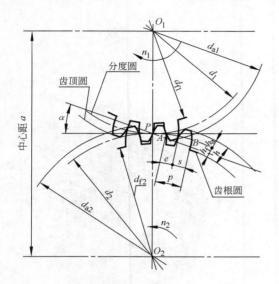

图 9-20　直齿圆柱齿轮各部分名称和代号

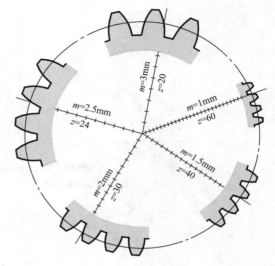

图 9-21　模数与齿数对轮齿的影响

表 9-8　标准模数（GB/T 1357—2008）　　　　　　　　（单位：mm）

第一系列	1	1.25	1.5	2	2.5	3	4	5	6	8	10	12	16	20	25	32	40	50
第二系列	1.125	1.375	1.75	2.25	2.75	3.5	4.5	5.5	(6.5)	7	9	11	14	18	22	28	36	45

　　注：在选用模数时，应优先选用第一系列；其次选用第二系列；括号内模数尽可能不选用。

　　（8）传动比 i　主动齿轮转速 n_1（r/min）与从动齿轮转速 n_2（r/min）之比称为传动比，即 $i = n_1/n_2$。由于转速与齿数成反比，主、从动齿轮单位时间里转过的齿数相等，即 $n_1 z_1 = n_2 z_2$。因此传动比也等于从动齿轮齿数 z_2 与主动齿轮齿数 z_1 之比。即

$$i = n_1/n_2 = z_2/z_1$$

　　（9）中心距 a　两圆柱齿轮轴线之间的最短距离。

　　直齿圆柱齿轮上各部分间的关系和尺寸计算公式见表 9-9。

表 9-9　直齿圆柱齿轮的尺寸计算

名称及代号	公　　式	名称及代号	公　　式
模数 m	$m = p/\pi$（大小按设计需要而定）	齿根圆直径 d_f	$d_{f1} = m(z_1 - 2.5)$；$d_{f2} = m(z_2 - 2.5)$
压力角 α	$\alpha = 20°$	齿距 p	$p = \pi m$
分度圆直径 d	$d_1 = mz_1$；$d_2 = mz_2$	齿厚 s	$s = p/2$
齿顶高 h_a	$h_a = m$	槽宽 e	$e = p/2$
齿根高 h_f	$h_f = 1.25m$	中心距 a	$a = (d_1 + d_2)/2 = m(z_1 + z_2)/2$
全齿高 h	$h = h_a + h_f = 2.25m$	传动比 i	$i = n_1/n_2 = z_2/z_1$
齿顶圆直径 d_a	$d_{a1} = m(z_1 + 2)$；$d_{a2} = m(z_2 + 2)$		

　　注：以上 d_a、d_f、a 的计算公式适用于外啮合直齿圆柱齿轮传动。

9.4.2　齿轮的规定画法（GB/T 4459.2—2003）

　　1. 圆柱齿轮的画法

　　（1）单个圆柱齿轮的画法（图 9-22）　轮齿部分应按下列规定绘制：

　　1）分度圆、分度线用细点画线画出，分度线应超出轮廓线约 2 ~ 3mm。

2）齿顶圆和齿顶线用粗实线画出。

3）齿根圆画细实线或省略，齿根线在剖开时为粗实线，不剖时为细实线或省略。

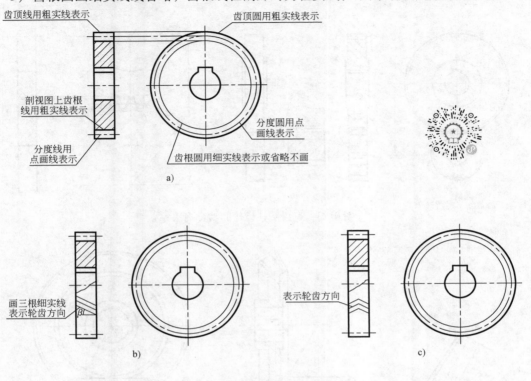

图 9-22　单个圆柱齿轮画法

a）直齿　b）斜齿　c）人字齿

4）如系斜齿或人字齿，还需在外形图上画出三条平行的细实线用以表示齿向和倾角。

（2）直齿圆柱齿轮的啮合画法（图 9-23）

1）在投影为圆的视图上，两齿轮啮合时，其分度圆（节圆）相切，用点画线绘制；啮合区内的齿顶圆均用粗实线绘制（必要时允许省略）；齿根圆均用细实线绘制（一般可省略不画），如图 9-23a 所示。

2）在通过轴线的剖视图上，轮齿的啮合部分两节线（分度线）重合，用细点画线画出；其中一个齿轮（常为主动轮）的轮齿用粗实线绘制；另一个齿轮的轮齿被遮挡的部分用虚线绘制或省略不画，如图 9-23b、d 所示。在外形视图上，啮合区内的齿顶线和齿根线不必画出；分度线用粗实线绘制，如图 9-23c 所示。

2. 锥齿轮、蜗轮蜗杆的啮合画法

锥齿轮、蜗轮蜗杆的啮合画法如图 9-24、图 9-25 所示。

9.4.3　齿轮的测绘

以直齿圆柱齿轮为例。根据测量齿轮来确定其主要参数并画出零件工作图的过程称为齿轮测绘。测绘时应首先确定模数，现以测绘图 9-18 所示减速箱传动系统中的直齿圆柱齿轮为例，说明齿轮测绘的一般方法和步骤。

1）数出齿数 $z = 40$。

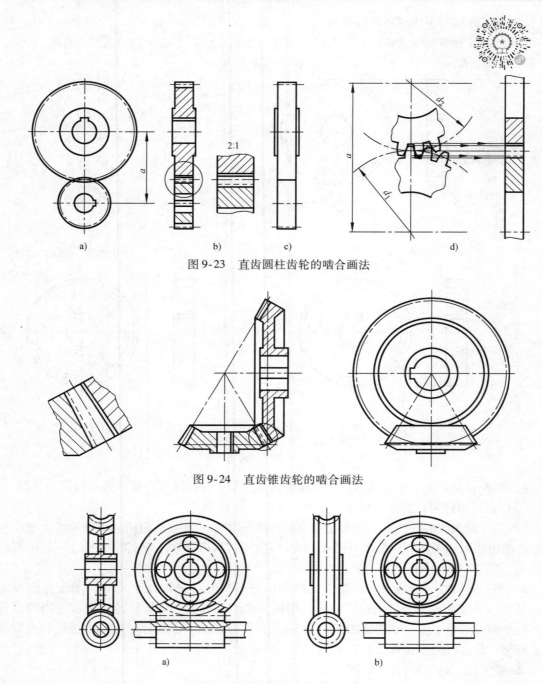

图 9-23　直齿圆柱齿轮的啮合画法

图 9-24　直齿锥齿轮的啮合画法

图 9-25　蜗轮蜗杆的啮合画法

2）测量实际齿顶圆直径 $d_{a(实)}$，对偶数齿的齿轮可直接量得齿顶圆直径，如 $d_{a(实)}$ =41.9mm。

对奇数齿的齿轮，可先测出孔径 d_z 和孔壁到齿顶间的距离 $H_顶$（图 9-26），再计算出齿顶圆直径 $d_{a(实)}$

$$d_{a(实)} = 2H_顶 + d_z$$

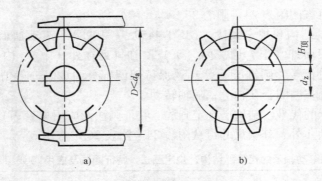

图 9-26 测量齿顶圆直径

3）根据 $d_{a(实)}$ 近似计算模数 m

$$m = d_a/(z + 2)$$

对照表 9-8 取标准值 $m = 1mm$（最相近者）。

4）根据表 9-9 所示的公式计算齿轮各部分尺寸

$$d = mz = 1 \times 40mm = 40mm$$

$$d_a = m(z + 2) = 1 \times (40 + 2)mm = 42mm$$

$$d_f = m(z - 2.5) = 1 \times (40 - 2.5)mm = 37.5mm$$

5）测量其他部分尺寸，并绘制该齿轮工作图（图 9-27）。其尺寸标注如图所示，齿根圆直径一般在加工时由其他参数控制，故可以不标注。齿轮的模数、齿数等参数要列表说明。

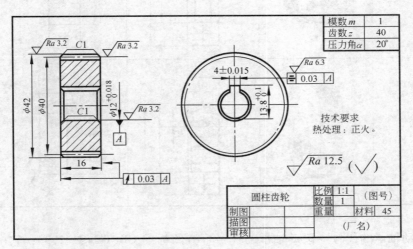

图 9-27 直齿圆柱齿轮零件图

9.5 滚动轴承

滚动轴承是一种支承旋转轴的组件。它具有摩擦力小、结构紧凑的优点，被广泛地使用在机器或部件中。滚动轴承也是标准件，由专门工厂生产。这里主要介绍三种常用的滚动轴承，其形式与尺寸可查阅附表24～附表26。

（1）滚动轴承的结构和规定画法（GB/T 4459.7—1998）　滚动轴承的种类很多，但其结构大体相同。一般由外（上）圈、内（下）圈和排列在外（上）、内（下）圈之间的滚动体（有钢球、圆柱滚子、圆锥滚子等）及保持架四部分组成。一般情况下，外圈装在机器的孔内，固定不动；内圈套在轴上，随轴转动。

常用的滚动轴承的代号、结构、规定画法、特征画法及应用见表9-10。

表格中的尺寸除A外，其余尺寸可从附表24～附表26中查出。

表 9-10　常用的滚动轴承的代号、结构、规定画法、特征画法及应用（GB/T 4459.7—1998）

代　　号	结　　构	规定画法	特征画法	应　　用
深沟球轴承 （GB/T 273.3—1999）		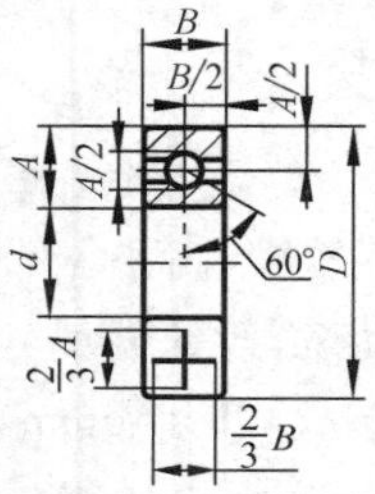	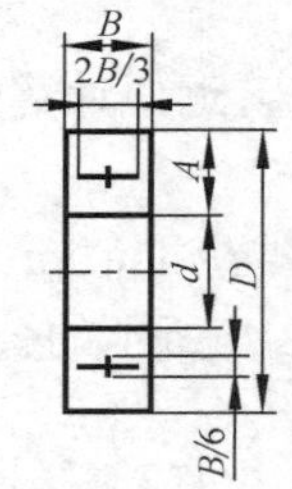	主要用于承受径向载荷
推力球轴承 （GB/T 273.2—2006）	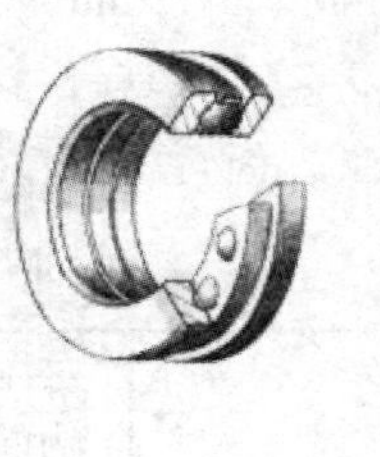	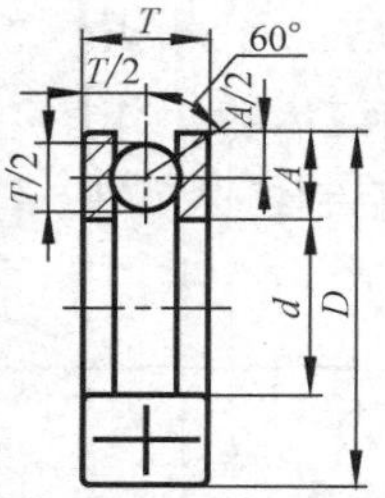	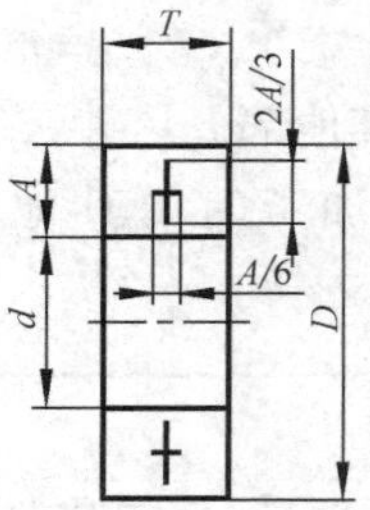	用于承受轴向载荷
圆锥滚子轴承 （GB/T 273.1—2011）		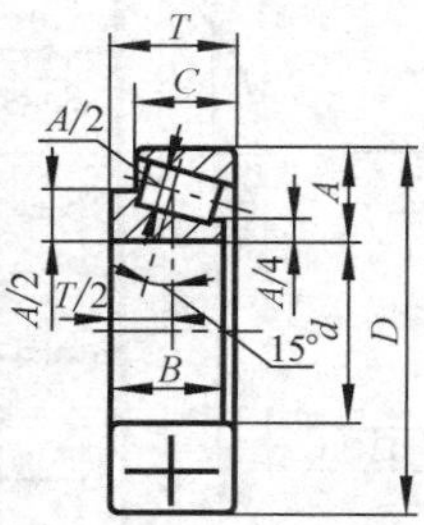	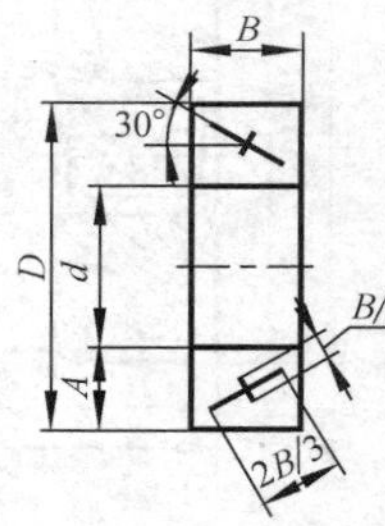	用于同时承受径向和轴向载荷

（2）滚动轴承的代号　滚动轴承的代号可查阅标准 GB/T 272—1993，它由前置代号、基本代号、后置代号构成；前、后置代号是当轴承在结构形状、尺寸、公差、技术要求等改变时，在其基本代号左右添加补充代号。后置代号由轴承游隙代号和轴承公差等级代号等组成，当游隙为基本组和公差等级为0级时，可省略。基本代号一般由5位数字组成，从右边数起，它们的含义是：当 $20\text{mm} \leqslant d \leqslant 495\text{mm}$ 时，第一、二位数表示轴承的内径（代号数字<04时，即 00、01、02、03 分别表示内径 $d = 10\text{mm}$、12mm、15mm、17mm；代号数字≥04时，代号数字乘以5，即为轴承内径）；第三、四位数为轴承内径系列代号，其中第三位表示直径系列；第四位表示宽度系列，即在内径相同时，有各种不同的外径和宽度，可查阅

有关标准；第五位数表示轴承的类型，如"6"表示深沟球轴承，"5"表示推力球轴承。

例如：轴承型号为 51105，它所表示的意义为：内径为 $\phi25mm$ 的推力球轴承。

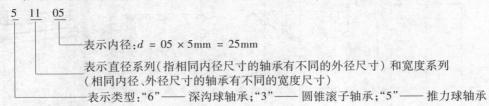

—— 表示内径：$d = 05 \times 5mm = 25mm$

—— 表示直径系列（指相同内径尺寸的轴承有不同的外径尺寸）和宽度系列
（相同内径、外径尺寸的轴承有不同的宽度尺寸）

—— 表示类型："6"—— 深沟球轴承；"3"—— 圆锥滚子轴承；"5"—— 推力球轴承

9.6　弹簧

弹簧的用途很广，属于常用件。它主要用于减振、夹紧、承受冲击、储存能量（如钟表发条）和测力等。其特点是受力后能产生较大的弹性变形，去除外力后能恢复原状。常用的螺旋弹簧按其用途可分为压缩弹簧（图 9-28a）、拉伸弹簧（图 9-28b）和扭转弹簧（图 9-28c）。下面仅介绍圆柱螺旋压缩弹簧的画法。

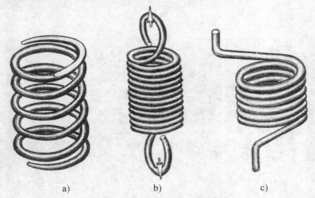

图 9-28　常用的螺旋弹簧

GB/T 4459.4—2003 规定了弹簧的画法，图 9-29 为螺旋压缩弹簧的画法，图 9-30a 为装配图中的弹簧画法，也可用图 9-30b 中的示意画法。图 9-31 为其具体作图步骤。

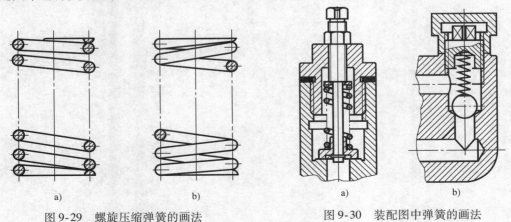

图 9-29　螺旋压缩弹簧的画法　　　　图 9-30　装配图中弹簧的画法

有关弹簧参数请查有关标准。

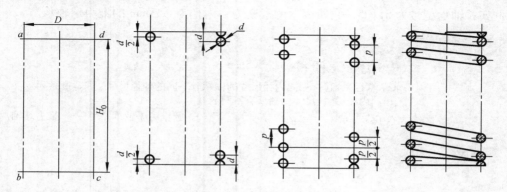

图 9-31　螺旋压缩弹簧作图步骤

第10章 装 配 图

任何机器或部件都是由若干相互关联的零件按一定的装配联接关系和技术要求装配而成的。本章将讨论装配图的内容、机器（或部件）的特殊表达方法、装配图的画法、读装配图和由装配图拆画零件图及部件测绘等内容。

10.1 装配图的作用和内容

10.1.1 装配图的作用

在设计部件或机器时，一般先画出装配图然后根据装配图拆画零件图，因此要求在装配图中，充分反映设计的意图，表达出部件或机器的工作原理、性能结构、零件间的装配关系以及必要的技术数据。在设计过程中通常先按设计要求画出装配图，以表达机器或部件的工作原理、传动路线和零件间的装配关系，并通过装配图表达各零件的作用、结构和它们之间的相对位置和联接方式，以便拆画出零件图。在装配过程中也要根据装配图把零件装配成部件或机器。此外在机器或部件的使用以及维修时也都需要使用装配图。因此装配图是生产中的重要技术文件之一。

10.1.2 装配图的内容

图 10-2 为图 10-1 所示滑动轴承的装配图，从该图中可以看出一张完整的装配图应具有下列内容：

（1）一组视图　用一般表达方法和特殊表达方法，正确、清晰和简便地表达机器（或部件）的工作原理、零件间的装配关系和零件的主要结构形状等。图 10-2 所示的装配图选用了两个基本视图。

（2）几类尺寸　根据装配图拆画零件图以及装配、检验、安装、使用机器的需要，装配图中必须注出反映机器（或部件）的性能、规格、安装情况、部件或零件间的相对位置、配合要求和机器的总体大小等尺寸。

图 10-1　滑动轴承的组成

（3）技术要求　用文字或符号注出机器（或部件）质量、装配、使用等方面的要求。如图 10-2 中"上、下轴衬与轴承座及轴承盖间应保证接触良好"、"轴承温度低于 120℃"等。

（4）零件的序号和明细栏　为了生产准备，编制其他技术文件和管理上的需要，在装配图上按一定格式将零、部件进行编号并填写明细栏。

（5）标题栏　说明机器或部件的图名、图号、比例、设计单位、制图、审核、日期等。

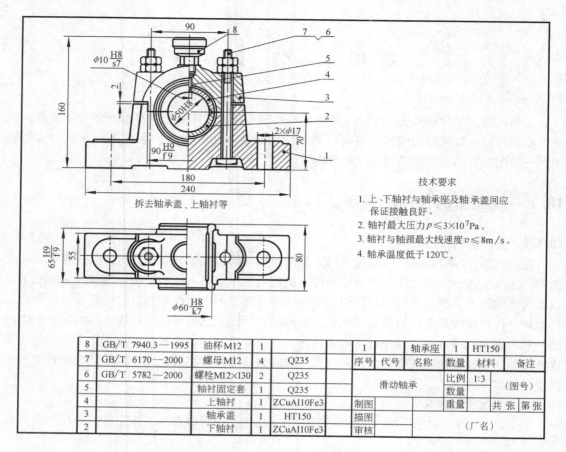

技术要求

1. 上、下轴衬与轴承座及轴承盖间应保证接触良好。
2. 轴衬最大压力 $p \leqslant 3 \times 10^7 \text{Pa}$。
3. 轴衬与轴颈最大线速度 $v \leqslant 8 \text{m/s}$。
4. 轴承温度低于 120℃。

8	GB/T 7940.3—1995	油杯 M12	1			1	轴承座	1	HT150	
7	GB/T 6170—2000	螺母 M12	4	Q235		序号	代号	名称	数量	材料	备注
6	GB/T 5782—2000	螺栓 M12×130	2	Q235					比例	1:3	
5		轴衬固定套	1	Q235		滑动轴承			数量		（图号）
4		上轴衬	1	ZCuAl10Fe3		制图			重量		共 张 第 张
3		轴承盖	1	HT150		描图					
2		下轴衬	1	ZCuAl10Fe3		审核			（厂名）		

图 10-2　滑动轴承装配图

10.2　部件的表达方法

　　装配图以表达工作原理、装配关系为主，力求做到表达正确、完整、清晰和简练。而为了达到以上要求，需很好地掌握第 7 章所述的各种表达方法和视图方案的选择问题，先选好主视图，再考虑其他视图，然后再综合分析确定一组图形。

　　在以前各章中介绍的各种表达方法和它们的选用原则，都可以用来表达机器或部件。此外，在装配图中还有一些规定画法和特殊的表达方法（GB/T 16675.1—1996）。

10.2.1　装配图上的规定画法

　　1. 相邻零件轮廓线和剖面线的绘制

　　1）两相邻零件的接触面和配合面只用一条线表示。而非接触面即使间隙很小，也必须画出两条线。如图 10-2 中主视图轴承盖与轴承座的接触面画一条线，而螺栓与轴承盖的光孔是非接触面，因此画两条线。

　　2）相邻两个（或两个以上）金属零件的剖面线的倾斜方向应相反，或者方向一致、间隔不等。同一零件各视图上的剖面线倾斜方向和间隔应保持一致，如图 10-2 中轴承盖与轴承座的剖面线画法。剖面厚度在 2mm 以下的图形允许以涂黑来代替剖面符号。

2. 实心零件的画法

在装配图中，对于紧固件以及实心轴、手柄、连杆、拉杆、球、钩子、键等实心零件，若剖切平面通过其基本轴线或对称面时，则这些零件均按不剖绘制，如图10-2中的螺栓和螺母。

10.2.2 部件的特殊表达方法

（1）沿零件的结合面剖切和拆卸画法 在装配图中，当某些零件遮住了需要表达的某些结构和装配关系时，可假想沿某些零件的结合面剖切（如图10-16机油泵的俯视图）或假想将某些零件拆卸后绘制，需要说明时，可加注"拆去××等"（如图10-2俯视图上右半部分）。结合面上不画剖面符号，被剖切到的螺栓则必须画出剖面线。

（2）展开画法 为了表示传动机构的传动路线和零件间的装配关系，可假想按传动顺序沿轴线剖切，然后依次展开，使剖切面摊平并与选定的投影面平行再画出它的剖视图，这种画法称展开画法，如图10-3所示。

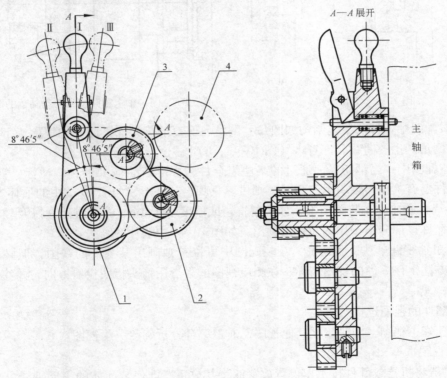

图 10-3 齿轮传动机构的展开画法

（3）假想画法

1）在装配图中，当需要表示某些零件的运动范围和极限位置时，可用双点画线画出这些零件的极限位置。如图10-3所示，当三星轮板在位置Ⅰ时，齿轮2、3都不与齿轮4啮合；处于位置Ⅱ时，运动由齿轮1经2传至4，当处于位置Ⅲ时，运动由齿轮1经2、3传至4，这样齿轮4的转向与前一种情况相反，图中Ⅱ、Ⅲ位置用双点画线表示。

2）在装配图中，当需要表达本部件与相邻零部件的装配关系时，可用双点画线画出相邻部分的轮廓线，如图10-3中主轴箱的画法。

（4）简化画法

1）装配图中若干相同的零件组与螺栓联接等，可仅详细地画出一组或几组，其余只需表示装配位置（图10-4a、b）。

2）装配图中的滚动轴承允许采用图10-4所示的简化画法。图10-4a所示为滚动轴承的规定画法，图10-4b是滚动轴承的特征画法。

在同一轴上相同型号的轴承，在不致引起误解时可只完整地画出一个（图10-5）。

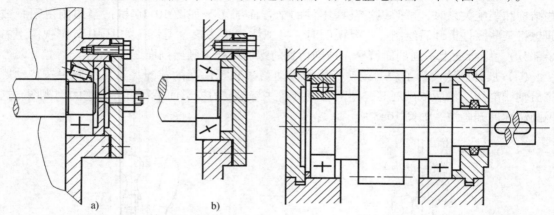

图10-4　简化画法　　　　　　　　图10-5　同一轴上相同型号滚动轴承的简化画法

3）装配图中零件的工艺结构如圆角、倒角、退刀槽等允许不画。如螺栓头部、螺母的倒角及因倒角产生的曲线允许省略（图10-4a、b）。

4）装配图中，当剖切平面通过的某些组合件为标准产品（如油杯、油标、管接头等）或该组合件已有其他图形表示清楚时，则可以只画出其外形，如图10-2中的油杯。

（5）夸大画法　　在装配图中，如绘制直径或厚度小于2mm的孔或薄片以及较小的斜度和锥度，允许该部分不按比例而夸大画出，如图10-4a中垫片的画法。

（6）单独零件单独视图画法　　在装配图中可以单独画出某零件的视图，但必须在所画视图的上方注出该零件的视图名称，在相应视图的附近用箭头指明投射方向，并注上同样的字母。

10.2.3　部件的视图选择

首先选好主视图，同时兼顾其他视图，通过综合分析确定一组视图。

1. 主视图选择

1）一般将机器或部件按工作位置放置或将其放正，即使装配体的主要轴线、主要安装面等呈水平或铅垂位置。

2）选择最能反映机器或部件的工作原理、传动路线、零件间装配关系及主要零件的主要结构的视图作为主视图。当不能在同一视图上反映以上内容时，则应经过比较，取一个能较多反映上述内容的视图作主视图。通常取反映零件间主要或较多装配关系的视图作为主视图为好。

2. 其他视图选择

1）考虑还有哪些装配关系、工作原理以及主要零件的主要结构还没有表达清楚，再确定选择哪些视图以及相应的表达方法。

2）尽可能地考虑应用基本视图以及基本视图上的剖视图（包括拆卸画法、沿零件结合面剖切）来表达有关内容。

3）要考虑合理地布置视图位置，使图样清晰并有利于图幅的充分利用。

【例10-1】 减速箱表达分析

减速箱的工作原理和结构，在零件图一章中已经作了说明，不再重复。参阅图8-3减速箱结构，分析图10-6减速箱装配图的表达方法。

1）减速箱用四个螺钉安装在机座上，为了便于了解它的工作情况，一般按工作位置画图。

2）为了表达减速箱的工作原理、传动路线，并能较多地反映零件间的装配关系。主视图将蜗杆轴（输入轴）水平放置，并作局部剖视以表达蜗杆轴上各零件间的装配关系和蜗杆、蜗轮的啮合情况。另外为了表示油标、螺塞与箱体的联接情况也采用了局部剖视。

3）为了表示蜗轮27、锥齿轮29、锥齿轮轴4、齿轮9、滚动轴承等装配关系和传动关系及箱体1、箱盖17的结构形状和联接情况，采用经过锥齿轮轴和蜗轮轴轴线剖切的局部剖视图作为俯视图。

4）采用左视图表达轴承盖8、轴承盖15的形状和箱体、箱盖的外形结构以及它们的连接。

10.3 装配图的尺寸标注和技术要求

10.3.1 尺寸标注

装配图和零件图的作用不同，装配图上不需要注出零件的全部尺寸，仅需标注进一步说明机器的性能、工作原理、装配关系和安装要求的尺寸。装配图上的尺寸标注包括以下五种尺寸：

（1）特征尺寸（规格尺寸） 特征尺寸也叫性能尺寸，反映该部件或机器的规格和工作性能，这种尺寸在设计时要首先确定，它是设计机器、了解和选用机器的依据。如图10-2中的轴孔尺寸 $\phi50H8$ 和中心高70。

（2）装配尺寸 装配尺寸是表示零件间装配关系和工作精度的尺寸，一般有下列几种：

1）配合尺寸。配合尺寸表示零件间有配合要求的一些重要尺寸。如图10-6中蜗轮与蜗轮轴的配合尺寸 $\phi22H7/h6$；蜗轮轴与滚动轴承的配合尺寸 $\phi17k6$，$\phi15k6$ 等。

2）相对位置尺寸。相对位置尺寸表示装配时需要保证的零件间较重要的距离、间隙等。如图10-6中蜗杆轴到减速箱底面的距离92；蜗杆、蜗轮间的中心距40。

3）装配时加工尺寸。有些零件要装配在一起后才能进行加工，装配图上要标注装配时的加工尺寸。

（3）安装尺寸 安装尺寸是将部件安装在机器上，或机器安装在基础上，需要确定的尺寸。如图10-2中安装孔尺寸 $\phi17$ 和它们的孔距尺寸180；图10-6减速箱安装孔尺寸 $4\times\phi8.5$ 和它们的孔距尺寸126和100。

（4）外形尺寸 外形尺寸是表示机器或部件总长、总宽、总高。它是包装、运输、安装和厂房设计时所需的尺寸，如图10-2中的外形尺寸240、160、80。

（5）其他重要尺寸 不属于上述的尺寸，但设计或装配时需要保证的尺寸称其他重要尺

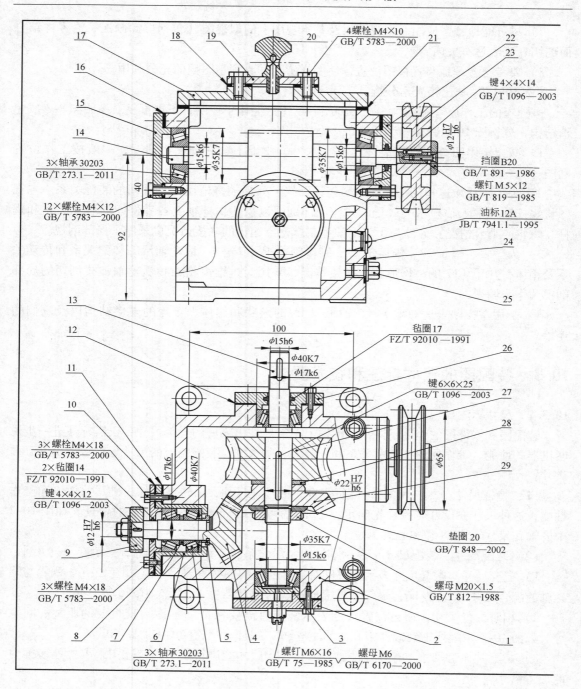

图 10-6　减速箱

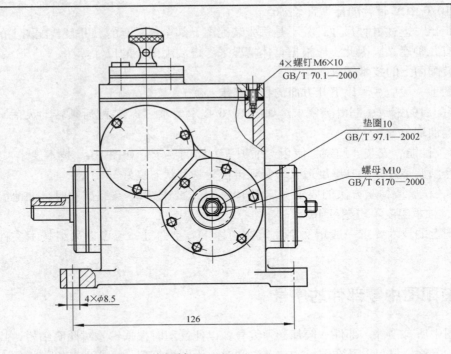

技术要求
1.装配后须转动灵活,各密封处不得有漏油现象。
2.空载试验时,油池温度不得超过35℃,轴承温度不得超过40℃。
3.装配时选择或磨削调整片,使其厚度适当,保证锥齿轮啮合状态良好。

29	锥齿轮	1	45	$m=2,z=30$
28	调整片	1	45	
27	蜗轮	1	QAl9—4	$m=2,z=26$
26	轴承盖	1	HT200	
25	螺塞	1	Q235—A	
24	衬垫	1	聚氯乙烯	无图
23	带轮	1	HT200	
22	轴承盖	1	HT200	
21	垫片	1	纸板	无图
20	手把	1	Q235—A	
19	加油盖	1	Q235—A	
18	垫片	1	纸板	无图
17	箱盖	1	HT200	
16	垫片	1	纸板	无图
15	轴承盖	1	HT200	
14	蜗杆盖	1	45	$m=2,z=1$
13	蜗轮轴	1	45	

12	垫片	1	纸板	无图
11	垫片	1	纸板	无图
10	垫片	1	纸板	无图
9	齿轮	1	45	$m=1,z=40$
8	轴承盖	1	HT200	
7	套圈	1	Q235—A	
6	轴承盖	1	Q235—A	
5	挡圈	1	45	
4	锥齿轮轴	1	45	$m=2,z=21$
3	压盖	1	Q235—A	
2	轴承盖	1	HT200	
1	箱体	1	HT200	
序号	代号	名称	数量	材料	备注

减速箱		比例	1:2	(图号)
		数量		
制图		质量		共张 共张
描图		(厂名)		
审核				

装配图

寸，如图 10-6 中 V 带轮的计算直径 $\phi65$。

必须指出，上述五种尺寸，并不是每张装配图上都全部具有的，并且装配图上的一个尺寸有时兼有几种意义。因此，应根据具体情况来考虑装配图上的尺寸标注。

10.3.2 装配图上的技术要求

装配图上一般应注写以下几方面的技术要求：

1）装配后的密封、润滑等要求。如图 10-6 技术要求 "1. 装配后须转动灵活，各密封处不得有漏油现象"。

2）有关性能、安装、调试、使用、维护等方面的要求。如图 10-6 技术要求 "3. 装配时选择或磨削调整片，使其厚度适当，保证锥齿轮啮合状态良好"。

3）有关试验或检验方法的要求。如图 10-6 技术要求 "2. 空载试验时，油池温度不得超过 35℃，轴承温度不得超过 40℃"。

装配图上的技术要求一般用文字注写在图样下方空白处，也可以另编技术文件，附于图样。

10.4 装配图中零部件的序号

装配图中所有零件、部件一般都必须编号，以便读图时根据编号对照明细栏，找出各零件、部件的名称、材料以及在图上的位置，同时也为图样管理、生产准备提供方便。

10.4.1 零部件序号及编排方法 （GB/T 4458.2—2003）

序号是装配图中对各零件或部件按一定顺序的编号。代号是按照零件或部件在整个产品中的隶属关系编制的号码。读者在学习期间一般使用序号即可，常用的编写序号的方法有两种：

1）将所有标准件的数量、标记按规定标注在图上，标准件不占编号，而将非标准件按顺序编号，如图 10-6 所示。

2）将装配图上所有零件包括标准件在内，按顺序编号，如图 10-2 所示。

装配图上编写序号时应遵守以下各项标准规定：

1）装配图中相同的各组成部分只应有一个序号或代号，一般只标注一次，必要时多处出现的相同组成部分允许重复标注。

2）装配图中零、部件序号的编写方法有两种：①在指引线的水平线（细实线）上或圆（细实线）内注写序号，序号字高比该装配图中所注尺寸数字的字号大一号或两号（图 10-7a、b）；②在指引线的非零件端的附近注写序号，序号字高比该装配图上所注尺寸数字的字号大两号（图 10-7c）。

3）同一装配图编注序号的形式应一致。

4）指引线应自所指部分的可见轮廓内引出，并在末端画一圆点，如图 10-7 所示。若所指部分（很薄的零件或涂黑的剖面）内不便画圆点时，可在指引线末端画出箭头，并指向该部分的轮廓（图 10-8）。

5）指引线相互不能相交，当通过剖面线的区域时，指引线不应与剖面线平行。必要时指引线允许画成折线，但只允许曲折一次（图 10-9）。

6）对于一组紧固件或装配关系清楚的零件组，可以采用公共指引线（图 10-10）。

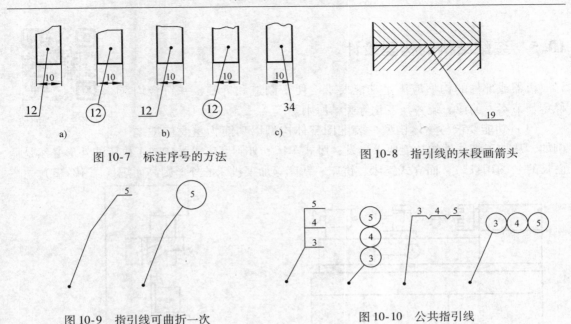

图 10-7 标注序号的方法   图 10-8 指引线的末段画箭头

图 10-9 指引线可曲折一次   图 10-10 公共指引线

7）零件或部件的序号应标注在视图的外面。并应按水平或垂直方向排列整齐。序号应按顺时针或逆时针方向顺序排列。在整个图上无法连续时，可只在每个水平或垂直方向顺序排列。

8）标准化的部件（如滚动轴承、电动机、油杯等）在装配图上只注写一个序号。

10.4.2 明细栏

明细栏是机器或部件中全部零件、部件的详细目录。其内容一般有序号、代号、名称、数量、材料以及备注项目。应注意明细栏中序号必须与图中所注序号一致。明细栏一般配置在装配图中，在标题栏上方，地方受限制时可在标题栏左方接着画明细栏。明细栏左边外框线和竖线为粗实线，内格线和顶线画细实线，零件序号按自下而上填写，明细栏中的序号与装配图上所编序号必须一致。

学习时推荐使用的标题栏及明细栏格式如图 10-11 所示。

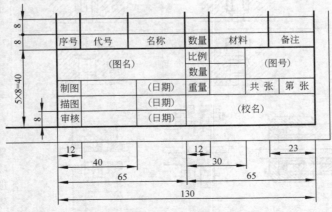

图 10-11 装配图上标题栏及明细栏

10.5　装配结构的构型设计

机器或部件的构型应满足功能要求，便于制造和拆装，并符合均衡、稳定、节奏、韵律、统一与变化等美学原则。

（1）功能要求与整体构型　装配图整体构型以功能为重要依据之一。例如，从加工细长件的功能要求出发，卧式车床、外圆磨床等卧式加工机床的外形必然是低而长的（图10-12），而立式镗床、铣床、钻床等加工机床的外形则高而短（图10-13）。

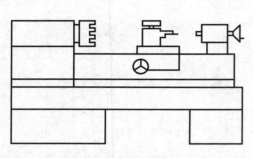

图 10-12　卧式加工机床

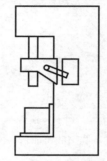

图 10-13　立式加工机床

（2）按装配结构构型　装配体构型与装配工艺结构紧密相关。为了满足机器的性能要求，拆装方便，在构型时应考虑装配结构的合理性，表 10-1 是几种常见的工艺结构。在装配体中的构型还应考虑操作方便，使装配体的各部分尺寸与操作者的人体结构尺寸相适应。

表 10-1　装配体上几种常见的工艺结构

		图　　例		说　　明
		合　理	不　合　理	
接触面	长度方向			两零件应避免在同一方向上同时有两对表面接触，孔或轴上带有倒角或退刀槽、越程槽，可保证装配时有良好的接触
	轴线方向			
	半径方向			
密封装置		填料箱密封　　　橡胶圈密封　　　毡圈密封		为防止内部的液体或气体向外渗漏，同时也防止外面的灰尘等异物进入机器，常采用封闭装置

（续）

图　　例	说　　明
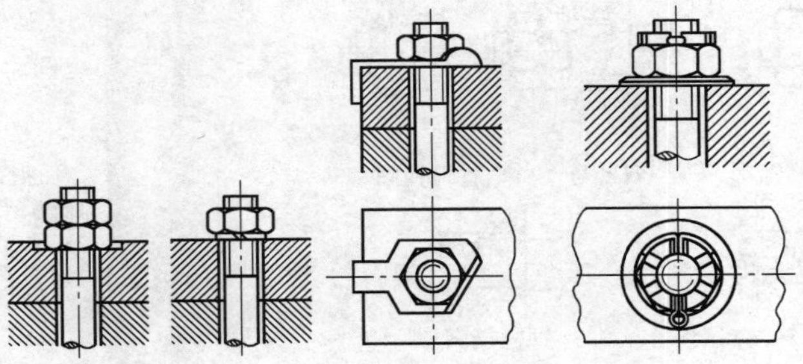 防松装置 双螺母防松　　弹簧垫圈防松　　止动垫圈防松　　开口销防松	为避免紧固件由于机器工作时的振动而变松，需采用防松装置
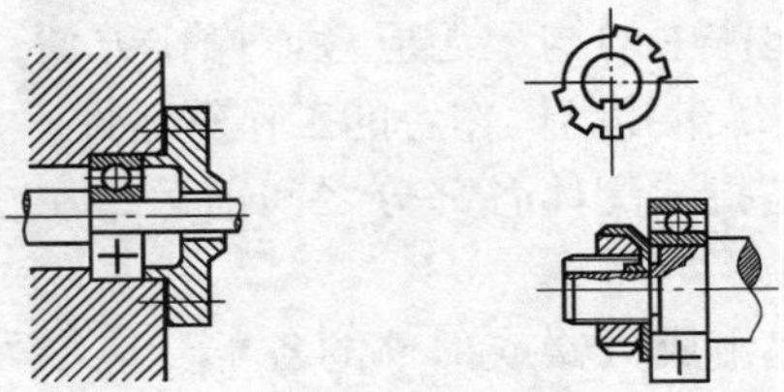 滚动轴承的固定 用端盖的凸缘固定外圈　　　用螺母和止动垫圈固定内圈	为防止滚动轴承的轴向窜动，可根据工作的需要，对内、外圈采用不同形式的固定
定位销的安装	为使两零件在拆装时易于定位，并保证一定的装配精度，常采用销钉定位

防松装置

滚动轴承的固定

定位销的安装

便于拆卸

不　合　理	合　理	为便于拆装，必须留出装拆螺栓的空间与扳手的空间或加手孔和工具孔

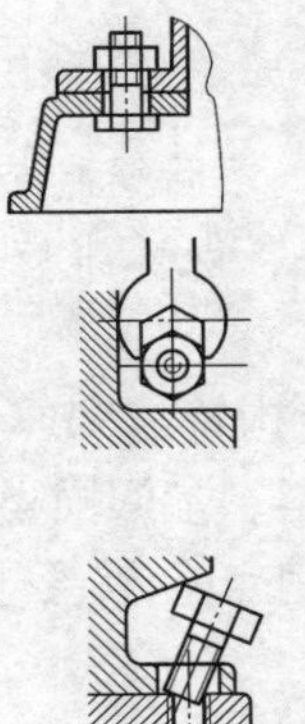

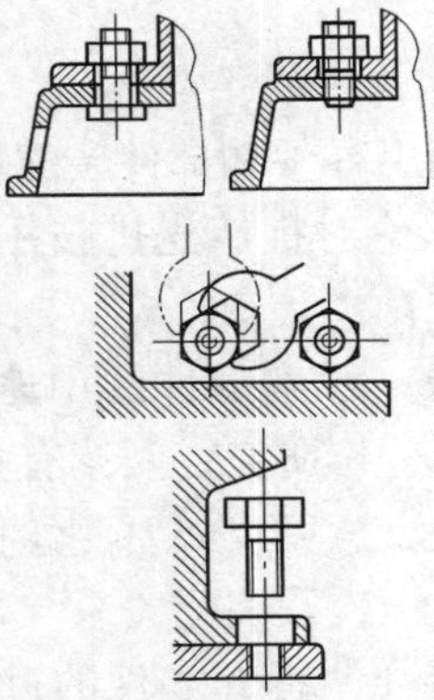

（续）

图　例	说　明
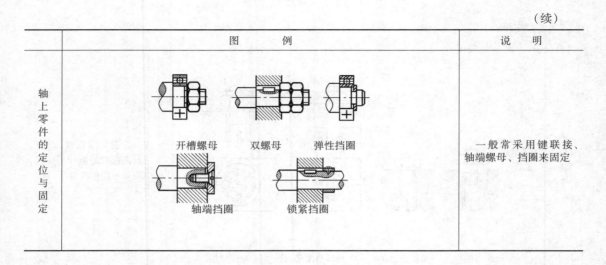	一般常采用键联接、轴端螺母、挡圈来固定

（其中图例说明：开槽螺母　双螺母　弹性挡圈　轴端挡圈　锁紧挡圈；左侧表头为"轴上零件的定位与固定"）

（3）考虑人、机、环境　在装配体中的构型还应考虑操作方便，使装配体的各部分尺寸与操作者的人体结构尺寸相适应，尽量提高操作者的工作舒适性。

（4）构型要均衡与稳定　均衡是指装配体各部分之间前后、左右的相对轻重关系。稳定是指装配体上下部分的轻重关系。

（5）外形的调和、主从的呼应　组成机器或部件的各部分应尽可能在形、质等方面突出共性，减少差异性。如比例关系的调和，即各部分之间的比例应尽量相等或接近；线型的调和，主体线型风格的协调，即构成形体的大轮廓的几何线型要大体一致，如以直线为主构型，则型体的主要部分应以直线轮廓构成，如以曲线、圆弧构型为主，则形体的主要部分应以优美的曲线构成，其他部位也应以圆角过渡或曲线的转折来与主体呼应，从而达到整体的线型风格协调与统一。

10.6　部件测绘和装配图画法

10.6.1　部件测绘

根据现有机器或部件，画出零件和部件装配草图并进行测量，然后绘制装配图和零件图的过程称为测绘。测绘工作无论对推广先进技术，改进现有设备，保养维修等都有重要作用，测绘工作的一般步骤如下：

（1）了解和分析测绘对象　了解部件的用途、工作原理、结构特点和零件间的装配关系。测绘前首先要对部件进行分析研究，阅读有关的说明书、资料、参阅同类产品图样以及向有关人员了解使用情况和改进意见。如要测绘图 8-3 所示的减速箱，就要了解它的作用，传动方式，组成零件的作用、结构及装配关系。

（2）拆卸零部件和测量尺寸　拆卸零件的过程也是进一步了解部件中各零件作用、结构、装配关系的过程。拆卸前应仔细研究拆卸顺序和方法，对不可拆的联接和过盈配合的零件尽量不拆，并应选择适当的拆卸工具。

常用的测量工具及测量方法见零件测绘。一些重要的装配尺寸，如零件间的相对位置尺寸、极限位置尺寸、装配间隙等要先进行测量，并做好记录，以使重新装配时能保持原来的要求。拆卸后要将各零件编号（与装配示意图上编号一致），贴上标签，妥善保管，避免散失、错乱。还要防止生锈，对精度高的零件应防止碰伤和变形，以便测绘后重新装配时仍能保证部件的性能和要求。

（3）画装配示意图　装配示意图是在部件拆卸过程中所画的记录图样。它的主要作用是避免零件拆卸后可能产生的错乱，是重新装配和绘制装配图的依据。画装配示意图时，一般用简单的线条和符号表达各零件的大致轮廓，如图 10-14 所示减速箱装配示意图中的箱体；甚至用单线来表示零件的基本特征，如图 10-14 中的轴承盖、螺钉等。画装配示意图时，通常对各零件的表达不受前后层次的限制，尽量把所有零件集中在一个图形上。如确有必要，可增加其他图形。画装配示意图的顺序，一般可从主要零件着手，由内向外扩展按装配顺序把其他零件逐个画上。例如，画减速箱装配示意图时，可先画蜗轮轴及蜗杆轴，再画蜗轮、锥齿轮、轴承等其他零件，两相邻零件的接触面之间最好画出间隙，以便区别。对轴承、弹簧、齿轮等零件，可按《机械制图》国家标准规定的符号绘制。图形画好后，各零件编上序号，并列表注明各零件名称、数量、材料等。对于标准件要及时确定其尺寸规格，连同数量直接注写在装配示意图上。

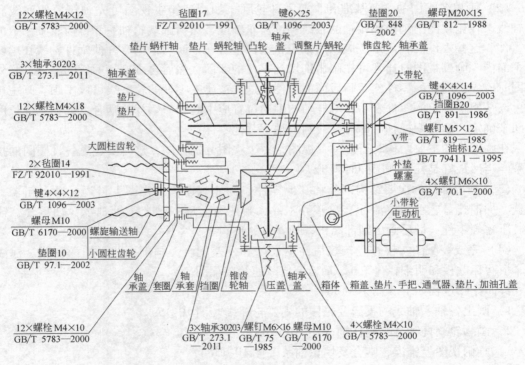

图 10-14　减速箱装配示意图

（4）画零件草图　由于测绘时，工作条件的限制常常徒手绘制各零件的图样。徒手画草图的方法见"1.3.2 草图的徒手绘制技巧"。零件草图是画装配图的依据，因此它的内容和要求与零件图是一致的。零件的工艺结构，如倒角、退刀槽、中心孔等要全部表达清楚。画草图时要注意配合零件的基本尺寸要一致，测量后同时标注在有关零件的草图上，并确定其公差配合的要求。有些重要尺寸如箱体上安装传动齿轮的轴孔中心距，要通过计算与齿轮的中心距一致。标准结构的尺寸应查阅有关手册确定。一般尺寸测量后通常都要圆整，重要的直径要取标准值，安装滚动轴承的轴径要与滚动轴承内径尺寸一致。

（5）画装配图和零件图　根据零件草图和装配示意图画出装配图。在画装配图时，应对零件草图上可能出现的差错，予以纠正。根据画好的装配图及零件草图再画零件图，对草图中的尺寸配置等可作适当调整和重新布置。

10.6.2　装配图的画法

以减速箱为例介绍装配图的画法（图 10-6）。

首先确定视图方案，根据前面对减速箱的表达分析，主视图按工作位置选定，采用局部剖视表达蜗杆轴的装配关系以及油标、螺塞在箱体上的联接情况。俯视图也采用局部剖视表达蜗轮轴、锥齿轮轴的装配关系，俯视图还表示箱盖与箱体的联接情况。左视图表达箱体、箱盖、轴承盖的外形结构。表达方法确定后，即可着手画装配图，步骤如下：

（1）确定图幅比例，合理布局　根据部件的大小、复杂程度，选择恰当的比例，留出标题栏、明细栏的位置。布置视图时，应估计各视图所占面积，各视图间要留有适当的间隔以便标注尺寸及编序号，从而决定图幅的大小。图面的总体布局既要均匀又要整齐。

（2）画出各视图的主要基准和主要零件轮廓　如减速箱主视图可先画箱底的底线和蜗杆轴线，在俯视图上画出蜗轮轴的轴线和锥齿轮轴线，然后画蜗轮轴系和锥齿轮轴系上的各个零件，这些零件的轴向定位应以两锥齿轮锥顶重合在一起为依据，并使蜗杆轴线在蜗轮的主平面内。画剖视图时通常可先画出剖切到零件的断面，然后再画剖切面后的零件。画外形视图时应先画前面的零件然后画后面的零件，这样被遮住零件的轮廓线可以不画。画主视图时可以从蜗杆轴上的零件着手，蜗杆轴的轴向位置应由蜗轮与蜗杆的啮合点处在蜗杆长度的中间来确定。画出蜗杆轴后即可逐一画出轴上其他零件。

在画部件的主要结构时可以一个视图，一个视图分别作图，这时要注意各视图间的投影关系。当然最好是几个视图同时画出。

（3）画出部件的次要结构部分和其他零件　例如减速箱主视图上可逐一画上箱盖、轴承盖、加油孔盖、手把、油标、螺塞等零件；俯视图上逐一画上滚动轴承、轴承套、轴承盖、压盖等零件，最后画出细部结构，如螺钉、垫圈之类零件。

（4）完成装配图　检查、校核后注上尺寸和公差配合，画剖面线，加深图线。标注序号、填写标题栏和明细栏（表），最后完成减速箱装配图。

具体作图过程如下（图 10-15）：

1）画出各轴系轴线的投影及箱体的主要轮廓线（图 10-15a）。

2）画蜗轮蜗杆啮合、蜗杆轴（图 10-15b）。

3）画俯视图上锥齿轮啮合及蜗轮轴系（图 10-15c）。

4）画轴承及箱体的详细轮廓形状（图 10-15d）。

5）画轴承盖、螺钉联接、带轮及键联接、箱盖、加油孔盖等（图 10-15e）。

6）读图检查，纠错描深（图 10-15f）。

7）标注尺寸（图 10-15g）。

8）标注序号，填写明细栏（图 10-15h）。

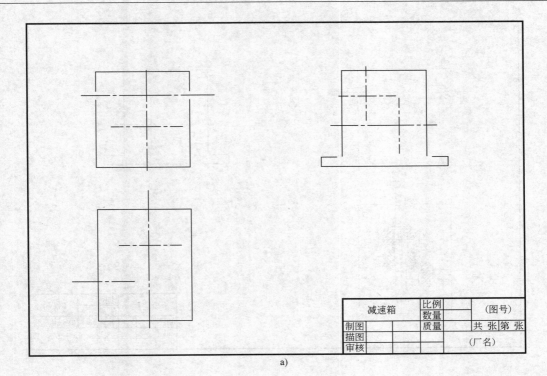

a)

b)

图 10-15 减速箱装配图画图步骤

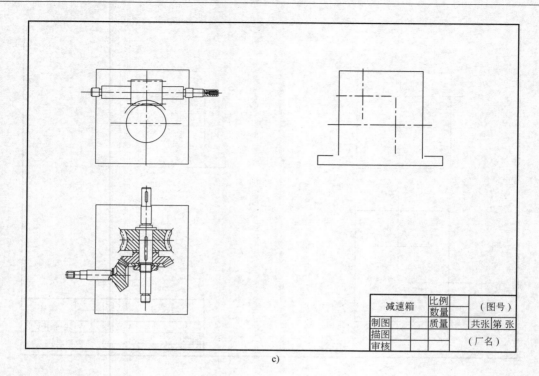

c)

减速箱	比例		（图号）
	数量		
制图	质量		共张 第 张
描图			（厂名）
审核			

d)

图 10-15　减速箱装配图画图步骤（续）

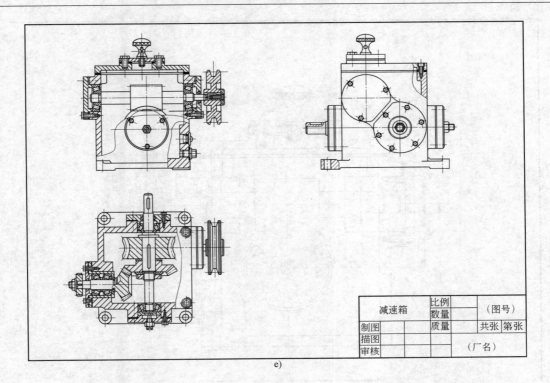

e)

f)

图 10-15 减速箱装配图画图步骤（续）

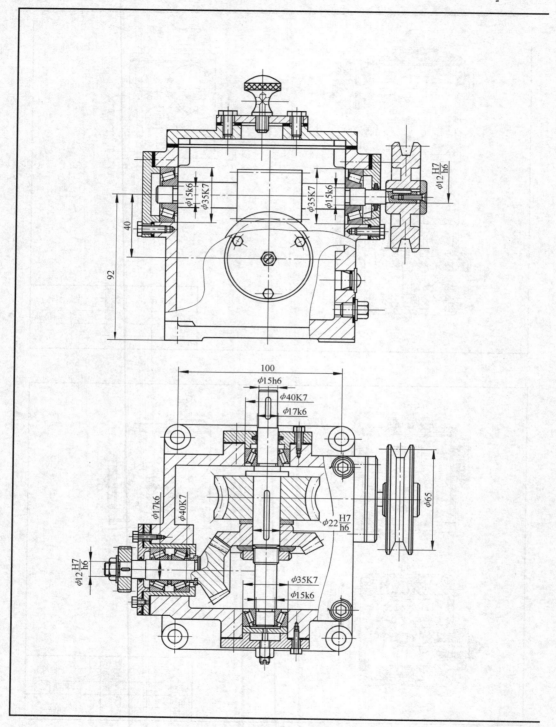

g)

图 10-15　减速箱装配图

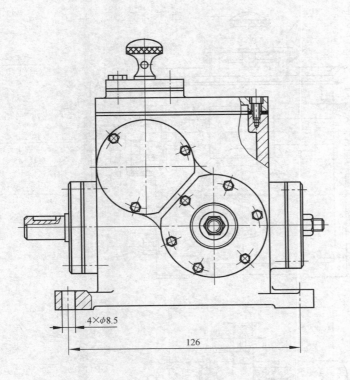

4×φ8.5

126

减速箱	比例		（图号）
	数量		
制图		质量	共张 第张
描图			（厂名）
审核			

画图步骤（续）

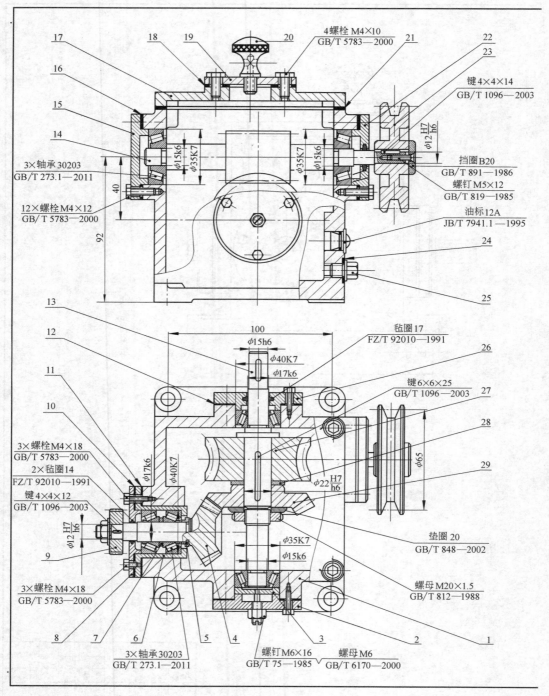

4螺栓 M4×10
GB/T 5783—2000

键 4×4×14
GB/T 1096—2003

$\phi12\frac{H7}{h6}$

挡圈 B20
GB/T 891—1986

螺钉 M5×12
GB/T 819—1985

油标 12A
JB/T 7941.1—1995

17
16
15
14

3×轴承 30203
GB/T 273.1—2011

12×螺栓 M4×12
GB/T 5783—2000

18   19   20   21   22   23   24   25

$\phi15k6$ $\phi35K7$ $\phi35K7$ $\phi15k6$

40

92

13
12
11
10

3×螺栓 M4×18
GB/T 5783—2000

2×毡圈 14
FZ/T 92010—1991

键 4×4×12
GB/T 1096—2003

$\phi12\frac{H7}{h6}$

9

3×螺栓 M4×18
GB/T 5783—2000

8   7   6   5   4   3   2   1

100

$\phi15h6$

$\phi40K7$

$\phi17k6$

毡圈 17
FZ/T 92010—1991

键 6×6×25
GB/T 1096—2003

26
27
28
29

$\phi65$

$\phi22\frac{H7}{h6}$

$\phi17k6$ $\phi40K7$

$\phi35K7$ $\phi15k6$

垫圈 20
GB/T 848—2002

螺母 M20×1.5
GB/T 812—1988

3×轴承 30203
GB/T 273.1—2011

螺钉 M6×16
GB/T 75—1985

螺母 M6
GB/T 6170—2000

h)

图 10-15   减速箱装配图

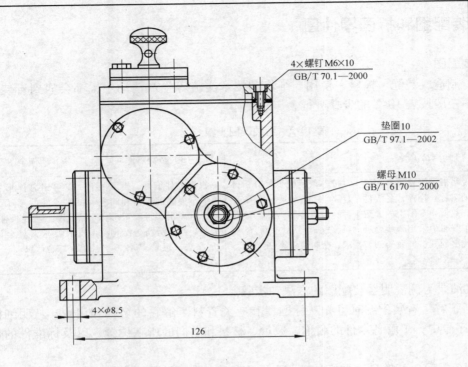

4×螺钉 M6×10
GB/T 70.1—2000

垫圈 10
GB/T 97.1—2002

螺母 M10
GB/T 6170—2000

4×ϕ8.5

126

技术要求
1.装配后须转动灵活,各密封处不得有漏油现象。
2.空载试验时,油池温度不得超过35℃,轴承温度不得超过40℃。
3.装配时选择或磨削调整片,使其厚度适当,保证锥齿轮啮合状态良好。

12		垫片	1	纸板	无图
11		垫片	1	纸板	无图
10		垫片	1	纸板	无图
9		齿轮	1	45	$m=1,z=40$
8		轴承盖	1	HT200	
7		套圈	1	Q235—A	
6		轴承盖	1	Q235—A	
5		挡圈	1	45	
4		锥齿轮轴	1	45	$m=2,z=21$
3		压盖	1	Q235—A	
2		轴承盖	1	HT200	
1		箱体	1	HT200	
序号	代号	名称	数量	材料	备注

29	锥齿轮	1	45	$m=2,z=30$
28	调整片	1	45	
27	蜗轮	1	QAl9—4	$m=2,z=26$
26	轴承盖	1	HT200	
25	螺塞	1	Q235—A	
24	衬垫	1	聚氯乙烯	无图
23	带轮	1	HT200	
22	轴承盖	1	HT200	
21	垫片	1	纸板	无图
20	手把	1	Q235—A	
19	加油盖	1	Q235—A	
18	垫片	1	纸板	无图
17	箱盖	1	HT200	
16	垫片	1	纸板	无图
15	轴承盖	1	HT200	
14	蜗杆盖	1	45	$m=2,z=1$
13	蜗轮轴	1	45	

减速箱		比例	1:2	(图号)
		数量		
制图		质量		共 张 第 张
描图				(厂名)
审核				

画图步骤（续）

10.7　读装配图和拆画零件图

10.7.1　读装配图

在设计、制造、装配、检验、使用、维修和技术交流等生产活动中，都会遇到看装配图。看装配图一般按表 10-2 的步骤进行。

表 10-2　看装配图步骤

步骤	（1）概括了解	（2）分析工作原理及装配关系	（3）分离零件	（4）看懂全图
具体要求	对照说明书等资料了解部件或机器的名称、用途，各零件的名称、数量和在图上的大致轮廓。了解图中采用哪些表示方法，找出剖视、剖面的剖切位置	按各条装配干线分析部件的装配关系、工作原理，搞清各零件的定位关系、联接方式、配合要求、密封结构等	根据零件编号、投影关系、剖面线的方向和间隔等，分离出零件。用形体分析、线面分析等结构分析方法，想清楚各零件形状	在得出总体形状和各零件的形状后结合图上所注尺寸、技术要求，对全图有一综合认识

下面以机油泵为例说明看装配图的方法和步骤。

（1）概括了解　看装配图时可先从标题栏和有关资料了解它的名称和用途。从明细栏（表）和所编序号中，了解各零件的名称、数量、材料和它们的所在位置，以及标准件的规格、标记等。

如图 10-16 所示，部件名称是机油泵，可知它是液压传动或润滑系统中输送液压油或润滑油的一个部件，是产生一定工作压力和流量的装置。对照明细栏和序号可以看出机油泵由泵体、主动齿轮、从动齿轮、轴、泵盖等零件组成，另外还有螺栓、销等标准件。机油泵装配图用四个视图表达。主视图采用局部剖，表达了机油泵的外形及两齿轮轴系的装配关系。左视图采用全剖表达机油泵的进出油路及溢流装置。俯视图中用局部剖视图表示机油泵的泵体、泵盖外形。另外还用单独零件单独画法表达泵体联接部分的断面形状。

（2）分析工作原理和装配关系　从图 10-16 中看出，机油泵有两条装配干线。可从主视图中看出，主动轴 1 的下端伸出泵体外，通过销 5 与主动齿轮相接。主动轴在泵体孔中，其配合为间隙配合，故齿轮轴可在孔中转动。从动齿轮 6 装在从动轴 7 上，其配合为间隙配合，故齿轮可在从动轴上转动。从动轴 7 装在泵体轴孔中，其配合为过盈配合，从动轴 7 与泵体轴孔之间没有相对运动。第二条装配干线是安装在泵盖上的安全装置，它是由钢球 15、弹簧 14、调节螺钉 11 和防护螺母 12 组成，该装配干线中的运动件是钢球 15 和弹簧 14。

通过以上装配关系的分析，可以描绘出机油泵的工作原理，如图 10-17 所示。在泵体内装有一对啮合的直齿圆柱齿轮，主动轴下端伸出泵体外，以连接动力。右面是从动齿轮，滑装在从动轴上。泵体底端后侧 $\phi10\text{mm}$ 通孔为进油孔，泵体前侧带锥螺纹的通孔为出油孔。当主动齿轮带动从动齿轮转动时，齿轮后边形成真空，油在大气压的作用下进入进油管，填满齿槽，然后被带到出油孔处，把油压入出油管，送往各润滑管路中。泵盖上的装配干线是一套安全装置。当出油孔处油压过高时，油就沿油道进入泵盖，顶开钢球，再沿通向进油孔的油道回到进油孔处，从而保持油路中油压稳定。油压的高低可以通过弹簧和调节螺钉进行调节。

（3）分离零件　分离零件一般从主要零件开始，再扩大到其他零件。

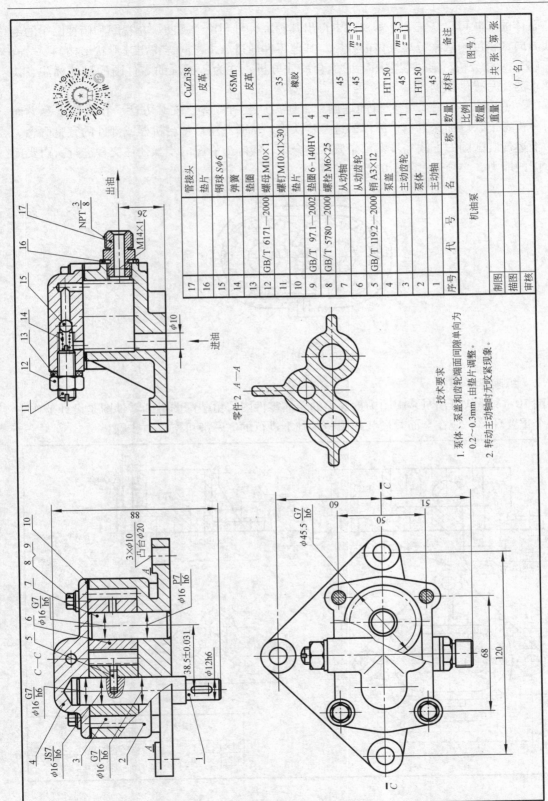

序号	代 号	名 称	数量	材料	备注
17		管接头	1	CuZn38	
16		垫片	1	皮革	
15		钢球 Sφ6	1		
14		弹簧	1	65Mn	
13		垫圈	1	皮革	
12	GB/T 6171—2000	螺母 M10×1	1		
11		螺钉 M10×1×30	4	35	
10		垫片	1	橡胶	
9	GB/T 97.1—2002	垫圈6-140HV	4		
8	GB/T 5780—2000	螺栓 M6×25	4		
7		从动轴	1	45	
6		从动齿轮	1	45	$m=3.5$ $z=11$
5	GB/T 119.2—2000	销 A3×12	1		
4		泵盖	1	HT150	
3		主动齿轮	1	45	$m=3.5$ $z=11$
2		泵体	1	HT150	
1		主动轴	1	45	

机油泵

制图		比例		（图号）	第 张
描图		数量			共 张
审核		重量		（厂名）	

技术要求

1. 泵体、泵盖和齿轮端面间间隙单向为
  0.2～0.3mm；由垫片调整。
2. 转动主动轴时无咬紧现象。

零件2 A—A

图10-16 机油泵装配图

泵体的形状可以从三个基本视图中得出其轮廓，可利用主视图、左视图和俯视图中的剖面线方向，密度一致来分离泵体的投影。其他零件通过分析可同样得出其形状结构。

（4）尺寸分析　通过装配图上的配合尺寸分析，并为所拆画的零件图的尺寸标注、技术要求的注写提供依据。

（5）总结归纳　在以上分析的基础上，还需从装拆顺序、安装方法、技术要求等方面进行分析考虑，以加深对整个部件的进一步认识，从而获得对整台机器或部件的完整概念。

上述看装配图的方法和步骤仅是概括地介绍，实际上看图的步骤往往交替进行。而要提高看图的能力，必须通过不断的看图实践。

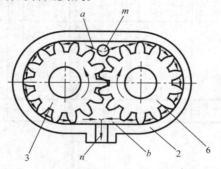

图 10-17　机油泵原理图

10.7.2　拆画零件图

图 10-18 是从机油泵装配图中拆画出的泵体零件图。由装配图拆画零件图是设计工作中的一个重要环节，应在全面看懂装配图的基础上进行的。一般可按以下步骤：

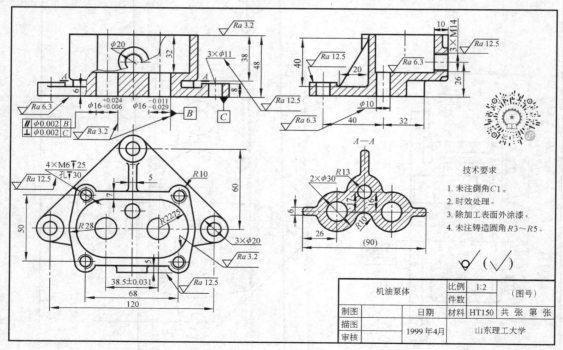

图 10-18　泵体的零件图

（1）构思零件形状　装配图主要表达零件间的装配关系，至于每个零件的某些个别部分的形状和详细结构并不一定都已表达清楚，这些结构可在拆画零件图时根据零件的作用要求进行设计。如机油泵泵盖顶部的外形，这些结构要根据零件该部分的作用、工作情况和工艺要求进行合理的补充设计。

此外在拆画零件图时还要补充装配图上可能省略的工艺结构，如铸造圆角、斜度、退刀槽、倒角等，这样才能使零件的结构形状表达得更为完整。

（2）确定视图方案　在拆画零件图时，一般不能简单地抄袭装配图中零件的表达方法。应根据零件的结构形状，重新考虑最好的表达方案。

泵体主视图采用局部剖，以表示内腔、泵轴孔及外形。左视图采用全剖表达进出油孔的形状及肋板等结构。俯视图则采用视图表达肋板、内腔外形以及泵轴孔等相对位置。另外采用 $A—A$ 剖表示底板与内腔联接部分的断面形状。

（3）确定并标注零件的尺寸　装配图上注出尺寸大多是重要尺寸。有些尺寸本身就是为了画零件图时用的，这些尺寸可以从装配图上直接移到零件图上。凡注有配合代号的尺寸，应该根据配合类别、公差等级注出上、下偏差。有些标准结构如沉孔、螺栓通孔的直径、键槽宽度和深度、螺纹直径、与滚动轴承内圈相配的轴径、外圈相配的孔径等应查阅有关标准。还有一些尺寸可以通过计算确定，如齿轮的分度圆、齿轮传动的中心距，应根据模数、齿数等计算而定。在装配图上没有标注出的零件其余的各部分尺寸，可以按装配图的比例量得。

在注写零件图上尺寸时，对有装配关系的尺寸要注意相互协调，不要造成矛盾。

（4）注写技术要求和标题栏　画零件工作图时，零件的各表面都应注写表面结构要求，表面结构参数值应根据零件表面的作用和要求来确定。配合表面要选择恰当的公差等级和基本偏差。根据零件的作用还要加注必要的技术要求和几何公差要求。

标题栏应填写完整，零件名称、材料、图号等要与装配图中明细栏所注内容一致。

具体作图过程如下（图 10-19）：

1）阅读装配图，并去除与泵体无关的信息，考虑选择零件的表达方案（图 10-19a）。

2）根据剖面线方向找出泵体的轮廓，或者是抽掉泵体以外的其他零件（图 10-19b）。

3）补画因零件遮挡而缺漏的线条（图 10-19c）。

4）读图并修改描深（图 10-19d）。

5）注写装配图中已标注的尺寸（图 10-19e）。

6）根据图形比例和相关零件及工艺要求等，设计注写其他尺寸（图 10-19f）。

7）确定并注写技术要求（图 10-19g）。

8）填写标题栏，完成零件工作图（图 10-19h）。

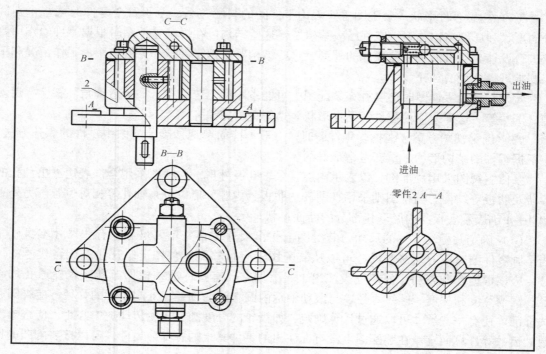

a)

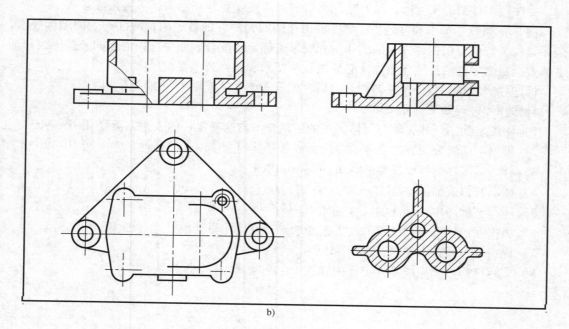

b)

图 10-19　拆画泵体零件图

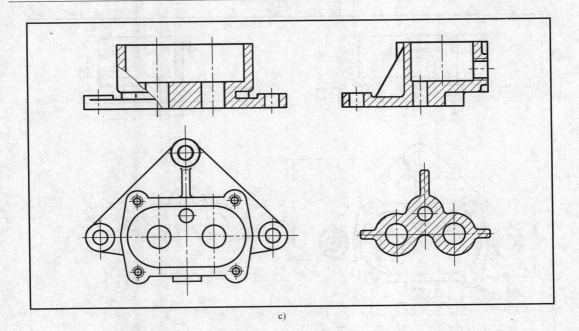

c)

d)

图 10-19　拆画泵体零件图（续）

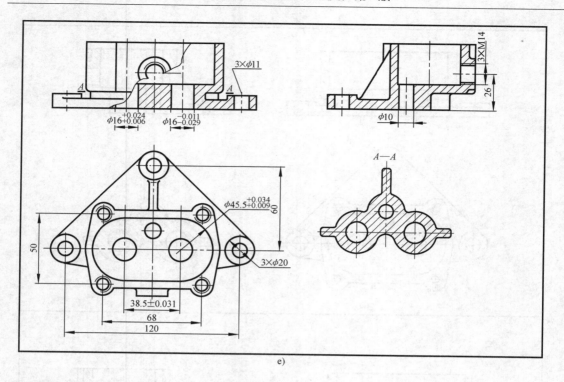

e)

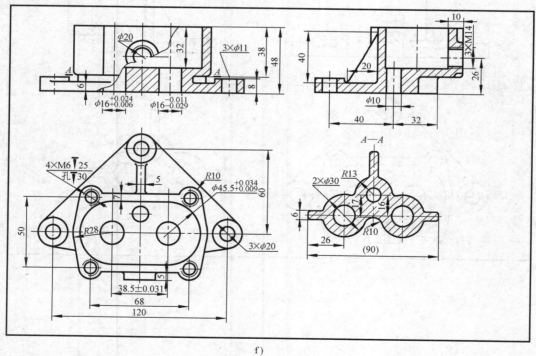

f)

图 10-19　拆画泵体零件图（续）

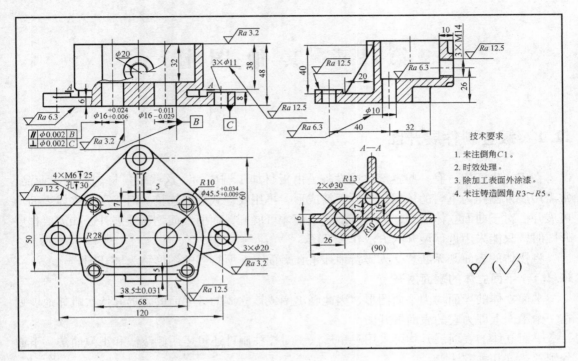

g)

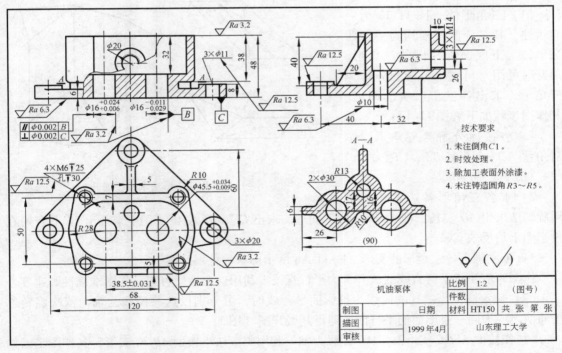

h)

图 10-19 拆画泵体零件图（续）

第11章 其 他 图 样

11.1 钣金制件展开图

在工业生产中，有一些零部件或设备是由板材加工制成的。这些用板材制作的工业品，常需用展开图作为下料的依据，然后下料成形，再用咬缝式焊缝连接。对于平面立体表面均可展开。对于曲面立体表面，只有可展直线面才可展开，而曲线面均不能展开，如需要作展开图时，只能采用近似展开的方法作展开图。

将物体的表面既无断裂又无皱折地摊平在平面上，所得到的图形称为展开图。

11.1.1 平面立体的表面展开

平面立体的表面均为平面图形，因此画出围成该立体的各平面的实形并依次毗邻地展列在一个平面上即为它的表面展开图。

平面立体的表面展开均可采用三角形法。对棱柱制件还可运用侧滚法和正截面法。下面分别叙述这几种方法。

1. 棱柱制件的表面展开

（1）三角形法 图 11-1a 为一斜棱柱。其三个侧棱面均为平行四边形，上下底面为相同的三角形。展开时可用对角线将各棱面分解为三角形，求出各三角形实形即可。其作图步骤如下（图 11-1）：

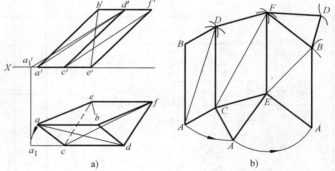

图 11-1 用三角形法求棱柱展开

1）将棱面分解为三角形。作对角线 AD（ad、$a'd'$）、CF（cf、$c'f'$）、BE（be、$b'e'$）。

2）求各三角形各边实长。如用旋转法求出 AD 实长，即 $a_1'd' = AD$，同理，求出 CF、BE 实长（图中未画出），其各边在投影图上均反映实长。

3）依次画出各三角形的实形。图 11-1b 所示即得棱柱展开图。

作图时应注意平行直线的展开仍为平行直线。利用这个性质可提高作图准确性和速度。

（2）侧滚法 当棱柱的棱线为投影面平行线时，可分别以这些棱线为轴，依次旋转各棱面使之成为同一投影面的平行面，即得其展开图（图 11-2）。

1）作棱面 $ABDC$ 实形。以 AB 棱线为轴，利用侧滚法求棱面 $ABDC$ 实形，其作图步骤如下：①过 c'、d'，作 $a'b'$ 垂线；②以 a' 为中心，ac 长为半径作圆弧，交 $c'C$ 于 C；③过 C 作 $CD /\!/ a'b'$，交 $d'D$ 于 D，即得 $ABDC$ 实形。

2）作棱面 $CDFE$、$EFBA$ 实形。分别以 CD、EF 棱线为轴进行侧滚。同理可求得 $CDFE$、

EFBA 棱面实形，即得棱柱展开图。

（3）正截面法 由于棱柱正截面与棱线垂直，展开后其截交线展成一直线，并仍与棱线垂直。利用这一性质可简化作图，其步骤如下（图11-3）：

1）在棱柱中部任作一正截面 P，P 与棱柱的截交线为△ⅠⅡⅢ，其水平投影为△123，正面投影为直线 $1'2'3'$，用换面法求其实形（△$1_12_13_1$）。

2）将截交线△$1_12_13_1$ 展成一直线 ⅠⅡⅢⅠ。

3）过Ⅰ、Ⅱ、Ⅲ、Ⅰ等点分别作垂直线，并截取 Ⅰ$A = 1'a'$，Ⅰ$B = 1'b'$，Ⅱ$C = 2'c'$，Ⅱ$D = 2'd'$…，依次作出 A、C、E 和 B、D、F 各点。

4）连接各点即得棱柱制件的展开图。

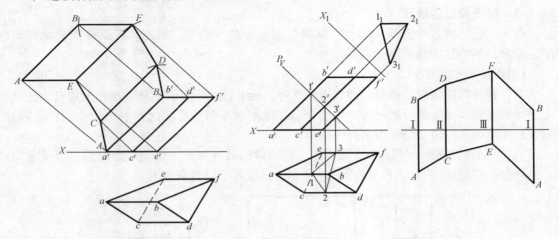

图 11-2 用侧滚法求棱柱的展开　　　　图 11-3 用正截面法求棱柱的展开

2. 棱锥制件的表面展开

图 11-4a 为一上口小下口大的方形接管。它的各侧面均为梯形。展开时可将其设想为一截头四棱锥。其展开图作图步骤如下（图11-4b）：

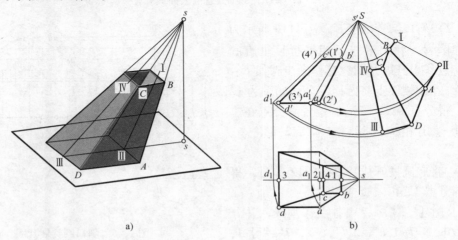

图 11-4 棱锥的展开

1）延长四棱锥台各棱线，求出所得棱锥锥顶 $S(s，s')$。

2）为便于作图，使展开图中 S 点与 s' 重合。由于四棱锥台前后对称，故展开图也必对称，作图时可在适当位置作点画线 $S\,\mathrm{I}\,\mathrm{II}$ 作为展开图的对称线。

3）求梯形 $\mathrm{I}\,\mathrm{II}\,AB$ 实形。将其分割为 $\triangle S\,\mathrm{II}\,A$ 和 $\triangle S\,\mathrm{I}\,B$，并求出各自实形。用旋转法求得三角形各边实长分别为 $S\,\mathrm{II}=s'2'$，$\mathrm{II}\,A=2a$，$SA=s'a_1'$，再由 $S\,\mathrm{I}=s'1'$ 得 I 点，过 I 作 $\mathrm{II}\,A$ 平行线交 SA 于 B（因为 $\mathrm{I}\,B\,/\!/\,\mathrm{II}\,A$，展开图上这个性质不变）。四边形 $\mathrm{I}\,\mathrm{II}\,AB$ 即为梯形实形。

4）同理可求出其余侧面 $ABCD$ 和 $CD\,\mathrm{III}\,\mathrm{IV}$ 的实形。将这些梯形毗连地画在一起即得该棱锥台展开图的一半，另一半与此图对称相等。

11.1.2　可展曲面的展开

曲面上连续两素线能组成一个平面时，曲面才是可展的。因此，可展曲面只能是直线面。最常见的是柱面和锥面。

1. 圆管制件的展开

圆管制件与棱柱制件相似，前者素线平行，后者棱线平行。因此，棱柱的展开方法都可用于圆管展开。由于圆管制件的素线展开后仍然互相平行，作图时可利用这个特性。因此，圆管制件的展开方法又统称为平行线法。

（1）圆管的展开　由图 11-5 可知，一段圆管的展开图是一个矩形。矩形一边长度为圆管正截面的周长 πD（D 为圆管直径），其邻边长度等于圆管高度 H。

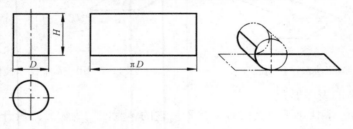

图 11-5　圆管的表面展开

（2）斜口圆管的展开　图 11-6 所示为一斜口圆管。利用素线互相平行且垂直底圆的特点作出其展开图。其作图步骤如下：

1）在俯视图上将圆周等分，如图为 12 等分，得分点 1、2、3…。过各等分点在主视图上作出相应的素线 $1'a'$，$2'b'$，…，$7'g'$。

2）将底圆展开成一直线，12 等分，得到各等分点 I，II，…，VII 等。

3）过 I，II，…，VIII 各点作垂线，并分别截取长度为 $1'a'$，$2'b'$，…，$7'g'$ 得 A，B，…，G 等各端点。

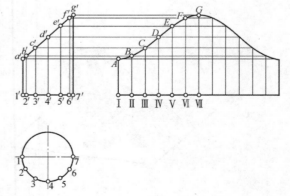

图 11-6　斜口圆管展开图

4）光滑连接各端点 A，B，…，G 即得斜口圆管展开图的一半，另一半为其对称图形。

2. 锥管制件的表面展开

锥管制件与棱锥制件相似，其素线交于锥顶。因此，锥管制件的展开方法与棱锥相同，即在锥面上作一系列呈放射状的素线，将锥面分成若干三角形，然后分别求出其实形。由于素线通过锥顶，展开后也保持这一性质，即素线呈放射状，因此这种方法称为放射线法。

（1）圆锥管的展开　图 11-7 所示正圆锥表面的展开图为一扇形，其半径 R 即为素线长度，弧长为 πD（D 为圆锥底圆直径），扇形的中心角

$$\alpha = \frac{360° \cdot \pi D}{2\pi R} = 180° \frac{D}{R}$$

（2）斜口锥管的展开　图 11-8 所示为一斜口锥管，其斜口的展开图首先要求出斜口上各点至锥顶的素线长度。其作图步骤如下：

1）将底圆等分成若干等分，如 12 等分，得点 1，2，…，7。求出其正面投影 $1'$，$2'$，…，$7'$，并与锥顶 o' 连接成放射状素线。

2）将圆锥面展开成扇形，在展开图上放射状素线为 $O\,\text{I}$，$O\,\text{II}$，…，$O\,\text{VII}$ 等。

3）应用直线上一点分割线段成定比的投影规律，过点 b'，c'，…，f' 作水平方向的直线与 $o'7'$ 线相交。这些交点与 o' 的距离即为斜口上各点至锥顶的素线实长。

4）过 O 点分别将 OA，OB，…，OG 实长量到展开图上相应的素线上。光滑连接各点即得斜口锥管的展开图。

OA，OB，…，OG 实长的求法说明：因 OA、OG 位于圆锥面的最左、最右素线上，均为正平线，正面投影反映实长，可直接从正面投影量取；OB，OC，…，OF 为一般位置直线，投影不反映实长，但如将 OB，OC，…，OF 直线绕圆锥轴线旋转到 OA 或 OG 位置，此时投影即反映实长，在旋转过程中 B，C，…，F 点所走过的轨迹均为垂直于圆锥轴线的圆（水平位置），其正面投影为直线，据此可确定 B，C，…，F 点旋转至最左或最右素线上时的位置，即可求得 OB，OC，…，OF 的实长。

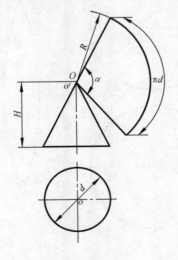

图 11-7　圆锥管展开图

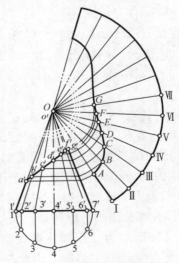

图 11-8　斜口锥管展开图

11.1.3　不可展曲面的近似展开

1. 球面的展开

　　球面是不可展曲面，当需要作球面展开图时，只可能采用近似展开法，用平面或可展曲面近似代替不可展曲面。如可以用足够数量小平面组成的正多面体表面代替球面，也可以用柱面代替局部的球面，并以直线段代替圆弧线段作出球面的近似展开图。

　　如图 11-9 所示，可将球面分为若干瓣（图 11-9a），而每一瓣又可以看成柱面（图11-9b），把各瓣展开后组合在一起即为球面的近似展开图。

　　图 11-10 表示了用柱面代替一瓣球面的作图原理，将弧 $S6$ 分为 6 等分，得 1，2，3，4，5，6 各点，并过各点作弧线 A_1B_1，A_2B_2，$\cdots$，A_6B_6。图 11-10b 表示以部分柱面代替图 11-10a 中的一瓣球面，弧 $S6$ 不变，过各分点作直线 A_1B_1，A_2B_2，$\cdots$，A_6B_6，并使每一线段的长度等于相应的弧长（或以弦长代替弧长）。

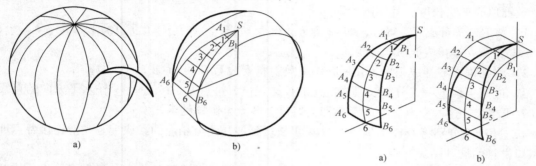

图 11-9　球面近似展开（一）　　　　　　图 11-10　球面近似展开（二）

　　图 11-11 为球面展开的作图步骤：

　　1）将球面在水平投影上 12 等分，a_6b_6 是其中的一份，并用柱面代替球面。

　　2）在 V 投影上，将 $S'6'$ 分为 6 等份，再由 $1'$，$2'$，$3'$，$\cdots$，$6'$各点求出其 H 投影 1，2，3，$\cdots$，6 各点，过各分点作柱面母线的水平投影 a_1b_1，$a_2b_2\cdots$。

　　3）在图 11-11b 中，过 S 点作垂线，在垂线上量取 $S1_0 = s'1_0'$，$1_02_0 = 1'2'\cdots$，再过 1_0，2_0，$3_0\cdots$作 $A_1B_1 = a_1b_1$，$A_2B_2 = a_2b_2\cdots$。

　　4）光滑连接 S，A_1，A_2，$A_3\cdots$及 S，B_1，B_2，$B_3\cdots$各点，所得到的平面形 SA_6B_6 即为 1/24 球面的近似展开图，用类似的作图法可得到球面其他部分的展开图。图 11-11b 只画出了球面两瓣的展开图。

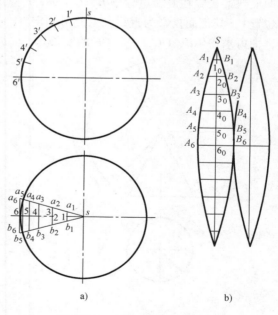

图 11-11　球面近似展开（三）

　　2. 正圆柱螺旋面的近似展开

　　图 11-12a 所示为一正圆柱螺旋面，其连续两素线不在同一平面内，因此是不可展曲面，可用三角形法近似展开。其作图步骤如下：

1）将一个导程的螺旋面分成若干等份（图中为 12 等份），画出各条素线。用对角线将相邻两直素线间的曲面近似分为两个三角形。如曲面 $A_0A_1B_1B_0$ 可认为由 $\triangle A_0A_1B_0$ 和 $\triangle A_1B_0B_1$ 组成。

2）用直角三角形法求出各三角形边的实长，然后作出它们的实形，并拼画在一起。如 $\triangle A_0A_1B_0$ 和 $\triangle A_1B_0B_1$ 拼合为一个导程正圆柱螺旋面展开图的 1/12。

3）其余部分的作图，可延长 A_1B_1，A_2B_2 交于 O。以 O 为圆心，OB_1 和 OA_1 为半径分别作大小两个圆弧。在大圆弧上截取 11 份弧 A_1A_0 的长度，即得一个导程的正圆柱螺旋面的展开图（图 11-12c）。

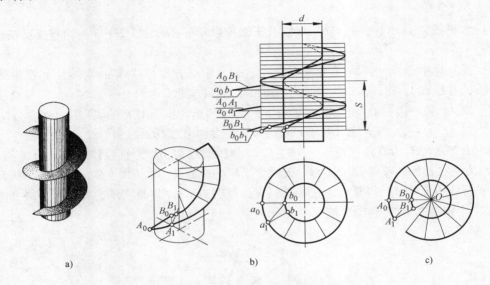

图 11-12　正圆柱螺旋面的近似展开

如已知导程 S，内径 d，外径 D，通常可用简便方法作出正螺旋面的展开图（图 11-13）：

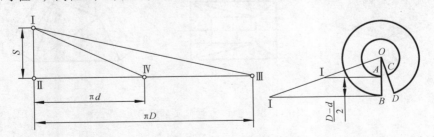

图 11-13　正圆柱螺旋面展开图的简便画法

1）以 S 和 πD 为直角边作直角三角形 Ⅰ Ⅱ Ⅲ，斜边 Ⅰ Ⅲ 即为一个导程的正圆柱螺旋面外缘展开的实际长度。以 S 和 πd 为直角边作直角三角形 Ⅰ Ⅱ Ⅳ，斜边 Ⅰ Ⅳ 即为内缘展开的实际长度。

2）以 Ⅰ Ⅳ、Ⅰ Ⅲ 为上下底，$\dfrac{D-d}{2}$ 为高作等腰梯形（图中只画出一半即 Ⅰ A = Ⅰ Ⅳ/2，Ⅰ B = Ⅰ Ⅲ/2），延长 Ⅰ Ⅰ 、AB 交于 O，以 OA、OB 为半径画圆，在外圆周上量取一段弧长

等于 I Ⅲ，得 D 点，D 与 O 连接与内圆周相交得 C 点，弧 AC 和 BD 所围成的图形即为正圆柱螺旋面一个导程的展开图。

11. 1. 4　应用举例

【例 11-1】　斜口方管接头的表面展开。

图 11-14 为一斜口方管接头，其表面都是平面。AB 与 EF 为交叉直线，不能组成一平面，为此把 ABFE 分成 △ABF 和 △AEF（或 △ABE 和 △BEF）两个平面然后再展开。其作图步骤如下（图 11-14）：

1）用直角三角形法求 AF 及 BF 的实长（用水平投影及 z 坐标差为两直角边，斜边即为实长）。

2）水平投影 1a、2e、ef、3b、4f 以及正面投影 a'b'、e'f'、1'2'、3'4'均直接反映相应边的实长。

3）画对称中心线，并取 I Ⅱ = 1'2'。过 I、Ⅱ 点分别作 I Ⅱ 的垂线，并在垂线上取 I A = 1a，Ⅱ E = 2e，得 A、E 点，即为四边形 I ⅡEA 实形。

4）以 AE 为一边，AF 和 EF（= ef = e'f'）为另两边作出 △AEF 的实形。

5）以 AF 为一边，BF 和 AB（= a'b'）为另两边作出 △ABF 的实形。

6）由于 △BKF 为直角三角形，BK⊥KF。作图时可以 BF 为直径作半圆，自 F 点以 FK（= fk）为半径作弧，交半圆于 K 点。连接 F、K 点并延长，取 FⅣ = f4，得Ⅳ点。从 B 点作 FⅣ 的平行线 BⅢ = b3，得Ⅲ点，连接Ⅲ、Ⅳ，得四边形 BFⅣⅢ实形，即可求得展开图的一半。另一半根据对称相等求出。

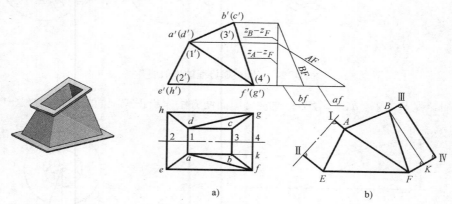

图 11-14　斜口方管接头的展开

【例 11-2】　画出图 11-15 所示三通管的展开图。

图 11-15 为一三通管，它由圆管和锥管垂直相交而成。作图时先求出相贯线，然后分别求出圆管和锥管的展开图。

作图步骤如下：

1）为作图方便，将圆柱面展开图画在 V 面投影的下方，作一矩形，使边长分别为 L 及 $\pi d/2$，则该矩形为圆柱面展开图的一半（图 11-15a）。

2）在圆柱展开图上画出对称线 $4_0 4_0$，使其对应于圆柱最上部素线。

3）在展开图上量取 $4_0 3_0 = 4_1'' 3_1''$，$3_0 2_0 = 3_1'' 2_1''$，$2_0 1_0 = 2_1'' 1_0''$，并在对称位置截取同样长度，

得 5_0，6_0，7_0 各点。过以上各点，分别作直线平行于 4_04_0，即为相应素线在展开图上的位置。

4）自 V 面投影 4_14_1 引铅垂线，交 4_04_0 于两对称点，即取 $4_14_1 = 4_1'4_1'$。同理可得 1_1，2_1，…，7_1 各点。光滑连接各点即可得到带有相贯线的圆柱面展开图。

5）画圆锥面的展开图（图11-15b），以 S 为圆心，以 $s''1''$ 为半径画圆弧，按锥面展开的方法作出完整的锥面展开图。

6）将圆弧 12 等分，得 1，2，3，…，7 各点，连接 S1，S2，…，S7，得到圆锥面的各条素线的展开位置，在各线上截取 $S1_1$，$S2_1$，…，$S7_1$ 各段的实长（实长由作图法求出），得到 1_1，2_1，…，7_1 各点，将其连接成光滑曲线，即为带有相贯线的圆锥面展开图。

在实际生产中，除薄铁皮外，一般作出大圆管后不先挖孔，以防轧卷时变形不均匀。通常是卷成圆管后再气割成孔，开孔时可将按展开图卷焊好的小圆管紧合在大圆管画有定位线的位置上，描出相贯线的曲线形状再开孔。这样大圆管上相贯线的展开作图就可省略。

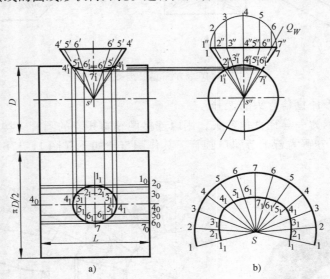

图 11-15 相贯体的表面展开

【例 11-3】 画出图 11-16b 所示变形接头的展开图。

由图 11-16a 可见，变形接头上端为圆柱面，下端为四棱柱面，中间为由圆变方的过渡形态，该部分表面可分解为四个大三角形（平面形），即 $\triangle AEF$，$\triangle BFG$，$\triangle CGH$，$\triangle DHE$ 和四个锥面，即 ABF，BCG，CDH，DAE。每个锥面又可近似地分为三个小三角形。只要求出大小三角形各边的实长即可画出中间部分的展开图。作图步骤如下：

1）在图 b 的 H 投影上将圆周 12 等分，得到 a，1，2，b，3，4，c…各点，并求出相应的 V 面投影 a'，1'，2'，b'，3'，4'，c'…。

2）分别作连线 FA，F1，F2，FB 及 GB，G3，G4，GC，以及作对称部分的连线，即可将中间部分的表面分为 4 个大三角形和 12 个小三角形（图11-16b）。

3）在图 11-16c 中表示了用直角三角形法求 F1，F2，FA，FB 各边的实长。由于对称，其余部分各边实长即可同时确定。

4）除上述各边外，每个三角形都尚有一个边长待定，它们分别是矩形底面的各边，以及顶圆上的 12 段弦长，由于在 H 投影上能反映其实长，因此 4 个大三角形和 12 个小三角形的各边实长均已确定。

5）如图 11-16d 所示即为中间部分的展开图。变形接头上下两部分的展开图从略。

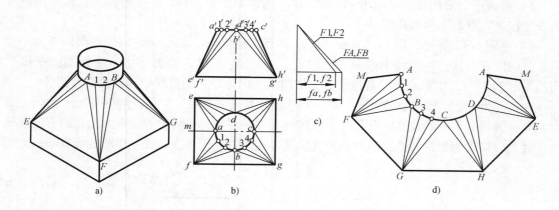

图 11-16　方圆变形接头的展开

【例 11-4】　等径直角弯头的展开。

图 11-17a 所示为一等径直角弯头，用以连接两垂直相交的圆管。接口为直径相等的圆。该等径直角弯头可分解为若干节斜口圆管。其作图步骤如下（图 11-17b）：

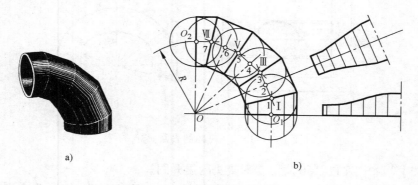

图 11-17　等径直角弯头的展开

1）过进出口的中心 O_1、O_2 作一半径为 R 的圆弧，然后将圆弧 O_1O_2 等分，如图 11-17b 所示为 8 等分。等分点为 1，2，3，4，5，6，7 等。

2）以 O_1，2，4，6，O_2 等点为中心，分别作中心圆弧的切线，这些切线两两相交于 Ⅰ，Ⅲ，Ⅴ，Ⅶ 等点。

3）以 O_1、Ⅰ，Ⅲ，Ⅴ，Ⅶ，O_2 等点为中心，以进出口圆管直径 D 为直径作球的正面投影（画圆）。

4）作相邻两球的外切圆柱面，则相邻两圆柱面的交线必为平面曲线（椭圆）。其投影为直线，分别通过 Ⅰ，Ⅲ，Ⅴ，Ⅶ 等点。

5）由图可看出等径直角弯头由中间三个两端倾斜的圆管和首尾两个一端倾斜的圆管组成。前者称为全节，后者称为半节。

6）以上各节圆管可按斜口圆管制件方法展开，即得弯头的展开图。

实际生产中为简化作图，常采用图 11-18 的画法。先画出首节（或尾节）展开图，然后以该节展开图为样板，画出其余四节展开图。为合理利用材料，将其中两个全节的接缝错开 180°，这样恰能拼成一矩形。

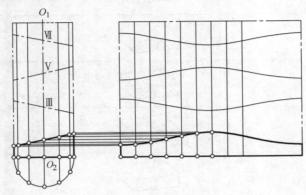

图 11-18　等径直角弯头展开图简化画法

11. 2　焊接图

焊接是将需要连接的零件在连接部分加热到熔化或半熔化状态后，用压力使其连接起来，或在其间加入其他熔化状态的金属，使它们冷却后连成一体。因此焊接是一种不可拆的连接。常用的焊接方法有焊条电弧焊、气焊等。常见的焊接接头形式有对接接头（图 11-19a）、搭接接头（图 11-19b）、T 形接头（图 11-19c）、角接接头（图 11-19d）等。焊缝形式主要有对接焊缝（图 11-19a）、点焊缝（图 11-19b）和角焊缝（图 11-19c、d）等。

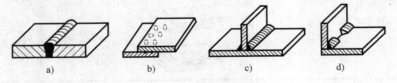

图 11-19　焊接接头和焊缝形式

11. 2. 1　焊缝符号（GB/T 324—2008、GB/T 12212—2012）

在技术图样或文件上需要表示焊缝或接头时，推荐采用焊缝符号。必要时，也可采用一般的技术制图方法表示。

完整的焊缝符号包括基本符号、补充符号、指引线和尺寸符号及数据等。为了简化，在图样上标注焊缝时一般只采用基本符号和指引线，其他内容一般在有关的文件中（如焊接工艺规程等）明确。

（1）基本符号　基本符号是表示焊缝横截面形状的基本形式和特征，常用焊缝基本符号见表 11-1（摘自 GB/T 324—2008）。

表 11-1　常用焊缝的基本符号

名　　称	示　意　图	符　　号
卷边焊缝（卷边完全熔化）		 八
I 形焊缝		||
V 形焊缝		∨
单边 V 形焊缝		∨
带钝边 V 形焊缝		Y
带钝边单边 V 形焊缝		Y
带钝边 U 形焊缝		Y
带钝边 J 形焊缝		Y
封底焊缝		⌓
角焊缝		◿
点焊缝	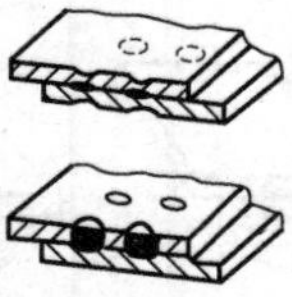	○

（2）基本符号的组合　标注双面焊焊缝或接头时，基本符号可以组合使用，见表 11-2。

表 11-2　基本符号的组合

名　　称	示　意　图	符　　号
双面 V 形焊缝 （X 焊缝）		 X
双面单 V 形焊缝 （K 焊缝）	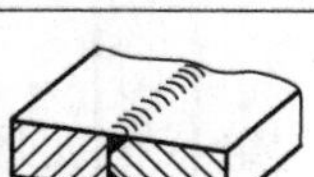	 K

（续）

名　称	示 意 图	符　号
带钝边的双面 V 形焊缝		 ⅄
带钝边的双面单 V 形焊缝		 Ⱪ
双面 U 形焊缝		 Ⱶ

（3）补充符号　补充符号用来补充说明焊缝或接头的某些特征（如表面形状、衬垫、焊缝分布、施焊地点等），见表 11-3。

基本符号、补充符号的线宽应与图样中其他符号（尺寸符号、表面粗糙度符号、几何公差符号）的线宽相同。

表 11-3　补充符号

名　称	符　号	说　明
平面	 ──	焊缝表面通常经过加工后平整
凹面	⌣	焊缝表面凹陷
凸面	 ⌢	焊缝表面凸起
圆滑过渡	 ⌣	焊趾处过渡圆滑
永久衬垫	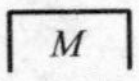 $\boxed{M}$	衬垫永久保留
临时衬垫	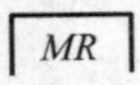 $\boxed{MR}$	衬垫在焊接完成后拆除
三面焊缝	⊏	三面带有焊缝
周围焊缝	○	沿着工件周边施焊的焊缝 标注位置为基准线与箭头线的交点处
现场焊缝	 ◤	在现场焊接的焊缝
尾部	 ⟨	可以表示所需的信息

11.2.2　基本符号和指引线的位置规定

（1）基本要求　在焊缝符号中，基本符号和指引线为基本要素。焊缝的准确位置通常由基本符号和指引线之间的相对位置决定，具体位置包括：箭头线的位置、基准线的位置、基本符号的位置。

（2）指引线　指引线由箭头线和基准线（实线和虚线）组成（图 11-20）。需要时可在基准线（实线）末端加一尾部，作其他说明之用（如焊接方法、相同焊缝数量等）。基准线的虚线可以画在基准线的细实线下侧或上侧。基准线一般应与图样的底边平行，必要时也可与底边垂直。

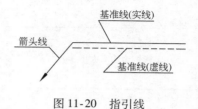

图 11-20　指引线

箭头直接指向的接头侧为接头的"箭头侧"，与之相对的则为接头的"非箭头侧"，如图 11-21 所示。

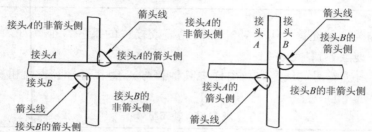

图 11-21　接头"箭头侧"的"非箭头侧"示例

（3）基本符号相对基准线的位置　基本符号在基准线的实线侧时，表示焊缝在接头的箭头侧（图 11-22a）；基本符号在基准线的虚线侧时，表示焊缝在接头的非箭头侧（图 11-22b）；对称焊缝允许省略虚线（图 11-22c）；在明确焊缝分布位置时，有些双面焊缝也可省略虚线（图 11-22d）。

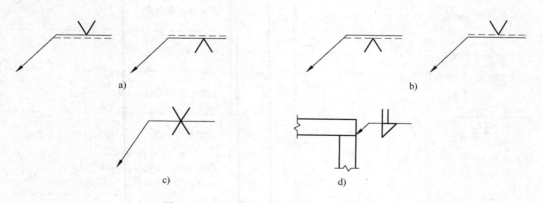

图 11-22　基本符号与基准线的相对位置

a）焊缝在接头的箭头侧　b）焊缝在接头的非箭头侧　c）对称焊缝　d）双面焊缝

11.2.3　焊缝尺寸及标注

1. 焊缝尺寸符号

必要时，可以在焊缝符号中标注尺寸。焊缝尺寸符号见表 11-4。

表 11-4　焊缝尺寸符号

符号	名称	示意图	符号	名称	示意图
δ	工件厚度	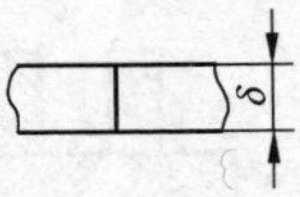	c	焊缝宽度	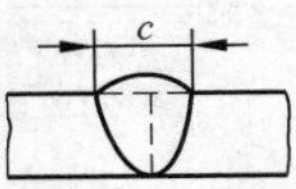
α	坡口角度	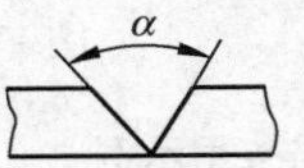	K	焊脚尺寸	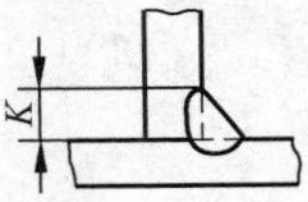
β	坡口面角度	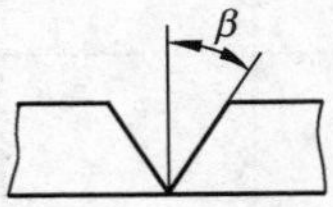	d	点焊：熔核直径 塞焊：孔径	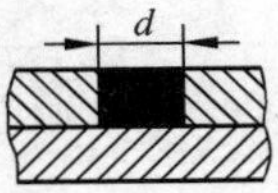
b	根部间隙	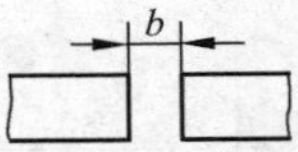	n	焊缝段数	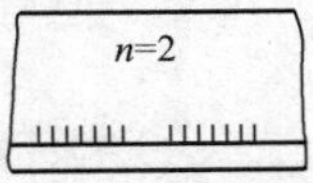
p	钝边	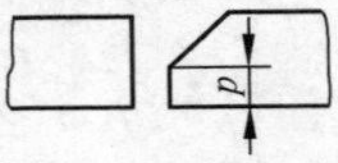	l	焊缝长度	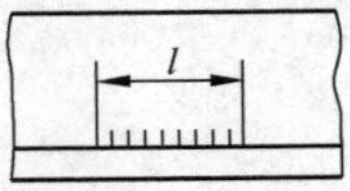
R	根部半径	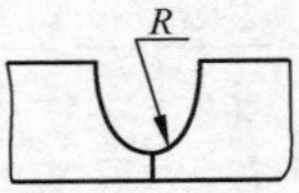	e	焊缝间距	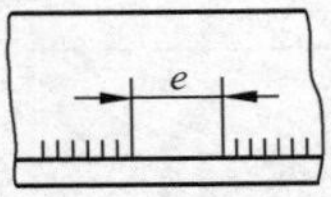
H	坡口深度	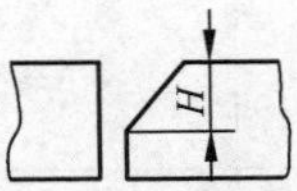	N	相同焊缝数量	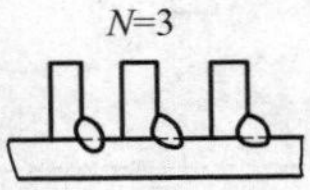
S	焊缝有效厚度	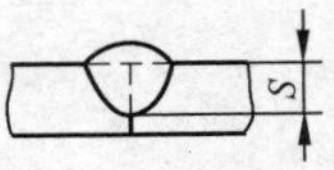	h	余高	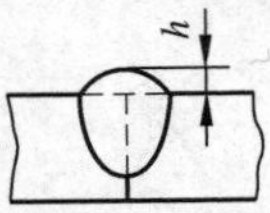

2. 焊缝尺寸的标注规则（图 11-23）

1）焊缝横向尺寸如钝边高度 p、坡口深度 H、焊角尺寸 K、焊缝宽度 c 等标注在基本符号的左侧。

2）焊缝纵向尺寸如焊缝长度 l、焊缝间距 e、相同焊缝段数 n 等标注在基本符号的右侧。

3）坡口角度 α、坡口面角度 β、根部间隙 b 等尺寸标注在基本符号的上侧或下侧。

4）相同焊缝数量 N 标注在尾部。

5）当尺寸较多不易分辨时，可在尺寸数据前标注相应的尺寸符号。当若干条焊缝的焊缝符号相同时，可使用公共基准线进行标注（图 11-24）。

11.2.4　焊缝符号应用示例

1. 基本符号应用示例（表 11-5）

$$\alpha \cdot \beta \cdot b$$
$$p \cdot H \cdot K \cdot h \cdot S \cdot R \cdot c \cdot d\,基本符号\,n \times l(e)$$
$$p \cdot H \cdot K \cdot h \cdot S \cdot R \cdot c \cdot d\,基本符号\,n \times l(e)$$
$$\alpha \cdot \beta \cdot b$$

图 11-23　焊缝尺寸标注方法

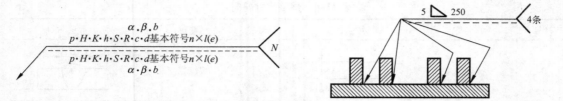

图 11-24　相同焊缝的标注

表 11-5　基本符号应用示例

符　　号	示　意　图	标注示例
∨		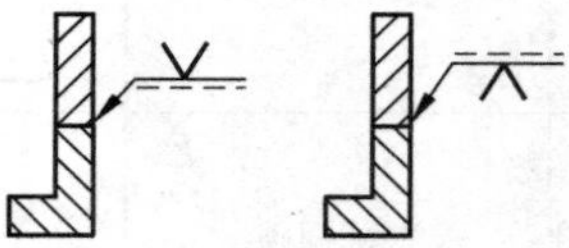
 Ⅴ	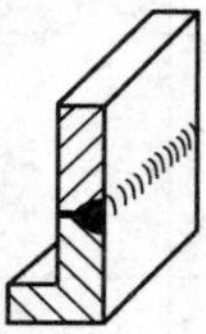	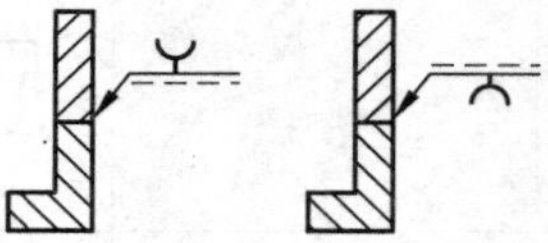
◸	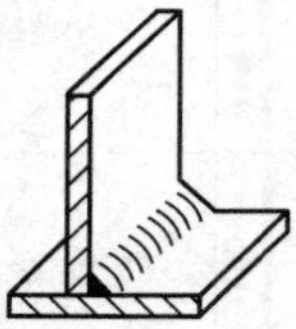	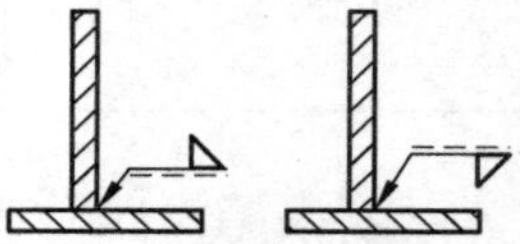
 ✕		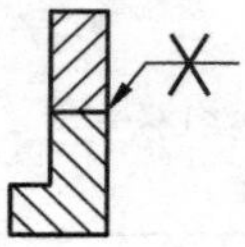
 Ｋ	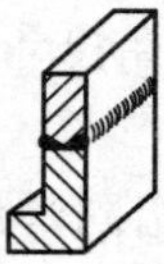	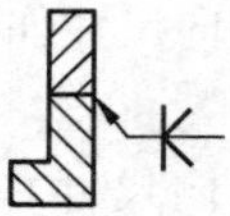

2. 补充符号应用及标注示例（表 11-6、表 11-7）

表 11-6　补充符号应用示例

名　　称	示　意　图	符　号
平齐的 V 形焊缝		 ▽

（续）

名　称	示　意　图	符　号
凸起的双面 V 形焊缝		
凹陷的角焊缝	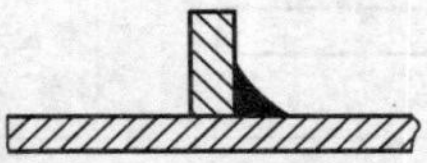	
平齐的 V 形焊缝和封底焊缝		
表面过渡平滑的角焊缝		

表 11-7　补充符号标注示例

符　号	示　意　图	标注示例

3. 焊缝尺寸标注示例（表 11-8）

表 11-8　焊缝尺寸标注示例

名　称	示　意　图	尺寸符号	标注方法
对接焊缝	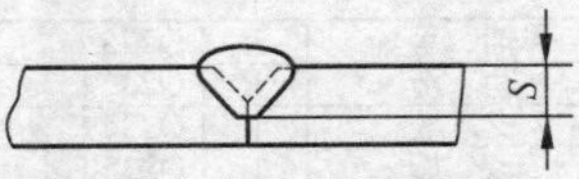	S：焊缝有效厚度	
连续角焊缝	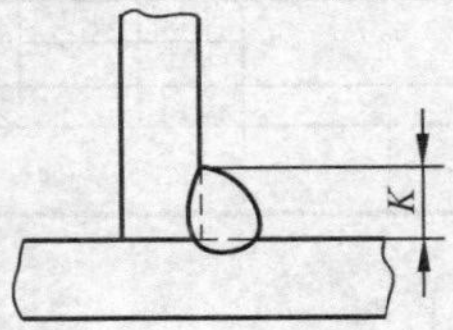	K：焊脚尺寸	

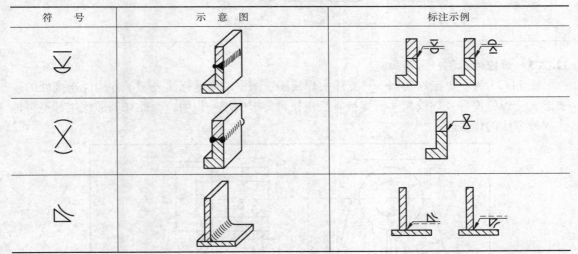

（续）

名　称	示　意　图	尺寸符号	标注方法
断续角焊缝		l：焊缝长度 e：间距 n：焊缝段数 K：焊脚尺寸	$K \triangleright n \times l(e)$
交错断续 角焊缝		l：焊缝长度 e：间距 n：焊缝段数 K：焊脚尺寸	$K \triangleright \dfrac{n \times l}{n \times l}$ (e) (e)
塞焊缝或 槽焊缝		l：焊缝长度 e：间距 n：焊缝段数 c：槽宽	$c \sqcap n \times l(e)$

11.2.5　焊接件示例

图 11-25 为一焊接件实例——支座的焊接图。图中的焊缝标注表明了各构件连接处的接头形式、焊缝符号及焊缝尺寸。焊接方法在技术要求中统一说明，因此在基准线尾部不再标注焊接方法的代号。

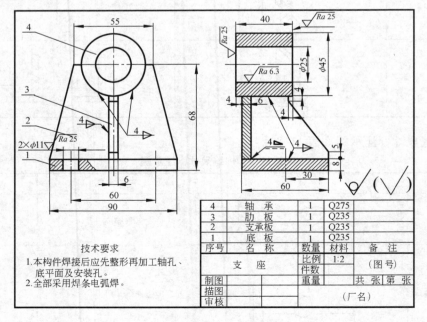

技术要求
1. 本构件焊接后应先整形再加工轴孔、底平面及安装孔。
2. 全部采用焊条电弧焊。

4	轴　承	1	Q275	
3	肋　板	1	Q235	
2	支承板	1	Q235	
1	底　板	1	Q235	
序号	名　称	数量	材料	备　注

支　座	比例	1:2	（图号）
	件数		
制图		重量	共　张　第　张
描图			（厂名）
审核			

图 11-25　支座焊接图

11.3 电气图样常见图形符号

电子设备或装置的电路原理图是用元件的图形符号及它们之间的连线表示的。电子工程技术人员在设计电路时，必须用规定的符号绘制电路图，因此必须了解各种符号的含义和画法。电气简图用图形符号的画法请查阅 GB/T 4728.1 ~ 4728.5—2005、GB/T 4728.6 ~ 4728.13—2008。表 11-9 摘录其中部分符号。

表 11-9　电气简图用图形符号摘录

GB/T 4728.2—2005	交流　　直流	 正脉冲　负脉冲	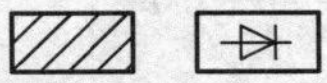 绝缘材料 半导体材料
GB/T 4728.3—2005	触点阴极　触点阳极	 阴接触件　阳接触件	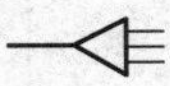 电缆密封终端
GB/T 4728.4—2005	 电阻器　可调电阻器	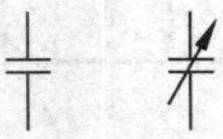 电容器　可调电容器	 线圈(绕组)
GB/T 4728.5—2005	半导体二极管　单向击穿二极管	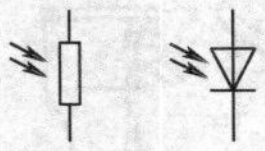 光敏电阻　光敏二极管	 PNP晶体管
GB/T 4728.6—2008	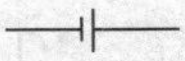 蓄电池	 步进电动机	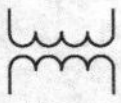 双绕组变压器
GB/T 4728.9—2008	 受话器　扬声器	 调制器	 放大器

11.4 化工图常见零件图示

在化工行业中，有些零件经常用到。这些常用的零件已标准化、系列化，其图示见表 11-10。

表 11-10　常见化工零件图示

名称及所属标准	简　图	名称及所属标准	简　图
椭圆形封头 JB/T 4746—2002	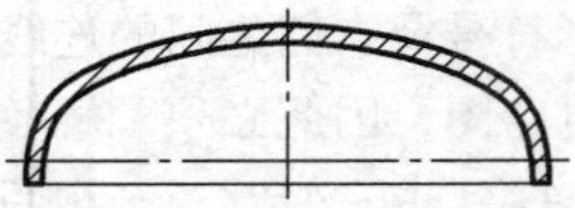	折边锥形封头 JB/T 4746—2002	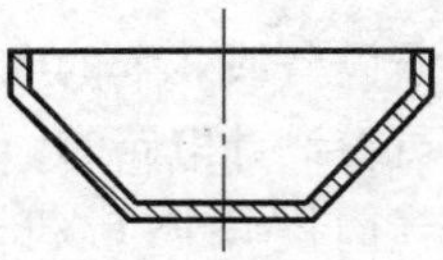
球冠形封头 JB/T 4746—2002	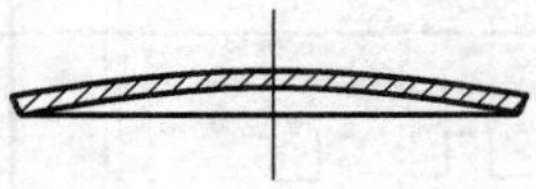	甲型平焊法兰 NB/T 47021—2012	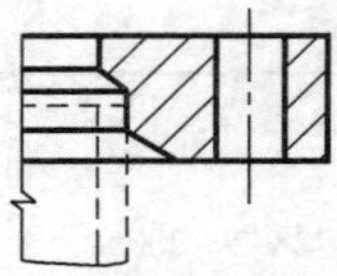
乙型平焊法兰 NB/T 47022—2012	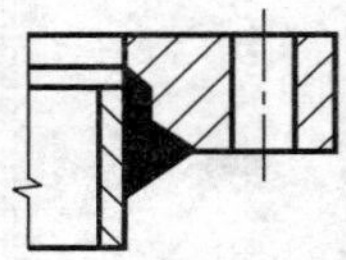	耳式支座 JB/T 4712.3—2007	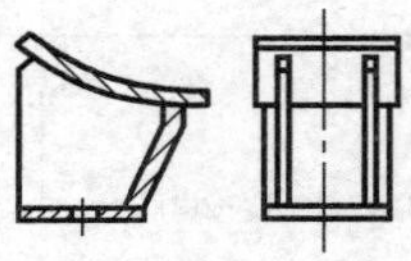
长颈对焊法兰 NB/T 47023—2012	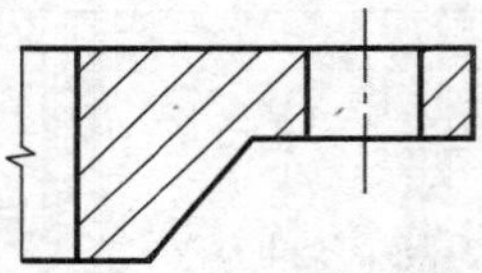	常压快开手孔 HG/T 21533—2005	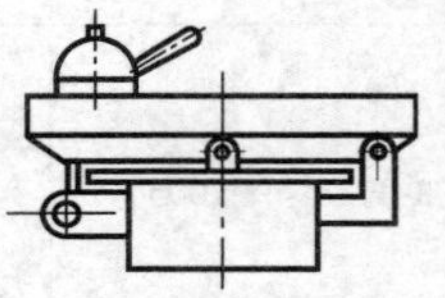
鞍式支座 JB/T 4712.1—2007	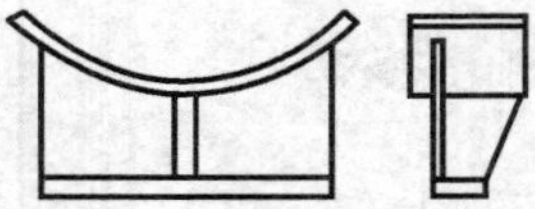	平盖手孔 HG 21602—1999	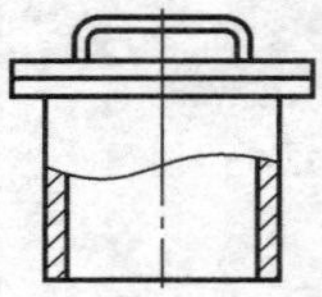
补强圈 JB/T 4736—2002	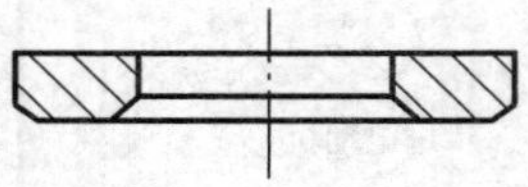	液面计 HG 21589.1—1995	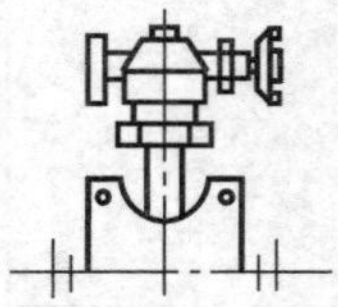

第 12 章　计算机绘图技术

"计算机辅助设计"（Computer Aided Design，CAD）技术经过几十年的发展已经日趋成熟，计算机辅助绘图作为计算机辅助设计、计算机辅助制造（CAM）的重要组成部分，正广泛应用于航空、机械、电子、建筑等行业。

计算机辅助绘图技术使绘图方式发生了革命性的变化，保证了绘图速度快而且精度高。计算机绘图不仅可以完成手工绘图所能做到的一切，而且可以实现手工绘图无法做到的图形复制、镜像等编辑操作；可以将图形一步到位地绘制在描图纸上，直接晒成生产中使用的蓝图；也可以通过实体造型生成三维实体，再进行自动消隐、润色、赋材质等生成真实感图像；进一步可以将绘图和设计结果传输到数控机床，自动加工得到产品零件，从而实现无图纸生产方式。

目前，针对各个行业的不同应用特点，市场上已有不少成功的软件可供选择。国产软件都是中文菜单，比较容易掌握，本章仅对比较流行的 Auto CAD 软件进行介绍。

图 12-1～图 12-3 所示为几种国产 CAD 软件的工作界面：

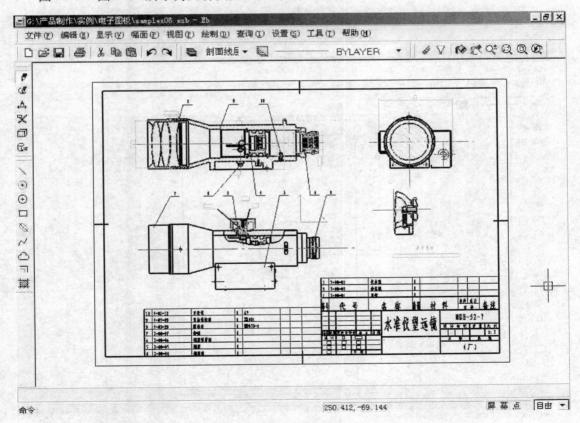

图 12-1　CAXA 电子图板

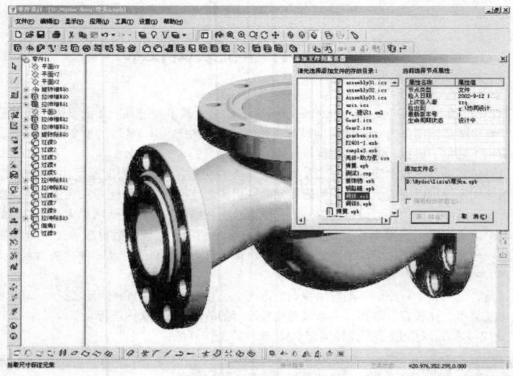

图 12-2　CAXA 三维软件

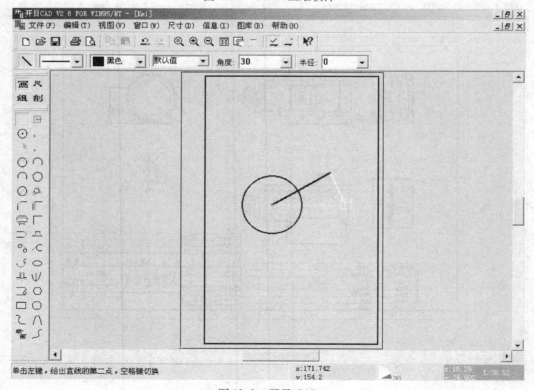

图 12-3　开目 CAD

12.1　Auto CAD 入门知识

12.1.1　Auto CAD 简介

Auto CAD 交互式图形软件是一种功能强大的、在计算机上使用的绘图软件包。它可以根据使用者的操作迅速而准确地形成图形；它有强大的编辑功能，能够比较容易地对已画好的图形进行修改；它有许多辅助绘图功能可以使图形的绘制和修改变得灵活而方便。另外，它的编辑功能可以使绘图工作程序化。

Auto CAD 的主要功能包括：

（1）绘图功能

1）二维图形的绘制，如画直线、圆、弧、多义线等。

2）尺寸标注、画剖面线、绘制文本等。

3）三维图形的构造，如三维曲面、三维实体模型的构造、模型的渲染等。

（2）编辑功能　包括对所绘制图形的修改，如移动、旋转、复制、擦除、裁剪、镜像、倒角等。

（3）辅助功能　包括分层控制、显示控制、实体捕捉等。

（4）输入输出功能　包括图形的导入和输出、对象链接等。

12.1.2　Auto CAD 2008 中文版启动向导

可以通过下面两种方法启动 Auto CAD 2008：

1）通过快捷方式启动 Auto CAD 2008：在安装了 Auto CAD 2008 之后，Windows 桌面上会自动生成一个 Auto CAD 2008 的快捷方式图标（图 12-4），双击该图标即可启动 Auto CAD 2008。

2）通过"开始"菜单中的"程序"子菜单启动 Auto CAD 2008：单击 Windows 桌面左下角的"开始"按钮，在弹出的"开始"菜单中的"程序"组下选择"Auto CAD 2008"（图 12-5）。

图 12-4　Auto CAD 2008 快捷方式图标　　　　　　图 12-5　Auto CAD 2008 程序组

12.1.3　Auto CAD 2008 中文版的工作界面

启动 Auto CAD 2008 后，即可进入 Auto CAD 的绘图环境，屏幕上出现 Auto CAD 2008 中文版的主工作界面，如图 12-6 所示，主要由标题栏、菜单栏、工具栏、绘图窗口、命令提示窗口、滚动条和状态栏等组成。

（1）标题栏和菜单栏　Auto CAD 2008 工作界面中的标题栏用于显示 Auto CAD 2008 的

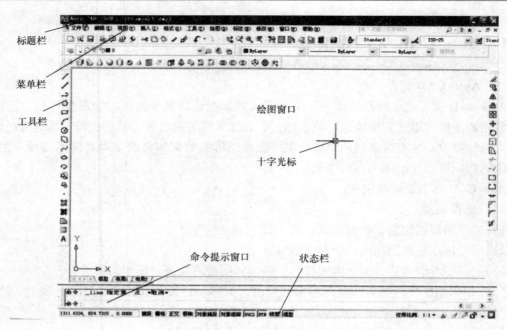

图 12-6　Auto CAD 2008 用户界面

程序图标和当前打开的图形文件名。菜单栏主要用来提供操作 Auto CAD 2008 的命令，其中包含：文件、编辑、视图、插入、格式、工具、绘图、标注、修改、窗口、帮助。用鼠标左键单击各项菜单项，就会弹出列有相应的 Auto CAD 2008 命令的下拉菜单，在后面的几节中我们将介绍各个主要命令的具体功能和使用方法。

（2）工具栏　工具栏是指执行各种操作命令的快捷方式，在工具栏中，命令以图标按钮的形式出现，当光标指在按钮上时，会出现该命令的名称，同时在状态栏中会出现该命令的功能说明。单击按钮即可执行相应的命令。Auto CAD 2008 提供的不同功能的工具栏中，最为常用的包括：标准、绘图、修改、对象特性、样式、工作空间、图层和绘图顺序。一般地，为了尽量使有效绘图区域扩大，通常只是打开常用的工具栏，显示在屏幕边缘。当绘图过程中需要其他工具栏时，可以在标准工具栏（也可在"绘图工具栏"或"图层工具栏"）上右击，通过弹出菜单打开工具栏，如图 12-7 所示。选中的工具条左边会有小对号，相应的工具栏就会出现在屏幕上。同时，Auto CAD 2008 也可以通过"自定义（C）…"选项创建新的工具栏。

（3）绘图窗口　这是在屏幕上占据最大区域的一个空间，用户在这个区域内绘制图形并且用各种方式显示和观察图形的全部和局部。我们所做的各种设置，如栅格捕捉、线型、字样等都可以在这里得到表现。图形窗口中的十字光标用来确定鼠标所处的位置，配合状态栏中当前坐标的显示，用户可以精确地确定绘图光标的位置。在绘图区左下角的坐标系图标表示当前绘图所采用的坐标系形式。如图 12-7 所示，表示用户处于世界坐标系中，当前的绘图平面为 X-Y 平面。

（4）命令提示窗口　命令提示窗口是 Auto CAD 用来进行人机交互对话的窗口，如图 12-8 所示。它是用户输入 Auto CAD 命令和系统反馈信息的地方，用户可以随时通过键盘输入 Auto CAD 命令，系统也会把反馈信息显示在该窗口中，用户可以根据反馈信息完成命

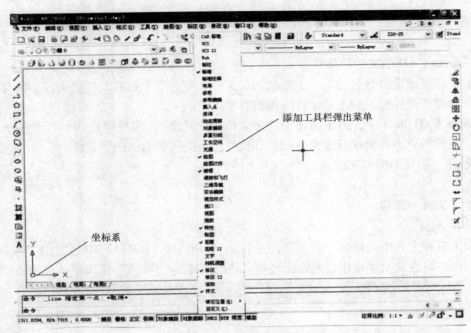

图 12-7　添加工具栏弹出式菜单

令。用户可以通过 <F2> 键打开命令行及文本窗口以察看以前执行过的操作和反馈信息。

图 12-8　命令行及文本窗口

信息提示以"："结束，其后用户按提示要求输入相应参数、符号或命令。若输入错误，系统会显示产生错误的原因并重新提示用户输入新的参数。

信息提示中一般有若干功能选项，它们被"／"分隔开，选项中的大写字符为该项关键字，只要输入此字符即选中该选项。当选项在行尾的"＜ ＞"中给出时，表示该选项为默认选项，可直接回车输入该选项所要求的参数，无需输入关键字。Auto CAD 一般把最后一次设置的选项保留在尖括号中，作为默认选项。

信息提示在执行命令的过程中不容忽视，一般一个 Auto CAD 命令都需要经过用户几次输入参数才能完成，因此必须注意观察命令提示。例如，画线（Line），执行画线命令后，系统就会提示用户输入起始点的坐标，用户通过鼠标或键盘输入后，系统又会提示用户输入下一点，即直线另一端点的坐标，直至命令完成。

（5）状态栏　状态栏是位于 Auto CAD 屏幕最底端的矩形长条。通常其左端用于显示当前光标的坐标，其余部分依次排列九个按钮，如图 12-9 所示，从左向右分别为：捕捉（控制是否使用捕捉功能）、栅格（控制是否显示栅格）、正交（控制是否以正交模式绘图）、极轴（控制是否使用极轴追踪功能）、对象捕捉（控制是否使用对象自动捕捉功能）、对象追踪（控制是否使用对象追踪功能）、DYN（控制是否采用动态输入）、线宽（控制是否显示线条的宽度）、模型/图纸（控制用户的绘图环境）。当光标指向下拉菜单的某一行或工具条的某一图标时，状态栏显示鼠标所指项目的简短功能说明。工具条中的每个图标直观地显示其对应的功能。

图 12-9   状态栏

12. 1. 4   Auto CAD 的文件操作

图形文件管理主要包括建立一个新的图形文件，打开一个已有的图形文件，保存图形文件，以及与打开文件相关的图形文件的浏览和搜索。

在 Auto CAD 2008 中，由于实现了"多文档设计环境"，用户可以同时打开多个文档进行工作，因此用户不需要在新建文件或打开文件之前关闭当前的图形文件。

1. 创建一个新的图形文件

命令行：New

菜单：文件→新建

工具栏：

用以上三种方式中的任意一种激活命令后，Auto CAD 弹出图 12-10 所示的"选择样板"对话框，用户可在此对话框中设置绘图环境，也可以单击"取消"采用默认环境绘图。

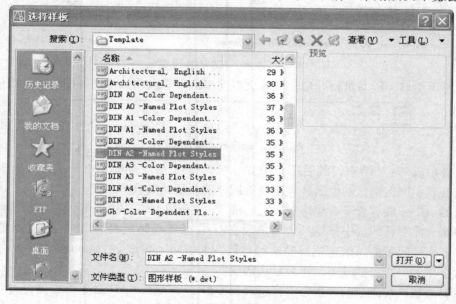

图 12-10   "选择样板"对话框

2. 打开一个已有的图形文件

命令行：Open

菜单：文件→打开

工具栏：

激活该命令后，Auto CAD 弹出图 12-11 所示的"选择文件"对话框，用户可在此对话框中选择要打开的文件。

在图 12-11 对话框中，可以在驱动器及目录窗口中选择用户要打开的文件所在的目录，则目录及文件窗口列出的就是所选目录下的子目录及图形文件（图形文件标有蓝色图标）。单击用户要打开的图形文件，则其图形就出现在预览窗口中。选定要打开的图形文件以后，用户可以单击"打开"按钮或者是双击该图形文件的预览图打开该图形文件。

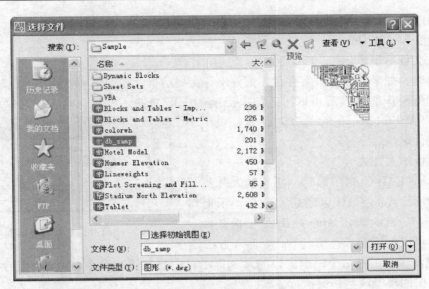

图 12-11　"选择文件"对话框

3. 保存图形文件

命令行：Save 或 Save as

菜单：文件→保存

工具栏：

选择"保存"时，如果当前的图形文件已经命名，Auto CAD 将当前的图形直接以该名字存盘。如果当前文件没有命名，将弹出图 12-12 所示的"图形另存为"对话框，提醒用户在"文件名"文本框中输入图形文件名。

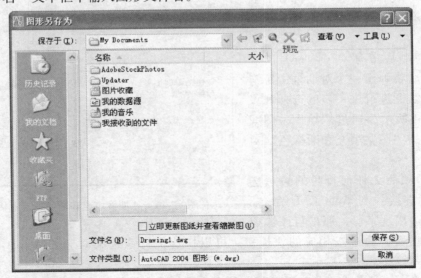

图 12-12　"图形另存为"对话框

选择"另存为"命令后，系统同样弹出"图形另存为"对话框，用户可以在"文件名"文本框中输入新的名字进行保存。

4. 退出

命令行：Exit 或 Quit

菜单：文件→退出

在退出时，如果修改后没有存盘，则弹出存盘提示框，如图 12-13 所示，提醒用户是否保存当前图形所作的修改后再退出。如果当前的图形文件还没有命名，在选择了保存后，Auto CAD 将弹出"图形另存为"对话框，供用户输入图形文件名。

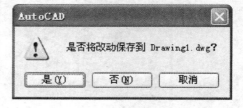

图 12-13　存盘提示框

12.1.5　命令输入方式

使用 Auto CAD 绘制图形时，必须输入并执行一系列的命令，Auto CAD 启动后，命令提示窗口提示"命令："，此时表示 Auto CAD 处于接受命令状态，用户可以根据需求选用以下命令输入方法。

（1）键盘输入　在命令提示窗口的命令提示行中直接键入命令名或提示行要求的参数或符号后，按回车键或空格键执行。

（2）工具栏输入　用光标直接单击工具栏上对应命令的图标按钮即可执行。如何调出不同工具栏，参阅前面工作界面中有关工具栏的介绍。

（3）菜单输入　使用菜单输入，移动光标选中一项菜单后单击，便出现该项的下拉式菜单，Auto CAD 中的菜单有以下三种类型：

1）菜单项后带有"▶"符号的表示此选项还有子菜单，用户可作进一步的选择。

2）菜单项后带有"…"符号的表示选取该项后将弹出一个对话框，用户可以通过对话框进行进一步的选择和设置，图 12-14 所示为通过"绘图—图案填充"打开的"图案填充和渐变色"对话框。

3）菜单项后无任何符号的表示选择该项后将直接执行 Auto CAD 命令。有些选项右边出现字母，那是与该选项

图 12-14　"图案填充和渐变色"对话框

相对应的快捷键，通过按相应的快捷键，可以快速执行该选项对应的 Auto CAD 命令和功能。

例如，要画一条直线，可以用以下三种方法开始：直接在"命令："后输入 Line 命令；单击绘图工具栏中的"直线"图标；单击下拉菜单中的"绘图"，弹出"绘图"下拉菜单，选取"直线"选项。

12.1.6　数据输入方法

每当输入一条命令后，Auto CAD 通常还要求用户为命令的执行提供必要的信息，这时系统会提示所需信息的内容（如点的坐标、半径、距离等）。

（1）数值的输入　Auto CAD 的许多提示符要求输入某一数值，这些数值可从键盘上使用 +，−，1，2，…，9，E，*，/ 等字符。输入的数值可以是实数或整数，实数可以用科学记数法的指数形式，也可以是分数，但分子和分母必须为整数，如 3.14，8.1E+5，−3，1/2 等。

（2）点的坐标输入　Auto CAD 提供了常用的键盘输入方式。Auto CAD 采用笛卡儿坐标确定图中点的位置，x，y 分别表示水平、垂直距离，坐标原点为（0，0），在绘图区域的左下角。表 12-1 列出了三种常用的键盘输入格式。

表 12-1　常用的键盘输入格式

坐标名称	输入格式	功　能　说　明
绝对坐标	x，y	表示输入点相对于原点的距离
相对坐标	@ x，y	表示输入点以前一点为基准沿 X 方向偏移 x 单位（向右为正），沿 Y 方向偏移 y 单位（向上为正）
相对极坐标	@ r < angle	表示输入点与前一点之间的距离为 r 单位，两点之间的连线与 X 轴正向的夹角为 angle。Auto CAD 提供的默认状态下，角度以度为单位，输入时不必输入度的符号

需要强调的是，在绘制图形的过程中，为了保证绘图精度，坐标输入是最常用的点输入方式，尤其是相对坐标的输入，更需要熟练掌握。

除键盘输入方式以外，Auto CAD 还提供一种鼠标输入方式。鼠标输入点的坐标就是通过移动十字光标选择需要输入的点的位置。选中后按下鼠标左键，该点的坐标即被输入。鼠标输入的都是绝对坐标。用鼠标输入点时，应一边移动十字光标，一边观察屏幕上坐标显示数字和距离的变化，以便尽快、准确地确定待输入点的位置。

（3）距离的输入　有时命令中需要提供高度（Height）、宽度（Width）、半径（Radius）、距离长度等距离值。Auto CAD 提供两种输入距离值的方式：

1）在命令行中直接输入数值。

2）在屏幕上拾取两点，以两点距离值定出所需数值。在有些命令中，第一点系统采用默认值，用户只需给出第二点，比如画圆（Circle）时，要求输入半径（或直径），此时只需给出圆周上一点，系统默认第一点为圆心，以两点距离定出半径值。

（4）角度的输入　当命令提示窗口出现"指定旋转角度:"提示符时，表示要求用户输入角度值。角度输入的方法主要有两种：

1）直接输入角度数值。

2）输入一直线的始点和终点，系统会自动计算该直线与水平线的夹角作为输入值，这时屏幕上会显示一根其端点在始点的橡皮线，用户可看到输入的角度。要注意的是：以 X 轴正向为基准，逆时针方向旋转角度为正值，反之为负值。

12.2　绘图环境的建立与图层的设置

12.2.1　绘图环境的建立

Auto CAD 的工作环境，可以用许多系统变量来控制。它提供的许多样板图形文件可直接调用，其中已经根据不同情况进行了设置。系统变量也可以通过启动向导自行设置，就如同手工绘图前必须做准备工作一样。表 12-2 介绍部分常用的绘图环境设置命令。

表 12-2　常用的绘图环境设置命令

设置选项	命 令 操 作	说　　　明
线性尺寸与角度单位的设置	命令行：Ddunits 菜单：格式→单位 激活该命令后，弹出"图形单位"对话框，如图所示 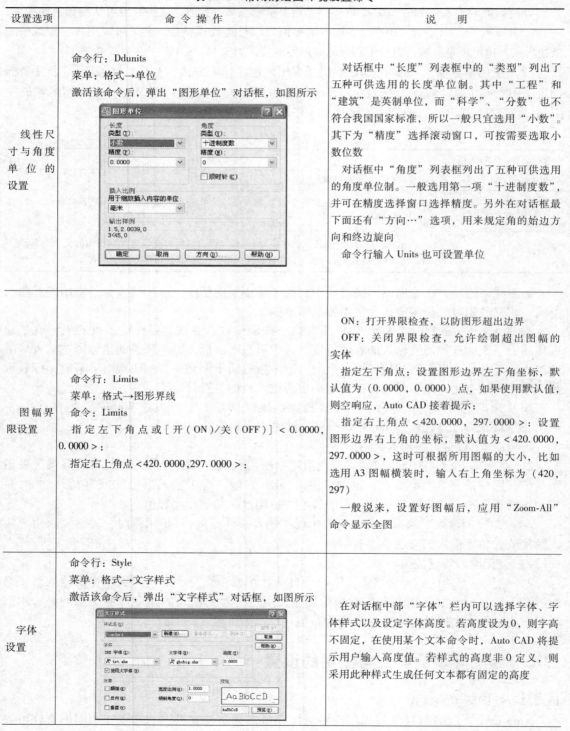	对话框中"长度"列表框中的"类型"列出了五种可供选用的长度单位制。其中"工程"和"建筑"是英制单位，而"科学"、"分数"也不符合我国国家标准，所以一般只宜选用"小数"。其下为"精度"选择滚动窗口，可按需要选取小数位数 　对话框中"角度"列表框列出了五种可供选用的角度单位制。一般选用第一项"十进制度数"，并可在精度选择窗口选择精度。另外在对话框最下面还有"方向…"选项，用来规定角的始边方向和终边旋向 　命令行输入 Units 也可设置单位
图幅界限设置	命令行：Limits 菜单：格式→图形界线 命令：Limits 指定左下角点或［开（ON）/关（OFF）］< 0.0000，0.0000 >： 指定右上角点 < 420.0000，297.0000 >：	ON：打开界限检查，以防图形超出边界 　OFF：关闭界限检查，允许绘制超出图幅的实体 　指定左下角点：设置图形边界左下角坐标，默认值为（0.0000，0.0000）点，如果使用默认值，则空响应，Auto CAD 接着提示： 　指定右上角点 < 420.0000，297.0000 >：设置图形边界右上角的坐标，默认值为 < 420.0000，297.0000 >，这时可根据所用图幅的大小，比如选用 A3 图幅横装时，输入右上角坐标为（420，297） 　一般说来，设置好图幅后，应用"Zoom-All"命令显示全图
字体设置	命令行：Style 菜单：格式→文字样式 激活该命令后，弹出"文字样式"对话框，如图所示 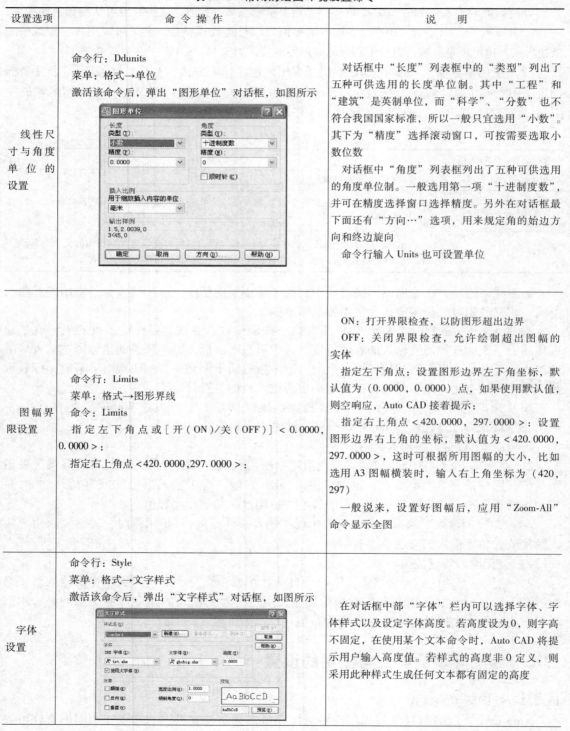	在对话框中部"字体"栏内可以选择字体、字体样式以及设定字体高度。若高度设为 0，则字高不固定，在使用某个文本命令时，Auto CAD 将提示用户输入高度值。若样式的高度非 0 定义，则采用此种样式生成任何文本都有固定的高度

（续）

设置选项	命　令　操　作	说　　　明
栅格设置	命令行：Grid 命令：Grid 指定栅格间距（X）或［开（ON）/关（OFF）/捕捉（S）/纵横向间距（A）］<10.0000>：	在屏幕上设置栅格，其形状如同方格纸一样，以便绘图时参考 状态栏的"栅格"开关或功能键<F7>控制栅格的开关状态；显示栅格可看到 Limits 的范围
捕捉栅格设置	命令行：Snap 命令：Snap 指定捕捉间距或［开（ON）/关（OFF）/纵横向间距（A）/旋转（R）/样式（S）/类型（T）］<10.0000>：	控制十字光标按固定增量在屏幕上移动以方便精确绘图 状态栏的 SNAP 开关或功能键<F9>控制 SNAP 的开关状态；ON/OFF 的作用是打开/关闭捕捉栅格
正交模式设置	命令行：Ortho 命令：Ortho 输入模式［开（ON）/关（OFF）］<关>：	设定正交模式。若为 ON 态，光标只能水平或垂直移动；OFF 可以自由移动 状态栏的"正交"开关或功能键<F8>控制正交的开关状态
线型比例设置	命令行：Ltscale 命令：Ltscale 输入新线型比例因子<1.0000>：	线型比例因子控制 Auto CAD 每个单位长度绘制的限定图形的数目。线型比例因子的值越大，每单位距离的重复次数就越少

　　要说明的是，每创建一个新的图样，就要对以上各项进行设置，如果将这些设置制作成一个模板文件（＊.dwt）的话，就可以节省时间，提高效率。

12.2.2　图层及线型的设置

　　Auto CAD 中图层"Layer"可以想象为一张透明纸，上面的图形、标注、文字等都具有相同或相近的性质和功能，许多这样的图层叠放在一起，组成了一张 Auto CAD 的完整图形。图样中的每一个实体都依附于一个图层，每一个图层都有自己的名字、颜色和线型。图层内实体的属性都继承了图层的属性。绘制一张复杂精致高质量的图形的关键就在于分层是否恰当、图层属性的设置是否恰到好处，这直接影响到后期图形的绘制与修改。例如，在绘制工程图样中，轮廓线必须采用粗实线，中心线则需用点画线绘制，不可见轮廓线用虚线绘制。在绘图输出打印时，又可根据线型和颜色来设置画笔的宽度，以达到预期效果。一般地，图层的线型、颜色决定了图层中图形对象的线型和颜色。

　　1. 设置图层

　　命令行：Layer

　　菜单：格式→图层

　　激活该命令后，Auto CAD 弹出"图层特性管理器"对话框，如图 12-15 所示。

　　该对话框有如下功能：创建新的图层、删除图层、选择当前图层、显示控制、设置图层的属性等。表 12-3 对各项功能逐一进行介绍。

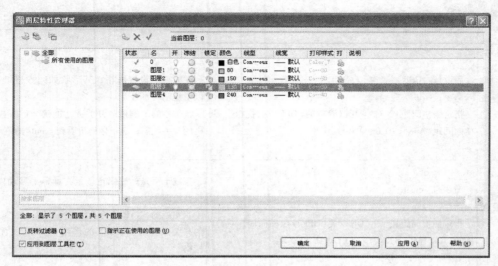

图 12-15　"图层特性管理器"对话框

表 12-3　图层特性管理器对话框各项功能介绍

按钮或开关	功　能	说　　　明
	创建新的图层	用户可以修改层名，层名最大可以用 225 个字符，字母、连字符（-）、下画线（＿）等都可采用，但不允许有空格。如果不修改层名，系统就自动命名为"图层 N"（N 为数字序号）。新建的图层与系统内部设置的 0 层的特性一样，用户可根据以下的介绍对图层的特性进行修改，以满足自己的需要
✕	删除图层	注意第 0 层和带有实体的图层不能被删除
✓	选择当前图层	将在列表框中所选择的图层作为当前的图层
♀ / ♀	开/关（ON/OFF）	点击灯泡图标可打开或关闭图层。当一个层被关闭后，该层上的实体对用户是不可见的。在打印输出时，被关闭的层也不能被打印出来
○ / ❄	冻结和解冻（Freeze/Thaw）	图层冻结期间，既不可见，也不能更新或输出图层上的对象。图层解冻后，Auto CAD 重新生成图形以更新冻结层上的对象。冻结图层的目的是可以防止图形重新生成以提高显示速度。与开/关层的定义不同，层被冻结后，该层变为不可见的同时不能在层上对实体进行修改，也不能在该层上进行作图。该列表中的图标为太阳时，图层解冻，图标为雪花时，图层冻结。用户可以单击该图标以冻结或解冻图层
⌐ / ⌐	锁定/解锁（Lock/Unlock）	图层被锁定以后，用户可以看到层上的实体，但不能对它进行编辑、绘制。在一个复杂的绘图当中，可以锁定当前不使用的图层，避免一些不必要的修改。该图标为打开的锁时，表示图层解锁，为关闭的锁时，表示该图层锁定

2. 设置颜色

Auto CAD 提供的默认的颜色为黑色。如果用户需要选择其他颜色，单击"图层特性管理器"对话框中的"颜色"列表项，会弹出"选择颜色"对话框，如图 12-16 所示，供用户选择颜色。

3. 设置线型

Auto CAD 采用的默认的线型为 Continuous，Continuous 表示连续线型。但这显然是不够的，系统还为用户提供了其他多种线型。在"图层特性管理器"对话框中单击"线型"列表项，Auto CAD 会弹出"选择线型"对话框，如图 12-17所示，供用户选择线型。如果用户需要的线型在此对话框中没有，则可以单击"加载"按钮，装载线型。这时系统会弹出"加载或重载线型"对话框，如图 12-18 所示。

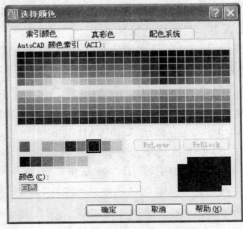

图 12-16 "选择颜色"对话框

在该对话框中列出了许多线型。点击其中一种或数种需要的线型，该线型就出现在"选择线型"对话框中。如果用户觉得所列线型仍不够，可以点击对话框左上角的"文件"按钮，Auto CAD 会弹出一个选择线型文件的对话框，用户可以从其他的线型文件中选择合适的线型。

图 12-17 "选择线型"对话框

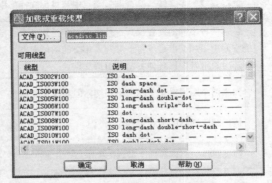

图 12-18 "加载或重载线型"对话框

12.3　图形的绘制与编辑

本节主要介绍如何正确地运用绘图和编辑工具来快速高效地完成工程图样的绘制。

12.3.1　实体与选择集

Auto CAD 的作图操作以实体或选择集方式进行。所谓实体（Entity），是指某一个预先定义的、由命令得到的独立要素。实体是图形操作的最小单位。点、直线、圆弧、圆、字符串等都是 Auto CAD 的图形实体；尺寸是由尺寸界限、尺寸线、箭头、数字及字符组成的实体；还有剖面线、粗线（Trace）、多义线（Polyline）、块（Block）、形（Shape）、属性（Attribute）等都是 Auto CAD 的实体。生成或修改图形，就是把实体定位在坐标系统内，被操作的实体越是小，操作的次数就越多。

Auto CAD 还采用"选择集"的概念。例如，在调用修改图形命令的时候，总会先询问"选择对象"，用户可以把许多图形对象收集在一起进行修改。构成选择集的最常用方法有以下两种：定点移动光标靶区，落入其中的实体即被选中；定一个矩形的对角点，开一个矩形窗，全部落入其中的实体即构成一个选择集。

12.3.2　绘图区域内的点的拾取

目标点的捕捉是指将点自动定位到与图形中相关的特征点上，这一工具对提高作图精度有很大的帮助。Auto CAD 2008 提供了"对象捕捉"工具栏，其中各个按钮的捕捉功能见表 12-4。

表 12-4　特征点的捕捉方式

捕捉方式	工具图标	功　能　说　明
临时追踪点		相对于制定点，沿水平或者垂直方向确定另外一点
捕捉自		从某一点开始捕捉
捕捉到端点		捕捉直线、多义线、圆弧的一个端点
捕捉到中点		捕捉直线、多义线、圆弧的中点
捕捉到交点		捕捉直线、多义线、圆或圆弧交点中与目标选择框中心最近的交点
捕捉到外观交点		包括两种不同的捕捉模式：外观交点和延伸外观交点。外观交点捕捉可以捕捉在三维空间中不相交但是屏幕上看起来相交的图形交点；延伸外观交点捕捉可以捕捉两个图形对象沿着图形延伸方向的虚拟交点
捕捉到延长线		如果两个图形对象实际上不相交，但其延长线相交，则捕捉延长后的交点
捕捉到圆心		捕捉圆或椭圆的圆心
捕捉到象限点		捕捉圆弧、圆或椭圆上最近的象限点
捕捉到切点		捕捉圆或圆弧上的切点，该点与出发点的连线与圆或弧相切

（续）

捕捉方式	工具图标	功　能　说　明
捕捉到垂足		捕捉直线、多义线、圆或圆弧上的点，该点到出发点的连线与目标垂直或其切线垂直
捕捉到平行线	//	捕捉与某直线平行且通过前一点的线上的直线
捕捉到插入点		捕捉文字、块的插入点
捕捉到节点	◦	捕捉用 Point、Divide 等命令生成的点对象
捕捉到最近点		捕捉图形对象上距离指定点最近的点
无捕捉		取消目标捕捉模式，用于预先设定好目标捕捉命令 Osnap
捕捉方式设置		激活 "绘图设置"（Drafting Settings）对话框，设置捕捉方式

在绘图过程中，当命令行提示需要进行点输入时，可以单击对象捕捉工具栏中相应的按钮，捕捉所需要的特征点。此时，将光标移动到捕捉点的附近，捕捉框自动捕捉到该特征点，并在该点上显示相应的符号，单击左键即可完成特征点的拾取。

用户也可以预先设置好某些对象的捕捉方式，这样，Auto CAD 可以自动捕捉这些特征点。设置捕捉方式的命令格式：

命令：Osnap（或 Ddosnap）

菜单：工具→草图设置…

工具栏：

或右键单击状态栏中的 "捕捉" 按钮，在弹出的菜单中选择 "设置…" 选项，系统会弹出图 12-19 所示的 "草图设置" 对话框，该对话框列出了所有捕捉模式，可以根据需要任意选择。注意：固定捕捉方式命令输入的目标捕捉方式可以是一种或多种，在作图中一直起作用，直到关闭这些方式为止。

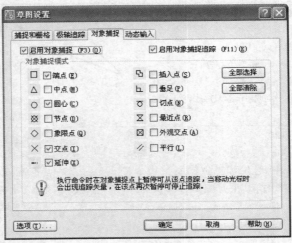

图 12-19　目标捕捉方式设置对话框

在绘图命令执行过程中，还可通过按住 < Shift > 或 < Ctrl > 键，同时在绘图区单击鼠标右键弹出选择菜单，选择捕捉模式。

例如，选择固定捕捉模式端点（END）、中点（MID）、垂足（PER）、圆心（CEN）、节点（NOD），从点 P 处分别绘制到直线的端点、中点、垂足以及圆弧中心的作图情况如图 12-20 所示。

再比如，作两圆公切线的操作方法

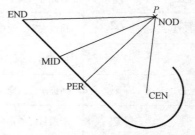

命令：Line

指定第一点：TAN

到（选第一圆）

指定下一点或［放弃(U)］：TAN

到（选第二圆）

指定下一点或［放弃(U)］：< Enter >

图 12-20　选择捕捉模式绘图

注意：选圆弧的点的位置不同，可能作出不同的切线（图 12-21）。

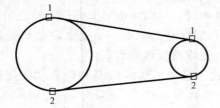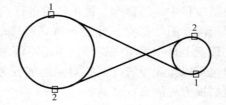

图 12-21　两圆的公切线

12.3.3　绘图命令

通常手工绘图需要借助丁字尺、三角板和圆规等；类似地在 Auto CAD 中则需要使用直线、圆、圆弧等绘图命令来完成图形的绘制，常用的绘图命令见表 12-5。

表 12-5　常用的绘图命令

命令输入	功能及操作示例	说　明
命令：Line 菜单： 　　绘图→直线 工具图标：	画直线 命令：Line 指定第一点：1, 1 指定下一点或[放弃(U)]：2, 2 指定下一点或[放弃(U)]：@ 2, 0 指定下一点或[闭合(C)/放弃(U)]：C	1）最初由两点决定一直线，若继续输入第三点，则画出第二条直线，以此类推 2）坐标输入可采用绝对坐标或相对坐标；第三点为相对坐标输入 C（Close）表示图形封闭 U（Undo）表示取消刚绘制的直线段
命令：Arc 菜单：绘图→圆弧 工具图标：	画一段圆弧 命令：Arc 指定圆弧的起点或[圆心(C)]： 指定圆弧的第二个点或[圆心(C)/端点(E)]： 指定圆弧的端点：	默认按逆时针画圆弧。若所画圆弧不符合要求，可将起始点及终点倒换次序后重画；如果用回车键回答第一提问，则以上次所画线或圆弧的中点及方向作为本次所画弧的起点及起始方向

（续）

命令输入	功 能 及 操 作 示 例	说　　明
命令：Circle 菜单：绘图→圆 工具图标：	画整圆 命令：Circle 　指定圆的圆心或［三点（3P）/两点（2P）/相切、相切、半径（T）］：2，2 　指定圆的半径或［直径（D）］：4	1）半径或直径的大小可直接输入或在屏幕上取两点间的距离 2）Circle 命令主要有以下选项： 　　2P——用直径的两端点决定圆 　　3P——三点决定圆 　　T——与两物相切配合半径决定圆 　C、R——圆心配合半径决定圆 　C、D——圆心配合直径决定圆
命令：Ellipse 菜单：绘图→椭圆 工具图标：	画椭圆 命令：Ellipse 　指定椭圆的轴端点或［圆弧（A）/中心点（C）］： 　指定轴的另一个端点： 　指定另一条半轴长度或［旋转（R）］：	主要有以下选项： 　C（Center）：椭圆中心；轴的另一个端点；另一条半轴长度或选 R 给旋转角度，角度的正弦为椭圆的离心率
命令：Polygon 菜单：绘图→正多边形 工具图标：	画 3～1024 边的正多边形 命令：Polygon 　输入边的数目＜4＞：6 　指定正多边形的中心点或［边（E）］： 　输入选项［内接于圆（I）/外切于圆（C）］＜I＞： 　指定圆的半径：（输入半径）	Polygon 画正多边形有三种方法： 1）设定外接圆半径（I） 2）设定内切圆半径（C） 3）设定正多边形的边长（Edge）
命令：Text 　　或 DText 菜单：绘图→文字 工具图标：**A**	在图样上可以采用不同的字体、不同的大小和倾斜角、以及不同的文字排列形式来注写文字 命令：Text 　指定文字的起点或［对正（J）/样式（S）］： 　指定高度＜2.5000＞： 　指定文字的旋转角度＜0＞： 　在弹出文字输入框中输入文字：Graphics	MText 是在 Text 及 DText 之外，新增的专门处理多行文字、功能强大的命令 　系统还提供了常用特殊字符的输入方法，具体格式如下： 　%% d——绘制度符号"°" 　%% p——绘制误差允许符号"±" 　%% c——绘制直径符号"φ" 　%%%——绘制百分号"%"
命令：Hatch 菜单：绘图→图案填充 工具图标：	填充图案、绘制剖面线 命令：Hatch 　弹出图 12-14 所示"图案填充和渐变色"对话框，选择填充区域（拾取点或选择对象），选择填充样式等一系列操作，完成图案填充	BHatch 边界法绘剖面线界面是对话框方式，操作直观简便 　系统提供了 60 余种剖面线图案

注：表中的工具图标都在"绘图工具栏"中。

12.3.4　基本编辑命令

Auto CAD 的强大功能在于图形的编辑，即对已存在的图形进行复制、移动、镜像、修剪等，常用的编辑命令功能和说明详见表 12-6。

表 12-6　常用的实体编辑命令

命令输入	功能及操作示例	图　例
命令：Scale 菜单：修改→缩放 工具图标：▯	将实体按一定比例放大或缩小 命令：Scale 选择对象： 指定基点： 指定比例因子或［复制(C)/参照(R)］<1.0000>：0.6（比例）	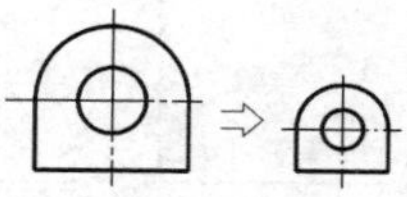
命令：Copy 菜单：修改→复制 工具图标：	复制一个实体，原实体保持不变 命令：Copy 选择对象： 指定基点或［位移(D)］<位移>：P1 指定第二个点或<使用第一个点作为位移>：P2	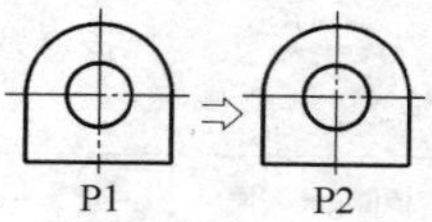 P1　　P2
命令：Move 菜单：修改→移动 工具图标：✛	将实体从当前位置移动到另一新位置 命令：Move 选择对象： 指定基点或［位移(D)］<位移>：P1 指定第二个点或<使用第一个点作为位移>：P2	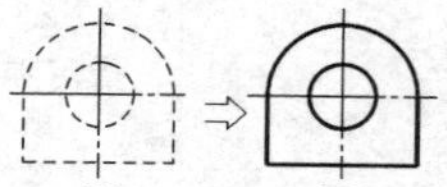 P1　　P2
命令：Rotate 菜单：修改→旋转 工具图标：↻	将实体绕某基准点旋转一定角度 命令：Rotate 选择对象： 指定基点：（指定旋转中心 P） 指定旋转角度，或［复制(C)/参照(R)］<0>：30（旋转角）	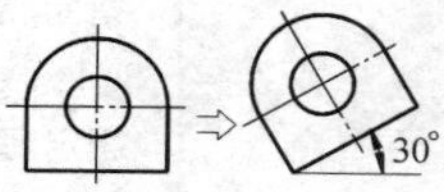 P1　　P2 30°
命令：Mirror 菜单：修改→镜像 工具图标：	将实体作镜像复制，原实体可保留也可删除 命令：Mirror 选择对象： 指定镜像线的第一点：P1 指定镜像线的第二点：P2 要删除源对象吗？［是(Y)/否(N)］<N>：	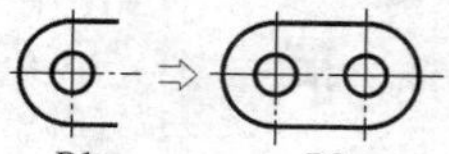 P1　　P2

（续）

命令输入	功能及操作示例	图　　例
命令：Array 菜单：修改→阵列 工具图标：⊞⊞	将选中的实体按矩形或圆形的排列方式进行复制，产生的每个对象可单独处理 执行阵列命令后，弹出阵列对话框： 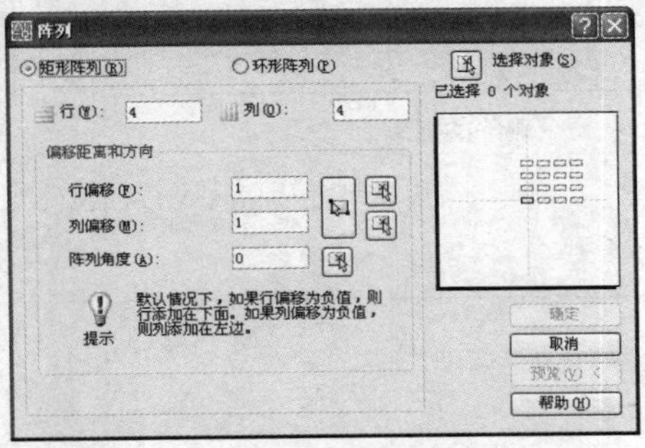 然后可以对其中参数及阵列方式进行选择	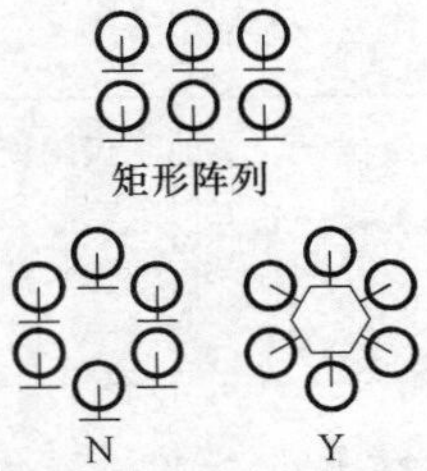 矩形阵列 N　　　　Y 阵列时随旋转中心旋转吗？
命令：Chamfer 菜单：修改→倒角 工具图标：⌐	对两条线或多义线倒斜角 命令：Chamfer （"修剪"模式）当前倒角距离 1 = 0.0000，距离 2 = 0.0000 选择第一条直线或［放弃（U）/多段线（P）/距离（D）/角度（A）/修剪（T）/方式（E）/多个（M）］： 选择第二条直线，或按住 < Shift > 键选择要应用角点的直线：	□ ⇒ ⬡
命令：Fillet 菜单：修改→圆角 工具图标：⌐	对两实体或多义线进行圆弧连接 命令：Fillet 当前设置：模式 = 修剪，半径 = 0.0000 选择第一个对象或［放弃（U）/多段线（P）/半径（R）/修剪（T）/多个（M）］： 选择第二个对象，或按住 < Shift > 键选择要应用角点的对象：	□ ⇒ ▢
命令：Offset 菜单：修改→偏移 工具图标：⬓	复制一个与选定实体平行并保持距离的新实体到指定的那一边 命令：Offset 指定偏移距离或［通过（T）/删除（E）/图层（L）］< 通过 >：20 选择要偏移的对象，或［退出（E）/放弃（U）］< 退出 >： 指定要偏移的那一侧上的点，或［退出（E）/多个（M）/放弃（U）］< 退出 >：	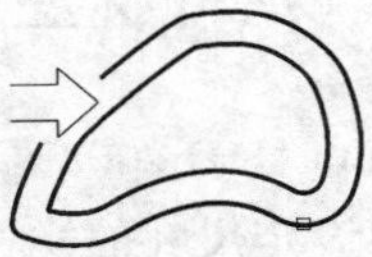

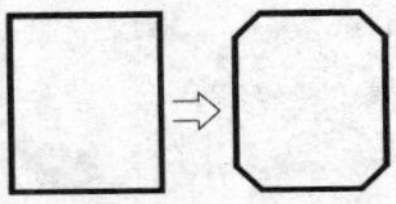

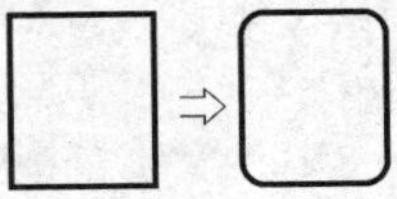

（续）

命令输入	功能及操作示例	图　例
命令：Erase 菜单：修改→删除 工具图标：	删除图形中部分或全部实体 命令：Erase 选择对象：	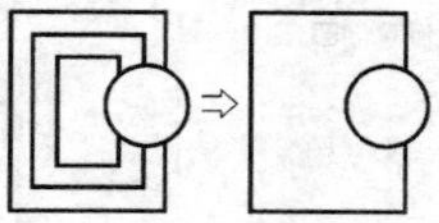
命令：Oops 菜单：编辑→放弃	仅限恢复最后一次 Erase 命令删除的图形 命令：Oops	
命令：Break 菜单：修改→打断 工具图标：	将线、圆、弧和多义线等断开为两段 命令：Break 选择对象：P1 指定第二个打断点 或 [第一点（F）]：P2 说明：①如果输入"@"表示第二个断点和第一个断点为同一点，相等于将实体分成两段；②圆或圆弧总是依逆时针方向断开	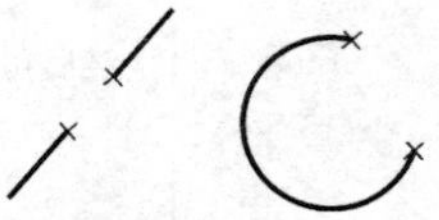
命令：Trim 菜单：修改→修剪 工具图标：	以某些实体作为边界（剪刀），将另外某些不需要的部分剪掉 命令：Trim 选择剪切边… 选择对象或 <全部选择>： 选择要修剪的对象，或按住<Shift>键选择要延伸的对象，或[栏选（F）/窗交（C）/投影（P）/边（E）/删除（R）/放弃（U）]：	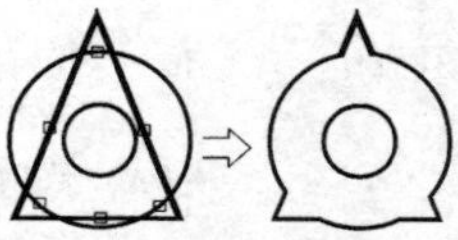 注意：选择被剪切边时，必须选在要删除的部分
命令：Extend 菜单：修改→延伸 工具图标：	以某些实体作为边界，将另外一些实体延伸到此边界 命令：Extend 选择边界的边… 选择对象或 <全部选择>： 选择要延伸的对象，或按住<Shift>键选择要修剪的对象，或[栏选（F）/窗交（C）/投影（P）/边（E）/放弃（U）]：	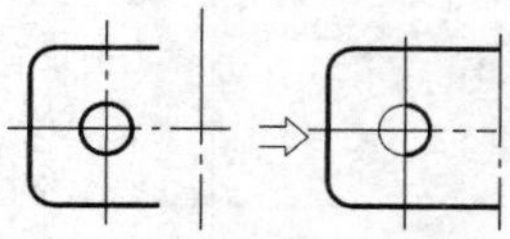

注：表中的工具图标都在"修改工具栏"中。

12.4　尺寸标注

Auto CAD 2008 提供了丰富的尺寸标注功能。本节将介绍几种常用的尺寸标注方法，以及如何设定尺寸的样式。

12.4.1　按类进行尺寸标注

Auto CAD 将尺寸标注进行了分类，常用的尺寸标注命令见表 12-7。

表 12-7　常用的尺寸标注命令

命令操作	命令功能、操作格式及说明	图　例
命令：Dimlinear 菜单：标注→线性 工具图标：	线性尺寸标注：对水平、垂直与旋转尺寸进行标注 操作格式： 命令：Dimlinear 指定第一条尺寸界线原点或＜选择对象＞： 指定第二条尺寸界线原点： 指定尺寸线位置或［多行文字(M)/文字(T)/角度(A)/水平(H)/垂直(V)/旋转(R)］： 说明：①线性尺寸的标注命令会依据尺寸拉伸方向，自动判断标注水平或垂直的尺寸；②线性尺寸的标注方式可选取延伸线的两个原点或直接选取欲标注的图元；③Auto CAD 2008 可依据选择的两个原点或选择的图元，自动计算其水平或垂直距离，并将其设定为尺寸标注的内定值	水平 50 和垂直的 65 是用线性方式标注的；倾斜的 50 是用平行尺寸标注的；尺寸 24 是在线性尺寸中使用"旋转"选项标注的
命令：Dimaligned 菜单：标注→对齐 工具图标：	平行尺寸标注：标注与物体轮廓线平行的尺寸，即标注一条与两个尺寸界线的起点平行的尺寸线 操作格式： 命令：Dimaligned 指定第一条尺寸界线原点或＜选择对象＞： 指定第二条尺寸界线原点： 指定尺寸线位置或［多行文字(M)/文字(T)/角度(A)］：	
命令：Dimbaseline 菜单：标注→基线 工具图标：	基线尺寸标注：以单一基准的方式标注线性尺寸 操作格式： 命令：Dimbaseline 指定第二条尺寸界线原点或［放弃(U)/选择(S)]＜选择＞： 说明：1)选择：切换到用户选取基准线的模式，系统将进一步提示： 选择基准线 放弃：取消用户最近进行的操作 2)基线尺寸标注命令，必须配合其他长度型或角度型尺寸标注命令来使用。对精度要求较高的工件进行标注时，可以采取单一基线标注方法	水平的尺寸 135 和 75 是用基准方式标注的；垂直的尺寸 45 和 24 是用连续方式标注的；126 是用角度标注的
命令：Dimcontinue 菜单：标注→连续 工具图标：	连续尺寸标注：以连续方式标注线性尺寸 操作格式： 命令：Dimcontinue 指定第二条尺寸界线原点或［放弃(U)/选择(S)]＜选择＞： 说明： 选择：切换到用户选取连续线的模式，系统将进一步提示： 指定第二条尺寸界线原点 放弃：取消用户最后进行的操作	
命令：Dimangular 菜单:标注→角度 工具图标：	角度型尺寸标注：用于标注线、弧与圆的角度尺寸 命令：Dimangular 选择圆弧、圆、直线或＜指定顶点＞： 选择第二条直线： 指定标注弧线位置或［多行文字(M)/文字(T)/角度(A)］：	

（续）

命令操作	命令功能、操作格式及说明	图　例
命令：Dimdiameter 菜单：标注→直径 工具图标：◈	直径型尺寸标注：标注圆或圆弧的直径 命令：Dimdiameter 选择圆弧或圆： 标注文字 =（显示自动检测的直径值） 指定尺寸线位置或［多行文字（M）/文字（T）/角度（A）］：	
命令：Dimradius 菜单：标注→半径 工具图标：◈	半径型尺寸标注：标注圆或圆弧的半径 命令：Dimradius 选择圆弧或圆： 标注文字 =（显示自动检测的半径值） 指定尺寸线位置或［多行文字（M）/文字（T）/角度（A）］：	

注：表中工具图标在"标注工具栏"中。

12.4.2　设置尺寸标注样式

设置尺寸标注样式命令为 Dimstyle。

操作格式：

命令：Dimstyle

或下拉菜单：标注→标注样式

或工具栏：◢

执行 Dimstyle 命令后，系统将弹出"标注样式管理器"对话框，如图 12-22 所示。

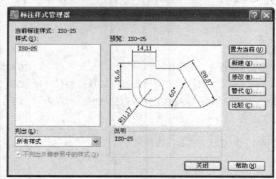

图 12-22　"标注样式管理器"对话框

表 12-8 列出了该对话框各选项的功能。

表 12-8　标注样式管理器对话框各选项的功能

选　项	功　　能
当前标注样式	显示当前使用的尺寸标注样式，如果用户没有指定当前样式，Auto CAD 自动将默认的标准样式设为当前标注样式
样式	显示图形中的标注样式，其中当前样式高亮显示

（续）

选　项	功　　能
预览	显示在"样式"列表中选中的标注样式的预览图形
置为当前	单击该按钮，系统将"样式"列表中选中的标注样式指定为当前样式
新建	单击该按钮，打开"创建新标注样式"对话框，如图 12-23 所示，用以创建新标注样式

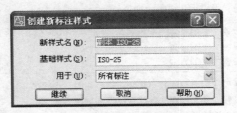

图 12-23　"创建新标注样式"对话框

创建新标注样式对话框各选项的含义见表 12-9。

表 12-9　创建新标注样式对话框各选项的含义

选　项	功　　能
新样式名	文本框中输入新标注样式的名称
基础样式	列表中选择一种已有样式作为新样式的基础，新样式只需修改与其不同的属性
用于	下拉列表中可确定新样式的使用范围
继续	单击该按钮，打开"新建标注样式"对话框，如图 12-24 所示

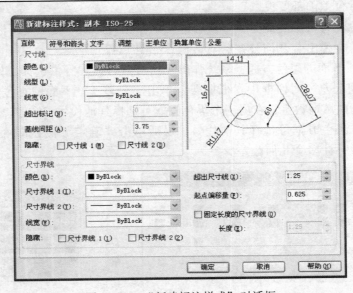

图 12-24　"新建标注样式"对话框

新建标注样式对话框的各选项的功能简单说明见表 12-10。

表 12-10　新建标注样式对话框各选项功能简介

标　签	选　项　说　明
直线	尺寸线：设置尺寸线的颜色、线型、线宽以及尺寸线与图形、尺寸线之间的距离等 尺寸界限：设置尺寸界线的颜色、线宽以及与图形的距离和超出尺寸线的大小等
符号和箭头	箭头：设置箭头的样式和大小 圆心标记：设置圆心标记及其大小 弧长符号：设置符号和文字的位置关系 半径标注折弯：设置折弯角度
文字	文字外观：设置文字的字体、颜色和高度等 文字位置：设置文字的位置 文字对齐：设置文字的方向
调整	调整选项：在尺寸标注空间较小无法正常标注时，设置尺寸标注变通方式 文字位置：设置尺寸文字在非默认情况下的标注方式 标注特征比例：设置尺寸标注的全局比例 优化：有"手动放置文字"和"在尺寸线界限之间绘制尺寸线"两个选项供优化选择
主单位	设置尺寸数字、角度的记数法、小数位数等
换算单位	设置预备的尺寸数字标记方法，一般不用
公差	设置尺寸公差的标注模式

尺寸标注式样的设置比较复杂，在此不能一一详述，读者可自己多多练习。

12.4.3　尺寸公差、几何公差的标注

尺寸公差是和尺寸一起标注的，在标注尺寸公差之前，必须设置公差的样式（在设置尺寸标注样式时进行设置）。如果是采用上、下极限偏差的样式，需要输入极限偏差值，然后在标注尺寸时系统自动在尺寸后标注公差。注意：因为各尺寸公差一般不相同，所以必须在标注每一个尺寸公差前都要设置。

几何公差的标注有自己的命令，可以通过菜单标注→公差…或工具图标▦执行该命令，命令运行后，系统会弹出"几何公差"对话框，如图 12-25 所示。

单击"符号"下面的黑色方框，系统弹出几何公差特征代号供选择，如图 12-26 所示。选择后，在"几何公差"对话框中，根据需要单击"公差 1"下面的黑色方框可以选择符号 φ，在白色方框内填写数字，在另一个黑色方框可选择其他代号。在"基准 1"下面的白色方框填写基准，黑色方框可选择其他代号，最后单击"确定"按钮即可。从图 12-25 可看出，系统可一次标注多个几何公差。

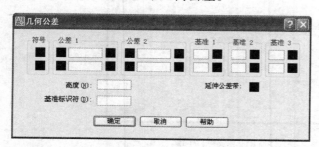

图 12-25　"几何公差"对话框

图 12-26　特征符号

12.4.4　尺寸标注编辑

和绘图命令绘制的图形一样，尺寸标注完以后也可编辑修改，常用的工具是"对象特性"工具图标 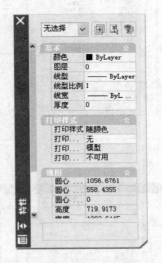。先选择要编辑的尺寸，然后单击标准工具栏中的"对象特性"工具图标，系统弹出"特性"对话框，如图 12-27 所示。在该对话框中可以重新设置尺寸标注的各个参数，包括尺寸标注式样、箭头和尺寸线、文字、数字模式、尺寸公差等。读者可自己练习掌握。

图 12-27　"特性"对话框

12.5　辅助绘图命令

12.5.1　块

所谓"图块"，就是将一组对象定义为一个整体。这些对象可以具有自己的图层、颜色和线型。图块的主要作用在于便于图形的重复利用。在绘图过程中经常有一些图形会重复出现，如常用的螺钉、螺母、表面粗糙度符号等。将这些重复的图形定义成图块，在需要的地方将图块插入，就可以避免大量重复的绘图工作，提高绘图效率。另外，图块的应用还可以节约存储空间，并且便于修改。

Auto CAD 把块当做单一的对象来处理。在任何地方，均可使用块的名字，将该组实体插入某个图形中。嵌入图形中的块可具有不同的比例因子和旋转角度以适应不同的需要。

块可以由多层上绘制的若干实体组成，并保留各层的信息。块作为一个实体，可以用编辑和查询命令对其进行处理。块本身又可以含其他的块，可以嵌套。块一经定义，可以多次调用。表 12-11 分别介绍 Auto CAD 提供的块定义和块插入的命令及其用法。

另外，对经常使用的块，不仅要求插入当前图，在编辑其他图时也可以用。因此，可用 Wblock 命令，将当前图定义为块存入磁盘，也可将当前图的全部或部分定义成块，存入磁盘。其命令为 Wblock。

系统执行该命令后，会弹出类似于块定义的对话，读者可自己操作练习。

表 12-11　块定义和块插入命令及其用法

命　令	功　能	说　明
命令：Block 菜单：绘图→块→创建… 工具图标：	定义块，选择该命令后系统弹出下图所示对话框： （块定义对话框） 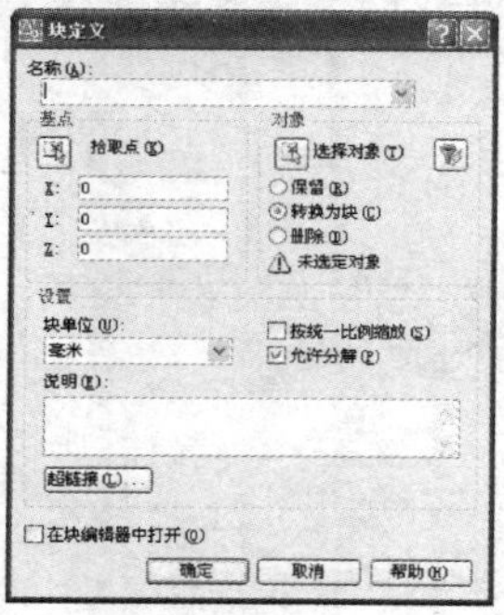	名称——定义块的名字 基点——选择块的基点 可以在对话框中输入基点的坐标值（x，y，z），也可以单击按钮，在绘图区域选择一点 对象——选择定义块的内容。单击按钮，在绘图区域选择对象
命令：Insert 菜单：插入→块… 工具图标：	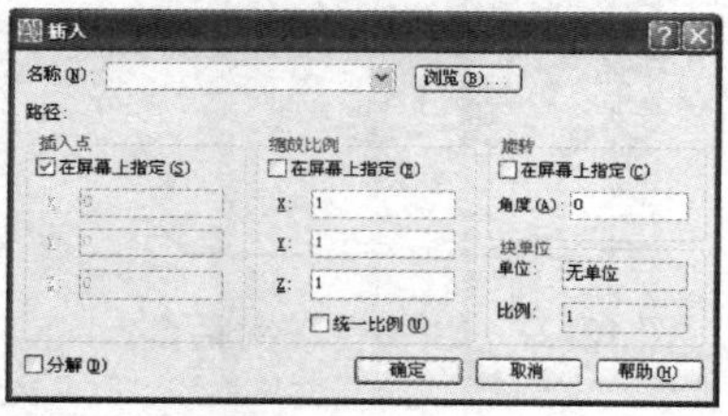 （插入对话框）	名称——输入要插入的块的名字 插入点——选择要插入块的基点的坐标 缩放比例——输入块插入时三个坐标方向的比例 旋转——输入块插入时的旋转角度

注：表中工具图标在"绘图工具栏"中。

12.5.2　显示控制

显示控制命令提供了改变屏幕上图形显示方式的方法，以利于操作者观察图形和方便作图。显示控制命令不改变图形本身。改变显示方式后，图形本身在坐标系中的位置和尺寸均未改变。

1. Zoom 命令

在不改变绘图原始尺寸的情况下，将当前图形显示尺寸放大或缩小。放大可以观察图形局部细节，缩小可以观察大范围图形。例如将窗口范围的图形放大到整屏的操作（图 12-28）。

命令：Zoom

指定窗口的角点，输入比例因子（nX 或 nXP），或者[全部（A）/中心（C）/动态（D）/范围（E）/上一个（P）/比例（S）/窗口（W）/对象（O）]＜实时＞：W

指定第一个角点：（窗口的第一角点 W1）

指定对角点：（窗口的第二角点 W2）

Zoom 命令常用的选择项见表 12-12：

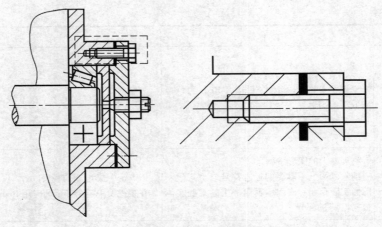

图 12-28　Zoom 显示控制

表 12-12　Zoom 命令常用的选择项

选择项	工具图标	功　能　说　明
窗口（W）		窗口缩放，提示指定窗口两对角点的位置，并将此两对角点决定的窗口范围显示在屏幕上
全部（A）		将图限范围（Limits 定义范围）的所有图形完整地显示在屏幕上。如图形超限，则显示限定范围加图形中的超限部分
范围（E）		将图形以最大尺寸显示在屏幕上
中心（C）		给定显示中心，并给定高度，Auto CAD 据此显示图形
动态（D）		动态显示。它综合了其他显示方式的优点，使用起来较复杂
上 一 个（P）		显示上一次通过 Zoom 或 Pan 命令显示的图形，可以向后返回多幅 Zoom 或 Pan 命令形成的图形

注：表中工具图标在"缩放工具栏"中。

2. Pan 命令

将整幅图面平移。

命令：Pan 或工具栏

请注意 Pan 与 Move 的区别，可把屏幕看成图纸，Pan 命令只是把图纸平移，而图相对图纸不动；Move 命令是将图在图纸上的位置移动。

3. 其他几个常用的辅助命令

Auto CAD 还有几个常用的辅助绘图命令，见表 12-13。

表 12-13　其他几个常用的辅助命令

命　令	功　能	说　明
命令：Undo/U 菜单：编辑 →　　放弃 工具图标：	取消操作	Undo 常用选项的意义如下： 自动（A）：自动设组功能 控制（C）：限制或关闭 Undo 开始（BE）：将一系列操作编组为一个集合 结束（E）：相对于开始（BE）选项操作 标记（M）：作返回记号 后退（B）：返回至记号

（续）

命　令	功　　能	说　　明
命令：Redo 菜　单：编辑 → 　　　　重做 工具图标：↱	立即在 U 或 Undo 命令后输入 Redo 可恢复刚取消的图形	Redo 命令可以恢复多个次 U 或 Undo 命令
命令：Redraw 菜　单：视 图 → 　　　　重画	将屏幕上的图形重画 消除画面上不需要的标志符号或重新显示图形实际存在、或因编辑而产生的某些实体被"抹掉"的部分	Redraw 只影响当前视窗 在多视窗中需全部重画时用 Redrawall 命令
命令：Regen 菜　单：视图 → 重生成	在当前视口中重生成整个图形并重新计算所有对象的屏幕坐标。还重新创建图形数据库索引，从而优化显示和对象选择的性能	1）Regen 只影响当前视窗。在多视窗中需全部生成时用 Regenall 2）在图形缩放后，圆、椭圆或弧有时会以多边形显示，使用 Regen 命令可以恢复原来形状

　　由于现在三键滚轮鼠标应用广泛，因此，这里介绍一下这种鼠标在 Auto CAD 2008 中的作用。滚轮向上滚动是实时放大，向下滚动是实时缩小；按住中键是实时平移；双击中键是最大化显示，相当于 Zoom-Extents。

12.6　绘图举例

12.6.1　绘制如图 12-29 所示的机床摇手柄

　　参考作图步骤如下：

　　1. 设定绘图幅面

　　1）设置绘图幅面左下角为（0，0），
右上角为（110，90）；操作步骤如下：

　　命令：Limits ↙

　　指定左下角点或［开（ON）/关（OFF）］

<0.0000，0.0000＞：↙

　　指定右上角点 <420.0000，297.0000＞：110，90 ↙

　　2）全屏显示所限定的绘图范围

　　命令：Ｚoom ↙

　　指定窗口的角点，输入比例因子（nX 或 nXP），或者［全部（A）/中心（C）/动态（D）/范围（E）/上一个（P）/比例（S）/窗口（W）/对象（O）］<实时＞：A ↙

　　2. 按照国家标准设定图层及线型

　　3. 绘图

　　1）绘制辅助线

　　设置当前层：0 层

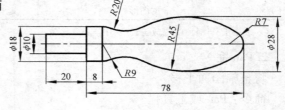

图 12-29　机床摇手柄

　　单击图层控制下拉列表框右侧的三角箭头，如图 12-30 在图层下拉列表框中选择 0 层，使其高亮显示即可将 0 层设为当前层。

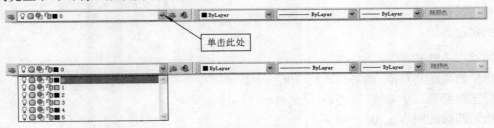

单击此处

图 12-30　图层颜色线型设置工具栏

　　调用"正交"，打开正交模式（ < F8 > 键），调用"捕捉"，打开坐标捕捉模式（ < F9 > 键），用 Line 命令绘制 L0 直线（中心线）和 L1（上边界线），如图 12-31a 所示。操作步骤如下：

命令：ⓛine ↙

指定第一点：5，40 ↙

指定下一点或［放弃（U）］：@ 110，0 ↙

指定下一点或［放弃（U）］：↙

命令：ⓛine ↙

指定第一点：50，54 ↙

指定下一点或［放弃（U）］：@ 50，0 ↙

指定下一点或［放弃（U）］：↙

2）绘制图形

设置当前层：01

绘制左边的直线：

命令：ⓛine ↙

指定第一点：10，40 ↙

指定下一点或［放弃（U）］：@ 0，5 ↙

指定下一点或［放弃（U）］：@ 20，0 ↙

指定下一点或［闭合（C）/放弃（U）］：↙

命令：ⓛine ↙

指定第一点：30，40 ↙

指定下一点或［放弃（U）］：@ 0，9 ↙

指定下一点或［放弃（U）］：@ 8，0 ↙

指定下一点或［闭合（C）/放弃（U）］：@ 0，−9 ↙

指定下一点或［闭合（C）/放弃（U）］：↙

调用 Arc 命令绘制圆弧（A1、A2）。

命令：Ⓐrc ↙

指定圆弧的起点或［圆心（C）］：C ↙

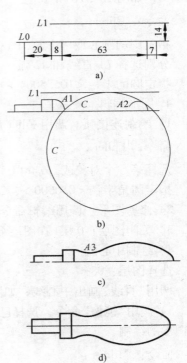

图 12-31　机床摇手柄的作图步骤

指定圆弧的圆心：38，40 ↙

指定圆弧的起点：38，49 ↙

指定圆弧的端点或［角度（A）/弦长（L）］：A ↙

指定包含角：－80 ↙

命令：$\boxed{A}$rc ↙

指定圆弧的起点或［圆心（C）］：108，40 ↙

指定圆弧第二个点或［圆心（C）/端点（E）］：C ↙

指定圆弧的圆心：101，40 ↙

指定圆弧的端点或［角度（A）/弦长（L）］：A ↙

指定包含角：150 ↙

调用 Circle 命令的"相切、相切、半径（T）"方式（分别与 L1、A2 相切，R = 45）绘制辅助圆 C，如图 12-31b 所示。

命令：$\boxed{C}$ircle ↙

指定圆的圆心或［三点（3P）/两点（2P）/相切、相切、半径（T）］：T ↙

分别选择 L1 直线和 A2 弧

指定圆的半径 < 105.5004 > ：45 ↙

4. 图形编辑

1）绘制连接弧。调用 Fillet 命令，设置 R = 20，选择圆弧 A1 及圆 C，绘制连接弧 A3。

命令：$\boxed{F}$illet ↙

选择第一个对象或［放弃（U）/多段线（P）/半径（R）/修剪（T）/多个（M）］：R ↙

指定圆角半径 < 0.0000 > ：20 ↙

2）修剪图形。调用编辑命令 Trim 修剪掉多余的图线。

3）关闭图层：0 层（在图层下拉表中将 0 层的小灯泡熄灭）。

4）绘制中心线。

选择图层：05

调用"直线"画出中心线，如图 12-31c 所示。（方法同上）

5）调用"镜像"命令，选择已经绘制出的图形，对 X 轴进行镜像操作，完成另一半对称的图形的绘制。

命令：$\boxed{Mi}$rror ↙

选择对象：选择绘制的图形 ↙

指定镜像线的第一点：捕捉中心线的一个端点 ↙

指定镜像线的第一点：捕捉中心线的另一端点 ↙

要删除源对象吗？［是（Y）/否（N）］< N > ：↙

完成绘图，如图 12-31d 所示。

12.6.2　绘制如图 12-32 所示的减速箱轴零件图

与上面的例子类似，参考作图步骤（图 12-33）如下：

1. 设定绘图幅面

Limits（0,0）－（160,110）；

Zoom-A（全屏幕显示作图区域）

2. 设定图层及线型

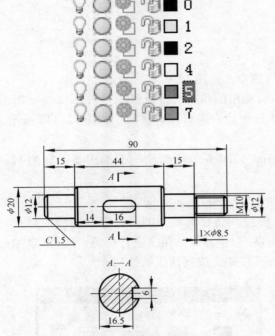

图 12-32　减速箱轴零件图

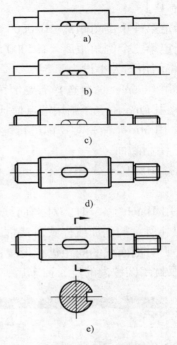

图 12-33　减速箱轴的绘图步骤

3. 画中心线

选择图层 05；用 Line 命令画线(25，70) – (@100，0)。

4. 绘制底稿

选择图层 01；用 Line 命令画出主要轮廓线。

Line(30，70) – (@0，6) – (@15，0)

Line(45，70) – (@0，10) – (@44，0) – (@0，–10)

Line(89，76) – (@15，0) – (@0，–1) – (@16，0) – (@0，–5)

Line(104，75) – (@0，–5)

画键槽：

用 Circle 命令画圆。

命令：$\boxed{C}$ircle

圆心坐标：(62，70)；半径 R = 3

圆心坐标：(72，70)；半径 R = 3

用 Line 命令，调用相切捕捉(Tangent)画出两圆的外公切线，如图 12-33a 所示。

5. 编辑轮廓，绘制倒角

1）调用 Chamfer、Trim 等编辑命令绘制倒角等结构并进行修剪。

用 Chamfer 命令绘制倒角。

命令：Chamfer↙

当前倒角距离 1 = 0.0000，距离 2 = 0.0000

选择第一条直线或［放弃（U）/多段线（P）/距离（D）/角度（A）/修剪（T）/方式（E）/多个（M）］：D ✓

指定第一个倒角距离 < 0.0000 > ：1.5 ✓

指定第二个倒角距离 < 1.5000 > ：✓

（将倒角的大小设为 1.5）

再用 Chamfer 命令选择需要倒角的边进行倒角，如图 12-33b 所示。

2）用 Line 命令，调用端点捕捉（Endpoint）画出倒角处线条及螺纹，如图 12-33c 所示。

3）用 Mirror 命令对物体进行镜像，并用 Trim 命令进行相应修剪。如图 12-33d 所示。

6. 绘制断面

选择图层 02；调用命令 Line、Circle、Trim、Hatch 等绘断面与剖面线等，如图 12-33e 所示。

使用 Hatch 命令时，对剖面线的设置如图 12-34a 所示，通过"图案"项 ⬜ 按钮得到图 12-34b 所示的剖面线样式对话框，选择一种使其高亮显示，即可选择剖面线的样式；通过"比例"对剖面线的间距进行设置；通过"角度"对剖面线的角度进行设置；通过"添加：拾取点"取封闭区域内的点，回车后，单击"确定"按钮完成剖面线的绘制。

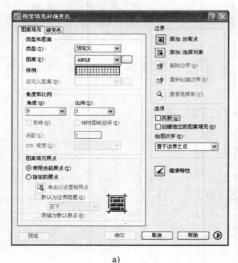
　　　　　a)

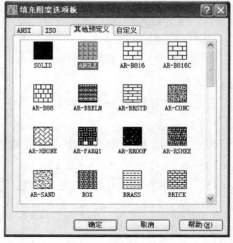
　　　　　b)

图 12-34　剖面线参数设置

7. 标注尺寸等

调用命令 Dim、Text 等完成尺寸标注、剖切符号注写等，完成零件图的绘制，如图 12-32所示。

尺寸标注的具体操作：

1）用 Style 命令对字体参数进行设置。在"命令："状态下输入 St̲ yle 或菜单"格式→文字样式"，弹出如图 12-35 所示的对话框，系统默认只有一种 Standard 字体样式，可以根据需要建立新的字体样式，以便进行各种标注。建立新的字体样式方法如下：首先，通过"新建"按钮新建字体样式,在弹出的对话框中输入样式名称;第二,在"SHX 字体"下拉列表框中可以选择不同字体;第三,在"宽度比例"中设置字体的宽高比(通常为 0.7);第四,在"倾斜角度"中设置字体倾斜角度(通常取 11~15);最后点取"应用"按钮完成设置。用同样的方法建立几种常用的字体样式。

图 12-35　"文字样式"参数设置

2) 参照"尺寸标注"一部分内容,对尺寸标注的各种参数进行设置。

3) 通过命令或 Dimension 菜单的各种标注方法对零件图进行标注。

标注完成后,即完成作图。

12.7　Auto CAD 三维技术简介

CAD 技术是 20 世纪人类最杰出的科技成果之一。近年来,CAD 技术从最初的平面辅助绘图工具,迅速向智能化、三维化、集成化和网络化方向发展,其中三维技术以其突出的优越性,迅速成为 CAD 业界的主流。Auto CAD 2008 适应新的需求,进一步增强了三维功能,提供了等轴测图、线框模型、表面模型、实心体模型等多种建模方法。本节主要介绍等轴测方式和实心体模型建模的方法。

12.7.1　等轴测方式

等轴测方式是在捕捉命令 Snap 中提供的,可以将标准的绘图模式转换为等轴测模式。实际上,等轴测图是一种在二维空间里描述三维物体的简单方法,由于轴测图绘制简单,具有较强的真实感,至今仍被广泛应用于机械、建筑、产品设计等专业绘图中。轴测投影的特点是:物体上的投影轴与轴测投影面在空间有一定的夹角。因此产生出各种各样角度的轴测投影图,其中,正等轴测投影图是最常用的。在 Auto CAD 中,轴测投影的三个轴测投影轴分别与 X 轴成 30°、Y 轴成 150°、Z 轴成 90°;与坐标面 XOY、YOZ、XOZ 平行的平面分别称为左(LEFT)、上(TOP)、右(RIGHT)平面,如图 12-36 所示。

(1) 等轴测绘图环境的设置　操作示例如下:

1) 调用命令 Snap,设置等轴测(Isometric)模式。

命令:Snap

指定捕捉间距或[开(ON)/关(OFF)/纵横向间距(A)/旋转(R)/样式(S)/类型(T)]<10.0000>:S

输入捕捉栅格类型[标准(S)/等轴测(I)]　<S>:I

指定垂直间距 <10.0000>:(设置纵向间距值)

这时绘图十字光标已经变成如图 12-37 所示的形式。

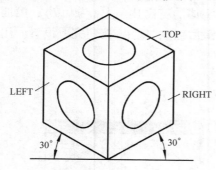

图 12-36　等轴测平面图

图 12-37　绘图光标的式样

2）调用命令 Isoplane，选择左（L）、上（T）、右（R）三种平面状态来绘图。

命令：Isoplane

输入等轴测平面设置［左（L）/上（T）/右（R）］<上>：L

注意：调用此命令必须首先使 Snap 处于 Isoplane 模式。

它是透明命令，推荐使用功能键 <F5> 或 <Ctrl + E> 组合键来实现三种状态的循环切换。

也可以通过对话框完成以上设置。在命令行输入 Dsettings 命令或选择"工具"菜单中的"草图设置…"选项，在弹出的对话框中选择"捕捉和栅格"标签，如图 12-38 所示。在右下方的"捕捉类型和样式"参数区中可设置捕捉方式。

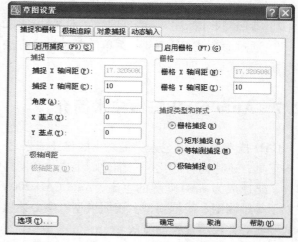

图 12-38　"草图设置"对话框

由于等轴测投影图是采用二维方式来绘制三维图形，所以这不是真正的三维图形，既不能消隐处理，也不能改变角度去观察它。

（2）圆的正等测的绘制　调用命令 Ellipse，选择等轴测圆绘图方式 Isocircle，可以完成圆的正等测投影绘制。

命令：Ellipse

指定椭圆轴的端点或［圆弧（A）/中心点（C）/等轴测圆（I）］：I

指定等轴测圆的圆心：

指定等轴测圆的半径或［直径（D）］：20

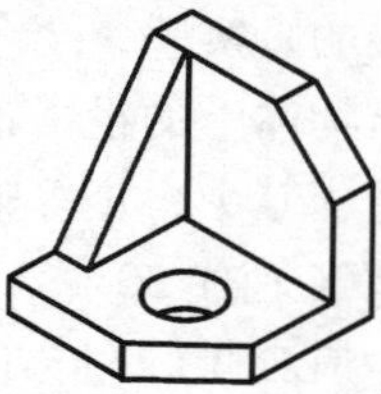

图 12-39　正等测投影图示例

（3）综合应用示例　调用命令 Snap、Isoplane、Line、Ellipse、Trim 等可以方便地绘制出正等测图，如图 12-39 所示。

12.7.2　实体模型建模

（1）基本体建模　Auto CAD 的提供了多种基本实心体素，如长方体（Box）、球体

（Sphere）、楔形体（Wedge）、圆柱体（Cylinder）、圆锥体（Cone）、圆环体（Torus）等，这些基本体建模可以通过执行相应的命令来完成。表12-14列出了它们的操作步骤。

表12-14 基本体建模命令

命 令	操 作 格 式
命令：Box 菜单：绘图→实体→长方体 工具图标：■	命令：Box 指定长方体的角点或[中心点（CE）]<0,0,0>： 指定角点或[立方体（C）/长度（L）]： 指定高度：
命令：Sphere 菜单：绘图→实体→球体 工具图标：●	命令：Sphere 指定球体球心<0,0,0>： 指定球体半径或[直径（D）]：
命令：Cylinder 菜单：绘图→实体→圆柱体 工具图标：▮	命令：Cylinder 指定圆柱体底面的中心点或[椭圆（E）]<0,0,0>： 指定圆柱体底面的半径或[直径（D）]： 指定圆柱体高度或[另一个圆心（C）]：
命令：Cone 菜单：绘图→实体→圆锥体 工具图标：▲	命令：Cone 指定圆锥体底面的中心点或[椭圆（E）]<0,0,0>： 指定圆锥体底面的半径或[直径（D）]： 指定圆锥体高度或[顶点（A）]
命令：Torus 菜单：绘图→实体→圆环体 工具图标：●	命令：Torus 指定圆环体中心<0,0,0>： 指定圆环体半径或[直径（D）]： 指定圆管半径或[直径（D）]：

（2）拉伸建模 用Extrude命令可以将很多平面对象拉伸为实体，如圆（Circle）、椭圆（Ellipse）、封闭的平面多义线（Polyline）等。如果要将非多义线的平面图形拉伸为实体，注意一定要先将它作成面域。如将图12-40所示的平面图形拉伸生成实体的操作步骤为：

1）生成面域（图12-40a）。

命令：Region（或单击菜单"绘图"中的"面域"选项或单击"绘图工具栏"中的工具）

选择对象：（选择要形成面域的每条线）

回车，系统提示已经产生一个面域。

2）拉伸面域（图12-40b）。

命令：Extrude

当前线框密度：Isolines=4

选择对象：找到1个

指定拉伸高度或[路径（P）]：40

指定拉伸的倾斜角度<0>：

回车完成拉伸实体建模。

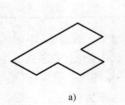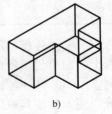

a)　　　　　　　　b)

图12-40 拉伸生成实体

（3）旋转建模 用Revolve命令可以将很多平面对象绕指定的轴旋转生成实体，如圆（Circle）、椭圆（Ellipse）、封闭的平面多义线（Polyline）等。如果要将非多义线的平面图形旋转为实体，同样注意一定要先将它作成面域。如将图12-41a所示的平面图形（假设已经生成面域）旋转生成实体的操作步骤为：

命令：Revolve

当前线框密度：Isolines = 4

选择对象：找到 1 个

指定旋转轴的起点或

定义轴依照［对象（O）/X 轴（X）/Y 轴（Y）］：

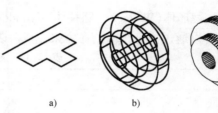

a)　　　　　b)　　　　　c)

图 12-41　旋转生成实体

指定轴端点：（选择旋转轴线上的另一点）

指定旋转角度 <360> ：（输入旋转角度）

回车完成旋转实体建模图 12-41b。注意旋转轴线一般是在生成面域的同时绘制完成的。

图 12-41c 是消隐后的图形，是在命令行运行 Hide 命令得到的结果。所有的三维模型都可以通过运行该命令来观察最后的结果。

（4）复杂实体建模——实心体的布尔运算　布尔运算是一种实心体的逻辑运算，是三维实体建模使用极其频繁的、非常重要的编辑功能。在基本实心体、拉伸实心体、旋转实心体等的基础上，可以运用并集、差集、交集三种布尔运算方法对这些模型进行组合，增添或去除模型的材料，像实际加工零件一样建立零件的三维模型，十分方便直观。表 12-15 给出了三种布尔运算的操作步骤及图例。

表 12-15　布尔运算的操作步骤及图例

命　　令	操　作　格　式	图　　例
命令：Union 菜单：修改→实体编辑→并集 工具图标：⬤⬤	命令：Union 选择对象：找到 1 个 选择对象：找到 1 个，总计 2 个 选择对象：（可多次选择，回车结束）	
命令：Subtract 菜单：修改→实体编辑→差集 工具图标：⬤⬤	命令：Subtract 选择要从中减去的实体或面域… 选择对象：找到 1 个 选择要减去的实体或面域… 选择对象：找到 1 个	
命令：Intersect 菜单：修改→实体编辑→交集 工具图标：⬤⬤	命令：Intersect 选择对象：找到 1 个 选择对象：找到 1 个，总计 2 个 选择对象：（可多次选择，回车结束）	

（5）实体建模辅助命令　由于实体建模是在三维空间中完成的，所以在计算机二维的显示器上，如果仍然使用二维绘图时的显示控制，就看不到实体的真实的模型，这对建模极为不利。Auto CAD 提供了各种工具，如三维空间的视图变换、用户坐标系、三维模型的着色等等，使人身临其境般地在里面建造、编辑和观察物体的三维模型。

1）三维空间的视图变换。从不同的位置观察一个物体，可以得到不同的印象。同样，在 Auto CAD 的三维空间查看三维模型，如果观察点不同，得到的视图也不一样。Auto CAD 有多种改变观察点的方式，如通过"视图"工具栏、对话框、罗盘和三角架、3Dorbit 命令等。下面主要介绍用"视图"工具栏获得正交视图和等轴测视图。

Auto CAD 提供的"视图"工具栏如图 12-42 所示，其中常用的工具图标的功能见表 12-16。

图 12-42　"视图"工具栏

表 12-16　"视图"工具栏常用图标及其功能

图标	观察点	功　能	图标	观察点	功　能
	(0, 0, 1)	切换到俯视图		(0, 1, 0)	切换到后视图
	(0, 0, -1)	切换到仰视图		(-1, -1, 1)	切换到西南方向等轴测视图
	(-1, 0, 0)	切换到左视图		(1, -1, 1)	切换到东南方向等轴测视图
	(1, 0, 0)	切换到右视图		(1, 1, 1)	切换到东北方向等轴测视图
	(0, -1, 0)	切换到主视图		(-1, 1, 1)	切换到西北方向等轴测视图

在进行布尔运算时，实体间的相对位置的对齐非常重要，这是复杂实体建模成功与否的关键。视图变换为实体位置的最终对齐提供了保证，用户可以通过多个视图，从不同的方向对齐实体。

2）用户坐标系。平面作图时 Auto CAD 使用的坐标系是世界坐标系（World Coordinate System，WCS），很少有进行坐标系变换的必要。对于三维设计建模，坐标系变换是必须掌握的基本技能，这也是学习 Auto CAD 三维建模的难点之一。

在默认的情况下，用户作图所选的点总是在 XOY 平面上。对于圆弧、平面多义线等典型的二维对象（如前面拉伸和旋转生成实体的面域都在 XOY 平面上），它们都必须建立在 XOY 平面上。如果用户要在三维空间里建立它们，就必须建立 UCS（User Coordinate System）——用户坐标系。一旦定义了 UCS，点坐标的输入以及大多数的绘图和编辑命令都相对于 UCS 进行。一般情况下，用户要在三维空间的哪个平面上作图，就应该在哪个平面上建立 UCS。

注意：当前坐标系只有一个，新建一个 UCS 后，新的 UCS 就自动代替原来的坐标系成为当前坐标系。如果以后要再次调用某个 UCS，则可以对它进行命名保存。

用户坐标系的变换通过 UCS 来执行，命令行操作如下：

命令：UCS

当前 UCS 名称：*世界*

输入选项

[新建（N）/移动（M）/正交（G）/上一个（P）/恢复（R）/保存（S）/删除（D）/应用（A）/？/世界（W）]：（选择一个选项，见表 12-17）

表 12-17 分别介绍几个常用选项的功能和用法。

表 12-17　UCS 命令几个常用选项的功能和用法

选项名称	操　作　说　明
新建	此选项用来建立新的 UCS。输入 N 选择此选项，命令行继续出现以下提示： 指定新 UCS 的原点或[Z 轴（ZA）/三点（3）/对象（OB）/面（F）/视图（V）/X/Y/Z] <0, 0, 0>：（输入一个三维点） 用户输入一个点坐标后，系统将以该三维点为原点建立一个坐标轴与当前 UCS 的坐标轴平行的 UCS
移动	此选项用来移动当前 UCS 的原点，选择此选项后，命令行提示如下： 指定新原点或[Z 向深度（Z）] <0, 0, 0>：（输入一个点坐标） 用户可输入一个二维或三维点坐标，也可选择"Z 向深度"选项，然后输入当前 UCS 沿 Z 轴移动的距离
正交	此选项用来调用系统内部定义的 6 个正交 UCS。输入 G 选择此选项后，命令行提示如下： 输入选项[俯视（T）/仰视（B）/主视（F）/后视（BA）/左视（L）/右视（R）] <当前>：

（续）

选项名称	操 作 说 明
上一个	此选项用来返回前一个坐标系，输入 P 选择此选项。Auto CAD 会分别保存模型空间和图纸空间最近使用的 10 个坐标系，重复使用"上一个"选项可以依次恢复它们
恢复	此选项用来将已经命名保存的 UCS 恢复为当前的 UCS。输入 R 选择此选项后命令行出现以下提示： 输入要恢复的 UCS 名称或 [?]： 输入的名称必须有效，也就是说当前图形必须存在这个 UCS。如果忘记了保存的 UCS 的名称，可以输入"?"查看，命令行出现如下提示： 输入要列出的 UCS 名称 < * >： 按回车键，系统即列出所有命名的 UCS 的名称及其相对于当前坐标系的定义信息
保存	此选项用来命名并保存当前的 UCS，以备以后调用。输入 S 选择此选项，此时提示： 输入保存当前 UCS 的名称或 [?]： 和"恢复"选项一样，输入"?"可以查看当前已经保存的 UCS
删除	此选项用来删除保存的 UCS，输入 D 选择此选项后，系统提示用户输入需要删除的 UCS 的名称： 输入要删除的 UCS 名称 < 无 >：

UCS 命令在"新建"选项下面，Auto CAD 提供了多个子选项用来创建新的 UCS 方式，常用方式见表 12-18。

表 12-18　建立新的 UCS 的常用方式

子选项	操 作 说 明	图 例
默认	指定新 UCS 的原点或 [Z 轴（ZA）/三点（3）/对象（OB）/面（F）/视图（V）/X/Y/Z] < 0, 0, 0 >：（输入一个三维点） 用户输入一个点坐标后，系统将以该三维点为原点建立一个坐标轴与当前 UCS 的坐标轴平行的 UCS	
Z 轴	这个子选项用来改变当前坐标系的原点位置和 Z 轴的方向以建立新的 UCS，并把它设置为当前的 UCS。输入 Z 选择此选项后，命令行提示如下： 指定新原点 < 0, 0, 0 >：（输入新的 UCS 原点） 在正 Z 轴范围上指定点 < 当前 >：	
三点	这个子选项通过输入新的原点、X 轴正向上的一个点和 XY 平面上的一个点来建立新的 UCS。这是使用最为灵活的一种 UCS 变换方式。注意输入的 3 个点不能共线。输入"3"选择此子选项后，命令行提示如下： 指定新原点 < 0, 0, 0 >： 在正 X 轴范围上指定点 < 当前 >： 在 UCS XY 平面的正 Y 轴范围上指定点 < 当前 >：	

（续）

子选项	操 作 说 明	图　例
X/Y/Z	这 3 个子选项分别用来绕当前坐标系的 X 轴、Y 轴或 Z 轴旋转一个角度，建立新的 UCS。输入 X、Y 或 Z 选择一个选项后，系统提示用户输入旋转的角度： 指定绕 n 轴的旋转角度 <0>：（n：输入的 X、Y 或 Z 轴） 在上面的提示中，输入的角度可以是正值，也可以是负值。旋转的方向遵循右手定则，即逆着 X 轴、Y 轴或 Z 轴的方向观察，逆时针为正，顺时针为负。当系统提示输入旋转的角度值时，一般用键盘输入	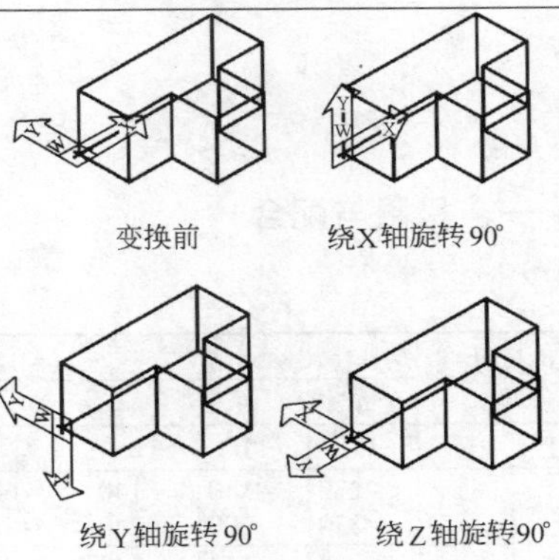 变换前　　绕X轴旋转90° 绕Y轴旋转90°　　绕Z轴旋转90°

　　除了用 UCS 命令来建立新的坐标系，Auto CAD 还提供了 UCS 工具栏，该工具条上的工具图标和 UCS 命令相应的选项的功能一样，也可以建立新坐标系，如图 12-43 所示。

图 12-43　"UCS"工具栏

UCS 工具栏主要工具图标的功能见表 12-19。

表 12-19　UCS 工具栏主要工具图标的功能

工具图标	功　　能	工具图标	功　　能
	执行 UCS 命令		输入两点确定 Z 轴，建立 UCS
	恢复最近一次使用的 UCS		输入 3 点建立 UCS
	恢复 WCS		绕当前 UCS 的 X 轴旋转建立 UCS
	通过对象建立 UCS		绕当前 UCS 的 Y 轴旋转建立 UCS
	变换原点设置与当前坐标系平行的 UCS		绕当前 UCS 的 Z 轴旋转建立 UCS

　　3）三维模型的着色。Auto CAD 的着色和渲染功能比较强大，对一般的工程产品的渲染已经足够了。下面主要介绍"着色"工具栏的使用。需要说明的是，着色是一种简单的渲染处理，Auto CAD 的渲染功能就不详细介绍了。

　　Auto CAD 中"着色"工具栏如图 12-44 所示，其各工具图标的功能见表 12-20。

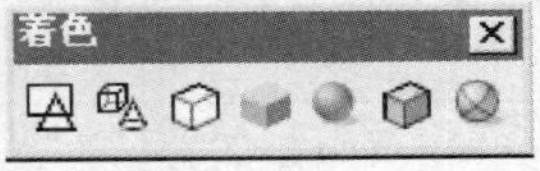

图 12-44　"着色"工具栏

表 12-20　"着色"工具栏各工具图标的功能

工具图标	功　　能	工具图标	功　　能
	二维线框视图		光滑着色
	三维线框视图		带边框平面着色
	消隐视图		带边框光滑着色
	平面着色		

　　Auto CAD 的三维建模功能十分强大，相对而言，其渲染功能较某些专业软件要差一些。对于要求建模精度高，渲染效果逼真，几近实物的专业要求，一般是先在 Auto CAD 中建模，然后在其他软件中渲染，如 3DS MAX。

一、极限与配合

附表1 常用及优先用途轴的极限偏差（尺寸

常 用 及 优 先 公 差 带

公称尺寸/mm 大于	至	a 11	b 11	b 12	c 9	c 10	c ⑩	d 8	d ⑨	d 10	d 11	e 7	e 8	e 9
—	3	-270 -330	-140 -200	-140 -240	-60 -85	-60 -100	-60 -120	-20 -34	-20 -45	-20 -60	-20 -80	-14 -24	-14 -28	-14 -39
3	6	-270 -345	-140 -215	-140 -260	-70 -100	-70 -118	-70 -145	-30 -48	-30 -60	-30 -78	-30 -105	-20 -32	-20 -38	-20 -50
6	10	-280 -370	-150 -240	-150 -300	-80 -116	-80 -138	-80 -170	-40 -62	-40 -76	-40 -98	-40 -130	-25 -40	-25 -47	-25 -61
10	14	-290 -400	-150 -260	-150 -330	-95 -138	-95 -165	-95 -205	-50 -77	-50 -93	-50 -120	-50 -160	-32 -50	-32 -59	-32 -75
14	18													
18	24	-300 -430	-160 -290	-160 -370	-110 -162	-110 -194	-110 -240	-65 -98	-65 -117	-65 -149	-65 -195	-40 -61	-40 -73	-40 -92
24	30													
30	40	-310 -470	-170 -330	-170 -420	-120 -182	-120 -220	-120 -280	-80 -119	-80 -142	-80 -180	-80 -240	-50 -75	-50 -89	-50 -112
40	50	-320 -480	-180 -340	-180 -430	-130 -192	-130 -230	-130 -290							
50	65	-340 -530	-190 -380	-190 -490	-140 -214	-140 -260	-140 -330	-100 -146	-100 -174	-100 -220	-100 -290	-60 -90	-60 -106	-60 -134
65	80	-360 -550	-200 -390	-200 -500	-150 -224	-150 -270	-150 -340							
80	100	-380 -600	-220 -440	-220 -570	-170 -257	-170 -310	-170 -390	-120 -174	-120 -207	-120 -260	-120 -340	-72 -107	-72 -126	-72 -159
100	120	-410 -630	-240 -460	-240 -590	-180 -267	-180 -320	-180 -400							
120	140	-460 -710	-260 -510	-260 -660	-200 -300	-200 -360	-200 -450	-145 -208	-145 -245	-145 -305	-145 -395	-85 -125	-85 -148	-85 -185
140	160	-520 -770	-280 -530	-280 -680	-210 -310	-210 -370	-210 -460							
160	180	-580 -830	-310 -560	-310 -710	-230 -330	-230 -390	-230 -480							
180	200	-660 -950	-340 -630	-340 -800	-240 -355	-240 -425	-240 -530	-170 -242	-170 -285	-170 -355	-170 -460	-100 -146	-100 -172	-100 -215
200	225	-740 -1030	-380 -670	-380 -840	-260 -375	-260 -445	-260 -550							
225	250	-820 -1110	-420 -710	-420 -880	-280 -395	-280 -465	-280 -570							
250	280	-920 -1240	-480 -800	-480 -1000	-300 -430	-300 -510	-300 -620	-190 -271	-190 -320	-190 -400	-190 -510	-110 -162	-110 -191	-110 -240
280	315	-1050 -1370	-540 -860	-540 -1060	-330 -460	-330 -540	-330 -650							
315	355	-1200 -1560	-600 -960	-600 -1170	-360 -500	-360 -590	-360 -720	-210 -299	-210 -350	-210 -440	-210 -570	-125 -182	-125 -214	-125 -265
355	400	-1350 -1710	-680 -1040	-680 -1250	-400 -540	-400 -630	-400 -760							
400	450	-1500 -1900	-760 -1160	-760 -1390	-440 -595	-440 -690	-440 -840	-230 -327	-230 -385	-230 -480	-230 -630	-135 -198	-135 -232	-135 -290
450	500	-1650 -2050	-840 -1240	-840 -1470	-480 -635	-480 -730	-480 -880							

录

（带 圈 者 为 优 先 公 差 带）

f					g			h							
5	6	⑦	8	9	5	⑥	7	5	⑥	⑦	8	⑨	10	⑪	12
−6 −10	−6 −12	−6 −16	−6 −20	−6 −31	−2 −6	−2 −8	−2 −12	0 −4	0 −6	0 −10	0 −14	0 −25	0 −40	0 −60	0 −100
−10 −15	−10 −18	−10 −22	−10 −28	−10 −40	−4 −9	−4 −12	−4 −16	0 −5	0 −8	0 −12	0 −18	0 −30	0 −48	0 −75	0 −120
−13 −19	−13 −22	−13 −28	−13 −35	−13 −49	−5 −11	−5 −14	−5 −20	0 −6	0 −9	0 −15	0 −22	0 −36	0 −58	0 −90	0 −150
−16 −24	−16 −27	−16 −34	−16 −43	−16 −59	−6 −14	−6 −17	−6 −24	0 −8	0 −11	0 −18	0 −27	0 −43	0 −70	0 −110	0 −180
−20 −29	−20 −33	−20 −41	−20 −53	−20 −72	−7 −16	−7 −20	−7 −28	0 −9	0 −13	0 −21	0 −33	0 −52	0 −84	0 −130	0 −210
−25 −36	−25 −41	−25 −50	−25 −64	−25 −87	−9 −20	−9 −25	−9 −34	0 −11	0 −16	0 −25	0 −39	0 −62	0 −100	0 −160	0 −250
−30 −43	−30 −49	−30 −60	−30 −76	−30 −104	−10 −23	−10 −29	−10 −40	0 −13	0 −19	0 −30	0 −46	0 −74	0 −120	0 −190	0 −300
−36 −51	−36 −58	−36 −71	−36 −90	−36 −123	−12 −27	−12 −34	−12 −47	0 −15	0 −22	0 −35	0 −54	0 −87	0 −140	0 −220	0 −350
−43 −61	−43 −68	−43 −83	−43 −106	−43 −143	−14 −32	−14 −39	−14 −54	0 −18	0 −25	0 −40	0 −63	0 −100	0 −160	0 −250	0 −400
−50 −70	−50 −79	−50 −96	−50 −122	−50 −165	−15 −35	−15 −44	−15 −61	0 −20	0 −29	0 −46	0 −72	0 −115	0 −185	0 −290	0 −460
−56 −79	−56 −88	−56 −108	−56 −137	−56 −186	−17 −40	−17 −49	−17 −69	0 −23	0 −32	0 −52	0 −81	0 −130	0 −210	0 −320	0 −520
−62 −87	−62 −98	−62 −119	−62 −151	−62 −202	−18 −43	−18 −54	−18 −75	0 −25	0 −36	0 −57	0 −89	0 −140	0 −230	0 −360	0 −570
−68 −95	−68 −108	−68 −131	−68 −165	−68 −223	−20 −47	−20 −60	−20 −83	0 −27	0 −40	0 −63	0 −97	0 −155	0 −250	0 −400	0 −630

公称尺寸/mm		常用及优先公差带														
		js			k			m			n			p		
大于	至	5	6	7	5	⑥	7	5	6	7	5	⑥	7	5	⑥	7
—	3	+9	±3	+5	+4 0	+6 0	+10 0	+6 +2	+8 +2	+12 +2	+8 +4	+10 +4	+14 +4	+10 +6	+12 +6	+16 +6
3	6	±2.5	±4	±6	+6 +1	+9 +1	+13 +1	+9 +4	+12 +4	+16 +4	+13 +8	+16 +8	+20 +8	+17 +12	+20 +12	+24 +12
6	10	±3	±4.5	±7	+7 +1	+10 +1	+16 +1	+12 +6	+15 +6	+21 +6	+16 +10	+19 +10	+25 +10	+21 +15	+24 +15	+30 +15
10	14	±4	±5.5	±9	+9 +1	+12 +1	+19 +1	+15 +7	+18 +7	+25 +7	+20 +12	+23 +12	+30 +12	+26 +18	+29 +18	+36 +18
14	18															
18	24	±4.5	±6.5	±10	+11 +2	+15 +2	+23 +2	+17 +8	+21 +8	+29 +8	+24 +15	+28 +15	+36 +15	+31 +22	+35 +22	+43 +22
24	30															
30	40	±5.5	±8	±12	+13 +2	+18 +2	+27 +2	+20 +9	+25 +9	+34 +9	+28 +17	+33 +17	+42 +17	+37 +26	+42 +26	+51 +26
40	50															
50	65	±6.5	±9.5	±15	+15 +2	+21 +2	+32 +2	+24 +11	+30 +11	+41 +11	+33 +20	+39 +20	+50 +20	+45 +32	+51 +32	+62 +32
65	80															
80	100	±7.5	±11	±17	+18 +3	+25 +3	+38 +3	+28 +13	+35 +13	+48 +13	+38 +23	+45 +23	+58 +23	+52 +37	+59 +37	+72 +37
100	120															
120	140	±9	±12.5	±20	+21 +3	+28 +3	+43 +3	+33 +15	+40 +15	+55 +15	+45 +27	+52 +27	+67 +27	+61 +43	+68 +43	+83 +43
140	160															
160	180															
180	200	±10	±14.5	±23	+24 +4	+33 +4	+50 +4	+37 +17	+46 +17	+63 +17	+51 +31	+60 +31	+77 +31	+70 +50	+79 +50	+96 +50
200	225															
225	250															
250	280	±11.5	±16	±26	+27 +4	+36 +4	+56 +4	+43 +20	+52 +20	+72 +20	+57 +34	+66 +34	+86 +34	+79 +56	+88 +56	+108 +56
280	315															
315	355	±12.5	±18	±28	+29 +4	+40 +4	+61 +4	+46 +21	+57 +21	+78 +21	+62 +37	+73 +37	+94 +37	+87 +62	+98 +62	+119 +62
355	400															
400	450	±13.5	±20	±31	+32 +5	+45 +5	+68 +5	+50 +23	+63 +23	+86 +23	+67 +40	+80 +40	+103 +40	+95 +68	+108 +68	+131 +68
450	500															

（续）

（带　圈　者　为　优　先　公　差　带）

r			s			t			u		v	x	y	z
5	6	7	5	⑥	7	5	6	7	⑥	7	6	6	6	6
+14 +10	+16 +10	+20 +10	+18 +14	+20 +14	+24 +14	—	—	—	+24 +18	+28 +18	—	+26 +20	—	+32 +26
+20 +15	+23 +15	+27 +15	+24 +19	+27 +19	+31 +19	—	—	—	+31 +23	+35 +23	—	+36 +28	—	+43 +35
+25 +19	+28 +19	+34 +19	+29 +23	+32 +23	+38 +23	—	—	—	+37 +28	+43 +28	—	+43 +34	—	+51 +42
+31 +23	+34 +23	+41 +23	+36 +28	+39 +28	+46 +28	—	—	—	+44 +33	+51 +33	—	+51 +40	—	+61 +50
											+50 +39	+56 +45	—	+71 +60
+37 +28	+41 +28	+49 +28	+44 +35	+48 +35	+56 +35	—	—	—	+54 +41	+62 +41	+60 +47	+67 +54	+76 +63	+86 +73
						+50 +41	+54 +41	+62 +41	+61 +48	+69 +48	+68 +55	+77 +64	+88 +75	+101 +88
+45 +34	+50 +34	+59 +34	+54 +43	+59 +43	+68 +43	+59 +48	+64 +48	+73 +48	+76 +60	+85 +60	+84 +68	+96 +80	+110 +94	+128 +112
						+65 +54	+70 +54	+79 +54	+86 +70	+95 +70	+97 +81	+113 +97	+130 +114	+152 +136
+54 +41	+60 +41	+71 +41	+66 +53	+72 +53	+83 +53	+79 +66	+85 +66	+96 +66	+106 +87	+117 +87	+121 +102	+141 +122	+163 +144	+191 +172
+56 +43	+62 +43	+73 +43	+72 +59	+78 +59	+89 +59	+88 +75	+94 +75	+105 +75	+121 +102	+132 +102	+139 +120	+165 +146	+193 +174	+229 +210
+66 +51	+73 +51	+86 +51	+86 +71	+93 +71	+106 +71	+106 +91	+113 +91	+126 +91	+146 +124	+159 +124	+168 +146	+200 +178	+236 +214	+280 +258
+69 +54	+76 +54	+89 +54	+94 +79	+101 +79	+114 +79	+119 +104	+126 +104	+139 +104	+166 +144	+179 +144	+194 +172	+232 +210	+276 +254	+332 +310
+81 +63	+88 +63	+103 +63	+110 +92	+117 +92	+132 +92	+140 +122	+147 +122	+162 +122	+195 +170	+210 +170	+227 +202	+273 +248	+325 +300	+390 +365
+83 +65	+90 +65	+105 +65	+118 +100	+125 +100	+140 +100	+152 +134	+159 +134	+174 +134	+215 +190	+230 +190	+253 +228	+305 +280	+365 +340	+440 +415
+86 +68	+93 +68	+108 +68	+126 +108	+133 +108	+148 +108	+164 +146	+171 +146	+186 +146	+235 +210	+250 +210	+277 +252	+335 +310	+405 +380	+490 +465
+97 +77	+106 +77	+123 +77	+142 +122	+151 +122	+168 +122	+186 +166	+195 +166	+212 +166	+265 +236	+282 +236	+313 +284	+379 +350	+454 +425	+549 +520
+100 +80	+109 +80	+126 +80	+150 +130	+159 +130	+176 +130	+200 +180	+209 +180	+226 +180	+287 +258	+304 +258	+339 +310	+414 +385	+499 +470	+604 +575
+104 +84	+113 +84	+130 +84	+160 +140	+169 +140	+186 +140	+216 +196	+225 +196	+242 +196	+313 +284	+330 +284	+369 +340	+454 +425	+549 +520	+669 +640
+117 +94	+126 +94	+146 +94	+181 +158	+190 +158	+210 +158	+241 +218	+250 +218	+270 +218	+347 +315	+367 +315	+417 +385	+507 +475	+612 +580	+742 +710
+121 +98	+130 +98	+150 +98	+193 +170	+202 +170	+222 +170	+263 +240	+272 +240	+292 +240	+382 +350	+402 +350	+457 +425	+557 +525	+682 +650	+822 +790
+133 +108	+144 +108	+165 +108	+215 +190	+226 +190	+247 +190	+293 +268	+304 +268	+325 +268	+426 +390	+447 +390	+511 +475	+626 +590	+766 +730	+936 +900
+139 +114	+150 +114	+171 +114	+233 +208	+244 +208	+265 +208	+319 +294	+330 +294	+351 +294	+471 +435	+492 +435	+566 +530	+696 +660	+856 +820	+1036 +1000
+153 +126	+166 +126	+189 +126	+259 +232	+272 +232	+295 +232	+357 +330	+370 +330	+393 +330	+530 +490	+553 +490	+635 +595	+780 +740	+960 +920	+1140 +1100
+159 +132	+172 +132	+195 +132	+279 +252	+292 +252	+315 +252	+387 +360	+400 +360	+423 +360	+580 +540	+603 +540	+700 +660	+860 +820	+1040 +1000	+1290 +1250

附表2　常用及优先用途孔的极限偏差（尺寸

| 公称尺寸/mm | | 常　用　及　优　先　公　差　带 | | | | | | | | | | | | | | |
大于	至	A 11	B 11	C 12	C ⑪	D 8	D ⑨	D 10	D 11	E 8	E 9	F 6	F 7	F ⑧	F 9	G 6
—	3	+330 / +270	+200 / +140	+240 / +140	+120 / +60	+34 / +20	+45 / +20	+60 / +20	+80 / +20	+28 / +14	+39 / +14	+12 / +6	+16 / +6	+20 / +6	+31 / +6	+8 / +2
3	6	+345 / +270	+215 / +140	+260 / +140	+145 / +70	+48 / +30	+60 / +30	+78 / +30	+105 / +30	+38 / +20	+50 / +20	+18 / +10	+22 / +10	+28 / +10	+40 / +10	+12 / +4
6	10	+370 / +280	+240 / +150	+300 / +150	+170 / +80	+62 / +40	+76 / +40	+98 / +40	+130 / +40	+47 / +25	+61 / +25	+22 / +13	+28 / +13	+35 / +13	+49 / +13	+14 / +5
10	14	+400 / +290	+260 / +150	+330 / +150	+205 / +95	+77 / +50	+93 / +50	+120 / +50	+160 / +50	+59 / +32	+75 / +32	+27 / +16	+34 / +16	+43 / +16	+59 / +16	+17 / +6
14	18															
18	24	+430 / +300	+290 / +160	+370 / +160	+240 / +110	+98 / +65	+117 / +65	+149 / +65	+195 / +65	+73 / +40	+92 / +40	+33 / +20	+41 / +20	+53 / +20	+72 / +20	+20 / +7
24	30															
30	40	+470 / +310	+330 / +170	+420 / +170	+280 / +120	+119 / +80	+142 / +80	+180 / +80	+240 / +80	+89 / +50	+112 / +50	+41 / +25	+50 / +25	+64 / +25	+87 / +25	+25 / +9
40	50	+480 / +320	+340 / +180	+430 / +180	+290 / +130											
50	65	+530 / +340	+380 / +190	+490 / +190	+330 / +150	+146 / +100	+170 / +100	+220 / +100	+290 / +100	+106 / +60	+134 / +60	+49 / +30	+60 / +30	+76 / +30	+104 / +30	+29 / +10
65	80	+550 / +360	+390 / +200	+500 / +200	+340 / +150											
80	100	+600 / +380	+400 / +220	+570 / +220	+390 / +170	+174 / +120	+207 / +120	+260 / +120	+340 / +120	+126 / +72	+159 / +72	+58 / +36	+71 / +36	+90 / +36	+123 / +36	+34 / +12
100	120	+630 / +410	+460 / +240	+590 / +240	+400 / +180											
120	140	+710 / +460	+510 / +260	+660 / +260	+450 / +200	+208 / +145	+245 / +145	+305 / +145	+395 / +145	+148 / +85	+185 / +85	+68 / +43	+83 / +43	+106 / +43	+143 / +43	+39 / +14
140	160	+770 / +520	+530 / +280	+680 / +280	+460 / +210											
160	180	+830 / +580	+560 / +310	+710 / +310	+480 / +230											
180	200	+950 / +660	+630 / +340	+800 / +340	+530 / +240	+242 / +170	+285 / +170	+355 / +170	+460 / +170	+172 / +100	+215 / +100	+79 / +50	+96 / +50	+122 / +50	+165 / +50	+44 / +15
200	225	+1030 / +740	+670 / +380	+840 / +380	+550 / +260											
225	250	+1110 / +820	+710 / +420	+880 / +420	+570 / +280											
250	280	+1240 / +920	+800 / +480	+1000 / +480	+620 / +300	+271 / +190	+320 / +190	+400 / +190	+510 / +190	+191 / +110	+240 / +110	+88 / +56	+108 / +56	+137 / +56	+186 / +56	+49 / +17
280	315	+1370 / +1050	+860 / +540	+1060 / +540	+650 / +330											
315	355	+1560 / +1200	+960 / +600	+1170 / +600	+720 / +360	+299 / +210	+350 / +210	+440 / +210	+570 / +210	+214 / +125	+265 / +125	+98 / +62	+119 / +62	+151 / +62	+202 / +62	+54 / +18
355	400	+1710 / +1350	+1040 / +680	+1250 / +680	+760 / +400											
400	450	+1900 / +1500	+1160 / +760	+1390 / +760	+840 / +440	+327 / +230	+385 / +230	+480 / +230	+630 / +230	+232 / +135	+290 / +135	+108 / +68	+131 / +68	+165 / +68	+223 / +68	+6 / +20
450	500	+2050 / +1650	+1240 / +840	+1470 / +840	+880 / +480											

至 500mm）　　　　　　　　　　　　　　　　　　　　　　　　（单位：μm）

（带圈者为优先公差带）

	H								JS			K			M		
⑦	6	⑦	⑧	⑨	10	⑪	12	6	7	8	6	⑦	8	6	7	8
+12 +2	+6 0	+10 0	+14 0	+25 0	+40 0	+60 0	+100 0	±3	±5	±7	0 −6	0 −10	0 −14	−2 −8	−2 −12	−2 −16
+16 +4	+8 0	+12 0	+18 0	+30 0	+48 0	+75 0	+120 0	±4	±6	±9	+2 −6	+3 −9	+5 −13	−1 −9	0 −12	+2 −16
+20 +5	+9 0	+15 0	+22 0	+36 0	+58 0	+90 0	+150 0	±4.5	±7	±11	+2 −7	+5 −10	+6 −16	−3 −12	0 −15	+1 −21
+24 +6	+11 0	+18 0	+27 0	+43 0	+70 0	+110 0	+180 0	±5.5	±9	±13	+2 −9	+6 −12	+8 −19	−4 −15	0 −18	+2 −25
+28 +7	+13 0	+21 0	+33 0	+52 0	+84 0	+130 0	+210 0	±6.5	±10	±16	+2 −11	+6 −15	+10 −23	−4 −17	0 −21	+4 −29
+34 +9	+16 0	+25 0	+39 0	+62 0	+100 0	+160 0	+250 0	±8	±12	±19	+3 −13	+7 −18	+12 −27	−4 −20	0 −25	+5 −34
+40 +10	+19 0	+30 0	+46 0	+74 0	+120 0	+190 0	+300 0	±9.5	±15	±23	+4 −15	+9 −21	+14 −32	−5 −24	0 −30	+5 −41
+47 +12	+22 0	+35 0	+54 0	+87 0	+140 0	+220 0	+350 0	±11	±17	±27	+4 −18	+10 −25	+16 −38	−6 −28	0 −35	+6 −48
+54 +14	+25 0	+40 0	+63 0	+100 0	+160 0	+250 0	+400 0	±12.5	±20	±31	+4 −21	+12 −28	+20 −43	−8 −33	0 −40	+8 −55
+61 +15	+29 0	+46 0	+72 0	+115 0	+185 0	+290 0	+460 0	±14.5	±23	±36	+5 −24	+13 −33	+22 −50	−8 −37	0 −46	+9 −63
+69 +17	+32 0	+52 0	+81 0	+130 0	+210 0	+320 0	+520 0	±16	±26	±40	+5 −27	+16 −36	+25 −56	−9 −41	0 −52	+9 −72
+75 +18	+36 0	+57 0	+89 0	+140 0	+230 0	+360 0	+570 0	±18	±28	±44	+7 −29	+17 −40	+28 −61	−10 −46	0 −57	+11 −78
+83 +20	+40 0	+63 0	+97 0	+155 0	+250 0	+400 0	+630 0	±20	±31	±48	+8 −32	+18 −45	+29 −68	−10 −50	0 −63	+11 −86

（续）

常用及优先公差带（带圈者为优先公差带）

公称尺寸/mm 大于	至	N 6	N ⑦	N 8	P 6	P ⑦	R 6	R ⑦	S 6	S ⑦	T 6	T 7	U ⑦
—	3	−4 / −10	−4 / −14	−4 / −18	−6 / −12	−6 / −16	−10 / −16	−10 / −20	−14 / −20	−14 / −24	—	—	−18 / −28
3	6	−5 / −13	−4 / −16	−2 / −20	−9 / −17	−8 / −20	−12 / −20	−11 / −23	−16 / −24	−15 / −27	—	—	−19 / −31
6	10	−7 / −16	−4 / −19	−3 / −25	−12 / −21	−9 / −24	−16 / −25	−13 / −28	−20 / −29	−17 / −32	—	—	−22 / −37
10	14	−9 / −20	−5 / −23	−3 / −30	−15 / −26	−11 / −29	−20 / −31	−16 / −34	−25 / −36	−21 / −39	—	—	−26 / −44
14	18	−9 / −20	−5 / −23	−3 / −30	−15 / −26	−11 / −29	−20 / −31	−16 / −34	−25 / −36	−21 / −39	—	—	−26 / −44
18	24	−11 / −24	−7 / −28	−3 / −36	−18 / −31	−14 / −35	−24 / −37	−20 / −41	−31 / −44	−27 / −48	—	—	−33 / −54
24	30	−11 / −24	−7 / −28	−3 / −36	−18 / −31	−14 / −35	−24 / −37	−20 / −41	−31 / −44	−27 / −48	−37 / −50	−33 / −54	−40 / −61
30	40	−12 / −28	−8 / −33	−3 / −42	−21 / −37	−17 / −42	−29 / −45	−25 / −50	−38 / −54	−34 / −59	−43 / −59	−39 / −64	−51 / −76
40	50	−12 / −28	−8 / −33	−3 / −42	−21 / −37	−17 / −42	−29 / −45	−25 / −50	−38 / −54	−34 / −59	−49 / −65	−45 / −70	−61 / −86
50	65	−14 / −33	−9 / −39	−4 / −50	−26 / −45	−21 / −51	−35 / −54	−30 / −60	−47 / −66	−42 / −72	−60 / −79	−55 / −85	−76 / −106
65	80	−14 / −33	−9 / −39	−4 / −50	−26 / −45	−21 / −51	−37 / −56	−32 / −62	−53 / −72	−48 / −78	−69 / −88	−64 / −94	−91 / −121
80	100	−16 / −38	−10 / −45	−4 / −58	−30 / −52	−24 / −59	−44 / −66	−38 / −73	−64 / −86	−58 / −93	−84 / −106	−78 / −113	−111 / −146
100	120	−16 / −38	−10 / −45	−4 / −58	−30 / −52	−24 / −59	−47 / −69	−41 / −76	−72 / −94	−66 / −101	−97 / −119	−91 / −126	−131 / −166
120	140	−20 / −45	−12 / −52	−4 / −67	−36 / −61	−28 / −68	−56 / −81	−48 / −88	−85 / −110	−77 / −117	−115 / −140	−107 / −147	−155 / −195
140	160	−20 / −45	−12 / −52	−4 / −67	−36 / −61	−28 / −68	−58 / −83	−50 / −90	−93 / −118	−85 / −125	−127 / −152	−119 / −159	−175 / −215
160	180	−20 / −45	−12 / −52	−4 / −67	−36 / −61	−28 / −68	−61 / −86	−53 / −93	−101 / −126	−93 / −133	−139 / −164	−131 / −171	−195 / −235
180	200	−22 / −51	−14 / −60	−5 / −77	−41 / −70	−33 / −79	−68 / −97	−60 / −106	−113 / −142	−105 / −151	−157 / −186	−149 / −195	−219 / −265
200	225	−22 / −51	−14 / −60	−5 / −77	−41 / −70	−33 / −79	−71 / −100	−68 / −109	−121 / −150	−113 / −159	−171 / −200	−163 / −209	−241 / −287
225	250	−22 / −51	−14 / −60	−5 / −77	−41 / −70	−33 / −79	−75 / −104	−67 / −113	−131 / −160	−123 / −169	−187 / −216	−179 / −225	−267 / −313
250	280	−25 / −57	−14 / −66	−5 / −86	−47 / −79	−36 / −88	−85 / −117	−74 / −126	−149 / −181	−138 / −190	−209 / −241	−198 / −250	−295 / −347
280	315	−25 / −57	−14 / −66	−5 / −86	−47 / −79	−36 / −88	−89 / −121	−78 / −130	−161 / −193	−150 / −202	−231 / −263	−220 / −272	−330 / −382
315	355	−26 / −62	−16 / −73	−5 / −94	−51 / −87	−41 / −98	−97 / −133	−87 / −144	−179 / −215	−169 / −226	−257 / −293	−247 / −304	−369 / −426
355	400	−26 / −62	−16 / −73	−5 / −94	−51 / −87	−41 / −98	−103 / −139	−93 / −150	−197 / −233	−187 / −244	−283 / −319	−273 / −330	−414 / −471
400	450	−27 / −67	−17 / −80	−6 / −103	−55 / −95	−45 / −108	−113 / −153	−103 / −166	−219 / −259	−209 / −272	−317 / −357	−307 / −370	−467 / −530
450	500	−27 / −67	−17 / −80	−6 / −103	−55 / −95	−45 / −108	−119 / −159	−109 / −172	−239 / −279	−229 / −292	−347 / −387	−337 / −400	−517 / −580

二、螺纹

附表 3　普通螺纹直径和螺距系列（GB/T 193—2003）

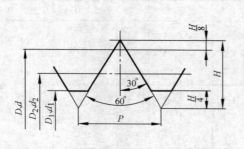

$$d_2 = d - 2 \times \frac{3}{8}H, \quad D_2 = D - 2 \times \frac{3}{8}H$$

$$d_1 = d - 2 \times \frac{5}{8}H, \quad D_1 = D - 2 \times \frac{5}{8}H$$

$$H = \frac{\sqrt{3}}{2}P$$

式中　d——外螺纹大径；　　D——内螺纹大径；
　　　　d_2——外螺纹中径；　D_2——内螺纹大径；
　　　　d_1——外螺纹小径；　D_1——内螺纹小径；
　　　　P——螺距；　　　　　H——原始三角形高度

公称直径 D、d/mm			螺距 P/mm										
				细　牙									
第 1 系列	第 2 系列	第 3 系列	粗牙	3	2	1.5	1.25	1	0.75	0.5	0.35	0.25	0.2
∗1			∗0.25										0.2
	1.1		0.25										0.2
∗1.2			∗0.25										0.2
		∗1.4	∗0.3										0.2
∗1.6			∗0.35										0.2
	∗1.8		∗0.35										0.2
∗2			∗0.4									0.25	
	2.2		0.45									0.25	
∗2.5			∗0.45								0.35		
∗3			∗0.5								0.35		
	∗3.5		∗0.6								0.35		
∗4			∗0.7							0.5			
	4.5		0.75							0.5			
∗5			∗0.8							0.5			
		5.5								0.5			
∗6			∗1						0.75				
	∗7		∗1						0.75				
∗8			∗1.25					1	0.75				
		9	1.25					1	0.75				
∗10			∗1.5				1.25	1	0.75				
		11	1.5			1.5		1	0.75				
∗12			∗1.75				1.25	1					

（续）

公称直径 D、d/mm			螺距 P/mm										
			粗牙	细　牙									
第 1 系列	第 2 系列	第 3 系列		3	2	1.5	1.25	1	0.75	0.5	0.35	0.25	0.2
	*14		*2			1.5	1.25ᵃ	1					
		15				1.5		1					
*16			*2			1.5		1					
		17				1.5		1					
	*18		*2.5		2	1.5		1					
*20			*2.5		2	1.5		1					
	*22				2	1.5		1					
*24			*2.5		2	1.5		1					
		25	3		2	1.5		1					
		26				1.5							
	*27		*3		2	1.5		1					
		28			2	1.5		1					
*30			*3.5	(3)	2	1.5		1					
		32			2	1.5							
	*33		*3.5	(3)	2	1.5							
		35ᵇ				1.5							
*36			*4	3	2	1.5							
		38				1.5							
	*39		*4	3	2	1.5							

第 1 系列	第 2 系列	第 3 系列	粗牙螺距 P /mm	细牙螺距 P/mm					
				8	6	4	3	2	1.5
		40					3	2	1.5
*42			*4.5			4	3	2	1.5
	*45		*4.5			4	3	2	1.5
*48			*5			4	3	2	1.5
		50					3	2	1.5
	*52		*5			4	3	2	1.5
		55				4	3	2	1.5
*56			*5.5			4	3	2	1.5
		58				4	3	2	1.5
	*60		*5.5			4	3	2	1.5
		62				4	3	2	1.5
*64			*6			4	3	2	1.5

（续）

第1系列	第2系列	第3系列	粗牙螺距P/mm	细牙螺距P/mm					
				8	6	4	3	2	1.5
		65				4	3	2	1.5
	68		6			4	3	2	1.5
		70			6	4	3	2	1.5
72					6	4	3	2	1.5
		75				4	3	2	1.5
	76				6	4	3	2	1.5
		78						2	
80					6	4	3	2	1.5
		82						2	
	85				6	4	3	2	
90					6	4	3	2	
	95				6	4	3	2	
100					6	4	3		
		105			6	4	3	2	
110					6	4	3	2	
	115				6	4	3	2	
	120				6	4	3	2	
125				8	6	4	3	2	
	130			8	6	4	3	2	
140					6	4	3	2	
		135		8	6	4	3	2	
		145			6	4	3	2	
	150			8	6	4	3	2	
		155			6	4	3	2	
160				8	6	4	3		
		165			6	4	3		
	170			8	6	4	3		
		175			6	4	3		
180				8	6	4	3		
		185			6	4	3		

注：1. 优先选用第一系列，其次是第二系列，第三系列尽可能不用。

　　2. 括号内尺寸尽可能不用。

　　3. "a" 仅用于发动机的火花塞。"b" 仅用于滚动轴承锁紧螺母。

　　4. " ＊ " 普通螺纹优选系列（GB/T 9144—2003）。

附表 4　基本尺寸（GB/T 196—2003）

公称直径 D、d/mm	螺距 P/mm	中径 D_2 或 d_2/mm	小径 D_1 或 d_1/mm	公称直径 D、d/mm	螺距 P/mm	中径 D_2 或 d_2/mm	小径 D_1 或 d_1/mm
3	0.5	2.675	2.459		2	14.701	13.835
	0.35	2.773	2.621	16	1.5	15.026	14.376
3.5	0.6	3.110	2.850		1	15.350	14.917
	0.35	3.273	3.121	17	1.5	16.026	15.376
4	0.7	3.545	3.242		1	16.350	15.917
	0.5	3.675	3.459		2.5	16.376	15.294
4.5	0.75	4.013	3.688	18	2	16.701	15.835
	0.5	4.175	3.959		1.5	17.026	16.376
5	0.8	4.480	4.134		1	17.350	16.917
	0.5	4.675	4.459		2.5	18.376	17.294
5.5	0.5	5.175	4.959	20	2	18.701	17.835
6	1	5.350	4.917		1.5	19.026	18.376
	0.75	5.513	5.188		1	19.350	18.917
7	1	6.350	5.917		2.5	20.376	19.294
	0.75	6.513	6.188	22	2	20.701	19.835
8	1.25	7.188	6.647		1.5	21.026	20.376
	1	7.350	6.917		1	21.350	20.917
	0.75	7.513	7.188		3	22.051	20.752
9	1.25	8.188	7.647	24	2	22.701	21.835
	1	8.350	7.917		1.5	23.026	22.376
	0.75	8.513	8.188		1	23.350	22.917
10	1.5	9.026	8.376		2	23.701	22.835
	1.25	9.188	8.647	25	1.5	24.026	23.376
	1	9.350	8.917		1	24.350	23.917
	0.75	9.513	9.188	26	1.5	25.026	24.376
11	1.5	10.026	9.376		3	25.051	23.752
	1	10.35	9.917	27	2	25.701	24.835
	0.75	10.513	10.188		1.5	26.026	25.376
12	1.75	10.863	10.106		1	26.350	25.917
	1.5	11.026	10.376		2	26.701	25.835
	1.25	11.188	10.647	28	1.5	27.026	26.376
	1	11.350	10.917		1	27.350	26.917
14	2	12.701	11.835		3.5	27.727	26.211
	1.5	13.026	12.376		3	28.051	26.752
	1.25	13.188	12.647	30	2	28.701	27.835
	1	13.350	12.917		1	29.026	28.376
15	1.5	14.026	13.376		1.5	29.350	28.917
	1	14.350	13.917				

（续）

公称直径 D、d/mm	螺距 P /mm	中径 D_2 或 d_2 /mm	小径 D_1 或 d_1 /mm	公称直径 D、d/mm	螺距 P /mm	中径 D_2 或 d_2 /mm	小径 D_1 或 d_1 /mm
32	2	30.701	29.835	48	2	46.701	45.835
	1.5	31.026	30.376		1.5	47.026	46.376
33	3.5	30.727	29.211	50	30	48.051	46.752
	3	31.051	29.752		2	48.701	47.835
	2	31.701	30.835		1.5	49.026	48.376
	1.5	32.026	31.376	52	5	48.752	46.587
35	1.5	34.026	33.376		4	49.402	47.670
36	4	33.402	31.670		3	50.051	48.752
	3	34.051	32.752		2	50.701	49.835
	2	34.701	33.835		1.5	51.026	50.376
	1.5	35.026	34.376	55	4	52.402	50.670
38	1.5	37.026	36.376		3	53.051	51.752
39	4	36.402	34.670		2	53.701	52.835
	3	37.051	35.752		1.5	54.026	53.376
	2	37.701	36.835	56	5.5	52.428	50.046
	1.5	38.026	37.376		4	53.402	51.670
40	3	38.051	36.752		3	54.051	52.752
	2	38.701	37.835		2	54.701	53.835
	1.5	39.026	38.376		1.5	55.026	54.376
42	4.5	39.077	37.129	58	4	55.402	53.670
	4	39.402	37.670		3	56.051	54.752
	3	40.051	38.752		2	56.701	55.835
	2	40.701	39.835		1.5	57.026	56.376
	1.5	41.026	40.376	60	5.5	56.428	54.046
45	4.5	42.077	40.129		4	57.402	55.670
	4	42.402	40.670		3	58.051	56.752
	3	43.051	41.752		2	58.701	57.835
	2	43.701	42.835		1.5	59.026	58.376
	1.5	44.026	43.376	62	4	59.402	57.670
48	5	44.752	42.587		3	60.051	58.752
	4	45.402	43.670		2	60.701	59.835
	3	46.051	44.752		1.5	61.026	60.376

附表5　用螺纹密封的管螺纹（GB/T 7306.1～7306.2—2000）

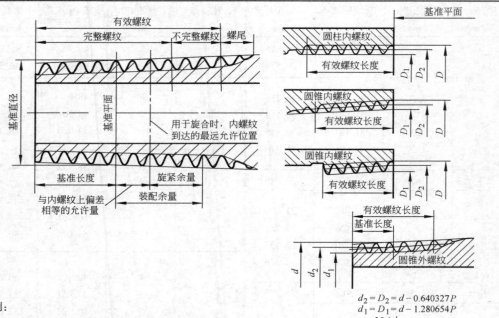

$$d_2 = D_2 = d - 0.640327P$$
$$d_1 = D_1 = d - 1.280654P$$
$$P = 25.4/n$$

标记示例：

圆锥内螺纹 $R_c 1^1/_2$。圆柱内螺纹 $R_p 1^1/_2$。圆锥外螺纹 $R_1 1/_2$

圆锥内螺纹与圆锥外螺纹的配合 $R_c 1^1/_2 / R_1 1/_2$，当螺纹为左旋时 $R_c 1^1/_2 / R_1 1/_2 - LH$

圆柱内螺纹与圆锥外螺纹的配合 $R_p 1^1/_2 / R_1 1/_2$

尺寸代号	每25.4mm 内所包含 的牙数 n	螺距 P/mm	基准平面内的基本直径			基准长度 /mm	有效螺纹 长度 /mm	装配余量	
			大　径 （基面直径） $d = D/mm$	中径 $d_2 = D_2$ /mm	小径 $d_1 = D_1$ /mm			mm	圈数
1/16	28	0.907	7.723	7.142	6.561	4	6.5	2.5	$2^3/_4$
1/8	28	0.907	9.728	9.147	8.566	4	6.5	2.5	$2^3/_4$
1/4	19	1.337	13.157	12.301	11.445	6	9.7	3.7	$2^3/_4$
3/8	19	1.337	16.662	15.806	14.950	6.4	10.1	3.7	$2^3/_4$
1/2	14	1.814	20.955	19.793	18.631	8.2	13.2	5	$2^3/_4$
3/4	14	1.814	26.441	25.279	24.117	9.5	14.5	5	$2^3/_4$
1	11	2.309	33.249	31.770	30.291	10.4	16.8	6.4	$2^3/_4$
$1^1/_4$	11	2.309	41.910	40.431	38.952	12.7	19.1	6.4	$2^3/_4$
$1^1/_2$	11	2.309	47.803	46.324	44.845	12.7	19.1	6.4	$3^1/_4$
2	11	2.309	59.614	58.135	56.656	15.9	23.4	7.5	4
$2^1/_2$	11	2.309	75.184	73.705	72.226	17.5	26.7	9.2	4
3	11	2.309	87.884	86.405	84.926	20.6	29.8	9.2	4
$3^1/_2$ *	11	2.309	100.330	98.851	97.372	22.2	31.4	9.2	4
4	11	2.309	113.030	111.551	110.072	25.4	35.8	10.4	$4^1/_2$
5	11	2.309	138.430	136.951	135.472	28.6	40.1	11.5	5
6	11	2.309	163.830	162.351	160.872	28.6	40.1	11.5	5

注：1. 有 * 的代号为 $3^1/_2$ 的螺纹，限用于蒸汽机车。

2. 本标准包括了圆锥内螺纹与圆锥外螺纹和圆柱内螺纹与圆锥外螺纹两种联接形式。

3. 本标准适用于管子、管接头、旋塞、阀门和其他螺纹联接的附件。

三、螺栓

附表6 六角头螺栓—A 和 B 级（GB/T 5782—2000）、六角头螺栓
全螺纹—A 和 B 级（GB/T 5783—2000）

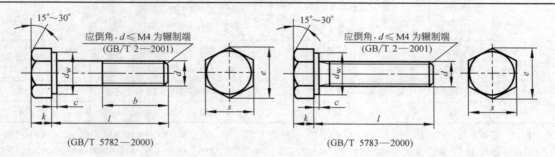

(GB/T 5782—2000)　　　　　　　　　　(GB/T 5783—2000)

标记示例：

螺纹规格 d = M12、公称长度 l =80mm、性能等级为 8.8 级、表面氧化、A 级的六角螺栓：

螺栓 GB/T 5782—2000 M12×80 或螺栓 GB/T 5782 M12×80

（单位：mm）

螺纹规格 D		e_{min} GB/T 5782 GB/T 5783		k（公称） GB/T 5782 GB/T 5783	$d_{w\,min}$ GB/T 5782 GB/T 5783		c_{max} GB/T 5782 GB/T 5783	l（公称） GB/T 5782 （商品长度 规格范围）	GB/T 5783 （商品长度 规格范围）	b（参考）GB/T 5782		
		A 级	B 级		A 级	B 级				$l \leqslant 125$	$125 > l$ $\leqslant 200$	$l > 200$
优选的螺纹规格	M1.6	3.41	3.28	1.1	2.27	2.30	0.25	12 ~ 16	2 ~ 16	9	15	28
	M2	4.32	4.18	1.4	3.07	2.95		16 ~ 20	4 ~ 20	10	16	29
	M2.5	5.45	5.31	1.7	4.07	3.95		16 ~ 25	5 ~ 25	11	17	30
	M3	6.01	5.88	2	4.57	4.45	0.4	20 ~ 30	6 ~ 30	12	18	31
	M4	7.66	7.50	2.8	5.88	5.74		25 ~ 40	8 ~ 40	14	20	33
	M5	8.79	8.63	3.5	6.88	6.74	0.5	25 ~ 50	10 ~ 50	16	22	35
	M6	11.05	10.89	4	8.88	8.74		30 ~ 60	12 ~ 60	18	24	37
	M8	14.38	14.20	5.3	11.63	11.47		40 ~ 80	16 ~ 80	22	28	41
	M10	17.77	17.59	6.4	14.63	14.47	0.6	45 ~ 100	20 ~ 100	26	32	45
	M12	20.03	19.85	7.5	16.63	16.47		50 ~ 120	25 ~ 120	30	36	49
	M16	26.75	26.17	10	22.49	22		65 ~ 160	30 ~ 150	38	44	57
	M20	33.53	32.95	12.5	28.19	27.7		80 ~ 200	40 ~ 200	46	52	65
	M24	39.98	39.55	15	33.61	33.25	0.8	90 ~ 240	50 ~ 200	54	60	73
	M30	—	50.85	18.7	—	42.75		110 ~ 300	60 ~ 200	66	72	85
	M36	—	60.79	22.5	—	51.11		140 ~ 360	70 ~ 200		84	97
	M42	—	71.3	26	—	59.95		106 ~ 400	80 ~ 200		96	109
	M48	—	82.6	30	—	69.45	1.0	180 ~ 480	100 ~ 200		108	121
	M56	—	93.56	35	—	78.66		220 ~ 500	110 ~ 200		—	137
	M64	—	104.86	40	—	88.16		260 ~ 500	120 ~ 200		—	153
非优选的螺纹规格	M3.5	6.58	6.44	2.4	5.07	4.95	0.4	20 ~ 35	8 ~ 35	13	19	
	M14	23.36	22.78	8.8	19.64	19.15	0.6	60 ~ 140	30 ~ 140	34	40	53
	M18	30.14	29.56	11.5	25.34	24.85		70 ~ 180	35 ~ 150	42	48	61
	M22	37.72	37.29	14	31.71	31.35		90 ~ 220	45 ~ 200	50	56	69
	M27	—	45.2	17	—	38	0.8	100 ~ 260	55 ~ 200	60	66	79
	M33	—	55.37	21	—	46.55		130 ~ 320	65 ~ 200		78	91

（续）

螺纹规格 D		e_{min} GB/T 5782 GB/T 5783		k（公称） GB/T 5782 GB/T 5783	$d_{w_{min}}$ GB/T 5782 GB/T 5783		c_{max} GB/T 5782 GB/T 5783	l（公称） GB/T 5782 （商品长度 规格范围）	GB/T 5783 （商品长度 规格范围）	b（参考） GB/T 5782		
		A 级	B 级		A 级	B 级				$l \leqslant 125$	$125 > l \leqslant 200$	$l > 200$
非优 选的 螺纹 规格	M39	—	66.44	25	—	55.86	1.0	150 ~ 380	80 ~ 200	—	90	103
	M45	—	76.95	28	—	64.7		180 ~ 440	90 ~ 200	—	102	115
	M52	—	88.25	33	—	74.2		200 ~ 480	100 ~ 200	—	116	129
	M60	—	99.21	38	—	83.41		240 ~ 500	120 ~ 200	—	—	145

注：1. 长度系列：12、16、20、25、30、35、40、45、50、55、60、65、70、80、90、100、110、120、130、140、150、160、180、200、240、260、280、300、320、340、360、380、400、420、440、460、480、500。

2. 相应的螺距 P 值查附表 3，s_{max} 值查 I 型六角螺母表。

四、双头螺柱

附表 7　双头螺柱$b_m = 1d$（GB/T 897—1988）、$b_m = 1.25d$（GB/T 898—1988）

$b_m = 1.5d$（GB/T 899—1988）、$b_m = 2d$（GB/T 900—1988）

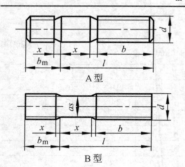

A 型

B 型

标记示例：

两段均为粗牙普通螺纹，$d = 10mm$、$l = 50mm$、性能等级为 4.8 级、不经表面处理、B 型、$b_m = d$ 的双头螺柱：

螺柱 GB/T 897—1988 M10×50　或　螺柱 GB/T 897 M10×50

选入机体一端为粗牙普通螺纹，旋螺母一端为螺距 $P = 1mm$ 的细牙普通螺纹，$d = 10mm$、$l = 50mm$、性能等级为 4.8 级、不经表面处理、A 型、$b_m = d$ 的双头螺柱：

螺柱 GB/T 897—1988 AM10—M10×1×50　或　螺柱 GB/T 897 AM10—M10 ×1×50

（单位：mm）

螺纹规格 d		M5	M6	M8	M10	M12	M16	M20	M24	M30	M36	M42
$b_m = 1d$（GB/T 897）		5	6	8	10	12	16	20	24	30	36	42
$b_m = 1.25d$（GB/T 898）		6	8	10	12	15	20	25	30	38	45	52
$b_m = 1.5d$（GB/T 899）		8	10	12	15	18	24	30	36	45	54	63
$b_m = 2d$（GB/T 900）		10	12	16	20	24	32	40	48	60	72	84
$\dfrac{l}{b}$	l	16 ~ 22	20 ~ 22	20 ~ 22	25 ~ 28	25 ~ 30	30 ~ 38	35 ~ 40	45 ~ 50	60 ~ 65	65 ~ 75	70 ~ 80
	b	10	10	12	14	16	20	25	30	40	45	50
	l	25 ~ 50	25 ~ 30	25 ~ 30	30 ~ 38	32 ~ 40	40 ~ 55	45 ~ 65	55 ~ 75	70 ~ 90	80 ~ 110	85 ~ 100
	b	16	14	16	16	20	30	35	45	50	60	70
	l		32 ~ 75	32 ~ 90	40 ~ 120	45 ~ 120	60 ~ 120	70 ~ 120	80 ~ 120	95 ~ 120	120	120
	b		18	22	26	30	38	46	54	60	78	90

（续）

螺纹规格 d		M5	M6	M8	M10	M12	M16	M20	M24	M30	M36	M42
$\dfrac{l}{b}$	l				130	130 ~ 180	130 ~ 200	130 ~ 200	130 ~ 200	130 ~ 200	130 ~ 200	130 ~ 200
	b				32	36	44	52	60	72	84	96
	l									210 ~ 250	210 ~ 300	210 ~ 300
	b									85	97	109
长度 l 系列		16，(18)，20，(22)，25，(28)，30，(32)，35，(38)，40，45，50，(55)，60，(65)，70，(75)，80，(85)，90，(95)，100，110，120，130，140，150，160，170，180，190，200，210，220，230，240，250，260，270，280，290，300										

注：括号内的数值尽可能不采用。

五、螺钉

附表 **8**　开槽圆柱头螺钉（GB/T 65—2000）、开槽沉头螺钉（GB/T 68—2000）、
　　　　　开槽盘头螺钉（GB/T 67—2008）、十字槽盘头螺钉（GB/T 818—2000）

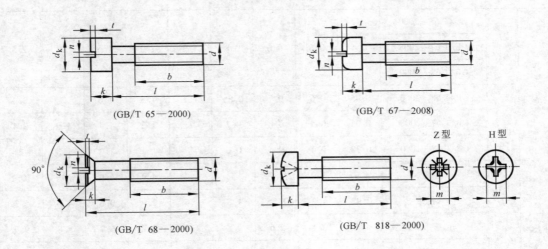

（GB/T 65—2000）　　　　　　　　　　（GB/T 67—2008）

（GB/T 68—2000）　　　　　　　（GB/T 818—2000）

标记示例：

　　螺纹规格 d = M5、公称长度 l = 20mm、性能等级为 4.8 级、不经表面处理的 A 级开槽圆柱头螺钉：

　　　　　　螺钉 GB/T 65—2000 M5 × 20　　或　　螺钉 GB/T 65 M5 × 20

　　螺纹规格 d = M5、公称长度 l = 20mm、性能等级为 4.8 级、H 型十字槽、不经表面处理的 A 级十字槽盘头螺钉：

　　　　　　螺钉 GB/T 818—2000 M5 × 20　　或　　螺钉 GB/T 818 M5 × 20

　　螺纹规格 d = M5、公称长度 l = 20mm、性能等级为 4.8 级、不经表面处理的 A 级开槽沉头螺钉：

　　　　　　螺钉 GB/T 67—2008 M5 × 20　　或　　螺钉 GB/T 67 M5 × 20

（续）

（单位：mm）

螺纹规格 d		M1.6	M2	M2.5	M3	M4	M5	M6	M8	M10
$d_{k\,max}$（公称）	GB/T 65—2000	3.0	3.8	4.5	5.5	7.0	8.5	10.0	13.0	16.0
	GB/T 67—2008	3.2	4.0	5.0	5.6	8.0	9.5	12.0	16.0	20.0
	GB/T 68—2000	3.6	4.4	5.5	6.3	9.4	10.4	12.6	17.3	20.0
	GB/T 818—2000	3.2	4.0	5.0	5.6	8.0	9.5	12.0	16.0	20.0
k_{max}（公称）	GB/T 65—2000	1.1	1.4	1.8	2	2.6	3.3	3.9	5.0	6.0
	GB/T 67—2008	1.0	1.3	1.5	1.8	2.4	3.0	3.6	4.8	6.0
	GB/T 68—2000	1	1.2	1.5	1.65	2.7	2.7	3.3	4.65	5.0
	GB/T 818—2000	1.3	1.6	2.1	2.4	3.1	3.7	4.6	6.0	7.5
b_{min}	GB/T 65，GB/T 67	25					38			
	GB/T 68，GB/T 818									
开槽	n（公称） GB/T 65—2000 GB/T 67—2008 GB/T 68—2000	0.4	0.5	0.6	0.8	1.2	1.2	1.6	2	2.5
	t_{min} GB/T 65—2000	0.45	0.6	0.7	0.85	1.1	1.3	1.6	2	2.4
	t_{min} GB/T 67—2008	0.35	0.5	0.6	0.7	1	1.2	1.4	1.9	2.4
	t_{min} GB/T 68—2000	0.32	0.4	0.5	0.6	1	1.1	1.2	1.8	2
十字槽 GB/T 818	H型 m（参考）	1.7	1.9	2.7	3	4.4	4.9	6.9	9	10.1
	H型 插入深度	0.95	1.2	1.55	1.8	2.4	2.9	3.6	4.6	5.8
	Z型 m（参考）	1.6	2.1	2.6	2.8	4.3	4.7	6.7	8.8	9.9
	Z型 插入深度	0.9	1.42	1.5	1.75	2.34	2.74	3.46	4.5	5.69
l（公称）	商品规格范围 GB/T 65—2000	2~16	3~20	3~25	4~30	5~40	6~50	8~60	10~80	12~80
	商品规格范围 GB/T 67—2008	2~16	2.5~20	3~25	4~30	5~40	6~50	8~60	10~80	12~80
	商品规格范围 GB/T 68~2000	2.5~16	3~20	3~25	6~30	6~40	8~50	8~60	10~80	12~80
	商品规格范围 GB/T 818—2000	3~16	3~20	3~25	4~30	5~40	6~45	8~60	10~60	12~60
	全螺纹范围 GB/T 65，GB/T 67	$l \leqslant 30$					$l \leqslant 40$			
	全螺纹范围 GB/T 68—2000	$l \leqslant 30$					$l \leqslant 45$			
	全螺纹范围 GB/T 818—2000	$l \leqslant 25$					$l \leqslant 40$			
	系列值	2，2.5，3，4.5，5，6，8，10，12，（14），16，20，25，30，35，40，45，50，（55），60，（65），70，（75），80									

附表9 内六角圆柱头螺钉（GB/T 70.1—2000）

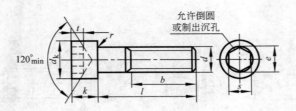

标记示例：

螺纹规格 d = M5、公称长度 l = 200mm、性能等级为8.8级、表面氧化的内六角圆柱头螺钉：

螺钉 GB/T 70.1—2000 M5×20   或   螺钉 GB/T 70.1 M5×20

（单位：mm）

螺纹规格 d	M1.6	M2	M2.5	M3	M4	M5	M6	M8	M10	M12	（M14）	M16	M20	M24	M30	M36
d_k	3	3.8	4.5	5.5	7	8.5	10	13	16	18	21	24	30	36	45	54
k	1.6	2	2.5	3	4	5	6	8	10	12	14	16	20	24	30	36
t	0.7	1	1.1	1.3	2	2.5	3	4	5	6	7	8	10	12	15.5	19
r	0.1	0.1	0.1	0.1	0.2	0.2	0.25	0.4	0.4	0.6	0.6	0.6	0.8	0.8	1	1
s	1.5	1.5	2	2.5	3	4	5	6	8	10	12	14	17	19	22	27
e	1.73	1.73	2.3	2.87	3.44	4.58	5.72	6.86	9.15	11.43	13.72	16	19.44	21.73	25.15	30.85
b(参考)	15	16	17	18	20	22	24	28	32	36	40	44	52	60	72	84
l	2.5~16	3~20	4~25	5~30	6~40	8~50	10~60	12~80	16~100	20~120	25~140	25~160	30~200	40~200	45~200	55~200
全螺纹时最大长度	16	16	20	20	25	25	30	35	40	45	55	55	65	80	90	110
l系列	2.5、3、4、5、6、8、10、12、14、16、20、25、30、35、40、45、50、55、60、65、70、80、90、100、110、120、130、140、150、160、180、200															

注：1. 尽可能不采用括号内的规格。

2. b 不包括螺尾。

附表 10　内六角平端紧定螺钉（GB/T 77—2007）、内六角锥端紧定螺钉（GB/T 78—2007）

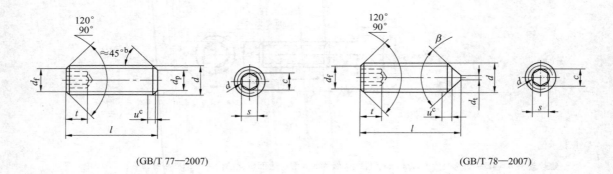

(GB/T 77—2007)　　　　　　　　　　　　　　　　　　　(GB/T 78—2007)

标记示例：

　　螺纹规格 d = M6、公称长度 12mm、性能等级为 45H、表面氧化处理的 A 级内六角锥端紧定螺钉：

螺钉 GB/T 78 M6 × 12

（单位：mm）

螺纹规格 d		M1.6	M2	M2.5	M3	M4	M5	M6	M8	M10	M12	M16	M20	M24
P		0.35	0.4	0.45	0.5	0.7	0.8	1	1.25	1.5	1.75	2	2.5	3
d_p GB/T 77—2007	max	0.80	1.00	1.50	2.00	2.50	3.50	4.00	5.50	7.00	8.50	12.0	15.0	18.0
	min	0.55	0.75	1.25	1.75	2.25	3.20	3.70	5.20	6.64	8.14	11.57	14.57	17.57
d_t　　　　min GB/T 78—2007		0.4	0.5	0.65	0.75	1	1.25	1.5	2	2.5	3	4	5	6
d_f	min	≈螺纹小径												
e　　　　min		0.809	1.011	1.454	1.733	2.303	2.873	3.443	4.583	5.723	6.863	9.149	11.429	13.716
s	公称	0.7	0.9	1.3	1.5	2	2.5	3	4	5	6	8	10	12
	max	0.724	0.913	1.300	1.58	2.08	2.58	3.08	4.095	5.14	6.14	8.175	10.175	12.212
	min	0.710	0.887	1.275	1.52	2.02	2.52	3.02	4.02	5.02	6.02	8.025	10.025	12.032
t	min[d]	0.7	0.8	1.2	1.2	1.5	2	2	3	4	4.8	6.4	8	10
	min[e]	1.5	1.7	2	2	2.5	3	3.5	5	6	8	10	12	15
l（系列）		2、2.5、3、4、5、6、8、10、12、16、20、25、30、35、40、45、50、55、60												

注：e_{min} = 1.14s_{min}。

附表 11　开槽锥端紧定螺钉（GB/T 71—1985）、开槽平端紧定螺钉（GB/T 73—1985）
开槽长圆柱端紧定螺钉（GB/T 75—1985）

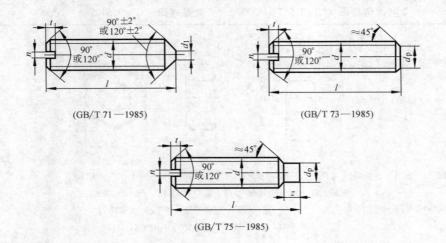

(GB/T 71—1985)　　　　　　　(GB/T 73—1985)

(GB/T 75—1985)

标记示例：
　　螺纹规格 d = M5，公称长度 l = 12mm，性能等级为 14H 级，表面氧化的开槽锥端紧定螺钉：
　　　　螺钉 GB/T 71—1985 M5 × 12　或　螺钉 GB/T 71 M5 × 12

（单位：mm）

螺纹规格 d			M1.2	M1.6	M2	M2.5	M3	M4	M5	M6	M8	M10	M12
n（公称）			0.2	0.25	0.25	0.4	0.4	0.6	0.8	1	1.2	1.6	2
t_{min}			0.40	0.56	0.64	0.72	0.8	1.12	1.28	1.6	2	2.4	2.8
GB/T 71	$d_{1\,max}$		0.12	0.16	0.2	0.25	0.3	0.4	0.5	1.5	2	2.5	3
	l（公称）	短	2	2、2.5		2~3	2~3	2~4	2~5	2~6	2~8	2~10	2~12
		长	2~6	2~8	3~10	3~12	4~16	6~20	8~25	8~30	10~40	12~50	14~60
GB/T 73	d_p	最大	0.6	0.8	1	1.5	2	2.5	3.5	4	5.5	7	8.5
		最小	0.35	0.5	0.75	1.25	1.75	2.25	3.2	3.7	5.2	6.64	8.14
	l（公称）	短	—	2	2、2.5	2~3	2~3	2~4	2~5	2~6	2~6	2~8	2~10
		长	2~6	2~8	2~10	2.5~12	3~16	4~20	5~25	6~30	8~40	10~50	12~60
GB/T 75	$d_{p\,max}$		—	0.8	1	1.5	2	2.5	3.5	4	5.5	7	8.5
	z_{min}		—	0.8	1	1.25	1.5	2	2.5	3	4	5	6
	l（公称）	短	—	2	2~2.5	2~3	2~4	2~5	2~6	2~6	2~6	2~8	2~10
		长	—	2.5~8	3~10	4~12	5~16	6~20	8~25	8~30	10~40	12~50	14~60
l 系列			2, 2.5, 3, 4, 5, 6, 8, 10, 12, 16, 20, 25, 30, 35, 45, 50, 55, 60										

　　注：表中的"短"为短螺钉；"长"为长螺钉。图中"90°或120°"，当公称长度 l 为短螺钉时，应制成120°；长螺
钉时，应制成90°。

六、螺母

附表 12　六角螺母—C 级（GB/T 41—2000）、1 型六角螺母（GB/T 6170—2000）
2 型六角螺母（GB/T 6175—2000）、六角薄螺母（GB/T 6172.1—2000）

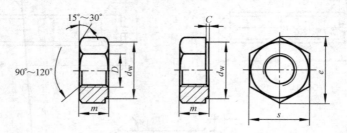

标记示例：

　　螺纹规格 D = M16、性能等级为 8 级、不经表面处理、产品等级为 A 级的 Ⅰ 型六角螺母：

　　　　螺母 GB/T 6170—2000 M12　　或　　螺母 GB/T 6170 M12

　　螺纹规格 D = M12、性能等级为 5 级、不经表面处理、产品等级为 C 级的六角螺母：

　　　　螺母 GB/T 41—2000 M12　　或　　螺母 GB/T 41 M12

（单位：mm）

螺纹规格 D		M4	M5	M6	M8	M10	M12	M16	M20	M24	M30	M36	M42	M48
$d_{w\,min}$	GB/T 41	—	6.7	8.7	11.5	14.5	16.5	22	27.7	33.3	42.8	51.1	60	69.5
	GB/T 6175	—	6.9	8.9	11.6	14.6	16.6	22.5	27.7	33.2	42.7	51.1	60	69.5
	GB/T 6172.1	5.9									42.8			
	GB/T 6170	5.9								33.3				
e_{min}	GB/T 41	—	8.63	10.89	14.2	17.59	19.85	26.17	32.95	39.55	50.85	60.79	71.3	82.6
	GB/T 6170	7.66	8.79	11.05	14.38	17.77	20.03	26.75						
	GB/T 6172.1													
	GB/T 6175	—											—	—
s_{max}（公称）	GB/T 41	—	8	10	13	16	18	24	30	36	46	55	65	75
	GB/T 6170	7												
	GB/T 6172.1													
	GB/T 6175													
m_{max}	GB/T 41	—	5.6	6.4	7.9	9.5	12.2	15.9	19	22.3	26.4	31.9	34.9	38.9
	GB/T 6170	3.2	4.7	5.2	6.8	8.4	10.8	14.8	18	21.5	25.6	31	34	38
	GB/T 6175	—	5.1	5.7	7.5	9.3	12	16.4	20.3	23.9	28.6	34.7		
	GB/T 6172.1	2.2	2.7	3.2	4	5	6	8	10	12	15	18	21	24
C_{max}	GB/T 6170	0.4	0.5		0.6				0.8				1.0	
	GB/T 6175	—												

附表 13　1 型六角开槽螺母—A 和 B 级(GB/T 6178—1986)、**1 型六角开槽螺母—C 级**(GB/T 6179—1986)、**2 型六角开槽螺母—A 和 B 级**(GB/T 6180—1986)、**六角开槽薄螺母—A 和 B 级**(GB/T 6181—1986)

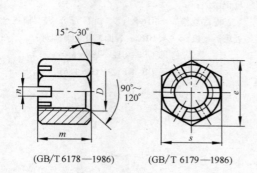

(GB/T 6178—1986)　　(GB/T 6179—1986)

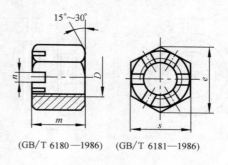

(GB/T 6180—1986)　　(GB/T 6181—1986)

标记示例:

　　螺纹规格 D = M5、性能等级为 8 级、不经表面处理、A 级的 1 型六角开槽螺母:

　　螺母 GB/T 6178—1986 M5　或　螺母 GB/T 6178 M5

标记示例:

　　螺纹规格 D = M5、性能等级为 5 级、不经表面处理、C 级的 1 型六角开槽螺母:

　　螺母 GB/T 6179—1986 M5　或　螺母 GB/T 6179 M5

　　螺纹规格 D = M5、性能等级为 04 级、不经表面处理、A 级的六角开槽薄螺母:

　　螺母 GB/T 6181—1986 M5　或　螺母 GB/T 6181 M5

(单位: mm)

螺纹规格 D		M4	M5	M6	M8	M10	M12	(M14)	M16	M20	M24	M30	M36
n		1.8	2	2.6	3.1	3.4	4.3	4.3	5.7	5.7	6.7	8.5	8.5
e		7.7	8.8	11	14	17.8	20	23	26.8	33	39.6	50.9	60.8
s		7	8	10	13	16	18	21	24	30	36	46	55
m	GB/T 6178	6	6.7	7.7	9.8	12.4	15.8	17.8	20.8	24	29.5	34.6	40
	GB/T 6179		6.7	7.7	9.8	12.4	15.8	17.8	20.8	24	29.5	34.6	40
	GB/T 6180		6.9	8.3	10	12.3	16	19.1	21.1	26.3	31.9	37.6	43.7
	GB/T 6181		5.1	5.7	7.5	9.3	12	14.1	16.4	20.3	23.9	28.6	34.7
开口销		1×10	1.2×12	1.6×14	2×16	2.5×20	3.2×22	3.2×25	4×28	4×36	5×40	6.3×50	6.3×63

注: 1. GB 6178—1986, D 为 M4 ~ M36;其余标准 D 为 M5 ~ M36。

　　2. A 级用于 $D \leqslant 16$ 的螺母;B 级用于 $D > 16$ 的螺母。

　　3. GB 6178—1986、GB 6179—1986 代替 GB 57 ~ 58—1976;GB 6181—1986 代替 GB 59 ~ 60—1976。

附表 14　圆螺母（GB/T 812—1988）

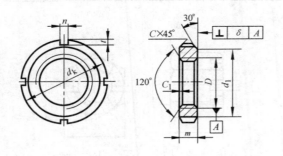

标记示例：
　　螺纹规格 $D = M16 \times 1.5$、材料为 45 钢、槽或全部热处理后硬度 35～45HRC、表面氧化的圆螺母：
　　　　螺母 GB/T 812—1988 M16×1.5
　　或　　螺母 GB/T 812 M16×1.5

（单位：mm）

D	d_k	d_1	m	n	t	C	C_1	D	d_k	d_1	m	n	t	C	C_1
M10×1	22	16	8	4	2	0.5	0.5	M64×2	95	84	12	8	3.5		
M12×1.25	25	19						M65×2*	95	84					
M14×1.5	28	20						M68×2	100	88					
M16×1.5	30	22						M72×2	105	93					
M18×1.5	32	24						M75×2*	105	93					
M20×1.5	35	27						M76×2	110	98	15	10	4		
M22×1.5	38	30		5	2.5			M80×2	115	103					
M24×1.5	42	34						M85×2	120	108					
M25×1.5*	42	34						M90×2	125	112					
M27×1.5	45	37						M95×2	130	117				1.5	1
M30×1.5	48	40	10			1		M100×2	135	122	18	12	5		
M33×1.5	52	43						M105×2	140	127					
M35×1.5*	52	43						M110×2	150	135					
M36×1.5	55	46						M115×2	155	140					
M39×1.5	58	49		6	3			M120×2	160	145	22	14	6		
M40×1.5*	58	49						M125×2	165	150					
M42×1.5	62	53						M130×2	170	155					
M45×1.5	68	59						M140×2	180	165					
M48×1.5	72	61				1.5		M150×2	200	180	26				
M50×1.5*	72	61						M160×3	210	190					
M52×1.5	78	67						M170×3	220	200		16	7		
M55×2*	78	67	12	8	3.5			M180×3	230	210				2	1.5
M56×2	85	74					1	M190×3	240	220	30				
M60×2	90	79						M200×3	250	230					

注：1. 槽数 n：当 $D \leqslant M100 \times 2$ 时，$n = 4$；当 $D \geqslant M105 \times 2$ 时，$n = 6$。
　　2. 标有 * 者仅用于滚动轴承锁紧装置。

七、垫圈

附表15　平垫圈—C 级（GB/T 95—2002）、平垫圈—A 级（GB/T 97.1—2002）、平垫圈　倒角型—A 级（GB/T 97.2—2002）、小垫圈—A 级（GB/T 848—2002）

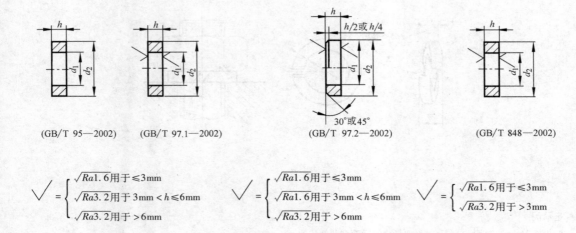

(GB/T 95—2002)　　(GB/T 97.1—2002)　　　(GB/T 97.2—2002)　　　(GB/T 848—2002)

$$\sqrt{}=\begin{cases}\sqrt{Ra1.6}用于\leqslant3\text{mm}\\\sqrt{Ra3.2}用于\ 3\text{mm}<h\leqslant6\text{mm}\\\sqrt{Ra3.2}用于>6\text{mm}\end{cases}\quad\sqrt{}=\begin{cases}\sqrt{Ra1.6}用于\leqslant3\text{mm}\\\sqrt{Ra1.6}用于\ 3\text{mm}<h\leqslant6\text{mm}\\\sqrt{Ra3.2}用于>6\text{mm}\end{cases}\quad\sqrt{}=\begin{cases}\sqrt{Ra1.6}用于\leqslant3\text{mm}\\\sqrt{Ra3.2}用于>3\text{mm}\end{cases}$$

标记示例：

标准系列、公称尺寸 $d=8$ mm、性能等级为100HV 级、不经表面处理的平垫圈：
　　　　　垫圈 GB/T 95—2002 8—100HV 　或　 垫圈 GB/T 95 8—100HV

标准系列、公称尺寸 $d=8$ mm、性能等级为140HV 级、倒角型、不经表面处理的平垫圈：
　　　　　垫圈 GB/T 97.2—2002 8—140HV 　或　 垫圈 GB/T 97.2 8—140HV

（单位：mm）

公称规格（螺纹大径 d）		4	5	6	8	10	12	16	20	24	30	36	42	48	56	64
d_{1min}（公称）	GB/T 848	4.3											—	—	—	—
	GB/T 97.1		5.3	6.4	8.4	10.5	13	17	21	25	31	37				
	GB/T 97.2	—											45	52	62	70
	GB/T 95	4.5	5.5	6.6	9	11	13.5	17.5	22	26	33	39				
d_{2max}（公称）	GB/T 848	8	9	11	15	18	20	28	34	39	50	60	—	—	—	—
	GB/T 97.1	9														115
	GB/T 97.2	—	10	12	16	20	24	30	37	44	56	66	78	92	105	
	GB/T 95	9														
h_{max}（公称）	GB/T 848	0.5	1		1.6		2	2.5	3		4		5	—	—	—
	GB/T 97.1	0.8														
	GB/T 97.2	—	1		1.6		2	2.5		3		4		5	8	10
	GB/T 95	0.8														

附表 16　标准型弹簧垫圈（GB/T 93—1987）

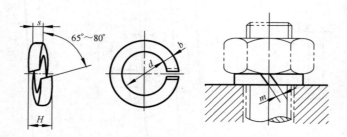

标记示例：

　　规格 16mm、材料为 65Mn、表面氧化的标准型弹簧垫圈：

垫圈 GB/T 93—1987 16　或　垫圈 GB/T 93 16

（单位：mm）

规格（螺纹大径）		3	4	5	6	8	10	12	16	20	24	30	36	42	48
d	最小	3.1	4.1	5.1	6.1	8.1	10.2	12.2	16.2	20.2	24.5	30.5	36.5	42.5	48.5
	最大	3.4	4.4	5.4	6.68	8.68	10.9	12.9	16.9	21.04	25.5	31.5	37.7	43.7	49.7
$s(b)$（公称）		0.8	1.1	1.3	1.6	2.1	2.6	3.1	4.1	5	6	7.5	9	10.5	12
H	最小	1.6	2.2	2.6	3.2	4.2	5.2	6.2	8.2	10	12	15	18	21	24
	最大	2	2.75	3.25	4	5.25	6.5	7.75	10.25	12.5	15	18.75	22.5	26.25	30
$m \leqslant$		0.4	0.55	0.65	0.8	1.05	1.3	1.55	2.05	2.5	3	3.75	4.5	5.25	6

附表 17　圆螺母止动垫圈（GB/T 858—1988）

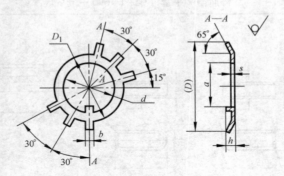

标记示例：

　　规格 16mm、材料为 Q235、经退火表面氧化的圆螺母用止动垫圈：

　　　　　垫圈 GB/T 858—1988 16　　或　　垫圈 GB/T 858 16

（单位：mm）

规格（螺纹大径）	d	(D)	D_1	s	b	a	h	轴端		规格（螺纹大径）	d	(D)	D_1	s	b	a	h	轴端	
								b_1	t									b_1	t
14	14.5	32	20		3.8	11	3	4	10	55 *	56	82	67			52			—
16	16.5	34	22			13			12	56	57	90	74			53			52
18	18.5	35	24			15			14	60	61	94	79	7.7		57	6	8	56
20	20.5	38	27			17			16	64	65	100	84			61			60
22	22.5	42	30	1	4.8	19	4		18	65 *	66	100	84			62			—
24	24.5	45	34			21		5	20	68	69	105	88	1.5		65			64
25 *	25.5	45	34			22			—	72	73	110	93			69			68
27	27.5	48	37			24			23	75 *	76	110	93		9.6	71		10	—
30	30.5	52	40			27			26	76	77	115	98			72			70
33	33.5	56	43			30			29	80	81	120	103			76			74
35 *	35.5	56	43			32			—	85	86	125	108			81			79
36	36.5	60	46			33			32	90	91	130	112			86			84
39	39.5	62	49		5.7	36	5	6	35	95	96	135	117		11.6	91	7	12	89
40 *	40.5	62	49	1.5		37				100	101	140	122			96			94
42	42.5	66	53			39			38	105	106	145	127			101			99
45	45.5	72	59			42			41	110	111	156	135	2		106			104
48	48.5	76	61			45			44	115	116	160	140		13.5	111		14	109
50 *	50.5	76	61		7.7	47	8		—	120	121	166	145			116			114
52	52.5	82	67			49	6		48	125	126	170	150			121			119

注：标有 * 仅用于滚动轴承锁紧装置。

八、键

附表 18　平键　键槽的剖面尺寸（GB/T 1095—2003）、
普通型　平键（GB/T 1096—2003）

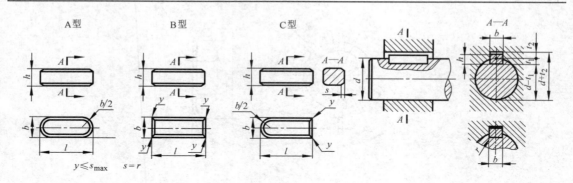

标记示例：
$b = 16mm$、$h = 10mm$、$L = 100mm$

圆头普通平键（A 型）GB/T 1096—2003 键 16×10×100 或 GB/T 1096 键 16×10×100

平头普通平键（B 型）GB/T 1096—2003 键 B16×10×100 或 GB/T 1096 键 B16×10×100

单圆头普通平键（C 型）GB/T 1096—2003 键 C16×10×100 或 GB/T 1096 键 C16×10×100

（单位：mm）

轴	键		键　　槽										
				宽　　度　b					深　　度				半　径 r
公称直径 d	公称尺寸 $b \times h$	长度 l	公称尺寸 b	极　限　偏　差					轴　t_1		毂　t_2		
				松联结		正常联结		紧联结					
				轴 H9	毂 D10	轴 N9	毂 Js9	轴和毂 P9	公称尺寸	极限偏差	公称尺寸	极限偏差	最小 | 最大
自 6~8	2×2	6~20	2	+0.025 0	+0.060 +0.020	−0.004 −0.029	±0.0125	−0.006 −0.031	1.2		1		0.08 | 0.16
>8~10	3×3	6~36	3						1.8	+0.1 0	1.4	+0.1 0	
>10~12	4×4	8~45	4	+0.030 0	+0.078 +0.030	0 −0.030	±0.015	−0.012 −0.042	2.5		1.8		
>12~17	5×5	10~56	5						3.0		2.3		
>17~22	6×6	14~70	6						3.5		2.8		
>22~30	8×7	18~90	8	+0.036 0	+0.098 +0.040	0 −0.036	±0.018	−0.015 −0.051	4.0		3.3		
>30~38	10×8	22~110	10						5.0		3.3		0.16 | 0.25
>38~44	12×8	28~140	12	+0.043 0	+0.120 +0.050	0 −0.043	±0.0215	−0.018 −0.061	5.0		3.3		
>44~50	14×9	36~160	14						5.5		3.8		
>50~58	16×10	45~180	16						6.0	+0.2 0	4.3	+0.2 0	0.25 | 0.40
>58~65	18×11	50~200	18						7.0		4.4		
>65~75	20×12	56~220	20	+0.052 0	+0.149 +0.065	0 −0.052	±0.026	−0.022 −0.074	7.5		4.9		
>75~85	22×14	63~250	22						9.0		5.4		
>85~95	25×14	70~280	25						9.0		5.4		0.40 | 0.60
>95~110	28×16	80~320	28						10.0		6.4		
>110~130	32×18	80~360	32	+0.062 0	+0.180 +0.080	0 −0.062	±0.031	−0.026 −0.088	11.0		7.4		
>130~150	36×20	100~400	36						12.0	+0.3 0	8.4	+0.3 0	
>150~170	40×22	100~400	40						13.0		9.4		0.70 | 1.0
>170~200	45×25	110~450	45						15.0		10.4		

注：1.（$d-t_1$）和（$d+t_2$）两组组合尺寸的极限偏差按相应的 t_1 和 t_2 的极限偏差选取，但（$d-t_1$）极限偏差应取负号（−）。

2. L 系列：6、8、10、12、14、16、18、20、22、25、28、32、36、40、45、50、56、63、70、80、90、100、110、125、140、160、180、200、220、250、280、320、330、400、450。

附表 19　半圆键　键槽的剖面尺寸（GB/T 1098—2003）、普通型　半圆键（GB/T 1099.1—2003）

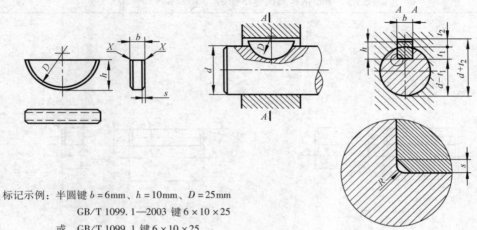

标记示例：半圆键 $b=6$ mm、$h=10$ mm、$D=25$ mm

GB/T 1099.1—2003 键 $6 \times 10 \times 25$

或　GB/T 1099.1 键 $6 \times 10 \times 25$

（单位：mm）

轴 径 d		键		键 槽								
				宽 度 b				深 度				半 径 R
键传递转 矩	键定位用	公称尺寸 $b \times h \times D$	长度 $L \approx$	公称尺寸	极 限 偏 差			轴 t_1		毂 t_2		
					一般键联结		较紧键联结	公称尺寸	极限偏差	公称尺寸	极限偏差	
					轴 N9	毂 Js9	轴和毂 P9					最小	最大
自 3～4	自 3～4	$1.0 \times 1.4 \times 4$	3.9	1.0				1.0		0.6			
>4～5	>4～6	$1.5 \times 2.6 \times 7$	6.8	1.5				2.0		0.8			
>5～6	>6～8	$2.0 \times 2.6 \times 7$	6.8	2.0				1.8	$+0.1\ 0$	1.0			
>6～7	>8～10	$2.0 \times 3.7 \times 10$	9.7	2.0	$-0.004 \\ -0.029$	±0.012	$-0.006 \\ -0.031$	2.9		1.0		0.08	0.16
>7～8	>10～12	$2.5 \times 3.7 \times 10$	9.7	2.5				2.7		1.2			
>8～10	>12～15	$3.0 \times 5.0 \times 13$	12.7	3.0				3.8		1.4			
>10～12	>15～18	$3.0 \times 6.5 \times 16$	15.7	3.0				5.3		1.4	$+0.1\ 0$		
>12～14	>18～20	$4.0 \times 6.5 \times 16$	15.7	4.0				5.0	$+0.2\ 0$	1.8			
>14～16	>20～22	$4.0 \times 7.5 \times 19$	18.6	4.0				6.0		1.8			
>16～18	>22～25	$5.0 \times 6.5 \times 16$	15.7	5.0				4.5		2.3		0.16	0.25
>18～20	>25～28	$5.0 \times 7.5 \times 19$	18.6	5.0	$0 \\ -0.030$	±0.015	$-0.012 \\ -0.042$	5.5		2.3			
>20～22	>28～32	$5.0 \times 9.0 \times 22$	21.6	5.0				7.0		2.3			
>22～25	>32～36	$6.0 \times 9.0 \times 22$	21.6	6.0				6.5	$+0.3\ 0$	2.8			
>25～28	>36～40	$6.0 \times 10.0 \times 25$	24.5	6.0				7.5		2.8			
>28～32	40	$8.0 \times 11.0 \times 28$	27.4	8.0	$0 \\ -0.036$	±0.018	$-0.015 \\ -0.051$	8.0		3.3	$+0.2\ 0$	0.25	0.40
>32～38	—	$10.0 \times 13.0 \times 32$	31.4	10.0				10.0		3.3			

注：$(d-t_1)$ 和 $(d+t_2)$ 两个组合尺寸的极限偏差按相应的 t_1 和 t_2 的极限偏差选取，但 $(d-t_1)$ 极限偏差值应取负号 $(-)$。

九、销

附表20　圆柱销　不淬硬钢和奥氏体不锈钢（GB/T 119.1—2000）、
圆柱销　淬硬钢和马氏体不锈钢（GB/T 119.2—2000）

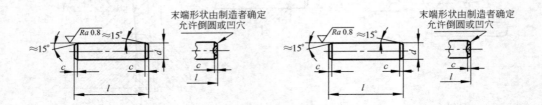

标记示例：

公称直径 $d = 6$mm、公差为 m6、公称长度 $l = 30$mm、材料为钢、不经淬火、不经表面处理的圆柱销：

销 GB/T 119.1—2000 6 m6×30　　或　　销 GB/T 119.1 6 m6×30

公称直径 $d = 6$mm、公差为 m6、公称长度 $l = 30$mm、材料为 C1 组马氏体不锈钢、表面简单处理的圆柱销：

销 GB/T 119.2—2000 6×30-C1　　或　　销 GB/T 119.2 6×30-C1

（单位：mm）

d(m6/h8)	0.8	1	1.2	1.5	2	2.5	3	4	5	6	8	10	12	16	20
$c\approx$	0.16	0.2	0.25	0.3	0.35	0.4	0.5	0.63	0.8	1.2	1.6	2	2.5	3	3.5
l　GB/T 119.1	2~8	4~10	4~12	4~16	6~20	6~24	8~30	8~40	10~50	12~60	14~80	18~95	22~140	26~180	35~
GB/T 119.2	—	3~10	—	4~16	5~20	6~24	8~30		10~40	12~50	14~60	18~80	22~100	26—	40—	50—
l（系列）	6、8、10、12、14、16、18、20、22、24、26、28、30、32、35、40、45、50、55、60、65、70、75、80、85、90、95、100、120、140、160、180、200														

附表 21　圆锥销（GB/T 117—2000）

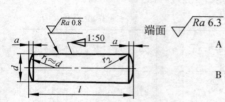

端面　$\sqrt{Ra\,6.3}$

A 型（磨削）锥面表面粗糙度
$Ra \leqslant 0.8\mu m$
B 型（切削或冷敷）锥面表面粗糙度
$Ra \leqslant 3.2\mu m$

$R_1 \approx d, R_2 \approx a/2 + d + (0.021)^2/(8a)$

标记示例：

公称直径 $d = 10mm$、公称长度 $l = 60mm$、材料为 35 钢、热处理硬度 $28 \sim 38HRC$、表面氧化处理的 A 型圆锥销：

销 GB/T 117—2000 10 ×60

或　销 GB/T 117 10 ×60

（单位：mm）

$d(h10)$	0.8	1	1.2	1.5	2	2.5	3	4	5	6	8	10	12	16	20
$a \approx$	0.1	0.12	0.16	0.2	0.25	0.3	0.4	0.5	0.63	0.8	1	1.2	1.6	2	2.5
l（商品规格范围）	5 ~ 12	6 ~ 16	6 ~ 20	8 ~ 24	10 ~ 35	10 ~ 35	12 ~ 45	14 ~ 55	18 ~ 60	22 ~ 90	22 ~ 120	26 ~ 160	32 ~ 180	40 ~ 200	45 ~ 200
l（系列）	2、3、4、5、6、8、10、12、14、16、18、20、22、24、26、28、30、32、35、40、45、50、55、60、65、70、75、80、85、90、95、100、120、140、160、180、200														

附表 22　开口销（GB/T 91—2000）

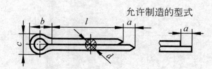

允许制造的型式

标记示例：

公称直径 $d = 5mm$、长度 $l = 50mm$、材料为低碳钢、不经表面处理的开口销：

销 GB/T 91—2000 5 ×50

或　销 GB/T 91 5 ×50

（单位：mm）

公称规格		0.8	1	1.2	1.6	2	2.5	3.2	4	5	6.3	8	10	13	16	20
d_{max}		0.7	0.9	1.0	1.4	1.8	2.3	2.9	3.7	4.6	5.9	7.5	9.5	12.4	15.4	19.3
a_{max}		1.6				2.5			3.2		4				6.3	
c	最大	1.4	1.8	2.0	2.8	3.6	4.6	5.8	7.4	9.2	11.8	15.0	19.0	24.8	30.8	38.5
	最小	1.2	1.6	1.7	2.4	3.2	4.0	5.1	6.5	8.0	10.3	13.1	16.6	21.7	27.0	33.8
适用的螺栓直径	>	2.5	3.5	4.5	5.5	7		11	14	20	27	39	56	80	120	170
	≤	3.5	4.5	5.5	7	9	11	14	20	27	39	56	80	120	120	—
b	≈	2.4	3	3	3.2	4	5	6.4	8	10	12.6	16	20	26	32	40
l（商品规格范围）		5 ~ 16	6 ~ 20	8 ~ 25	8 ~ 32	10 ~ 40	12 ~ 50	14 ~ 63	18 ~ 80	22 ~ 100	32 ~ 125	40 ~ 160	45 ~ 200	71 ~ 280	112 ~ 280	160 ~ 280
l（系列）		4、5、6、8、10、12、16、18、20、22、25、28、32、36、40、45、50、56、63、71、80、90、100、112、125、140、160、180、200、224、250、280														

十、紧固件通孔及沉孔尺寸

附表 **23**　紧固件通孔及沉孔尺寸（GB/T 5277—1985、GB/T 152.2～152.4—1988）

（单位：mm）

螺栓或螺钉直径 d			3	3.5	4	5	6	8	10	12	14	16	20	24	30	36	42	48
通孔直径 d_h（GB/T 5277—1985）	精装配		3.2	3.7	4.3	5.3	6.4	8.4	10.5	13	15	17	21	25	31	37	43	50
	中等装配		3.4	3.9	4.5	5.5	6.6	9	11	13.5	15.5	17.5	22	26	33	39	45	52
	粗装配		3.6	4.2	4.8	5.8	7	10	12	14.5	16.5	18.5	24	28	35	42	48	56
六角头螺栓和六角螺母用沉孔（GB/T 152.4—1988）		d_2	9	—	10	11	13	18	22	26	30	33	40	48	61	71	82	98
		t	只要能制出与通孔轴线垂直的圆平面即可															
沉头用沉孔（GB/T 152.2—1988）		d_2	6.4	8.4	9.6	10.6	12.8	17.6	20.3	24.4	28.4	32.4	40.4	—	—	—	—	—
开槽圆柱头用的圆柱头沉孔（GB/T 152.3—1988）		d_2			8	10	11	15	18	20	24	26	33	—	—	—	—	—
		t	—		3.2	4	4.7	6	7	8	9	10.5	12.5	—	—	—	—	—
内六角圆柱头用的圆柱头沉孔（GB/T 152.3—1988）		d_2	6	—	8	10	11	15	18	20	24	26	33	40	48	57	—	—
		t	3.4	—	4.6	5.7	6.8	9	11	13	15	17.5	21.5	25.5	32	38	—	—

十一、滚动轴承

附表 24　滚动轴承　向心轴承　外形尺寸总方案（摘自 GB/T 273.3—1999）

标记示例：

滚动轴承 61806 GB/T 273.3—1999

轴承型号	尺　寸/mm			轴承型号	尺　寸/mm		
	d	D	B		d	D	B
6000 型　18 系列				61912	60	85	13
61800	10	19	5	61913	65	95	13
61801	12	21	5	61914	70	100	16
61802	15	24	5	61915	75	105	16
61803	17	26	5	61916	80	110	16
61804	20	32	7	61917	85	120	18
61805	25	37	7	61918	90	125	18
61806	30	42	7	61919	95	130	18
61807	35	47	7	61920	100	140	20
61808	40	52	7	61921	105	145	20
61809	45	58	7	61922	110	150	20
61810	50	65	7	61924	120	165	22
61811	55	72	9	61926	130	180	24
61812	60	78	10	61928	140	190	24
61813	65	85	10	61930	150	210	28
61814	70	90	10	6000 型　（0）2 系列			
61815	75	95	10	6200	10	30	9
61816	80	100	10	6201	12	32	10
61817	85	110	13	6202	15	35	11
61818	90	115	13	6203	17	40	12
61819	95	120	13	6204	20	47	14
61820	100	125	13	6205	25	52	15
61821	105	130	13	6206	30	62	16
61822	110	140	16	6207	35	72	17
61824	120	150	16	6208	40	80	18
61826	130	165	18	6209	45	85	19
61828	140	175	18	6210	50	90	20
61830	150	190	20	6211	55	100	21
6000 型　19 系列				6212	60	110	22
				6213	65	120	23
61900	10	22	6	6214	70	125	24
61901	12	24	6	6215	75	130	25
61902	15	28	7	6216	80	140	26
61903	17	30	7	6217	85	150	28
61904	20	37	9	6218	90	160	30
61905	25	42	9	6219	95	170	32
61906	30	47	9	6220	100	180	34
61907	35	55	10	6221	105	190	36
61908	40	62	12	6222	110	200	38
61909	45	68	12	6224	120	215	40
61910	50	72	12	6228	140	250	42
61911	55	80	13	6230	150	270	45

附表 25　滚动轴承　推力轴承　外形尺寸总方案（摘自 GB/T 273.2—2006）

标记示例：

滚动轴承 51107 GB/T 273.2—2006

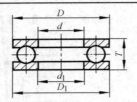

轴承型号	尺　寸/mm					轴承型号	尺　寸/mm				
	d	D	T	d_{1min}	D_{1max}		d	D	T	d_{1min}	D_{1max}
11 系列						51216	80	115	28	82	115
51100	10	24	9	11	24	51217	85	125	31	88	125
51101	12	26	9	13	26	51218	90	135	35	93	135
51102	15	28	9	16	28	51220	100	150	38	103	150
51103	17	30	9	18	30	51222	110	160	38	113	160
51104	20	35	10	21	35	51224	120	170	39	123	170
51105	25	42	11	26	42	51226	130	190	45	133	187
51106	30	47	11	32	47	51228	140	200	46	143	197
51107	35	52	12	37	52	51230	150	215	50	153	212
51108	40	60	13	42	60	13 系列					
51109	45	65	14	47	65	51304	20	47	18	22	47
51110	50	70	14	52	70	51305	25	52	18	27	52
51111	55	78	16	57	78	51306	30	60	21	32	60
51112	60	85	17	62	85	51307	35	68	24	37	68
51113	65	90	18	67	90	51308	40	78	26	42	78
51114	70	95	18	72	95	51309	45	85	28	47	85
51115	75	100	19	77	100	51310	50	95	31	52	95
51116	80	105	19	82	105	51311	55	105	35	57	105
51117	85	110	19	87	110	51312	60	110	35	62	110
51118	90	120	22	92	120	51313	65	115	36	67	115
51120	100	135	25	102	135	51314	70	125	40	72	125
51122	110	145	25	112	145	51315	75	135	44	77	135
51124	120	155	25	122	155	51316	80	140	44	82	140
51126	130	170	30	132	170	51317	85	150	49	88	150
51128	140	180	31	142	178	51318	90	155	50	93	155
51130	150	190	31	152	188	51320	100	170	55	103	170
						51322	110	190	63	113	187
12 系列						51324	120	210	70	123	205
51200	10	26	11	12	26	51326	130	225	75	134	220
51201	12	28	11	14	28	51328	140	240	80	144	235
51202	15	32	12	17	32	51330	150	250	80	154	245
51203	17	35	12	19	35	14 系列					
51204	20	40	14	22	40	51405	25	60	24	27	60
51205	25	47	15	27	47	51406	30	70	28	32	70
51206	30	52	16	32	52	51407	35	80	32	37	80
51207	35	62	18	37	62	51408	40	90	36	42	90
51208	40	68	19	42	68	51409	45	100	39	47	100
51209	45	73	20	47	73	51410	50	110	43	52	110
51210	50	78	22	52	78	51411	55	120	48	57	120
51211	55	90	25	57	90	51412	60	130	51	62	130
51212	60	95	26	62	95	51413	65	140	56	68	140
51213	65	100	27	67	100	51414	70	150	60	73	150
51214	70	105	27	72	105	51415	75	160	65	78	160
51215	75	110	27	77	110						

附表 26　滚动轴承　外形尺寸总方案　第 1 部分：圆锥滚子轴承（摘自 GB/T 273.1—2011）

标记示例：

滚动轴承 30207 GB/T 273.1—2011

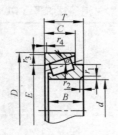

轴承型号	d	D	T	B	C	α	E	轴承型号	d	D	T	B	C	α	E
02 系列								30310	50	110	29.25	27	23	12°57′10″	90.633
30205	25	52	16.25	15	13	14°02′10″	41.135	30311	55	120	31.5	29	25	12°57′10″	99.146
30206	30	62	17.25	16	14	14°02′10″	49.990	30312	60	130	33.5	31	26	12°57′10″	107.769
30232	32	65	18.25	17	15	14°	52.500	30313	65	140	36	33	28	12°57′10″	116.846
30207	35	72	18.25	17	15	14°02′10″	58.884	30314	70	159	38	25	30	12°57′10″	125.244
30208	40	80	19.75	18	16	14°02′10″	65.730	30315	75	160	40	37	31	12°57′10″	134.097
30209	45	85	20.75	19	16	15°06′34″	70.440	13 系列							
30210	50	90	21.75	20	17	15°38′32″	75.078	31305	25	62	18.25	17	13	28°48′39″	44.130
30211	55	100	22.75	21	18	15°06′34″	84.197	31306	30	72	20.75	19	14	28°48′39″	51.771
30212	60	110	23.75	22	19	15°06′34″	91.876	31307	35	80	22.75	21	15	28°48′39″	58.861
30213	65	120	24.25	23	20	15°06′34″	101.934	31308	40	90	25.25	23	17	28°48′39″	66.984
30214	70	125	26.25	24	21	15°38′32″	105.748	31309	45	100	27.25	25	18	28°48′39″	75.107
30215	75	130	27.25	25	22	16°10′20″	110.408	31310	50	110	29.25	27	19	28°48′39″	82.747
03 系列								31311	55	120	31.5	29	21	28°48′39″	89.563
30305	25	62	18.25	17	15	11°18′36″	50.637	31312	60	130	33.5	31	22	28°48′39″	98.236
30306	30	72	20.75	19	16	11°51′35″	58.287	31313	65	140	36	33	23	28°48′39″	106.539
30307	35	80	22.75	21	18	11°51′35″	65.769	31314	70	150	38	35	25	28°48′39″	113.449
30308	40	90	25.25	23	20	12°57′10″	72.703	31315	75	160	40	37	26	28°48′39″	122.122
30309	45	100	27.25	25	22	12°57′10″	81.780								

十二、常用材料及热处理名词解释

附表 27　常用铸铁牌号（GB/T 5612—2008）

铸铁牌号表示方法示例与解释	铸铁名称、代号及牌号表示方法		
	铸铁名称	代　号	牌号表示方法示例
	灰铸铁	HT	HT150，HT250
	蠕墨铸铁	RuT	RuT420
	球墨铸铁	QT	QT400-18
	黑心可锻铸铁	KTH	KTH350-10
	白心可锻铸铁	KTB	KTB350-04
	珠光体可锻铸铁	KTZ	KTZ650-02
	耐磨灰铸铁	HTM	HTMCu1CrMo
	耐磨白口铸铁	BTM	BTMCr15Mo
	耐磨球墨铸铁	QTM	QTMMn8-30
	冷硬灰铸铁	HTL	HTLCr1Ni1Mo
	冷硬球墨铸铁	QTL	QTLCrMo
	耐蚀灰铸铁	HTS	HTSNi2Cr
	耐蚀球墨铸铁	QTS	QTSNi20Cr2
	耐热灰铸铁	HTR	HTRCr
	耐热球墨铸铁	QTR	QTRSi5

例

a. QT 400 — 17
　　　　　└── 伸长率（%）
　　└────── 抗拉强度(MPa)
└───────── 球墨铸铁代号

b. ST Si 15 Mo 4 Cu
　　　　　　　　└── 钢的元素符号
　　　　　　└────── 钼的名义质量分数（%）
　　　　└───────── 钼的元素符号
　　└───────────── 硅的质量分数（%）
　└──────────────── 硅的元素符号
└─────────────────── 耐蚀铸铁代号

附表 28　常用钢材牌号表示方法

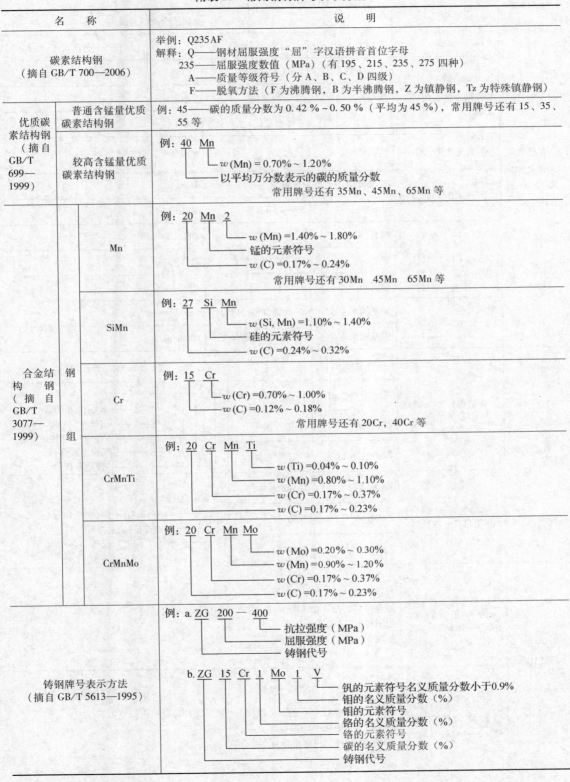

名　　称		说　　明
碳素结构钢 （摘自 GB/T 700—2006）		举例：Q235AF 解释：Q——钢材屈服强度"屈"字汉语拼音首位字母 　　　235——屈服强度数值（MPa）（有 195、215、235、275 四种） 　　　A——质量等级符号（分 A、B、C、D 四级） 　　　F——脱氧方法（F 为沸腾钢，B 为半沸腾钢，Z 为镇静钢，Tz 为特殊镇静钢）
优质碳素结构钢 （摘自 GB/T 699—1999）	普通含锰量优质碳素结构钢	例：45——碳的质量分数为 0.42 % ~ 0.50 %（平均为 45 %），常用牌号还有 15、35、55 等
	较高含锰量优质碳素结构钢	例：40　Mn 　　　　　└── $w(Mn) = 0.70\% \sim 1.20\%$ 　　　　── 以平均万分数表示的碳的质量分数 　　　　　常用牌号还有 35Mn、45Mn、65Mn 等
合金结构钢（摘自 GB/T 3077—1999） 钢组	Mn	例：20　Mn　2 　　　　　　　└── $w(Mn) = 1.40\% \sim 1.80\%$ 　　　　　── 锰的元素符号 　　　　── $w(C) = 0.17\% \sim 0.24\%$ 　　　　常用牌号还有 30Mn　45Mn　65Mn 等
	SiMn	例：27　Si　Mn 　　　　　　　└── $w(Si, Mn) = 1.10\% \sim 1.40\%$ 　　　　　── 硅的元素符号 　　　　── $w(C) = 0.24\% \sim 0.32\%$
	Cr	例：15　Cr 　　　　　└── $w(Cr) = 0.70\% \sim 1.00\%$ 　　　── $w(C) = 0.12\% \sim 0.18\%$ 　　　　常用牌号还有 20Cr，40Cr 等
	CrMnTi	例：20　Cr　Mn　Ti 　　　　　　　　　└── $w(Ti) = 0.04\% \sim 0.10\%$ 　　　　　　　── $w(Mn) = 0.80\% \sim 1.10\%$ 　　　　　── $w(Cr) = 0.17\% \sim 0.37\%$ 　　　── $w(C) = 0.17\% \sim 0.23\%$
	CrMnMo	例：20　Cr　Mn　Mo 　　　　　　　　　└── $w(Mo) = 0.20\% \sim 0.30\%$ 　　　　　　　── $w(Mn) = 0.90\% \sim 1.20\%$ 　　　　　── $w(Cr) = 0.17\% \sim 0.37\%$ 　　　── $w(C) = 0.17\% \sim 0.23\%$
铸钢牌号表示方法 （摘自 GB/T 5613—1995）		例：a. ZG　200 — 400 　　　　　　　　　└── 抗拉强度（MPa） 　　　　　　── 屈服强度（MPa） 　　　── 铸钢代号 　　　b. ZG　15　Cr　1　Mo　1　V 　　　　　　　　　　　　　　└── 钒的元素符号名义质量分数小于0.9% 　　　　　　　　　　── 钼的名义质量分数（%） 　　　　　　　　── 钼的元素符号 　　　　　　── 铬的名义质量分数（%） 　　　　── 铬的元素符号 　　── 碳的名义质量分数（%） ── 铸钢代号

附表 29　有色金属材料

产品名称	组　别	金属或合金牌号举例	
		汉字牌号	代　号
有色金属及合金产品牌号表示方法	铝及铝合金（摘自 GB/T 3190—2008）		
	工业纯铝	四号工业纯铝	1035
	硬铝	十二号硬铝	2A12
	超硬铝	4 号超硬铝	7A04
	纯铜（摘自 GB/T 5231—2012）		
	纯铜	二号铜	T2
	黄铜（摘自 GB/T 5231—2012）		
	普通黄铜	68 黄铜	H68
	铅黄铜	59—1 铅黄铜	HPb59—1
	青铜（摘自 GB/T 5231—2012）		
	锡青铜	6.5—0.1 锡青铜	QSn6.5—0.1
	铝青铜	10—3—1.5 铝青铜	QA110—3—1.5
	硅青铜	3—1 硅青铜	QSi3—1
	轴承合金（摘自 GB/T 5231—2012）		
	锡基轴承合金	8—3 锡锑轴承合金	ChSnSb8—3
	铅基轴承合金	0.25 铅锑轴承合金	ChPbSb2.5

		合金牌号	合金名称（代号）	举例及解释
有色金属铸件	铸造铜合金（摘自 GB/T 1176—1987）	ZCuSn5Pb5Zn5	5—5—5 锡青铜	Z CuSn5 Pb5 Zn5 $w(Zn)=4.0\%\sim6.0\%$　$w(Pb)=4.0\%\sim6.0\%$　$w(Sn)=4.0\%\sim6.0\%$　铜的元素符号　"铸造"代号
		ZCuPb30	30 铅青铜	
		ZCuAl9Mn2	9—2 铝青铜	
	铸造铝合金（摘自 GB/T 1173—1995）	ZAlSi12	ZL102	Z Al Si12 $w(Si)=10.0\%\sim13.0\%$　铝的元素符号　"铸造"代号
		ZAlMg10	ZL301	
		ZAlZn11Si7	ZL401	

有色金属锻件	铝合金模锻件和自由锻件（摘自 CB 862.1—1988）	标记示例： 锻件材料为 LC4 的 1 类锻件，在产品图样标题栏内标记如下： 铝锻件 LC4—1GB 862.1 如属 3 类锻件，只标出牌号
	铜合金模锻件和自由锻件（摘自 CB 862.2—1988）	标记示例： 锻件材料为 QA19—4 的 1 类锻件，在产品图样标题栏内标记如下： 青铜锻 QA19—4—1 GB 862.2 如属 3 类锻件，只标出牌号

附表 30　热处理名词解释（摘自 GB/T 7232—2012）

名　词	解　释
热处理	采用适当的方式对金属材料或工件（以下简称工件）进行加热、保温和冷却，以获得预期的组织结构与性能的工艺
退火	工件加热到适当温度，保持一定时间，然后缓慢冷却的热处理工艺
正火	工件加热奥氏体化后在空气中或其他介质中冷却获得以珠光体组织为主的热处理工艺
淬火	工件加热奥氏体化后以适当的方式冷却获得马氏体或（和）贝氏体组织的热处理工艺。最常见的有水冷淬火、油冷淬火、空冷淬火等
表面淬火	仅对工件表面进行的淬火，其中包括感应淬火、接触电阻加热淬火、火焰淬火、激光淬火、电子束淬火等
深冷处理	工件淬火后继续在液氮或液氮蒸气中冷却的工艺
回火	工件淬硬后加热到 Ac_1 以下的某一温度，保持一定时间，然后冷却到室温的热处理工艺
调质	工件淬火并高温回火的复合热处理工艺
时效处理	工件经固溶处理或淬火后在室温或高于室温的适当温度保温，以达到沉淀硬化的目的。在室温下进行的称自然时效，在高于室温下进行的称人工时效
渗碳	为提高工件表层的含碳量并在其中形成一定的碳浓度梯度，将工件在渗碳介质中加热、保温，使碳原子渗入的化学热处理工艺
渗氮	在一定温度下于一定介质中使氮原子渗入工件表层的热处理工艺

参 考 文 献

［1］ 中国纺织大学. 画法几何及工程制图［M］. 5 版. 上海：上海科学技术出版社，2003.

［2］ 朱冬梅，胥北澜. 画法几何及机械制图［M］. 5 版. 北京：高等教育出版社，2000.

［3］ 王兰美，刘衍聪. 现代工程设计制图［M］. 北京：高等教育出版社，1999.

［4］ 杨胜强. 现代工程制图［M］. 北京：国防工业出版社，2001.

［5］ 王兰美. 机械制图［M］. 北京：高等教育出版社，2004.

［6］ 王兰美. 画法几何及工程制图［M］. 北京：机械工业出版社，2002.

［7］ 王兰美，孙玉峰. 机械制图实验教程［M］. 济南：山东大学出版社，2005.

［8］ 孙兰凤，梁艳书. 工程制图［M］. 北京：高等教育出版社，2004.

［9］ EARLE J H. Engineering Design Graphics［M］. 8th ed. London：Addison-Wesley Publishing Company，1988.

［10］ 王兰美，冯秋官. 机械制图［M］. 2 版. 北京：高等教育出版社，2010.

［11］ 王兰美，殷昌贵. 画法几何及工程制图：机械类［M］. 2 版. 北京：机械工业出版社，2007.

［12］ 大连理工大学工程图学教研室. 机械制图［M］. 6 版. 北京：高等教育出版社，2007.

［13］ 杨裕根，诸世敏. 现代工程图学［M］. 3 版. 北京：北京邮电大学出版社，2008.